专利基础知识／专利申请文件翻译实务／
专利审查文件翻译实务／专利翻译技术与管理

专利语言服务实务

郑金凤　王　凤　王　蒙　王华伟／主编

RWS（如文思）**中国公司**／组织编写

U0783083

知识产权出版社
全国百佳图书出版单位

图书在版编目（CIP）数据

专利语言服务实务/郑金凤等主编；RWS（如文思）中国公司组织编写. —北京：知识产权出版社，2019.9

ISBN 978 - 7 - 5130 - 6398 - 2

Ⅰ.①专… Ⅱ.①郑… ②R… Ⅲ.①专利文献—翻译 Ⅳ.①G306.4

中国版本图书馆 CIP 数据核字（2019）第 174378 号

内容简介

本书基于开设多年的校企共建课程写作而成，全面介绍了各类专利文献的翻译策略、方法和技巧，并融入了专利翻译技术与管理的内容。本书共分为四个部分：第一部分为专利基础知识，主要介绍知识产权行业背景和专利程序，并对专利语言服务进行简单介绍；第二部分为专利申请文件翻译实务，包括专利申请文件翻译基础、专利文件各组成部分的翻译和专利翻译的技术与语言理解；第三部分为专利审查文件翻译实务，包括专利审查文件解读和专利审查文件的翻译；第四部分为专利翻译技术与管理，从技术和流程上讲解专利翻译项目的过程组和知识领域管理，并介绍了专利语言服务行业生态。全书内容深入浅出，案例翔实，解析到位，全面阐释了从事专利翻译所必须掌握的知识与技能。

本书可供从事专利翻译行业的人员、高校 MTI 相关专业教师及学生参考。

责任编辑：张雪梅　王志茹　　　　　　责任印制：刘译文

封面设计：张　冀

专利语言服务实务
ZHUANLI YUYAN FUWU SHIWU

郑金凤　王　凤　王　蒙　王华伟　主　　编

RWS（如文思）中国公司　　　　　　组织编写

出版发行	知识产权出版社 有限责任公司	网　址：	http：//www.ipph.cn
			http：//www.laichushu.com
电　话：	010 - 82004826		
社　址：	北京市海淀区气象路 50 号院	邮　编：	100081
责编电话：	010 - 82000860 转 8171	责编邮箱：	laichushu@ cnipr.com
发行电话：	010 - 82000860 转 8101	发行传真：	010 - 82000893
印　刷：	三河市国英印务有限公司	经　销：	各大网上书店、新华书店及相关专业书店
开　本：	720mm×1000mm　1/16	印　张：	27.5
版　次：	2019 年 9 月第 1 版	印　次：	2019 年 9 月第 1 次印刷
字　数：	490 千字	定　价：	98.00 元
ISBN 978-7-5130-6398-2			

编 委 会

序言一

面对百年未有之变局，我国正在从全球化的旁观者、参与者发展成为全球化的倡议者及全球治理的推动者，与之配套的语言服务也体现出了新的时代特征。社会需要高层次复合型专业化翻译人才和对外传播人才，他们不仅需要具有宽广的国际视野、精湛的语言服务知识与技能，还需要行业实践、执业经验，如此才能有力支撑中华民族复兴的伟大进程，这对我国相关领域的高等教育提出了新的挑战和要求。

目前，我国正在深入实施知识产权强国战略，加快建设知识产权强国，努力实现人才强国和创新驱动发展，创新已经成为引领经济与社会发展的第一动力。然而，要确保创新驱动发展战略的有效实施，就必须围绕将知识产权作为保护创新的重要手段来构建完整的体系，为创新保驾护航。可以说，当今全球愈演愈烈的技术争夺战实质上就是一场没有硝烟的知识产权保护之战。这就使得知识产权相关语言服务能力的建设与培养成为相关领域高等教育尤其是翻译专业学位研究生教育的重中之重。

我国知识产权实践的历史尚不足 40 年，与全球其他主要工业化国家数百年的实践相比，存在较大的差距。这也使得我国知识产权领域的人才培养面临一定的后发劣势。当这种先天的不足叠加全球化倡议和知识产权强国的双重策略时，就给我国的知识产权人才培养带来了巨大挑战。鉴于这种局面，国家知识产权局在知识产权人才"十三五"规划中明确指出，要培养和集聚知识产权强国建设的急需紧缺人才，尤其是知识产权国际化人才。知识产权国际化人才的培养是努力建设知识产权强国、提升我国知识产权国际话语权的必然要求，其核心目标是"服务于国家外交大局和'一带一路'、企业'走出去'等战略，加大国际化人才选拔和培养力度，研究我国驻国际组织、主要国家和地区外交机构中涉知识产权事务的人力配备，加强国内外知识产权人才的双向交流和培训，增强知识产权国际交流实务能力，发挥知识产权国际化人才在技术进出口、海外诉讼、资源引进和国际谈判等方面的重要作用，为提升我国知识产权外交地位和知识产权海外竞争护航"❶。

知识产权国际化人才作为一种应用型专业化人才，专业素养要求高，培养周期长。知识产权国际化人才培养的根本是回归学校教育，政产学各方积极联动，探索推进复合型人才培养模式。"政府提供政策和市场环境，产业界提供人才需求、提供项目实践、学生实习辅助课程设计和毕业论文，高校加强语言服务基础知识和基本理论的教育。"❷

令人欣喜的是，在上述理念的驱动下，各方积极努力，知识产权特别是专利相关教育已经取得了长足发展。截至 2018 年，有 76 所高校开设了知识产权专业，其中部分高校单独设置了知识产权学院（系），为知识产权人才培养奠定了直接基础。许多 MTI（翻译硕士专业学位）学位点也在探讨如何找到自己的位置，努力办出自己的特色。部分高校依托专业优势或校企合作，在 MTI 培养方向上创出了知识产权语言服务特色，如西安外国语大学、西安交通大学、曲阜师范大学等，为知识产权国际化人才的培养积累了丰富的实践经验。当然，MTI 教育在取得这些成绩的同时，仍要进一步对照业界标准，在人才培养方式、培养内容、培养机制、培养制度上不断完善，形成一个健全的、专业化的、统一的模式和机制。可以说，MTI 办学成功与否，主要取决于毕业生为社会服务的能力，而要应对这一挑战，根本还在于"开展校企联合培养知识产权人才"❸。

MTI 教育中的校企合作既是国家学位管理机构的要求，又是顺应语言服务产业化和职业化要求的必然选择。校企合作既需要法规和制度保障，更需要校企双方密切配合落实。校企合作的顺利开展离不开国家政策和资金的支持，离不开学校和企业的重视和支持，离不开专职和兼职教师队伍的建设。

《专利语言服务实务》一书基于开设多年的校企共建课程写作而成，系统呈现了专利基础知识，全面介绍了以专利申请文件和审查文件为代表的各类专利文献的翻译策略、方法与技巧，深度融入了专利翻译技术与管理的内容，特别对专利语言服务人才培养的途径进行了探究。全书架构清晰，内容完整，案例翔实，分析到位，既是对以往校企合作在知识产权和专利翻译教育领域的一次阶段性总结，也是对后续校企联合培养知识产权人才的一次系统性探索。

未来，希望有关政府部门及校企双方继续为研究生联合培养基地的发展

---

❶❸ 国家知识产权局. 知识产权人才"十三五"规划［EB/OL］.（2017 – 06 – 02）［2019 – 06 – 01］. https://www.sipo.gov.cn/gk/fzgh/201706/t20170602_1311289.html.

❷ 中国翻译协会. 2018 中国语言服务行业发展报告［R］. 北京，2018.

提供政策和资金保障，进一步完善 MTI 培养方案和课程设置，强化评价标准和评价方式，联合培养学生，共同开展科研攻关，畅通科研成果产出与应用渠道，以实实在在的成绩吸引更多高校与企业参与。面对需求和问题，各单位应该坚定信念、不忘初心，做好翻译人才培养，响应社会对高层次翻译人才日益强烈的需求，迎接新时代的变化与挑战。

全国翻译专业学位研究生教育指导委员会主任　黄友义
2019 年 5 月 6 日

序言二

　　在我国不断深入实施知识产权强国战略和创新驱动发展战略的进程中，创新体系建设的步伐加快，大批创新型企业迅速成长，对知识产权人才工作提出了更高的要求，也对知识产权人才建设提出了新的课题。在新形势下，必须创新人才培养模式，适应创新主体需求，让知识产权人才为创新提供支撑、为创新驱动发展保驾护航。但长期以来，在我国知识产权领域，人才缺乏是常态，尤其缺乏具有复合型知识结构、熟悉国际事务和国际规则、具备国际视野和战略思维的高层次国际化人才。同时，知识产权作为激励创新的基本保障和国际经贸往来的基本规则，已经日益成为营商环境的重要构成、企业发展的战略资源和竞争力的核心要素，受到越来越多的重视。培养一支知识产权国际化人才队伍，不仅是提高我国知识产权国际话语权的必然要求，也是服务于我国企业"走出去"战略的迫切需要。国家知识产权局知识产权人才"十三五"规划已经明确将培养一批拥有国际视野、具有丰富的国际交流经验和处理知识产权国际事务能力的知识产权国际化人才纳入知识产权急需紧缺人才工程。

　　语言是跨文化交流的重要桥梁，培养知识产权国际化人才，除了要培养知识产权国际事务处理能力以外，还应重视知识产权语言服务能力的培养，知识产权语言服务人才是知识产权国际化人才队伍中的一支重要力量。

　　随着全球化进程的推进和国际贸易往来的日趋频繁，知识产权跨地区申请活动日益增加。2018 年，在通过世界知识产权组织提交的全部国际专利申请中，有半数以上来自亚洲，来自中国的 PCT 申请量增长显著，紧跟美国位居世界第二，世界知识产权组织甚至预计中国将在今后两年内赶超美国。这对于我国的知识产权语言服务行业而言无疑是一个良好的发展机遇，而培养知识产权语言服务人才尤其是专利翻译人才则是抓住这一机遇的关键因素。

　　作为全球领先的知识产权语言解决方案提供商，RWS（如文思）在知识产权相关服务方面有着 60 多年的经验与积累，并一直致力于将知识产权方面的全球成功经验与中国的发展需求对接。自 2006 年进入中国市场以来，RWS 即与知识产权出版社建立了紧密的业务合作关系，在共同推进知识产权专业人才队伍建设方面做出了持续的贡献，此次更进一步推出《专利语言服务实务》一书，必将对我国的专利人才培养产生重要的影响。作为知识产权行业的从业者，我赞赏他们的努力，并衷心祝愿他们成功。

知识产权出版社有限责任公司党委副书记、副总经理，研究员

李程

2019 年 5 月 29 日

前　言

　　1624 年英国议会颁布《垄断法》，标志着第一部具有现代意义的专利法诞生，至今已有将近 400 年的历史。

　　1984 年中华人民共和国第六届全国人大常委会第四次会议通过《中华人民共和国专利法》，标志着我国专利制度的开始，至今有近 40 年的历史。

　　400 年在开始有生命迹象的 10 万年历史长河中，若白驹之过隙，但人类文明在这 400 年间达到的高度却是人类先祖穷毕生智慧都无法企及和想象的。以专利法为基础的知识产权法律制度，对形成人类社会进步的根本动力——创新，厥功至伟。

　　40 年在有五千年历史的中华璀璨文明中，更是值得大书特书。中华民族在改革开放的这 40 年间达到的发展高度，是我们的前辈甚至我们自己都未曾想象的。当今时代，和平与发展成为时代的主题，创新成为引领发展的根本动力。

　　作为知识产权行业的从业人员，或者有志于进入知识产权行业的准从业人员，我们拥有着无比珍贵的历史机遇：在最值得奋斗的年纪，我们生逢中国上下五千年未有之格局；在社会全面改革开放进行到最深入的时候，我们又置身于知识产权这样一个蓬勃发展、充满希望与生机的行业。若干年后回首，我们会发现自己既是历史的见证人，也是历史的创造者。

　　我们所面临的这个时代足够宏大，我们所处的这个行业足够伟大，我们置身其中的这个市场足够巨大。它既需要知识产权的同行去做他们擅长的事情，也需要我们每一个人深入思考如何去做我们擅长的事情。时代已经把我们推到了这样一个路口，需要我们勇于担当，承担起响应国家发展战略的使命。正是在这样的感召下，我们汇聚了知识产权语言服务行业的集体智慧，推出了这本凝聚汗水与心血的集成之作。本书既可以作为高等院校 MTI 相关专业教师的参考教材，为我国知识产权行业的发展不断输送新鲜血液；也可以作为知识产权语言服务从业人员的案头必备图书，为行业的创新发展不断激发新的火花。

　　在这样一个时间节点推出这样一本关于语言服务的图书，并不是一个人或几个人一时的心血来潮，而是一群人在专利语言服务领域和专利翻译教学领域长期不懈辛勤耕耘的结果，也是国际化企业的实践经验在国内土壤落地生根发芽成长的产物，是厚积薄发后的凝炼之作。

早在 10 年前，RWS 就积极响应全国翻译专业学位研究生教学指导委员会的号召，广泛深入地开展校企合作，不遗余力地为中国语言服务行业的人才培养贡献力量，并在长期的合作实践中积累了丰富的经验。作为一家已经在专利语言服务领域深耕 60 余年的国际化企业，我们有着强烈的责任感与使命感，并尤其希望在人才培养的广度和深度上持续取得突破。我们先后与曲阜师范大学翻译学院、西安外国语大学高级翻译学院和西安交通大学外国语学院联合成立了 MTI 研究生培养实训基地，并深入参与研究生教学实践，结合企业的实际业务和研究生的教学特点创设了独具特色的专利翻译教学课程。其中，曲阜师范大学的卢卫中院长开风气之先，率先推动了专利翻译在校企合作协同育人方面的尝试与创新；西外高翻学院在贺莺院长的支持下，专利翻译教学在师资配置、课程设置、学分评判等方面得到了体系化的完善，形成了鲜明的特色；而西交大外国语学院在陈向京院长的推动下，创新性地将学校在传统医学翻译上的理论优势应用于专利翻译，在医学专利翻译教学上形成了独特的风格。

所有这些日积月累的努力，都奠定了顺利推出本书最坚实的基础，也因此成就了本书的基因：它必然从实践中来，又必将到实践中去，并在实践中不断得到检验。

我们相信，中华民族复兴的伟大进程需要充分吸收人类文明的优秀成果，并充分借鉴人类社会发展的优秀机制，完备的知识产权体系对于保障创新这一社会发展和民族复兴的根本动力意义重大。我们不揣冒昧，希望本书能够在推动中国知识产权体系的发展与完善、丰富中国高校专利翻译的教学与培训等方面贡献应有的力量，倘能如此，是为幸事！

RWS（如文思）中国公司 CEO　王华伟

2019 年 5 月 6 日

目　录

第一部分　专利基础知识

第二部分　专利申请文件翻译实务

第四部分　专利翻译技术与管理

第一部分

专利基础知识

第一章　知识产权与专利

"劳动生产力是随着科学和技术的不断进步而不断发展的",马克思的这一论断在中国改革开放 40 年的光辉实践中得到了鲜明的验证。"科学技术是第一生产力,而创新是引领发展的第一动力。"当前,全球新一轮科技革命孕育兴起,正在深刻影响世界发展的格局,深刻改变人类生产生活的方式。加强科技产业界和社会各界的协同创新,促进各国开放合作,是使科技发展为人类社会进步发挥更大作用的重要途径。

作为引领发展的第一动力,创新是经济与社会发展的本质,而知识产权则是保护创新的重要手段,为全球创新保驾护航。知识产权可以说是一座容纳了人类想象力和创造力的智慧之城,也是全世界智慧与创造力不断碰撞的竞技场。当今时代,全球愈演愈烈的技术争夺战实质上是一场没有硝烟的知识产权保护之战。这其中,专利保护作为实现知识产权保护的重要手段,可谓衡量创新能力的关键指标。而专利文件是创新技术信息最有效的载体,它承载了全球 90% 以上的最新技术情报,是最大的技术信息源。专利文件提供的信息比一般技术刊物提供的信息通常早 5 ~ 6 年,70% ~ 80% 的发明创造只通过专利文献公开,并不见诸其他科技文献。

全球每年有大量的发明创造在不同国家和/或地区寻求专利保护,语言作为这些技术信息的载体,其重要地位不言而喻。当今中国知识产权事业蓬勃发展,专利申请量随之激增,这对专利文件在不同语言之间的转换提出了新的挑战。作为专利语言服务行业的从业者,需要具备良好的基本职业素养、专利基础知识素养和专利翻译知识与技能素养。这三种素养代表了从事专利语言服务的三个能力体系,缺一不可。

第一节　知识产权

知识产权的客体不是有形物质,而是一种无形财产。但是这并非表明知识产权的客体必须是智力活动创造出来的知识,自然界中存在的花纹图案或生活中的标识都可以被注册为商标使用，注册人便享有商标权。

一、知识产权的概念与特征

知识产权（Intellectual Property Right）是人们依法对自己的特定智力成果、商誉和其他特定相关客体等享有的权利。

从性质上讲，知识产权是一种民事权利，也是一种私权。

从类别上讲，知识产权根据应用领域的不同可以分为著作权和工业产权两类。其中，传统意义上的工业产权包括专利和商标两类。在我国，专利又包括发明专利、实用新型专利和外观设计专利三类。著作权保护的是能够给人带来美感和精神享受的文学艺术作品，其创作的主要目的是使人们从中获得精神方面的愉悦，而非进行生产活动；专利权保护的是能够在工农业等生产领域进行实际应用的发明创造和工业品外观设计；商标权保护的则是在商业流通领域使用的商标标识所体现的商誉。虽然商标标识和外观设计也有美感，但专利权和商标权客体的主要作用是在生产和商业流通中产生实用效果。

1）著作权和邻接权。著作权又称版权，是指文学、艺术和科学作品的作者及其相关主体依法对作品享有的人身权利和财产权利。邻接权在著作权法中被称为"与著作权有关的权益"。

2）专利权，即自然人、法人或其他组织依法对发明、实用新型和外观设计在一定期限内享有的独占实施权。

3）商标权，即商标注册人或权利继受人在法定期限内对注册商标依法享有的各种权利。

随着科学技术的发展和社会的进步，不断有新的非物质客体被纳入知识产权的保护范围，新的知识产权体系应运而生。这些新的知识产权包括集成电路布图设计权、植物新品种权、商业秘密权等。同时，传统的知识产权也在不断扩张。例如，随着复制和传播技术的发展，著作权人享有信息网络传播权等。再如，有些国家将动物品种和商业方法也列为专利的保护对象。

4）商业秘密权，即民事主体对属于商业秘密的技术信息或经营信息依法享有的专有权利。

5）植物新品种权，即完成育种的单位或个人对其授权的品种依法享有的排他使用权。

6）集成电路布图设计权，即自然人、法人或其他组织依法对集成电路布图设计享有的专有权利。

其他，如科技成果奖励权、地理标志权、域名权、反不正当竞争权、数据库特别权利、商品化权等能否成为独立的知识产权，理论界仍存在较大分歧。

从特征上看，知识产权具有以下四个特征。

（1）客体无形性

知识产权的客体是无形物质，有形财产权的客体是有形物质。知识产权的客体往往依附于物质载体，但这并不意味着知识产权的客体只是物质载体所承载的物质成果。有形财产权的一般特性表现为对某物的占有，而知识产权一般表现为对某项权利的占有，两者表现形式不同。有形财产权的利用和转移一般表现为有形物的消耗和转移，知识产权的利用和转移一般并不引起相关有形物的消耗和转移。

（2）专有性

知识产权具有专有性，也称为垄断性、排他性，即除非权利人同意或许可或法律规定，任何其他人都无权享有。这种专有性表现在：第一，知识产权权利主体的专有性。知识产权的授予只有一次，其主体是特定的，权利人以外的任何人不能享有这项权利。第二，知识产权权利客体的专有性。从事智力创造活动极为艰苦，一旦成果落入他人之手，便很快传播，被他人复制、利用。因此，对同一发明创造或可识别性标志，被授予权利的只有一个客体。第三，知识产权权利内容的专有性。权利人自己的知识产权权利可由本人行使，也可转让或许可他人行使，但这些权利具有稳定性和可授予性的特征，具有特定内容。

（3）地域性

知识产权的地域性是指，除非有国际条约、双边或多边协定的特别规定，知识产权的效力只限于本国（本地区）内。知识产权之所以具有地域性，是因为知识产权是法定权利，同时也是一个国家公共政策的产物。知识产权必须通过法律的强制规定才能存在，其权利的范围和内容也完全取决于本国（本地区）法律的规定。由于各国关于知识产权获得与保护的规定各不相同，所以一国的知识产权在他国不能自动获得保护。

随着国际经济一体化进程的加速，知识产权的地域性有被淡化的趋势。例如，1968年比利时、荷兰和卢森堡制定了《比荷卢统一商标法》，商标申请人可以申请注册在这三个国家都被承认和保护的商标；20世纪80年代欧共体各成员国共同制定了《欧洲专利条约》后，申请人可以申请"欧洲专利"，一旦获得授权，在欧共体各成员国都受到保护。

对于专利权和商标权而言，地域性的特征仍然十分突出，其中重要的原因在于专利权和注册商标权并非自动产生，而是需要经过国家法定机关的授权或注册。各国法律对授权和注册的规定各不相同。例如，美国授予并保护商业方法专利，但多数国家包括中国都不承认商业方法的可专利性。虽然在专利权和商标权方面已经有《保护工业产权巴黎公约》（简称《巴黎公约》，*The Paris Covention*），但《巴黎公约》并没有取消专利权和商标权的地域性，并未创造所谓的"世界专利"或"世界商标"。《巴黎公约》只是规定了各缔约国应当对知识产权实行的最低保护水平，以及在申请程序等方面的国民待遇等原则。

（4）时间性

知识产权的时间性是指多数知识产权的保护期是有限的，一旦超过法律规定的期限，便不再受保护，知识产品即成为整个社会的共同财富，由全社会共同使用。根据各类知识产权的性质、特征和本国的实际情况，各国法律对著作权、专利权、商标权都规定有长短不一的保护期。我国著作权的保护期限是作者的有生之年再加 50 年；专利法对发明专利的保护期是 20 年，实用新型和外观设计专利保护期为 10 年；商标权的有效期是自核准之日起 10 年，有效期届满后可以不断续展，每次续展注册的有效期限也是 10 年。❶

除以上四点之外，大部分知识产权还有一个共同的特征，即权利的获得需要经过法定程序，如专利申请、商标注册申请等。

二、知识产权的国际保护

在知识产权的国际保护历程中有如下一些里程碑事件：

1893 年，根据《巴黎公约》成立的国际局与根据《保护文学艺术作品伯尔尼公约》（简称《伯尔尼公约》）成立的国际局联合起来，组成了国际知识产权保护联合局；

1967 年，在瑞典的斯德哥尔摩成立了世界知识产权组织（World Intellectual Property Organization，简称 WIPO）；

1974 年，WIPO 成为联合国专门机构之一，其宗旨是通过国家之间的合作并且与其他国际组织进行协作，促进在全世界范围内保护知识产权，以及保证各知识产权同盟间的行政合作，其总部设在日内瓦。

中国参与知识产权国际保护体系的主要历程如下：

1980 年 6 月 3 日，中国正式加入 WIPO，成为 WIPO 的第 90 个成员国；

1985 年，中国加入《巴黎公约》（专利相关，巴黎公约途径）；

1989 年，中国加入《商标国际注册的马德里协定》（商标相关）；

1992 年 10 月，中国加入《伯尔尼公约》（著作权相关）；

---

❶ 王迁. 知识产权法教程［M］. 5 版. 北京：中国人民大学出版社，2016：4 - 10.

1994 年 1 月 1 日，中国加入《专利合作条约》（专利相关，PCT 途径）。

从 1980 年起的近 20 年时间里，中国成为 WIPO 的成员国并加入了 WIPO 管辖的 12 个条约。

（一）WIPO 管理的条约

WIPO 管理的条约可分三大类❶：

第一类是知识产权保护条约（Intellectual Property Protection Treaties），包括《视听表演北京条约》（*Beijing Treaty on Audiovisual Performances*）、《伯尔尼公约》（*Berne Convention*）、《布鲁塞尔公约》（*Brussels Convention*）、《（产地标记）马德里协定》（*Madrid Agreement（Indications of Source）*）、《马拉喀什视障者条约》（*Marrakesh VIP Treaty*）、《内罗毕条约》（*Nairobi Treaty*）、《巴黎公约》、《专利法条约》（*Patent Law Treaty*）、《录音制品公约》（*Phonograms Convention*）、《罗马公约》（*Rome Convention*）、《商标法新加坡条约》（*Singapore Treaty on the Law of Trademarks*）、《商标法条约》（*Trademark Law Treaty*）、《华盛顿条约》（*Washington Treaty*）、《世界知识产权组织版权条约》（*WIPO Copyright Treaty*，WCT），《世界知识产权组织表演和录音制品条约》（*WIPO Performances and Phonograms Treaty*，WPPT）。

第二类是全球保护体系条约（*Global Protection System Treaties*），包括《布达佩斯条约》（*Budapest Treaty*）、《海牙协定》（*Hague Agreement*）、《里斯本协定》（*Lisbon Agreement*）、《（商标）马德里协定》（*Madrid Agreement（Marks）*）、《马德里议定书》（*Madrid Protocol*）、《专利合作条约》（*Patent Cooperation Treaty*，PCT）。

第三类是分类条约（*Classification Treaties*），包括《洛迦诺协定》（*Locarno Agreement*）、《尼斯协定》（*Nice Agreement*）、《斯特拉斯堡协定》（*Strasbourg Agreement*）、《维也纳协定》（*Vienna Agreement*）。

（二）WIPO 的国际分类❷

寻求国家或国际知识产权保护的申请人需要确定其发明创造是否是新的，是否已属他人所有，或者已被他人提出权利要求。为确定这一点，必须检索大量信息。为便于进行这种检索，有多种国际分类将关于发明、商标和工业品外观设计的信息组织成有索引、易管理、易检索的结构。

---

❶ WIPO. WIPO 管理的条约［EB/OL］.（2019 - 05 - 23）［2019 - 06 - 01］. https://www. wipo. int/treaties/zh/index. html.

❷ WIPO. WIPO 国际分类［EB/OL］.（2019 - 01 - 07）［2019 - 05 - 28］. https://www. wipo. int/classifications/zh/.

（1）国际专利分类

国际专利分类（IPC）用于按不同技术领域对专利和实用新型进行分类。国际专利分类于 1971 年由《斯特拉斯堡协定》建立，由 IPC 专家委员会不断修订。《斯特拉斯堡协定》建立的 IPC 把技术分为八个部类，约 70 000 个复分类。在检索"现有技术"时，分类对检索专利文件不可或缺。颁发专利文件的机关、潜在的发明人、研究与开发单位及其他有关的技术应用或开发单位都需要进行这种检索。

（2）洛迦诺分类

洛迦诺分类（LOC）是一种工业品外观设计注册用商品分类国际体系。洛迦诺分类由 1968 年《洛迦诺协定》建立，由洛迦诺联盟专家委员会不断修订。

（3）尼斯分类

尼斯分类（NCL）是一种商标注册用商品和服务国际分类体系。尼斯分类由 1957 年《尼斯协定》建立，由尼斯联盟专家委员会不断修订。

（4）维也纳分类

维也纳分类（VCL）是一种将商标图形要素按形状分成类、组、项的层级分类体系。维也纳分类由 1973 年《维也纳协定》建立，由维也纳联盟专家委员会不断修订。

1994 年 4 月 15 日，在摩洛哥举行的关贸总协定乌拉圭回合部长会议上决定成立更具全球性的世界贸易组织（World Trade Organization，WTO，简称"世贸组织"），以取代成立于 1947 年的关贸总协定。WTO 是当代最重要的国际经济组织之一，拥有 164 个成员，成员贸易总额达到全球的 98%，有"经济联合国"之称。知识产权在 WTO 中占有十分重要的地位，与货物贸易、服务贸易一起构成世界贸易组织的三大支柱。中国在加入 WTO 的申请文件中明确作出承诺，要全面履行《WTO 协议》及其附件所规定的义务，包括履行《与贸易有关的知识产权协议》（简称"TRIPs 协议"）的义务。TRIPs 协议是WIPO 管辖之外的当前世界范围内知识产权保护领域中涉及面广、保护水平高、保护力度大、制约力强的一个国际公约。与 TRIPs 协议相比，加入 WTO 之前，中国的知识产权法律制度存在着一定差距。根据 TRIPs 协议的要求和在申请加入 WTO 时作出的承诺，中国已在加入 WTO 之前完成了对专利法、商标法和著作权法这三部主要知识产权法的修改，颁布、实施了《植物新品种保护条例》《集成电路布图设计保护条例》等相关法规，并在加入 WTO 之后颁布、实施了新的《计算机软件保护条例》，目前还在继续制定或修改其他有关的法律、法规。

一直以来，知识产权体系是根据地域建立的，而随着经济、技术全球化的发展，建立全球通行的知识产权标准成为许多国家和企业的共同呼声。全球知识产权地域格局相比 10 年前已发生了巨大的变化。世界原本的三大知识产权机构（分别是美国、欧盟和日本的知识产权机构）已经发展到了五个，分别是中国、美国、日本、韩国和欧盟的知识产权机构。在全球不断完善知识产权环境的基础上，制定世界通用标准与规定是知识产权国际合作面临的挑战之一。建立全球标准、让版权标准全球通用及传统问题的定义都是非常重要和需要解决的问题。另外，能否在全球建立一个尊重知识产权的法律体系、如何更好地管理知识产权、发展知识产权保护体系是知识产权全球发展面临的挑战。随着经济的崛起和国际化进程的加速，中国将作为国际知识产权保护的重要一方，在全球知识产权保护体系的发展和完善中发挥重要作用。❶

随着中国知识产权强国建设的进一步发展，知识产权成为支撑国家经济社会发展的重要力量，知识产权行业也已成为社会影响力较大、从业人员较多的行业之一。

在 2015 年颁布的新版《中华人民共和国职业分类大典》（简称《职业分类大典》）中，知识产权专业人员作为新职业正式纳入其中，标志着其职业身份在"国家确定职业分类"上首次得以确立。新版《职业分类大典》共分为 8 个大类、75 个中类、434 个小类、1481 个职业。其中，在"经济和金融专业人员"中类下增加了"知识产权专业人员"小类，下设"专利代理专业人员""专利审查专业人员""专利管理专业人员""专利信息分析专业人员"4 个相关职业。在专利领域，主要从业人员包括专利信息服务人员、专利代理人员、专利审查人员、专利管理及执法人员、专利司法人员、专利学术研究与交流人员 6 大类。❷

第二节　专利的概念与特征

一、专利的概念

作为知识产权尤其是专利法中最核心的概念，专利（Patent）在社会认知和业界研究中通常包含三重含义❸：

---

❶　陶维洲，王蔚. 中国知识产权国际合作面临六大挑战 [EB/OL]. (2008 – 04 – 22) [2019 – 06 – 01]. http://news. cri. cn/gb/18824/2008/04/22/882@ 2029334. htm.

❷　劳动和社会保障部，国家质量监督检验检疫总局，国家统计局. 中华人民共和国职业分类大典 [M]. 北京：中国劳动社会保障出版社，2015.

❸　盛明洁. 专利知识简介 [J]. 电子科技大学学报，1991 (6)：660 – 664.

1）专利权，指国家依法在特定时期内授予专利权人或其权利继受者享有使用其发明创造的独占、排他、专有权利，侧重强调发明创造特权。

2）取得专利权的发明，指受国家认可且在公开基础上进行法律规范保护的发明创造本身，侧重强调具体技术方法。

3）专利权文件，指专利局颁发的确认申请人独享其发明创造权利的专利证书或记载发明创造内容的专利文献，侧重强调具体物质文件。对比可见，前两重含义为无形，而第三重含义为有形物质。此外，还需注意区分"专利"和"专利申请"这两个概念。专利申请如能最终获得授权，才称为专利，享有对其所申请保护技术范围的独占实施权，否则不能享有该特权，二者所代表的结果迥异。

二、专利的特征

专利权作为知识产权的一种形式，具备上述知识产权的四大特征，即客体无形性、独占性、地域性和时间性，并且具备大多数知识产权的一个共同特征，即专利权的获得需要经过法定程序。同时，专利权相比著作权也具有自己的鲜明特征，具体如下。

（1）排他性更强

对于著作权而言，二人因巧合先后创作出的相同作品，二人享有独立的著作权；对于专利权而言，二人出于巧合先后独立完成了相同的发明创造，而其中一人先申请并获得了专利权，则另一人不但不能获得专利权，而且如果在他人申请日前没有制造相关产品、使用相关技术或者做好制造和使用的准备，则在他人获得专利权之后不能以生产经营为目的实施自己的发明创造。

（2）以向社会公开技术为条件

专利的两个最基本的特点就是"独占"与"公开"，以"公开"换取"独占"是专利制度的核心，这分别代表了权利与义务的两面。"独占"是指法律授予专利权人在一段时间内享有排他性的独占权利；"公开"是指专利申请人作为对法律授予其独占权的回报而将其技术公之于众，使社会公众可以通过正常渠道获得有关专利信息。通过将公开技术方案作为授予专利的前提，专利法在保护发明人的同时也有力地促进了研究和创造活动。

（3）经审查后才能依照法定程序授予

著作权是自动产生的，作者一旦创作完成了符合法定要求的智力成果，该作品即受到著作权法保护。专利权不是自动产生的，发明创造只有经过国家专利主管部门的审查，确定其符合法律规定的授权条件之后，发明人或设计人才能被授予专利权。这一特征是与专利权的高度排他性相适应的。

（4）地域性等限制更加突出

如上文提及的，各国专利法对各类专利的审查和授权标准各不相同，《巴黎公约》也并未创造所谓的"世界专利"，同时对专利权的保护期限也明显短于著作权，因此专利权在地域性和时间性方面受到的限制更加显著。❶

第三节　专利权的主体与客体

一、专利权的主体

专利权的主体即专利权的关系人，是指依法享有专利权并承担与此相应的义务的人。专利权人包括原始取得专利权的原始主体和继受取得专利权的继受主体。❷

专利权人有如下类型❸：

执行本单位的任务或者主要是利用本单位的物质技术条件完成的发明创造为职务发明创造。职务发明创造申请专利的权利属于该单位；申请被批准后，该单位为专利权人。非职务发明创造，申请专利的权利属于发明人或者设计人；申请被批准后，该发明人或者设计人为专利权人。利用本单位的物质技术条件完成的发明创造，单位与发明人或者设计人签订有合同，对申请专利的权利和专利权的归属作出约定的，从其约定。

两个以上单位或者个人合作完成的发明创造、一个单位或者个人接受其他单位或者个人委托完成的发明创造，除另有协议的以外，申请专利的权利属于完成或者共同完成的单位或者个人；申请被批准后，申请的单位或者个人为专利权人。

（1）发明人和设计人

任何发明创造都是由自然人发明设计出来的。《中华人民共和国专利法实施细则》（简称《专利法实施细则》）第十三条规定，发明人或设计人是指对发明创造的实质性特点做出创造性贡献的人。在完成发明创造的过程中，只负责组织工作的人、为物质条件的利用提供方便的人或者从事其他辅助工作

---

❶ 王迁. 知识产权法教程［M］. 5版. 北京：中国人民大学出版社，2016：266–268.

❷ 邹瑜. 法学大辞典［M］. 北京：中国政法大学出版社，1991.

❸ 中华人民共和国国家知识产权局.《专利法》（2008年修订）第六条、第八条［EB/OL］.（2015–09–02）［2019–06–01］. http://www.sipo.gov.cn/zcfg/zcfgflfg/flfgzl/fl_zl/1063508.htm.

的人都不能认为是发明人或设计人。

（2）专利申请人

专利申请人是向专利局提出就某一发明或设计取得专利请求的当事人。专利申请人可以是单位，也可以是自然人。各国均规定，并非任何人都可向专利局提出专利申请。《中华人民共和国专利法》（简称《专利法》）规定，专利申请人应具备两个条件：①为具有专利权利能力的公民或法人；②具有专利申请的申请权。

一般情况下，发明人、设计人与专利申请人为同一人，但在以下几种情况下，专利申请人可为发明人、设计人以外的其他人：

1）他人通过合同从发明人、设计人处取得发明创造的专利申请权，并申请专利的。

2）发明创造的继承人通过继承取得发明创造的专利申请权。

3）职务发明创造的申请人为发明人、设计人所在的单位。

（3）外国人

在中国有经常居所或者有营业所的外国人、外国企业或者外国其他组织，享有与中国公民和企业组织同等的申请专利的权利。在中国没有经常居所或者营业所的外国人、外国企业或者外国其他组织在中国申请专利，可以按照以下三种情况分别处理：

1）按照其所属国和中国签订的协议办理。

2）按照其所属国和中国共同参加的国际条约办理。我国已参加了《巴黎公约》和《成立世界知识产权组织公约》。这两个条约都对各成员国应允许互相申请和获得专利进行了规定，并实行国民待遇原则。因此，凡是上述两个公约的缔约国的公民、法人或者其他组织在我国申请专利，我国均给予其国民待遇。

3）按照互惠原则办理。如果我国的公民或者企业、组织在该国具有申请和获得专利的权利，那么该国公民或者企业、组织在我国也具有申请和获得专利的权利。

（4）专利转让与专利受让人

专利转让指专利权人将其获得的专利所有权转让给他人。《专利法》规定：专利申请权和专利权可以转让。专利权转让的形式包括出售、折股投资等多种。

专利受让人是指通过合同或继承而依法取得专利权的单位或个人。受让方是接受专利技术的那一方，而受让人是接受转让的人。但是受让人并不因继受专利申请权或专利权而成为发明人、设计人，发明人、设计人也不因发明创造的权利转让而丧失其特定的人身权利。

二、专利权的客体

专利权的客体是指专利法保护的对象，指能取得专利权、可以受专利法保护的发明创造。依照分类，专利权的客体包括发明专利、实用新型专利和外观设计专利三种类型。

（1）发明专利

《专利法》第二条第二款对发明的定义是："发明是指对产品、方法或者其改进所提出的新的技术方案。"发明专利并不要求它是经过实践证明可以直接应用于工业生产的技术成果，它可以是一项解决技术问题的方案，或是一种构思，具有在工业上应用的可能性。发明专利包括以下两种类型：

1）产品发明，是人们通过研究开发出来的关于各种新产品、新材料、新物质等的技术方案，主要包括物品、物质、材料、工具、装置、设备、仪器、部件、元件、线路、合金、涂料、水泥、玻璃、组合物、化合物、药物制剂、基因等。

2）方法发明，是指人们为制造产品或解决某个技术难题而研究开发出来的操作方法、制造方法及工艺流程等技术方案，主要包括检测方法、制造方法、使用方法、通信方法、处理方法、将产品用于特定用途的方法等。

另外，发明还可以分为原始发明和改进发明。改进发明是指在现有技术的基础上改进后的技术方案，包括对某些技术特征进行新的组合，在现有产品或方法的基础上增加技术特征、减少技术特征或对技术特征进行替换等。

（2）实用新型专利

《专利法》第二条第三款对实用新型的定义是："实用新型是指对产品的形状、构造或者其结合所提出的适于实用的新的技术方案。"同发明一样，实用新型保护的也是一个技术方案，但实用新型专利保护的范围较窄，它只保护有一定形状或结构的新产品，不保护方法及没有固定形状的物质。实用新型的技术方案更注重实用性，其技术水平较发明而言要低一些。多数国家实用新型专利保护的都是比较简单的、改进性的技术发明，可以称为"小发明"。

授予实用新型专利不需经过实质审查，手续比较简便，费用较低。因此，日用品、机械、电器等方面的有形产品的小发明比较适合申请实用新型专利。

（3）外观设计专利

《专利法》第二条第四款对外观设计的定义是："外观设计是指对产品的形状、图案或其结合以及色彩与形状、图案的结合所作出的富有美感并适于工业应用的新设计。"外观设计专利的保护对象是产品的装饰性或艺术性外表设计，这种设计可以是平面图案或立体造型，更常见的是二者的结合。

外观设计与发明、实用新型有着明显的区别：虽然外观设计和实用新型都与产品的形状有关，但两者的目的却不相同，前者的目的在于使产品形状产生美感，而后者的目的在于使具有形态的产品能够解决某一技术问题。外观设计专利实质上保护的是美术思想，而发明专利和实用新型专利保护的是技术思想。例如，一把雨伞，若其形状、图案、色彩相当美观，应申请外观设计专利；如果雨伞的伞柄、伞骨、伞头结构设计精简合理，可以节省材料，且耐用，则应申请实用新型专利。

三、不授予专利权的客体

《专利法》第五条、第二十条、第二十五条中规定了不授予专利权的情况：

第五条 对违反法律、社会公德或者妨害公共利益的发明创造，不授予专利权。对违反法律、行政法规的规定获取或者利用遗传资源，并依赖该遗传资源完成的发明创造，不授予专利权。

第二十条 任何单位或者个人将在中国完成的发明或者实用新型向外国申请专利的，应当事先报经国务院专利行政部门进行保密审查。保密审查的程序、期限等按照国务院的规定执行。对违反本条第一款规定向外国申请专利的发明或者实用新型，在中国申请专利的，不授予专利权。

第二十五条 对下列各项，不授予专利权：

（一）科学发现；

（二）智力活动的规则和方法；

（三）疾病的诊断和治疗方法；

（四）动物和植物品种；

（五）用原子核变换方法获得的物质；

（六）对平面印刷品的图案、色彩或者二者的结合作出的主要起标识作用的设计。

对前款第（四）项所列产品的生产方法，可以依照本法规定授予专利权。

第二章　主要专利程序

在第一章第二节中"专利的特征"部分讲到，专利权不是自动产生的，发明创造只有经过国家专利主管部门的审查，确定其符合法律规定的授权条件之后，发明人或设计人才能被授予专利权，这一特征是与专利权的高度排他性相适应的。本章将着重介绍发明人在中国取得专利权所必经的各项程序。

在我国，完整实施专利程序所遵循的法规主要包括《专利法》、《专利法实施细则》和《专利审查指南》。其中，《专利法》是国家法律，《专利法实施细则》是国务院的行政法规，《专利审查指南》是国家知识产权局的部门规章。三者依次从概括到具体，规定了专利保护在中国实施落地所应遵循的各项法律条款。本书附录四至附录六分别摘录了以上三部法规中与专利语言服务密切相关的条款。

国防专利是一类特殊的专利，申请人直接向国防专利机构提出申请，审查通过后，由国家知识产权局作出授权决定，然后委托国防专利机构颁发国防专利证书。这种专利在授权时不向全社会公开具体技术内容和保护范围，仅在内部相对公开，并采取一定的保密措施，但是专利权人仍然享有《专利法》规定的相应权利。国防专利只涉及发明专利，鉴于其特殊性，其相关专利程序不在本章讨论的范围内。

保密专利是指涉及国防利益以外的国家安全或者重大利益，需要保密的发明或者实用新型专利申请，由国家知识产权局进行审查和管理。在申请时申请人可以提出按保密专利处理的请求，国家知识产权局对其进行审查后作出是否按保密专利处理的决定，发送申请人。国家知识产权局也对普通专利申请进行审查，发现需要保密的作出保密决定，发送申请人，按保密专利申请进行审查和授权。国防专利申请由国防知识产权局受理并审查，国家知识产权局受理的涉及国防利益需要保密的专利申请应转交国防知识产权局进行审查；保密专利申请由国家知识产权局受理和审查。

保密审查与保密专利是两个不同的概念。保密审查是指在中国境内完成的发明创造向境外申请专利时必经的审查程序，这一程序由国家知识产权局负责处理。

以下将结合中国专利申请与审查的流程（图2-1）重点讨论一项创新成果在中国获得专利保护需遵循的主要原则及需经历的主要程序。

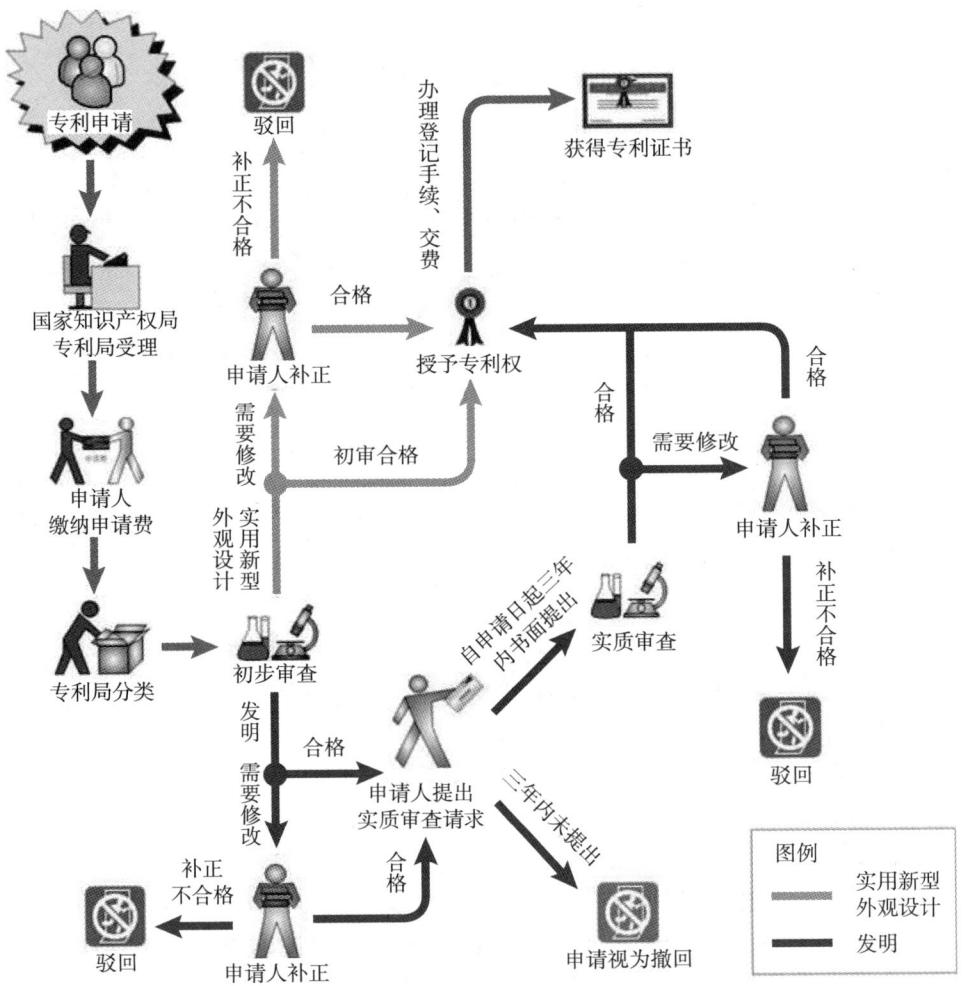

图2-1　中国专利申请与审查流程 ❶

❶　国家知识产权局. 专利申请审批流程［EB/OL］. （2019 - 05 - 16）［2019 - 06 - 02］. http://www. sipo. gov. zcn/zhfwpt/zlsqzn_pt/zlsqspcxjs/zlsqsplc/index. htm.

第一节　中国专利申请程序

专利申请是指享有专利申请权的主体依照《专利法》规定的程序请求专利主管机关对其发明创造授予专利权的行为。与专利申请涉及的权利相关的概念有三个：申请专利的权利，是指在发明创造完成后，权利人有权决定是否要申请专利以及如何申请专利；专利申请权，是指在就发明创造向国家知识产权局提出专利申请之后，专利权申请人享有的是否可以继续进行专利申请程序、是否转让专利申请的权利；专利权，是指发明创造被授予专利权后，专利权人享有禁止他人实施其专利权、许可他人实施其专利权、向他人转让或者质押其专利权的权利。申请专利的权利、专利申请权及专利权是对发明创造所处不同阶段法律状态的称谓，具体如图 2 - 2 所示。

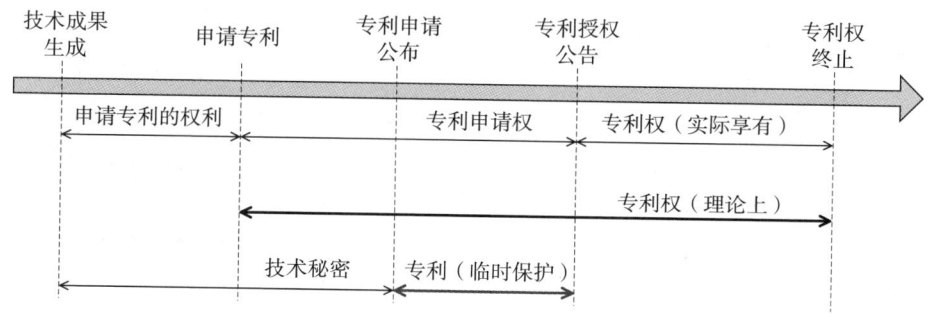

图 2 - 2　专利申请中的三种权利❶

一、专利申请原则

专利申请过程中可能会面临各种争议或异议，总体而言，中国专利申请主要秉持如下原则。

（一）书面原则

我国《专利法实施细则》第二条规定："专利法和本细则规定的各种手续，应当以书面形式或者国务院专利行政部门规定的其他形式办理。"可见，书面原则是指申请专利文件和办理专利申请的各种法定手续都必须依法以书

---

❶ 珠海市知识产权保护协会. 专利还有临时保护，你知道吗？ ［EB/OL］.（2017 - 12 - 22）
［2019 - 05 - 31］. http://www.sohu.com/a/212190982_ 99916506.

面形式办理，并按规定格式（包括表格）和要求进行撰写和填写。

（二）先申请原则

《专利法》第九条规定："同样的发明创造只能授予一项专利权。但是，同一申请人同日对同样的发明创造既申请实用新型专利又申请发明专利，先获得的实用新型专利权尚未终止，且申请人声明放弃该实用新型专利权的，可以授予发明专利权。两个以上的申请人分别就同样的发明创造申请专利的，专利权授予最先申请的人。"第二十八条规定："国务院专利行政部门收到专利申请文件之日为申请日。如果申请文件是邮寄的，以寄出的邮戳日为申请日。"

从以上两条规定中不难看出，专利申请日在我国《专利法》中具有非常重要的作用。这是因为不同于某些实行"先发明原则"的国家，我国专利实行的是"先申请原则"，即两个申请人就同样的发明创造申请专利的，专利权授予最先申请的人。先申请原则是以申请日作为判断申请先后的标准，以"日"为最小单位，并不以申请当日的具体时间区分申请的先后顺序。《专利法实施细则》第四十一条规定："两个以上的申请人同日（指申请日；有优先权的，指优先权日）分别就同样的发明创造申请专利的，应当在收到国务院专利行政部门的通知后自行协商确定申请人。"对于在同一日期申请的专利，要求有关申请人自行协商确定谁是申请人，或共同申请，或由一方将申请权转让给其他方，从中得到适当的补偿。如果双方协商不成，都将丧失专利申请权。

（三）单一性原则

基于专利本身的独占性和排他性原则，对于同样的发明创造，不能授予两项以上的专利权，这就是专利的单一性原则，也称为"一发明一专利原则"或"禁止重复授权原则"。

专利申请单一性原则也是专利申请中的一项基本原则，其意义可有广义和狭义两种理解。狭义的专利申请单一性原则是指一件专利申请的内容只能包含一项发明创造，不能将两项或两项以上的发明创造作为一件申请提出。而广义的专利申请单一性原则不仅包括上面所说的含义，还包括同样的发明创造只能被授予一次专利权，同样的发明创造不能同时存在两项或两项以上的专利权。

《专利法》第九条明确规定，同样的发明创造只能授予一项专利权，并且排除了例外的情形。《专利法实施细则》第四十一条规定："两个以上的申请人同日（指申请日；有优先权的，指优先权日）分别就同样的发明创造申请专利的，应当在收到国务院专利行政部门的通知后自行协商确定申请人。"

再如，《专利法》第三十一条规定："一件发明或者实用新型专利申请应当限于一项发明或者实用新型。属于一个总的发明构思的两项以上的发明或者实用新型，可以作为一件申请提出。一件外观设计专利申请应当限于一项外观设计。同一产品两项以上的相似外观设计，或者用于同一类别并且成套出售或者使用的产品的两项以上外观设计，可以作为一件申请提出。"

对于不符合单一性的缺陷，可以通过修改和分案来克服，可以是申请人主动要求分案，也可以是申请人按照审查员的要求而分案。应当指出，由于提出分案申请是申请人自愿的行为，所以审查员只需要申请人将不符合单一性要求的两项以上发明改为属于一个总的发明构思的两项以上发明，至于修改后对其余的发明是否提出分案申请，完全由申请人自己决定。

另外，针对一件申请，可以提出一件或者一件以上的分案申请，针对一件分案申请还可以以原申请为依据再提出一件或者一件以上的分案申请。针对一件分案申请再提出分案申请的，若提交日不符合分案申请的递交时间，则不能被允许，除非为了克服审查员所指出的单一性缺陷。

对于发明人而言，专利申请的单一性原则有如下作用：

1）合案申请，节约经费。将多个具有共同特定技术特征的专利合案申请在一份专利中，大幅降低专利申请费用。

2）分案申请，保护不同发明。在专利获得授权阶段，就包含在最初提交文本中但不符合单一性的发明内容提出新的专利申请，可以享有原专利申请日，保护发明内容。

从国家专利局专利审查的角度出发，专利申请遵循单一性原则的主要原因有：

1）经济原因。防止申请人只支付一件专利的费用而获得几项不同发明或者实用新型专利的保护。

2）技术原因。便于审查员对专利申请分类、检索和审查。

（四）优先权原则

优先权是专利申请过程中的一个重要概念。

《专利法》第二十九条规定："申请人自发明或者实用新型在外国第一次提出专利申请之日起十二个月内，或者自外观设计在外国第一次提出专利申请之日起六个月内，又在中国就相同主题提出专利申请的，依照该外国同中国签订的协议或者共同参加的国际条约，或者依照相互承认优先权的原则，可以享有优先权。申请人自发明或者实用新型在中国第一次提出专利申请之日起十二个月内，又向国务院专利行政部门就相同主题提出专利申请的，可以享有优先权。"

《专利法》第三十条规定："申请人要求优先权的，应当在申请的时候提出书面声明，并且在三个月内提交第一次提出的专利申请文件的副本；未提出书面声明或者逾期未提交专利申请文件副本的，视为未要求优先权。"

优先权分为外国优先权和本国优先权。顾名思义，外国优先权是指申请人自发明或者实用新型在外国第一次提出专利申请之日起 12 个月内，或者自外观设计在外国第一次提出专利申请之日起 6 个月内，又在中国就相同主题提出专利申请的，依照该外国同中国签订的协议或者共同参加的国际条约，或者依照相互承认优先权的原则，可以享有优先权，即以其在外国第一次提出申请之日为申请日。该原则同样适用于我国申请人向外国提出专利申请。本国优先权是指申请人在本国提出首次申请后，在一定期限内就相同主题在本国再次提出申请的，可以享有首次申请的优先权。本国优先权的适用范围限于发明和实用新型专利申请。本国优先权在优先权期限、申请人要求优先权的资格、优先权要求成立的条件等方面与外国优先权相同。

优先权不能自动发生，需要通过提交文件申请而获得。材料提交的时限为 3 个月，提交方式为书面提交，并且需要缴纳一定的优先权要求费用。若申请人未在规定的时间内缴纳优先权要求费，将视为未要求或撤回优先权。费用一经缴纳，不予退还。要求撤回优先权的情况，需要全部申请人盖章签字，视为撤回的在先申请将无法恢复优先权。

优先权制度的设立有以下几方面的意义。

1. 鼓励发明人及时申请专利

专利优先权可以鼓励发明人及时申请专利，在给予专利发明人更多时间解决其技术问题、完成其发明创造的同时，又避免第三人在此期间抢注专利的情形，继而尽快保护自己的发明构思与基本发明技术，充分体现我国《专利法》规定的"在先申请"原则，成功解除了申请人的后顾之忧，有利于最大限度保护发明创造者的积极性。

2. 促进发明人加快研究进程

我国专利优先权期限为 12 个月，如果专利申请人在此期间未能抓紧时间完成对相同主题专利的完善与改进工作，或者未能采取更改专利保护方法的措施，则专利申请人很可能因为高估了发明创造的专利性，或者他人在此期间对该项技术的公开行为而导致无法获得专利权。本制度将激励专利申请人在第一次提出专利申请后，赶在优先权期限届满前完成技术完善工作，从而间接推动科技发展。

3. 有利于专利申请类型转换

我国《专利法实施细则》规定了申请人要求本国优先权，在先申请是发明专利申请的，可以就相同主题提出发明或者实用新型专利申请。在先申请是实用新型专利申请的，可以就相同主题提出实用新型或者发明专利申请。发明可以保护方法，但实用新型不行。优先权制度使得申请人能在规定的 12 个月期限内选定是以实用新型还是以发明专利来保护自己的发明创造，从而有利于发明人结合我国申请发明专利耗时长但是发明专利权较稳定，而实用新型专利权虽然不稳定但易申请的情况，利用此项规定灵活选择对其更有利的保护方法。

4. 有利于加强专利保护

我国《专利法实施细则》规定："专利法所称申请日，有优先权的，指优先权日。"申请人可以预先进行专利申请而取得申请日，如果 12 个月内可以提高其技术，完全达到新颖性、创造性和实用性要求，则申请人可以要求在先申请的部分优先权，避免在此期间别人的公开影响到自己发明创造的专利性要求；如果申请人在 12 个月内没有达到专利性要求，还可以撤回在先申请，避免其技术公开，从而有利于获得更好的专利可靠性与稳定性，以及侵权诉讼中更大的胜诉把握。❶

二、专利申请文件

根据专利申请的书面原则，申请专利时应提交的文件依具体的专利类型不同而不同，其中：

1）申请发明专利的，申请文件应当包括发明专利请求书、摘要、摘要附图（适用时）、说明书、权利要求书、说明书附图（适用时），各一式两份；涉及氨基酸或者核苷酸序列的发明专利申请，说明书中应包括该序列表，把该序列表作为说明书的一个单独部分提交，并与说明书连续编写页码，同时还应提交符合国家知识产权局规定的记载有该序列表的光盘或软盘。

2）申请实用新型专利的，申请文件应当包括实用新型专利请求书、摘要、摘要附图（适用时）、说明书、权利要求书、说明书附图，各一式两份。

3）申请外观设计专利的，申请文件应当包括外观设计专利请求书、图片或者照片（要求保护色彩的，应当提交彩色图片或者照片）以及对该外观设计的简要说明，各一式两份。提交图片的，两份均应为图片，提交照片的，两份均应为照片，不得将图片或照片混用。

---

❶ 赵珂. 试论我国专利优先权制度［J］. 湖北省社会主义学院学报，2005（3）：125－126.

申请专利时应填写专利申请请求书（包括名称、发明人或申请人、联系人、申请文件清单等内容）。

三、专利申请途径

当今，申请专利主要遵循两大体系，即《巴黎公约》和 PCT，这同样也是我国企业和个人申请国外专利的两种常用途径。

《巴黎公约》是由多个国家组成的国际组织，该组织内的成员国约定，在任何一成员国申请专利后的 12 个月内，可以要求该专利申请的优先权，并直接在该组织其他成员国内申请专利。根据巴黎公约进行专利申请的专利类型包括发明、实用新型和外观设计。

PCT 是在专利领域进行合作的国际性条约。其目的是就同一发明创造向多个国家申请专利时，减少申请人和各个专利局的重复劳动。PCT 于 1970 年 6 月在华盛顿签订，1978 年 1 月生效，同年 6 月实施。我国于 1994 年 1 月 1 日加入 PCT，同时中国国家知识产权局作为受理局、国际检索单位、国际初步审查单位，接受中国公民、居民、单位提出的 PCT 国际申请。截至 2019 年 5 月，PCT 成员国已增加至 152 个。根据 PCT 进行专利申请的专利类型仅包括发明和实用新型，不包括外观设计。

表 2-1 从《巴黎公约》和 PCT 的保护客体、优先权、申请费用等几方面概括了两者之间的区别及各自的优缺点。

表 2-1 《巴黎公约》途径与 PCT 途径对照

对比因素	《巴黎公约》	PCT
保护客体	发明专利、实用新型专利、外观设计专利	发明专利、实用新型专利
申请方式	一表一国，分别申请	一表多国
申请效力	直接进入各国常规审查、授权	国际阶段受理专利申请，之后分别进入各个国家进行常规审查、授权
优先权	首次提交专利申请后，发明或实用新型为 12 个月，外观设计为 6 个月	首次提交专利申请后的 30 个月
申请语言	申请材料需用指定语言	申请材料可用母语
申请费用	支付国家程序的正常费用	国际阶段额外付费，进入国家阶段尚需依照各国规定再支付费用

《巴黎公约》途径的优点是节约 PCT 国际阶段产生的费用，如果选择进入的国家较少（不多于 3 个），可以考虑该方式。选择《巴黎公约》途径，有

以下两个缺点：①选择进入国外申请的时间最多为 12 个月，必须在 12 个月内完成所有国外文件的翻译和提交，时间比较仓促；②提交时有多种形式要求，涉及多种语言。

PCT 途径的优点有两个：①最长可以有 30 个月的时间选择进入国家阶段，时间比较充裕；②一种形式要求（可以用中文提出）。PCT 途径的缺点是相对于《巴黎公约》多出了 PCT 国际阶段产生的费用。具体的 PCT 专利申请与审查流程将在本章第三节中详细讨论。

第二节　中国专利审查程序

在我国，按照规定的程序提交专利申请并且缴纳全额费用之后，即进入专利审查程序。发明专利的审查程序包括五个主要阶段：受理、初审、公布、实审和授权。专利审查过程一般将持续 1～3 年，取决于专利的种类和发明内容。实用新型或者外观设计专利申请在审批中不进行早期公布和实审，所以只有受理、初审和授权这三个阶段。

专利申请在审查阶段时，申请人没有权利阻止他人对其权利的侵犯。但是发明专利公布后（通常是在专利申请日起第 18 个月时），申请人可以要求侵权人停止侵权行为并支付适当的使用费，而侵权人也可以拒绝。专利授权之后，申请人可以通过司法程序向侵权人追诉侵权责任，并要求赔偿。

一、受理

（一）受理地点

专利局受理处负责受理专利申请及其他有关文件。专利局设置在各省、市的代办处仅负责受理专利申请，但不受理其中的涉外申请、分案申请、要求国内优先权的申请，也不受理其他中间文件。专利局复审和无效审理部❶可受理复审和无效宣告请求及其他有关文件。寄给专利局其他部门的个人或非受理部门的申请文件和其他有关文件不具有法律效力。

（二）专利申请的受理与不受理

1. 专利申请的受理条件与程序

专利申请符合下列条件的，专利局应予受理：

---

❶ 2019 年，国家知识产权局专利复审委员会更名为国家知识产权局专利局复审和无效审理部。

1）申请文件中有请求书。该请求书应当明确申请专利的类别，写明申请人姓名或者名称及地址。

2）发明专利申请文件中有说明书和权利要求书；实用新型专利申请文件中有说明书（必须有说明书附图）和权利要求书；外观设计专利申请文件中有图片或者照片。

3）申请文件是使用中文打字或者印刷的。全部申请文件的字迹和线条清晰可辨，没有涂改，至少能够容易地分辨其内容。发明或者实用新型的说明书附图和外观设计的图片是用不易擦去的笔迹绘制，并且没有涂改。

4）申请人是外国人的，应符合《专利法》第十九条第一款的有关规定，其所属国应符合《专利法》第十八条的有关规定。

5）申请人是港澳地区及台湾的法人或居民，应按《专利审查指南》第一部分第一章有关规定办理委托手续。

专利申请符合受理条件的，审查员应当按照下列顺序予以受理：

1）确定收到日。

2）核实文件数量。

3）确定申请日：向专利局受理处和各代办处窗口直接递交的专利申请，以收到之日为申请日；通过邮局邮寄递交的专利申请，以信封上的寄出邮戳日为申请日，寄出的邮戳日不清晰无法辨认的，以专利局或者代办处收到日为申请日，并将信封存档。分案申请以原申请日为申请日，并在请求书上记载分案申请递交日。

4）给出申请号。

5）记录邮件挂号号码。

6）输入和核实数据。

7）作出受理通知书。

2. 不受理的情形与程序

《专利法实施细则》第四十条规定："专利申请文件有下列情形之一的，国务院专利行政部门不予受理，并通知申请人：

（一）发明或者实用新型专利申请缺少请求书、说明书（实用新型无附图）和权利要求书的，或者外观设计专利申请缺少请求书、图片或者照片；

（二）未使用中文的；

（三）不符合本细则第一百二十条第一款规定的；

（四）请求书中缺少申请人姓名或者名称及地址的；

（五）明显不符合专利法第十八条或者第十九条第一款的规定的；

（六）专利申请类别（发明、实用新型或者外观设计）不明确或者难以确定的。"

专利局受理处及各代办处收到专利申请后，依法作出受理或不受理通知书。专利申请不符合受理条件的，审查员通常应当按照下列顺序作出不予受理的通知：确定收到日，作出不受理通知书，退回文件。

在专利局受理处或者各代办处窗口直接递交的专利申请，不符合受理条件的，应当面向当事人说明原因，不予受理。此时，一般不出具不受理通知书，也不在申请文件上作出任何标记。

3. 其他文件的接收

其他文件符合下列条件的，专利局应当接收：

1）各文件中注明了该文件所涉及专利申请的申请号，并且仅涉及一件专利申请。

2）各文件用中文书写，字迹清晰、字体工整，并且用不易擦去的笔迹完成；外文证明材料附有中文清单。

其他文件符合接收条件的，专利审查员按照下列顺序予以接收：预登记，确定收到日，核实文件数量，确定递交日，给出收到文件回执，建立电子数据库。

二、初审

国务院专利行政机关收到申请人递交的文件，按照《专利法》的规定，要对申请人提交的文件进行初步审查，初步审查的目的是审查申请人提交的文件是否符合规定的格式及相关要求，如《专利法实施细则》第四十四条明确规定（本条款下涉及的具体条款参见本书附录四、附录五）：

"（一）发明专利申请是否明显属于专利法第五条、第二十五条规定的情形，是否不符合专利法第十八条、第十九条第一款、第二十条第一款或者本细则第十六条、第二十六条第二款的规定，是否明显不符合专利法第二条第二款、第二十六条第五款、第三十一条第一款、第三十三条或者本细则第十七条至第二十一条的规定；

（二）实用新型专利申请是否明显属于专利法第五条、第二十五条规定的情形，是否不符合专利法第十八条、第十九条第一款、第二十条第一款或者本细则第十六条至第十九条、第二十一条至第二十三条的规定，是否明显不符合专利法第二条第三款、第二十二条第二款、第四款、第二十六条第三款、第四款、第三十一条第一款、第三十三条或者本细则第二十条、第四十三条第一款的规定，是否依照专利法第九条规定不能取得专利权；

（三）外观设计专利申请是否明显属于专利法第五条、第二十五条第一款第（六）项规定的情形，是否不符合专利法第十八条、第十九条第一款或者本细则第十六条、第二十七条、第二十八条的规定，是否明显不符合专利法第二条第四款、第二十三条第一款、第二十七条第二款、第三十一条第二款、第三十三条或者本细则第四十三条第一款的规定，是否依照专利法第九条规定不能取得专利权。

（四）申请文件是否符合本细则第二条、第三条第一款的规定。"

国务院专利行政部门通过初步审查，提出初步审查意见，并通知申请人，要求申请人在规定时间内予以补充、修改、陈述意见，申请人在规定期限内未作答复的，其申请视为撤回；申请人在规定期限内作出答复或修改或陈述意见后，国务院专利行政部门认为仍不符合要求的，驳回其专利申请。

三、公布

专利公布或公开是将请求保护的发明通过科学刊物书面公开，或通过演讲口头公开，或在展览会上展出发明的物品或物品构成的发明方法。公布或公开的另一种含义是在专利申请或专利说明书中公开请求保护的发明，并且要求这种公开必须清楚、完整，使同行业技术熟练人员能够据以实施。

在这里要区分专利公布和专利公告两个不同的概念。专利公布是指发明专利申请经初步审查合格后，自申请日（或优先权日）起18个月期满时的公布或根据申请人的请求提前进行的公布。专利公告是指对发明专利申请经实质审查没有发现驳回理由或对于实用新型和外观设计专利经初步审查没有发现驳回理由而授予相应专利权时的授权公告，或者是对发明、实用新型和外观设计专利权部分无效宣告的公告。

（一）专利公布的例外情况

专利制度的一个基本原则是，所有授权的发明创造在授权后（发明专利申请甚至在申请日后、授权以前的一定时间）都应当向公众公开。如果申请专利的发明创造涉及新式武器或者其部件等，可以予以保密。国际条约对各国的保密也都持赞同立场。各国专利法大多规定，如果专利申请所述信息的公布可能损害国防，专利局有权不予以公布。至于具体做法，专利法都不作规定。

（二）专利公布的注意要点

在中国，几乎申请日前的任何公开都会导致专利不被授权，除了该公开严格符合《专利法》第二十四条所提到的不丧失新颖性的公开："申请专利的发明创造在申请日以前六个月内，有下列情形之一的，不丧失新颖性：

（一）在中国政府主办或者承认的国际展览会上首次展出的；（二）在规定的学术会议或者技术会议上首次发表的；（三）他人未经申请人同意而泄露其内容的。"

专利法以上规定在实施中的难度表现在：一旦在 6 个月之内申请人自己再次公开或者由其他人公开了发明内容，专利申请还是无法获得授权。所以，最保险的方法是在申请专利之前严格保密。

（三）专利临时保护

一项发明专利从提出请求到公开再到授权要经过两年左右的时间，而一项发明专利申请在尚未得到授权时就已被公布，由于专利权是从公告授权之日起生效，申请人专利申请被公布时并无法行使专利权，公平起见，需要用到专利临时保护。

《专利法》第四十二条规定，发明专利权的有效期是 20 年，起算日为申请日。专利权的保护分为专利的临时保护和专利保护。

专利涉及的技术从生成到终止的过程中可以享有多种法律权利：

1）在技术产生之后，可以作为技术秘密进行保护，也可以申请专利，以获得专利权进行保护。

2）申请之后、公布之前，相关信息仍然符合技术秘密的相关要件，可以作为技术秘密进行保护。

3）公布之后、授权之前，公众可以获知专利技术，由于申请人还没有获得专利权，此时的专利可以获得临时保护的权利。

4）授权公告之后，相关技术获得专利权，直到专利权终止，享有完全的专利垄断权，即未经专利权人许可，不得生产、使用、销售、承诺销售、进口专利产品。

专利权的临时保护不可忽视，尤其对于一些审查时间很长（特别是经过复审、行政诉讼等程序的发明专利）的专利申请，临时保护有重要意义。专利的临时保护和专利保护的区别体现在如下两方面❶：

1）保护的对象不同。临时保护克服的是发明专利申请公布后至授权公告日之间法律保护上的一段保护空白期，此时专利权还没有获得，保护的对象是专利申请人的权利。授权公告之后的专利保护，发明专利申请人因为获得专利授权已经变为专利权人，此时保护的对象是发明专利权人的独占权。

---

❶ 北京三友知识产权代理有限公司. 如何善用专利"临时保护"？［EB/OL］.（2017 – 03 – 09）
［2019 – 05 – 31］. http://www. sanyouip. com/zh – cn/a/9536. htm.

2）诉讼的案由不同。临时保护期间，发明专利申请人与非法实施人之间产生的纠纷属于费用纠纷。专利权被授予后专利权人和非法实施人之间产生的是侵权纠纷。

四、实审

（一）请求实审阶段

除《专利法》和《专利法实施细则》另有规定外，实质审查程序只有在申请人提出实质审查请求的前提下才能启动。审查员只能根据申请人依法正式呈请审查的审查文件进行审查。专利申请的实质性审查面向对象是发明专利。申请人自申请日起规定期限内须向专利局提交实审请求，国家知识产权局也可依法主动发起实质审查。

（二）实质审查的对象

发明的实质审查是在专利局实审部门进行的，审查员通过检索国内外专利文献、公开出版物评价专利申请的"新颖性"、"创造性"和"实用性"，同时还要对专利文件撰写是否符合要求进行审查，如是否符合"单一性"、是否"公开充分"、是否"修改超范围"等。

（三）实质审查的时间

《专利法》第三十五条规定："发明专利申请自申请日起三年内，国务院专利行政部门可以根据申请人随时提出的请求，对其申请进行实质审查；申请人无正当理由逾期不请求实质审查的，该申请即被视为撤回。"实质审查必须在发明公布后进行，法定的公布日是在申请日起18个月后。有些申请人愿意提前公开其发明内容，因此出现了专利申请在6~10个月时就公开的现象。

专利实质审查的持续时间不确定，一般是6~18个月，取决于发明内容、审查员对发明的理解及审查员与申请人或其代理人之间文件往复的时间等因素。审查意见一般包括格式错误、新颖性问题、创造性问题、公开充分、单一性问题等。通常，实审阶段的审查员将发出至少一次审查意见通知书。《专利法》第三十七条规定，申请人答复第一次审查意见通知书的时间一般为4个月，答复第二次及之后审查意见通知书的时间一般为两个月。如果申请人接到审查意见通知书后，在规定时间内对审查员提出的问题做了解答和意见陈述并获得审查员同意，审查员在后续审查中也没有发现新的问题，就会发出授权通知书；如果审查员在后续审查中又发现了新的问题，就会再次发出审查意见通知书。如此往复，直至克服所有缺陷，审查员发送授权通知书；或是缺陷无法克服并满足二次听证的情况下，发送驳回决定书，对申请进行驳回。

五、授权

专利申请要获得授权需要满足形式条件和实质条件。形式条件主要为专利申请文件应当符合《专利法》及其实施细则规定的格式，并依照法定程序履行各种必要的手续。实质条件主要为授予专利权的发明和实用新型应当具备新颖性、创造性和实用性。

1）发明专利是对制备产品的方法、产品结构的保护，也就是说发明专利保护的客体是方法和结构，而实用新型保护的客体只是产品的结构。

2）发明与实用新型必须具备专利的"三性"，即新颖性、创造性、实用性，缺一不可。

3）是否授予发明或是实用新型与该项专利技术的先进性有关。如果有较强的先进性，可以申请发明专利；如果只是局部一些小的改动，该专利的创造性不明显，则不建议申请发明专利，可考虑申请实用新型。

（一）授予发明和实用新型专利权的实质条件

《专利法》第二十二条规定："授予专利权的发明和实用新型，应当具备新颖性、创造性和实用性。"

（1）新颖性

新颖性是指该发明或者实用新型不属于现有技术，也没有任何单位或者个人就同样的发明或者实用新型在申请日以前向国务院专利行政部门提出过申请，并且记载在申请日以后公布的专利申请文件或者公告的专利文件中。

（2）创造性

创造性是指同申请日以前已有的技术相比，该发明有突出的实质性特点和显著的进步，该实用新型有实质性特点和进步。

判断一项申请专利的发明是否符合创造性标准，是该项发明是否具有突出的实质性特点和显著的进步。判断一项申请专利的实用新型是否符合创造性标准，相对于发明专利来讲，要求要低一些，只要该实用新型有实质性特点和进步即可，不要求突出和显著。

（3）实用性

实用性是指该发明或者实用新型能够制造或者使用，并且能够产生积极效果。

1）能够制造。作为发明或者实用新型的技术方案应当是可以实现的，即如果该发明的目的是制造一种产品，那么这一产品必须能够按照发明的技术方案制造出来。

2）能够使用。作为发明或者实用新型的技术方案必须能够实施。如果发明是一种工艺方法，则这种工艺方法应当可以在工业生产中使用。

3）能够产生积极的效果。发明或者实用新型同现有技术相比，其产生的经济、技术和社会效果应当是积极的和有益的。明显无益、脱离社会需要、严重污染环境、严重浪费能源或者资源、损害人身健康的发明或者实用新型不具备实用性。

4）必须具有再现性。发明或者实用新型作为一种技术方案应当可以重复实现，即所属技术领域的技术人员，根据公开的技术内容，能够重复实施专利申请中为达到其目的所采用的技术方案。

（二）授予外观设计专利权的实质条件

对于授予外观设计专利权的实质条件，没有明文规定需具有新颖性、创造性和实用性，但《专利法》第二十三条规定："授予专利权的外观设计，应当不属于现有设计；也没有任何单位或者个人就同样的外观设计在申请日以前向国务院专利行政部门提出过申请，并记载在申请日以后公告的专利文件中。授予专利权的外观设计与现有设计或者现有设计特征的组合相比，应当具有明显区别。授予专利权的外观设计不得与他人在申请日以前已经取得的合法权利相冲突。"在该条规定中，"不属于现有设计"和"具有明显区别"的表述，可以理解为是对外观设计的新颖性和创造性的要求。另外，《专利法》规定："外观设计，是指对产品的形状、图案或者其结合以及色彩与形状、图案的结合所作出的富有美感并适于工业应用的新设计。"其中，"适于工业应用"可以认为是对授予专利权的外观设计的实用性要求。

第三节　国际专利的申请与审查

通常所指的国际专利，是在 PCT 框架体系下申请的专利。只有发明和实用新型可以通过 PCT 申请专利和其他类似的权利保护，外观设计和商标不能通过 PCT 途径获得保护。

一、国际专利的申请与审查程序

PCT 专利申请分为国际阶段和国家阶段，先要进行国际阶段程序的审查，然后进入国家阶段程序的审查。在国际阶段进行的主要环节是申请人提出申请、国际检索和国际初步审查，在国家阶段完成的是对提出的专利申请是否授予专利权的工作，该工作由 WIPO 指定的各个国家（地区）的国家（地区）局完成。因此专利申请人只能通过 PCT 申请专利，不能直接通过 PCT 获得专利。要想获得某个国家的专利，专利申请人还必须履行进入该国家的手续，由该国的专利局对该专利申请进行审查，符合该国专利法规定的，授予专利权。

　　PCT 的主管机构是 WIPO，其中 PCT 程序中涉及的机构包括 PCT 国际局（International Bureau，简称 IB）、PCT 受理局（Receiving Office，简称 RO）、PCT 国际检索单位（International Searching Authority，简称 ISA）、PCT 国际初步审查单位（International Preliminary Examining Authority，简称 IPEA）、PCT 指定局（Designated Office，简称 DO）、PCT 选定局（Elected Office，简称 EO），另外还包括国家局或地区局，如中国国家知识产权局（CNIPA）、美国专利商标局（USPTO）、欧洲专利局（EPO）等。例如，中国是 PCT 成员国之一，若中国的个人或单位向中国国家知识产权局提出国际申请，国际阶段中除国际公布由 WIPO 统一进行外，其他程序都在 CNIPA 进行。以一项国际申请的国家阶段进入中国为例，具体的国家阶段程序审查与本章第二节中介绍的受理、初审、公布、实审及授权程序基本相同。在 PCT 体系下申请专利的完整流程如图 2-3 所示。

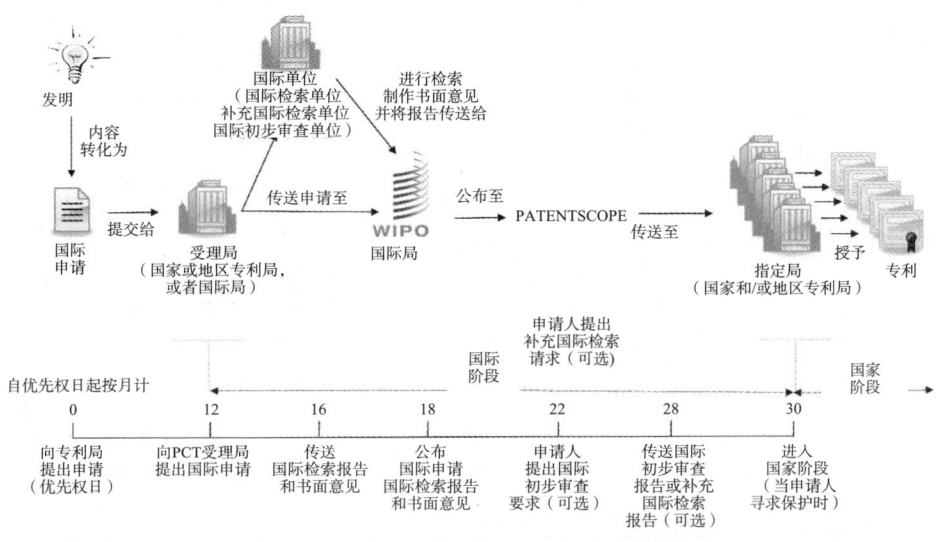

图 2-3　PCT 体系下申请专利的完整流程❶

---

❶　国家知识产权局. PCT——国际专利体系［EB/OL］.（2018-08-14）［2019-06-03］. https://www. wipo. int/pct/zh/.

（一）PCT 申请的国际阶段

PCT 申请的国际阶段包括三个必经程序和两个可选程序。必经程序包括受理局处理国际申请人提交的国际申请、国际检索单位出具国际检索报告和书面意见、国际局公布国际申请和国际检索报告。可选程序包括其他国际检索单位补充国际检索并出具补充的国际检索报告、国际初步审查程序。

（1）受理局处理国际申请人提交的国际申请

PCT 受理局受理国际申请人提交的国际申请，并对所受理的 PCT 申请文件进行形式审查，审查合格后，将 PCT 申请文件分别送交 WIPO 国际局和国际检索单位。

（2）国际检索单位出具国际检索报告和书面意见

受理国的专利局作为国际检索单位，在接到 PCT 申请后，在规定的时间内对该申请进行检索，并出具国际检索报告。以受理国中国为例，中国国家知识产权局作为国际检索单位将对 PCT 专利申请进行检索，并作出国际检索报告。该检索报告在规定的时间内将被送交该 PCT 专利申请人和 WIPO。

（3）国际局公布国际申请和国际检索报告

自国际申请日（或优先权日）起满 18 个月后，国际局将公布 PCT 国际专利申请和国际检索单位作出的检索报告，并将该申请连同检索报告送交该 PCT 专利申请要求的"指定国"的专利局。

（4）其他国际检索单位补充国际检索并出具补充的国际检索报告

作为国际阶段的一个可选程序，可以由一家或多家不同于必经程序中的国际检索单位对该 PCT 申请进行补充国际检索，并且出具补充国际检索报告。

（5）国际初步审查

《专利合作条约》规定，国际初步审查程序不是强制性的。在该程序中，国际初步审查单位对该 PCT 进行审查，并且就该 PCT 申请的可专利性出具一份国际初步审查报告。国际初步审查的目的是就该发明是否具有新颖性、创造性和实用性提出初步的意见。参加条约的国家如果是受 PCT 第二章（参见附录二）约束的，其申请人可以请求国际初步审查单位对其申请进行国际初步审查。该审查意见对各个"指定国"没有任何约束力。在参加《专利合作条约》时，有些国家不受 PCT 第二章约束，申请人请求国际初步审查时，只能从受 PCT 第二章约束的指定国中选定一些使用国际初步审查结果的国家，这些国家被称为"选定国"。中国国家知识产权局作为国际初步审查单位对 PCT 申请进行审查后，将提出国际初步审查报告，送交 WIPO，并由 WIPO 转交申请人，同时 WIPO 还将国际初步审查报告送交该申请的"选定国"。申请人可以依据中国国家知识产权局作出的国际检索报告、国际初步审查结果决定下一步的行动，即是否进入 PCT 申请的国家阶段。

（二）PCT 申请的国家阶段

进入国家阶段的程序不是自动发生的，必须由申请人启动。国家阶段在申请人希望获得专利权的国家的专利局（或地区局）进行，包括办理进入国家阶段的手续和在各指定局或选定局进行审批程序。申请人必须在自优先权日起 30 个月（大多数情况）内办理进入指定国（或选定国）国家阶段的手续，即向这些国家（地区）局缴纳国家（地区）费用，向其递交翻译成该国语言的国际申请的译文，并且在必要时指定代表（专利代理人）。必须遵守进入国家阶段的期限，即使尚未收到国际初步审查报告。在此之后，由国家（地区）局按其专利法规规定对该国际申请进行审查，并决定是否授予专利权。少数国家进入国家阶段的期限比 30 个月更长（如阿尔巴尼亚、澳大利亚等国家为 31 个月，波黑为 34 个月）。在某些国家，这一期限是 20 个月，如卢森堡、坦桑尼亚。

对任何一个国家而言，一份申请在进入国家阶段之前都处于国际阶段。在满足进入国家阶段要求期限的前提下，是否以及何时在某个国家（地区）局进入国家阶段由申请人决定。由于在不同时间可能在不同国家进入国家阶段，一份国际申请可以同时在一些国家处于国家阶段而在另一些国家处于国际阶段。

（三）提交 PCT 申请的材料

以中国为例，提交 PCT 申请时应提交的材料包括：委托书，专利申请人姓名或名称、地址、邮编，发明人姓名、地址、邮编，中国申请受理书，申请文件（包括说明书、权利要求、摘要和附图）。

二、国际专利的申请与审查费用

提交一份国际申请，需缴纳的相关费用有三类：传送费（Transmittal Fee）、检索费（Search Fee）及国际提交费（International Filing Fee）。这些费用均可提交至受理局，并由受理局根据实际情况转交至国际局或国际检索单位。其中，汇率一般以受理局所在国家为准。在一些情况下，申请人可以享受以上国际申请费用的减免，如当受理局所在国的人均 PCT 申请量低于特定的数目，或在一些不发达国家提交申请时。另外，在某些特定的国家，使用电子提交也会享受国际提交费用的减免。以受理局为中国国家知识产权局为例，提交一份国际申请的费用如下❶。

(1) PCT 申请国际阶段的费用——CNIPA 作为受理局代 WIPO 国际局收取的费用

该费用包括：

1）国际申请费。国际申请文件不超过 30 页，1330CHF（瑞士法郎）；超出部分每页加收 15CHF。

2）手续费，200CHF。

3）滞纳金，按应缴纳费用的 50% 计收，最低不少于传送费，最高不多于国际申请费第一项的 50%。

(2) PCT 申请国际阶段的费用——CNIPA 收取的费用

1）传送费，500CNY（人民币）。

2）检索费，2100CNY；附加检索费，2100CNY。

3）优先权文件费，150CNY。

4）初步审查费，1500CNY；初步审查附加费，1500CNY。

5）单一性异议费，200CNY。

6）副本复制费（每页），2CNY。

7）后提交费，200CNY。

8）恢复权利请求费，1000CNY。

9）滞纳金，按应交费用的 50% 计收，最低不少于传送费，最高不超过《专利合作条约实施细则》中国际申请费的 50%。

(3) PCT 申请进入中国国家阶段的费用

PCT 申请进入中国国家阶段的其他收费标准依照国内部分执行，具体如下：

1）申请费，发明为 900CNY，实用新型为 500CNY。

2）印刷费，50CNY。

3）宽限费，1000CNY。

4）优先权要求费，80CNY/项。

5）改正译文错误手续费（初审阶段），300CNY。

6）改正译文错误手续费（实审阶段），1200CNY。

7）单一性恢复费，900CNY。

8）改正优先权要求请求费，300CNY。

---

❶ 国家知识产权局. 国家知识产权局收费公示［EB/OL］.（2017 – 07 – 01）［2019 – 06 – 03］. http://www. sipo. gov. cn/zhfwpt/zlsqzn/zlsqfy/gjzscqjsfgs. pdf.

9）优先权恢复费，1000CNY。

另外，PCT 进入国家阶段涉及的实审阶段收费如下：

1）由中国国家知识产权局作为受理局受理的 PCT 申请在进入国家阶段时免缴申请费及申请附加费；提出实质审查请求时，减缴 50% 的实质审查费。

2）由中国国家知识产权局作出国际检索报告或专利性国际初步报告的 PCT 申请，在进入国家阶段并提出实质审查请求时，免缴实质审查费。

3）由欧洲专利局、日本特许厅、瑞典专利局三个国际检索单位作出国际检索报告的 PCT 申请，在进入国家阶段并提出实质审查请求时，减缴 20% 的实质审查费。

4）申请进入中国国家阶段的其他收费标准依照国内部分执行。

第四节　全球五大局的专利申请与审查

一、五大局的专利制度发展与特点

目前，世界最大的五个知识产权局（简称"五大局"）包括中国国家知识产权局（CNIPA）、美国专利商标局（USPTO）、欧洲专利局（EPO）、日本特许厅（JPO）和韩国特许厅（KIPO）。以下具体介绍各大局所在国家或地区的专利制度发展与制度特点。

（一）中国

中国的专利立法经历了以下发展历程：

1944 年 5 月 29 日，我国历史上第一部正式的专利法由当时的国民党政府颁布。该法规定对发明、新型和新式样授予专利权，期限分别是 15 年、10 年、5 年。这部专利法于 1949 年 1 月 1 日在我国台湾地区施行。

1950 年 8 月，当时的中央人民政府政务院颁布了《保障发明权与专利权暂行条例》。该条例采用了苏联的发明证书和专利证书的双轨制。

1979 年 3 月，为适应改革开放形势的需要，我国开始专利立法的准备工作。

1980 年 1 月，国务院批准成立了国家专利局。

1984 年 3 月 12 日，《中华人民共和国专利法》审议通过，于 1985 年 4 月 1 日起正式施行。《专利法》的诞生标志着我国专利制度的开始。

1992 年，我国的《专利法》进行了第一次修改，修改后的《专利法》于

1993 年 1 月 1 日起施行。

2000 年，伴随我国"入世"，对《专利法》进行了第二次修改，修改后的《专利法》于 2001 年 7 月 1 日起施行。

2008 年 12 月 27 日，第十一届全国人民代表大会常务委员会第六次会议通过的《关于修改〈中华人民共和国专利法〉的决定》第三次对《专利法》进行了修改。

2014 年，启动了《专利法》第四次全面修改的研究工作。至 2018 年 12 月，国务院常务会议通过了《〈专利法〉第四次修改案草案》。

（二）美国

1. 美国的专利立法

美国的专利立法经历了以下发展历程：

1790 年，美国颁布和实施了第一部专利法。

1984 年 11 月，美国国会对专利法做了一次较大的修订，规定了对药品和有关产品的专利保护期可适当延长。

1994 年年底，美国国会通过了《乌拉圭回合协议法》，将原有的自授权之日起 17 年的保护期改为自申请日起 20 年。

2000 年 3 月，《美国发明人保护法》（AIPA）生效，其中许多重要的条款都被直接列入《美国专利法》，包括将不公开审查制改为早期公开延迟审查制、保证发明人专利保护期等规定。《美国发明人保护法》规定，对在 2000 年 11 月 29 日或之后提出的发明和植物专利申请（不包括设计专利）施行早期公开制度，即自有效申请日起满 18 个月即行公开。

2005 年 6 月，美国国会开始讨论再次修改《美国专利法》，并于 2007 年 9 月通过《美国专利改革法案》。该法案对现行法进行了三处重大修正：其一，修改专利持有人的定义，以"先申请制"取代"先发明制"；其二，在 USPTO 设置再审程序，允许第三方在专利授权后借助该程序向 USPTO 提出专利无效请求，无需再向法院提起诉讼；其三，修改损害赔偿金的计算依据，由以往按含有侵权技术的商品数量计算赔偿金额改为以实际专利的技术价值来判断。❶

2. 美国的专利申请流程

美国的专利申请流程如图 2-4 所示。

---

❶ 国家知识产权局. 美国专利商标局［EB/OL］.（2008-05-22）［2019-06-03］. http://www.sipo.gov.cn/gjhz/qkjs/1020303.htm.

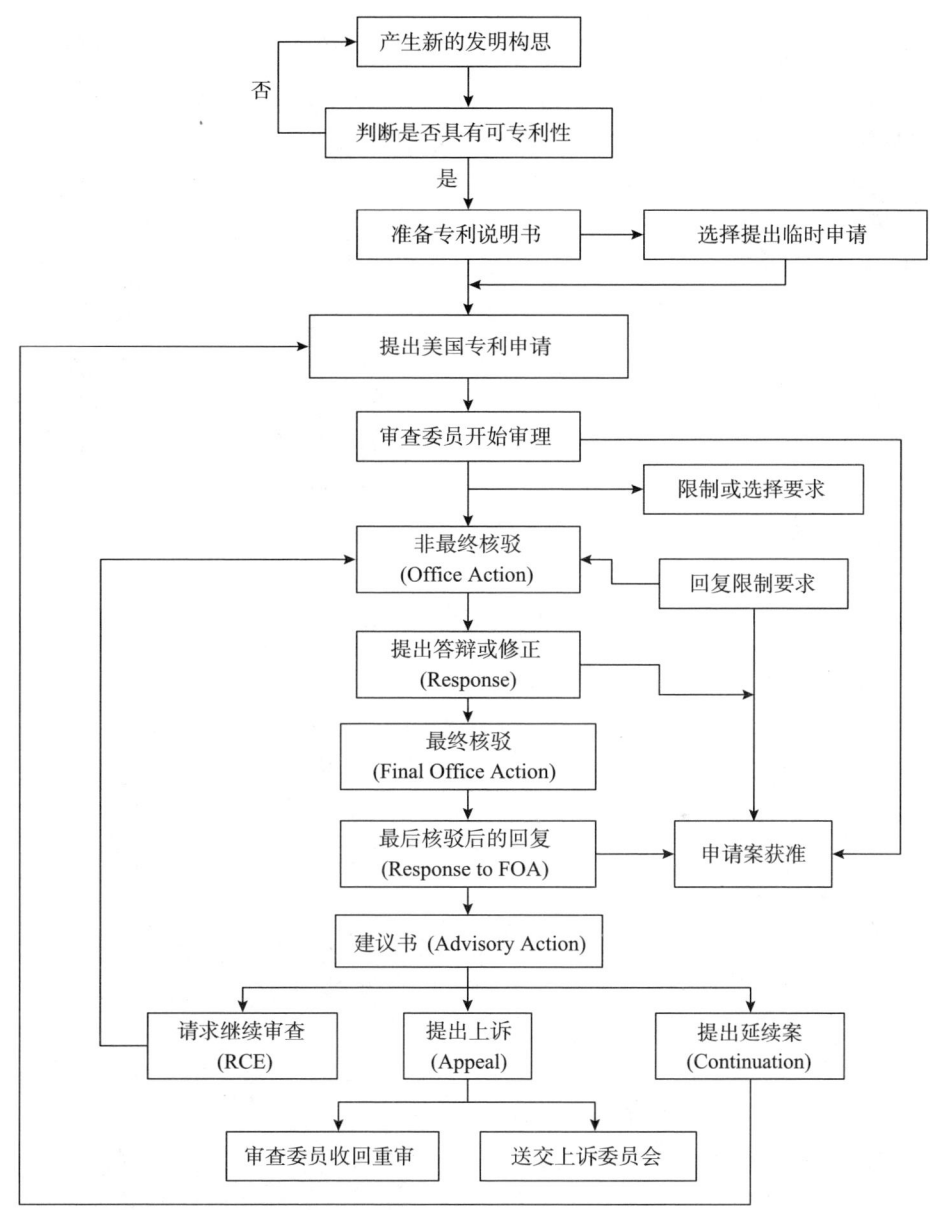

图 2 - 4 美国专利申请和审查流程❶

---

❶ 哈金. 哈金的专利自学手册 [EB/OL]. (2018 - 03 - 09) [2019 - 05 - 29]. http://www.patent-tutorial. net/website/content/book/1062.

3. 美国专利制度的特点

（1）先发明制

美国早先实行的是"先发明制"，而非世界上多数国家施行的先申请制。"先发明制"是指专利申请必须由发明人提出，发明人提出专利申请的同时或之后可以将申请权转让。因此，美国专利文件中常出现的权利人是发明人和受让人。直至 2007 年，美国通过了《美国专利改革法案》，以"先申请制"取代"先发明制"。

（2）临时申请

美国专利制度允许发明人提交专利法"临时申请"。临时专利申请是美国在乌拉圭回合谈判后，根据谈判协议修改了本国专利法，于 1995 年 6 月 8 日出台的一种专利申请形式，为在 USPTO 提交的申请建立了一种"国内优先权"制度，为试图完善发明或筹集资金的申请人以低廉的费用、简单的形式申请专利赢得了宝贵的时间。

（三）欧盟

1973 年，16 个欧洲国家在德国慕尼黑签订《欧洲专利公约》（*European Patent Convention*，简称 EPC），于 1977 年正式生效。EPC 目前覆盖 38 个成员国、2 个扩展国及 3 个生效国。其形成带动了成员国之间专利体系的一体化，为各成员国提供了一个共同的法律制度和统一授予专利的程序，更成为世界各国专利申请主体在欧洲寻求专利保护的经济而有效的途径。欧洲专利局（EPO）是根据 EPC 建立的政府间机构，是欧洲专利组织的执行机构，其主要职能是负责各成员国申请人提交的欧洲专利申请的审批工作，其活动受行政管理委员会监督。

欧洲专利的申请程序一般包括向 EPO 提出申请、检索请求、公布专利申请、实质审查、授权、生效等八个步骤，具体如下。

（1）提出申请和对专利申请的形式审查

申请人可以英、法、德三种官方语言之一向 EPO 提出申请。

（2）检索请求及检索报告的公布

在提交申请时必须提出检索请求及缴纳检索费。对于主张外国优先权的申请，约 1 年内可收到检索报告。自 2005 年 7 月 1 日起，EPO 出具"扩展的欧洲检索报告"（Extended European Search Report，简称 EESR），在报告中附加一份对该申请可专利性的初步意见书。该检索报告可帮助申请人预估授权前景，便于其适时作出修改或撤回申请案的决定。

（3）公布专利申请

对于通过《巴黎公约》途径提出的欧洲专利申请，EPO 将于自优先权日起 18 个月内公布专利申请。对于通过 PCT 途径提出的欧洲专利申请，如果 PCT 公开的语言不属于 EPO 规定的官方语言，则该申请将以所提交的欧洲专利申请的语言公开；如果 PCT 公开的语言属于 EPO 规定的官方语言，则该申请不需重复公开。

（4）提出实质性审查请求

对于通过《巴黎公约》途径提出的欧洲专利申请，申请人应在 EPO 检索报告公布日起 6 个月内提出实质审查请求，同时需从欧洲专利公约缔约国中指定具体成员国，并缴纳审查费和指定费。

对于通过 PCT 途径提出的欧洲专利申请，申请人应在提交欧洲专利申请的同时提出实质审查请求，同时需从 EPC 缔约国中指定具体成员国，并缴纳审查费和指定费。如果缴纳 7 份指定费，EPC 的全部缔约国都可被指定，但延伸国的指定费需单独缴纳。

（5）实质性审查

在提出实质审查请求后进入实审程序，申请人通常在提出实审请求后 1～3 年内收到 EPO 的审查意见。对于每一份申请文件，实质审查部门中相关领域的审查员将组成三人审查小组。

（6）授权、驳回和异议

经审查后，如果审查组至少两名成员认为该申请符合 EPC 的要求，则该申请可被授权。申请人选择同意授权文本并允许本申请进入授权程序，或对文本或权利要求做一定的修改，同时付授权费并递交权利要求的其他两个语种的译文。另外，需查询是否已经提交优先权证明文件的译文。上述工作完成后，欧洲专利被正式授权并发出授权证书。

如果三人小组考虑驳回该申请，则需告知申请人该申请将被驳回。在答复审查意见时，申请人通常是根据审查员的意见进行辩驳或修改申请文件，也可要求启动口头听审程序，进行面对面的意见陈述。如果审查小组中至少两个成员仍然未被说服，则该申请将被驳回。

授权决定作出后，异议期为自授权公告日起 9 个月。异议审查小组由三人组成，其中只有一人是原审查员。在欧洲专利被授权后，除专利权人以外的任何人可提出异议。

在欧洲专利申请程序中，申请人可对受理处、审查部、异议部或法律部所作出的决定提出上诉。此外，在欧洲专利的授权公告日起 9 个月后，由生效国的专利局自行处理无效请求。

（7）欧洲专利生效

欧洲专利生效（European Patent Validation，简称 EPV）指的是申请人所

申请的欧洲专利获得授权并且公告之后，需要在授权公告日起3个月之内，在欧洲专利申请阶段所选择的指定国家范围内选择想要获得专利保护的国家，进行专利注册，从而正式在该国获得专利保护。一般在收到授权通知后，申请人就必须在指定国名单中选择生效国。根据各生效国的规定，通常都需要将专利的全部内容翻译成该国的语言，并提交给该生效国。欧洲专利组织成员国需在授权公告起3个月内完成翻译工作并在各国生效。这个环节，申请人需要向各国专利局提交各国官方语言的权利要求书译文（少部分国家要求全文翻译），并且向各国事务所缴纳生效服务费及各国专利局要求的官费。如果申请人未在期限内提交译文，则丧失在该国的专利权。从正式生效之日起，该专利在欧洲专利局的阶段结束，相关的管理、司法及续展费缴纳工作也从欧专局转移至各国专利局。

由以上可以看出，广义的欧洲专利生效程序包括以下三部分：授权前的权利要求翻译（一般为法语、德语）；授权后的指定国官方语言权利要求译文（如指定在荷兰生效，则需荷兰语权利要求译文；指定在意大利，则需要全文的意大利语译文）；生效服务。当今，中国创新成果走出国门、在世界各国寻求知识产权保护的需求在飞速增长，企业对EPV服务的需求也日渐迫切。国外一些成熟的服务模式渐渐经由国内知识产权巨头的先行探索在中国落地，形成了一系列较为完善的解决方案。

（8）维持

完成在不同国家生效的工作后，申请人则拥有不同国家的专利，它们相互独立，每一件都需缴纳年费。

（四）日本

1. 日本的专利立法

日本的专利立法经历了以下发展历程：

明治早期（1868年为明治元年），日本政府在研究欧美各国的工业产权制度后，于19世纪80年代颁布了《商标条例》《专卖特许条例》《外观设计条例》和《实用新型法》，建立了日本工业产权制度。

1899年日本加入《巴黎公约》，1978年日本加入《专利合作条约》。

1921年，日本将"先发明制"改为"先申请制"，奠定了现行《日本专利法》的基石。1959年，在广泛参考国外立法的基础上，日本又全面修订了《日本专利法》，采用共同申请制，新增对发明专利创造性的规定，原则上废止无效复审请求时效制。

1994年对《日本专利法》的修订则废止了发明专利审查程序中的公告和

授权前异议，实行授权后异议制，以实现早期确权。

2008 年 2 月，日本内阁会议确定了《日本专利法》《实用新型法》《外观设计法》和《日本商标法》等一系列法律的修改草案。❶

2. 日本专利制度的特点

日本专利保护的类型有发明、实用新型、外观设计三种。三种专利分别由对应的法律《特许法（专利法)》《实用新案（实用新型)》《意匠（外观设计）法》予以规范。

日本法律规定，如果满足一定的条件且在一定的时间段内，发明、实用新型、外观设计申请类别之间可以相互转换。这种制度方便申请人在提出申请后改变保护类别，根据需要选择保护手段，但变更为发明的专利申请能否被授权还要通过实质审查程序确定。

日本对发明专利实行先申请制、申请公开制和实审请求制。在发明技术已经实施或被侵权的情况下，申请人可要求提前审查；自授权日起 6 个月内，任何人均可向 JPO 复审部提出异议。自 1994 年起，对日本的申请可提交英文版，但自申请日起 2 个月内须再次提交日文申请。日本还设有提前复审制度。其发明专利保护期为自申请日起 20 年。

3. 日本专利的申请和审查流程

日本专利的申请和审查流程如图 2 - 5 所示。

（五）韩国

1. 韩国的专利立法❷

韩国的专利立法经历了以下发展历程：

1908 年，韩国制定并公布了《特许令》（专利令），直接引进和使用日本的法律体系。

1946 年，韩国设立特许院，并制定了第一部真正意义上的《特许法》。

1961 ~ 1963 年，韩国大幅修订《特许法》，将其分离成三种独立的法律，即《特许法》、《实用新案法》和《意匠法》，对应保护三种专利类型，即发明、实用新型、外观设计。

---

❶ 夏佩娟. 日本专利局［EB/OL］.（2008 - 05 - 22）［2019 - 06 - 01］. http://www. sipo. gov. cn/gjhz/qkjs/1020302. htm.

❷ 吉静鲜. 美国、日本、韩国、中国等几个主要国家专利制度分析、对比及启示［EB/OL］.（2018 - 03 - 01）［2019 - 06 - 02］. http://www. runping. com/201312/1160. html.

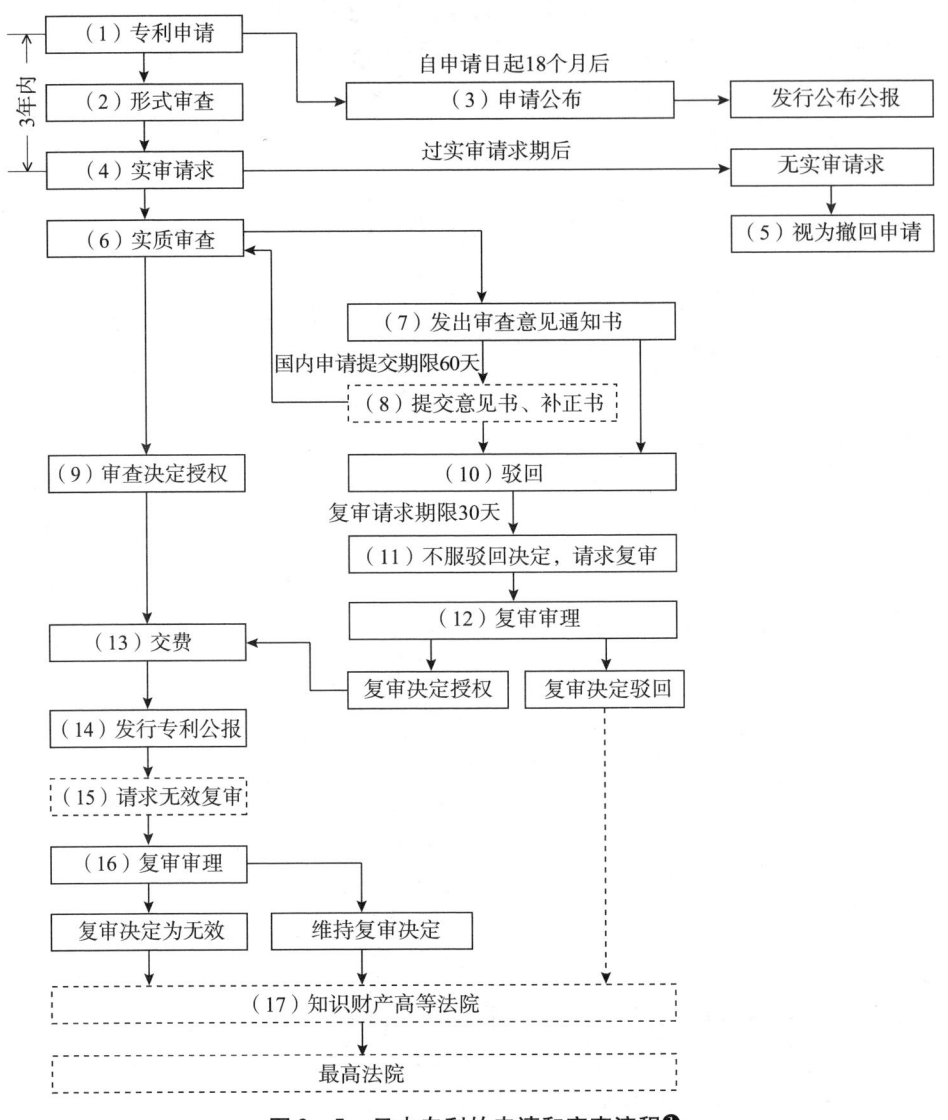

图 2-5　日本专利的申请和审查流程❶

　　目前，韩国知识产权管理局不仅承担同专利、商标有关的工作，还下设了工业产权审判庭，处理与知识产权有关的争端。目前，韩国专利申请和处理的电子化比例已经接近 100%，达到全球顶尖水平。

---

　　❶　夏佩娟. 日本专利局 [EB/OL]. (2008-05-22) [2019-06-01]. http://www.sipo.gov.cn/gjhz/qkjs/1020302.htm.

2. 韩国专利制度的特点

2006 年 10 月 1 日起韩国实施修改后的专利法，将二重申请制度改为变更申请制度，即申请类型之间可以变化。例如，在不超过实用新型专利申请范围的情况下，申请人可以将原实用新型申请变更为发明专利申请，申请日保持不变。变更成功后，原实用新型即被视为撤回。韩国外观设计申请又包括复数外观设计、类似外观设计、秘密外观设计和部分外观设计申请。

二、五大局的专利制度与专利程序对比

（一）专利保护范围

中国《专利法》第二十五条规定的不予保护的内容包括：科学发现；智力活动的规则和方法；疾病的诊断和治疗方法；动物和植物品种；用原子核变换方法获得的物质等。

美国专利法倾向于最大限度地保护一切可获得保护的发明创造，可获得专利权的主题非常广泛，包括"普天之下人造的任何东西"。但是在实践中美国法院仍然坚持某些类型的发明不可以取得专利。被传统普通法排除在外的包括自然现象、抽象概念、智力活动的步骤、无实质性应用的数学运算法则、印刷品等。对可取得专利的主题限制较少，除原子核裂变物质发明不能获得专利外，其余的一般发明，如植物新品种、电子商务程序或方法，甚至培育的微生物等，均可获得专利。

日本专利法仅规定对中国《专利法》第二十五条第一至三款所述内容不予保护，对第四、五款没有列入不予保护的范围，意味着在中国专利法不能保护的"动物和植物品种"和"用原子核变换方法获得的物质"在日本可以获得保护。

韩国专利法规定，对扰乱公共秩序或良好的风俗习惯，或危害公共卫生的专利，以及涉及国家安全的国防技术，不授予专利权。在医疗和外科手术技术领域，除对人的手术处理和诊断方法外，所有可能的发明都可以获得专利保护。基因序列的原始数据因不具备实用性而不能获得专利，基因片段如果能够清楚证明其实用性则可以获得专利。商业方法本身如果缺乏技术实施方式，则不属于授予专利权的主题，必须与技术措施结合才能授予专利权。原子核变换方法、动物品种、无性变种植物都可以申请专利，获得保护。

（二）对专利申请的审查制度及相关规定

中国法律规定，发明专利申请提实审的期限为自申请日（要求优先权时，自优先权日）起 3 年，提实审的主体只能是申请人。对发明专利申请实施

"早期公开、请求审查制"，对实用新型、外观设计专利申请不进行实质审查，初审合格后即授权登记。

美国法律规定，在提出发明专利申请、外观申请、植物专利申请的同时必须缴纳专利申请费、检索费和实审费，对三种专利均给予实质审查。对在 2000 年 11 月 29 日或之后提出的发明和植物专利申请（不包括设计专利）施行早期公开制度，即自有效申请日起满 18 个月即行公开。发明申请公开后的专利申请即进入实质审查程序。不公开的专利申请形式审查合格后即进入实质审查程序。美国于 2006 年 8 月 25 日起施行专利加快审查程序。该程序承诺只要申请人按照规定程序提交文件和配合审查，缴纳一定的费用，可于申请日起 12 个月内收到其专利申请专利性的终局决定。对要求加快审查的专利申请的规定为：被要求加快审查的专利申请权利要求总数不超过 20 项，其中独立权利要求不超过 3 项，专利申请必须通过电子申请的方式提交。还要求申请人对其专利申请进行专利性检索，提供详细的检索报告和与其发明相近的在先文献，解释在先文献和其发明的不同之处。该程序适合一些明显具有专利性、不十分复杂并且希望尽快获得授权的专利申请。

日本法律规定，任何人都可以对发明专利申请提出实审请求，不限于申请人。提实审的费用由提出请求人负担。提实审期限为自日本申请日起 3 年（2000 年以前为 7 年）。日本对实用新型、外观设计不进行实质审查，实施登记注册制。

韩国法律规定任何人都可以对发明专利申请提出实审请求，不限于申请人。请求实审的期限为从申请日起 5 年。韩国有优先审查制度，是指对符合法律规定的一定条件的发明专利申请，由申请人、委托代理人、想实施该专利的他人或地方团体提出优先审查请求，并缴纳一定费用，对其进行优先审查的制度。自 2006 年起，韩国对实用新型专利申请实施实审制度，对外观设计申请进行部分实审，对平面图形的外观设计不进行实审。

（三）对专利申请有关文件的要求

中国：新申请必须以中文递交，否则不予受理。优先权文件应于申请日起 3 个月内递交。要求优先权的申请人与优先权文件上的申请人不一致时，应当在申请日起 3 个月内递交转让证明。委托代理机构时要递交委托书。

美国：提出发明专利申请需要递交的文件有传送表或传送信、费用缴纳情况、申请数据页、说明书（至少一项权利要求）、附图（必要时）、发明人签字的宣誓或声明、委托书、公开信息说明（Information Disclosure Statement，简称 IDS）。《美国专利法》规定，申请人有义务向专利商标局提交所知道的与专利申请的授权有关的 IDS 信息。不同时期提交有关信息有不同的要求。在审查员发出第一次审查意见之前提交，不需提交说明，不必交费。如果在收到审查意见后再提交，要提交说明并且要交费。美国可以以非英文说明书提出专利申请，宣誓书或声明可后补。任何发明人都必须在宣誓或声明上签字，证明自己是所述发明的原始发明人。如果要求优先权，优证文件可以在办理授权登记手续之前递交。

日本：一般以日文递交专利申请，也可以用英文说明书递交新申请，然后在递交日起 2 个月内递交日文翻译文本。新申请要递交委托书，办理专利和商标有关的事宜可用一份总委托书。以英文说明书递交或 PCT 进入日本的申请，翻译错误可以改正。要求优先权时，优证文件应于优先权日起 1 年 4 个月内递交。优证文件不必翻译。

韩国：要求以韩语提交新申请文件，否则不予受理。优证文件应于优先权日起 1 年 4 个月内递交。新申请要交委托书，一份委托书内容可涉及专利、商标、版权等事宜。对优先权要求，韩国专利法规定申请人可以在最早的优先权日后 16 个月内增加或变更优先权请求。另外，要求某些国家如日本申请的优先权时不需要提交优先权文本。

（四）申请人对申请文件修改、补正的机会

中国专利法规定：发明专利申请只有在提实审请求时，或在收到进入实审通知之日起 3 个月内，可以对申请文件进行主动修改。其他修改只能按审查员要求进行，或经审查员同意进行修改。实用新型和外观设计仅可以在申请日起 2 个月内对申请文件进行主动修改。

美国专利法规定：申请人可以在审查员启动审查程序之前（一般自申请日起 3 个月）主动修改申请文件。在答复审查意见时也可以主动修改申请文件。美国发明申请最早在递交申请一年半左右收到审查意见，答复第一次审查意见的期限为自发出审查意见通知起 3 个月。答复期限可以延期最多 6 个月，每延期 1 个月，官费呈几何比例递增。

日本专利法规定：申请人在申请阶段有几次主动修改申请文件的机会，分别是收到审查意见之前、收到第一次驳回通知后 6 个月内及收到最终驳回通知后 6 个月内。

韩国专利法中，KIPO 废止了主动修改的时间限制，申请人可以在授权通知书或第一次驳回通知书之前的任何时间内进行修改，在收到驳回通知答复期限内修改，提出复审请求日起 30 天内修改。

（五）授予专利权的条件

中国：新颖性、创造性、实用性。

美国对专利申请授权的要求为满足实用性、新颖性、非显而易见性。

日本授予专利权的基本条件为"三性"，即新颖性、创造性、实用性，但关于新颖性定义不同。日本有关新颖性的规定在公开方式上比中国多一种，即通过通信线路为公众所知。另外，公知、公用的地域范围为全世界，不限于日本国内。公开时间为"申请前"，申请日当日公开的出版物也包括在破坏新颖性范围内，具体比较时可以精确到小时和分钟。

韩国的授权要求为满足新规性、进步性和产业上利用的可能性。新规性（新颖性），是指在申请日以前没有同样的发明或实用新型在国内外出版物上公开发表过，或者在总统令规定的网络方式公开发表过，在国内告知或公开使用。自 2006 年 10 月 1 日起实施修改后的专利法，有关新颖性规定修改为：不论韩国国内或国外，只要在申请前已经被公开或使用，即丧失新颖性。

（六）专利授权后的程序、专利保护期限及专利年费缴纳

1. 授权后的程序

中国：除了专利局原因造成的差错外，申请人不能提出任何改正。

美国：对授权后的专利可以进行修正，主要有更正专利（Certificate of Correction）、放弃权利要求（Disclaimer）、再颁专利（Reissue）及重新审查（Reexamination）几种方式。

日本：专利权人可以在授权以后主动对授权的专利文件进行订正，以便完善其专利，提高其专利的稳定性。订正请求应向日本特许厅审判部（类似中国国家知识产权局专利局复审和无效审理部）提出。

韩国：发明、实用新型和外观设计自授权登记日起有 3 个月异议期。申请人可以用专利订正制度在他人提出异议后修改自己的专利文件。

2. 保护期限

中国：发明专利保护期限为 20 年，实用新型、外观设计保护期限为 10 年，均自申请日起计算。

美国：发明、植物专利保护期限为 20 年，均自申请日起计算。外观设计专利保护期限为 14 年，自授权日起计算。USPTO 于 2000 年 9 月公布了有关专利保护期延长的实施细则。该文件规定，只有在 2000 年 5 月 29 日以后提出的发明或植物专利申请适用本规定；为了充分保护发明人的权利，对由于US-PTO 原因造成专利保护期延误，令发明人不能享有自申请日起 20 年保护期的专利，应延长其保护期，确保发明人享有自授权之日起 17 年的专利保护

时间。

日本：发明专利保护期限为 20 年，自申请日起计算。在一定的条件下，有关化学和医药领域的发明可以申请延长 5 年。实用新型保护期限为 10 年，自申请日起计算。外观设计保护期限为 20 年，自授权日起计算（2006 年 6 月 7 日以前为 15 年）。

韩国：发明专利保护期限为 20 年，自申请日起计算。在一定的条件下，有关农药或医药领域的发明可以申请延长 5 年。实用新型保护期限为 10 年，自申请日起计算，特殊情况下可延期 5 年。外观设计保护期限为 15 年，自授权日起计算。

3. 年费缴纳

中国：发明专利办理授权登记手续时缴纳自申请日起第三年至授权前一年的维持费、授权当年的年费及公布和印花税，授权后每年都要缴纳年费以维持专利权有效。实用新型和外观设计缴纳授权登记费后每年都要缴纳年费以维持专利权有效。

美国：发明专利缴纳登记费后，在自授权日起 3 年半、7 年半、11 年半缴纳三次年费，维持专利有效。植物专利和外观设计缴纳登记费后不用再缴纳年费（维持费）。

日本：实用新型专利在申请的同时应缴纳登记费和第一年至第三年的年费。每年需要缴纳的年费包括基本费和以权利要求数量计算的费用。可以一次缴纳多年年费，也可以一次缴纳当年年费。

韩国：申请人应于收到授权决定之日起 3 个月内缴纳最初 3 年的全部年费，第四年起每年缴纳年费或一次全部缴纳保护期限内的所有费用。韩国专利每年需要缴纳的年费包括基本费和以权利要求数量计算的费用。

（七）PCT 国际申请的程序

PCT 国际申请作为一个申请程序，最终想要获得保护需要相应启动办理各国国家阶段手续，在这一阶段，30/31 个月的期限届满日尤为关键。对于原本已经放弃进入各国国家阶段的 PCT 国际申请又重新考虑进行，但是这时已经过了 30/31 个月进入国家阶段的期限的，还有其他措施。

中国：PCT 进入中国国家阶段的期限是自最早的优先权日起 30 个月内，如果该期限已过，通过缴纳相应的宽限费用（1000CNY），可以最终延长至 32 个月内，这是最后的绝限，一旦错过，无法挽回。

美国：PCT 进入美国国家阶段的期限是自最早的优先权日起 30 个月内，如果超过这一期限，仍然可以向 USPTO 提出恢复申请请求。这一手续需要提交声明，说明延迟进入是非故意的，同时需要额外缴纳 850～1700 美元的费用。通常情况下，美国专利局审查员对于超期 6 个月的请求比较容易接受，但是也有超期 18 个月仍然成功恢复申请的美国国家阶段申请。可见，USPTO 在这一请求上尺度相对比较宽松。

日本：PCT 进入日本国家阶段的期限是自最早的优先权日起 30 个月内。2011 年日本根据专利法条约，就错过进入日本国家阶段期限引入了恢复机制。具体来说，因为合理理由而错过进入期限，可以自合理理由消失之日起两个月，最晚在进入日本期限届满之日起一年，提出恢复请求。但是实务操作中，恢复非常困难，而且恢复费用高昂，也存在无法恢复成功的可能性。

韩国：PCT 进入韩国国家阶段的期限是自最早的优先权日起 31 个月内，如果错过该期限，没有任何后续救济措施。

EPO：PCT 进入欧洲国家阶段的期限是自最早的优先权日起 31 个月内，提交时必须缴纳申请费、检索费、审查和指定国官费。如果一件 PCT 在申请时指定 EPO，EPO 在 31 个月到期时未收到该申请文件，便会发出权利失效通知（Loss of Rights）。自通知发文日起两个月内，申请人可以通过缴纳官方规定的费用办理进入欧洲专利局的手续。这两个月利用的是 EPO 的继续处理程序（Further Processing）。EPO 的继续处理程序是 EPO 中可以付费延期的一个程序，对一些性质的绝限可以使用，通常延期的时间是两个月。需要缴纳的相应官费有：申请、检索、审查及指定国官费的 150%；如果权利要求超过 15 项、页数超过 35 页而产生超出官费部分，需支付 150%；第三年年费的 150%；向 EPO 提交"继续处理请求"及支付相应的费用（继续处理的审查费 + 翻译费 510 欧元）。由此可见，延迟进入欧洲国家阶段的官费一般来说比正常 31 个月期限内进入的官费多出近 60%，但是对于 31 个月后仍有强烈意愿进入 EPO 的申请人来说，利用 EPO 的继续处理请求，额外支付 60% 的费用来赢得另外两个月的时间也是值得的。❶

---

❶　吉静鲜. 美国、日本、韩国、中国等几个主要国家专利制度分析、对比及启示［EB/OL］. （2018－03－01）［2019－06－02］. http://www.runping.com/201312/1160.html.

第三章　其他专利程序

专利申请时并不总是能够一次性通过专利审查程序，在申请中有时会遇到专利被驳回的情况，驳回原因也不尽相同，根据不同的驳回原因需要进行专利救济。常见的专利救济程序有专利复审、无效制度、行政复议与行政诉讼。

第一节　专利的复审与无效

专利复审和无效是一种特殊的行政复议程序，三者均要接受司法审查，但是专利复审和无效与行政复议的设立依据的法律不同，在程序上适用的法律和顺序也不相同。专利复审和无效制度是在《专利法》、《专利法实施细则》及《专利审查指南》中规定的程序，也就是说专利复审和无效制度是根据《专利法》设立的，两者并不直接适用国家的行政复议法。虽然复审及无效从广义上来讲是一种特殊的复议制度，但其与国家的行政复议法之间是"特别法"与"普通法"的关系。专利复审、无效制度在适用法律的顺序上采取优先适用《专利法》、《专利法实施细则》及《专利审查指南》的规则。但是专利复议制度不是依据《专利法》及《专利法实施细则》设立的，而是根据我国的《行政复议法》设立的，因此专利复议制度直接适用国家的《行政复议法》。

一、专利复审

国务院专利行政部门设立复审和无效审理部。专利申请人对国务院专利行政部门驳回申请的决定不服的，可以自收到通知（驳回申请的决定）之日起3个月内，向复审和无效审理部请求复审。复审和无效审理部复审后，作出决定，并通知专利申请人。专利申请人对复审和无效审理部的复审决定不服的，可以自收到通知之日起3个月内向人民法院起诉。复审请求案件包括对初步审查和实质审查程序中驳回专利申请的决定不服而请求专利复审的案件。

专利复审程序是因申请人对驳回决定不服而启动的救济程序，同时也是专利审批程序的延续。因此，一方面，复审和无效审理部一般仅针对驳回决定所依据的理由和证据进行审查，不承担对专利申请全面审查的义务；另一方面，为了提高专利授权的质量，避免不合理地延长审批程序，复审和无效审理部可以依职权对驳回决定未提及的明显实质性缺陷进行审查。专利的复审流程如图3-1所示。

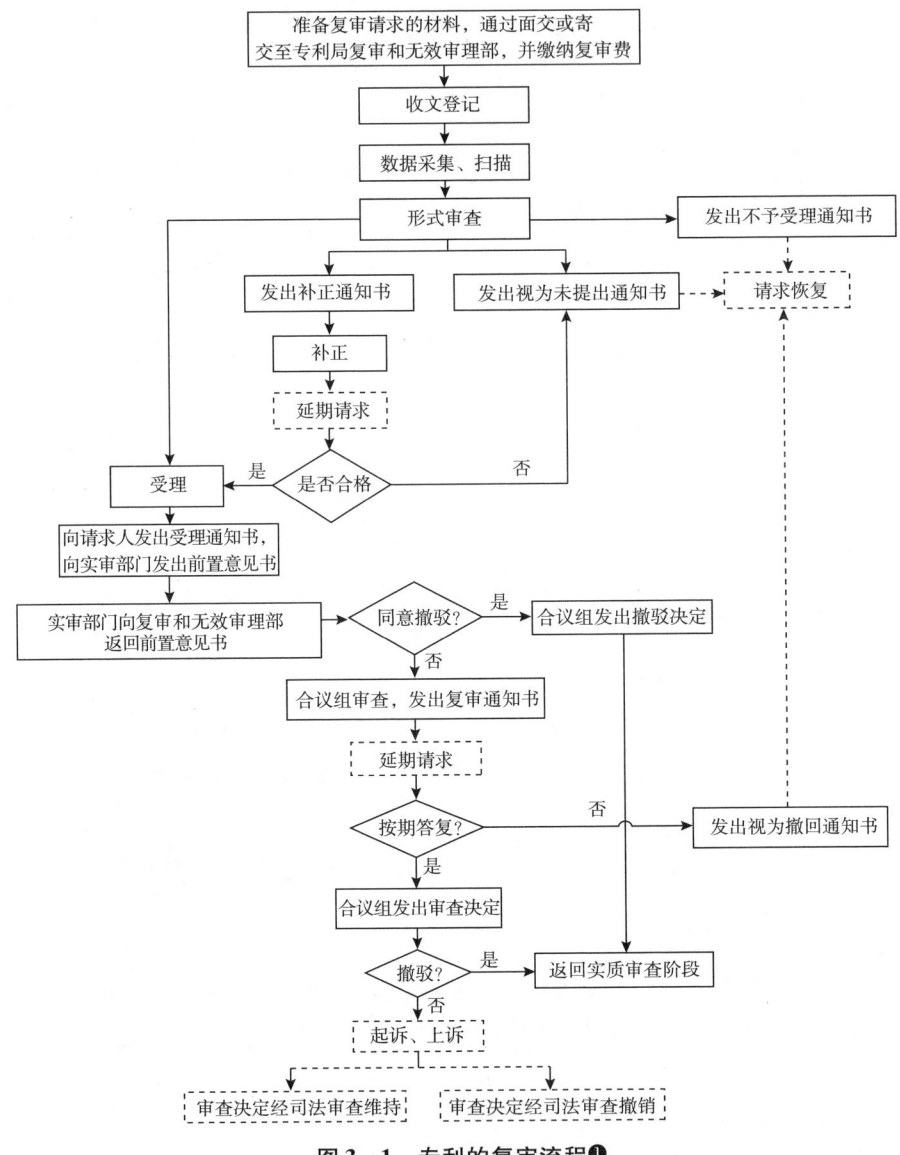

图3-1　专利的复审流程❶

---

❶　北京高沃知识产权. 专利申请不成功？驳回复审来解决！[EB/OL]. (2018-08-09) [2019-06-03]. http://www.sohu.com/a/246206121_99906732.

二、无效宣告

专利权无效宣告是指自国务院专利行政部门公告授予专利权之日起，任何单位或者个人认为该专利权的授予不符合《专利法》有关规定的，可以请求复审和无效审理部宣告该专利权无效。对复审和无效审理部宣告专利权无效或者维持专利权的决定不服的，可以自收到通知之日起 3 个月内向人民法院起诉。人民法院应当通知无效宣告请求程序的对方当事人作为第三人参加诉讼。宣告无效的专利权视为自始即不存在。

《专利审查指南》第四部分第三章规定，无效宣告程序是专利公告授权后依当事人请求而启动的、通常为双方当事人参加的程序。专利权无效宣告制度的设置是为了维护专利权授予的公正性。专利的无效宣告流程如图 3 - 2 所示。

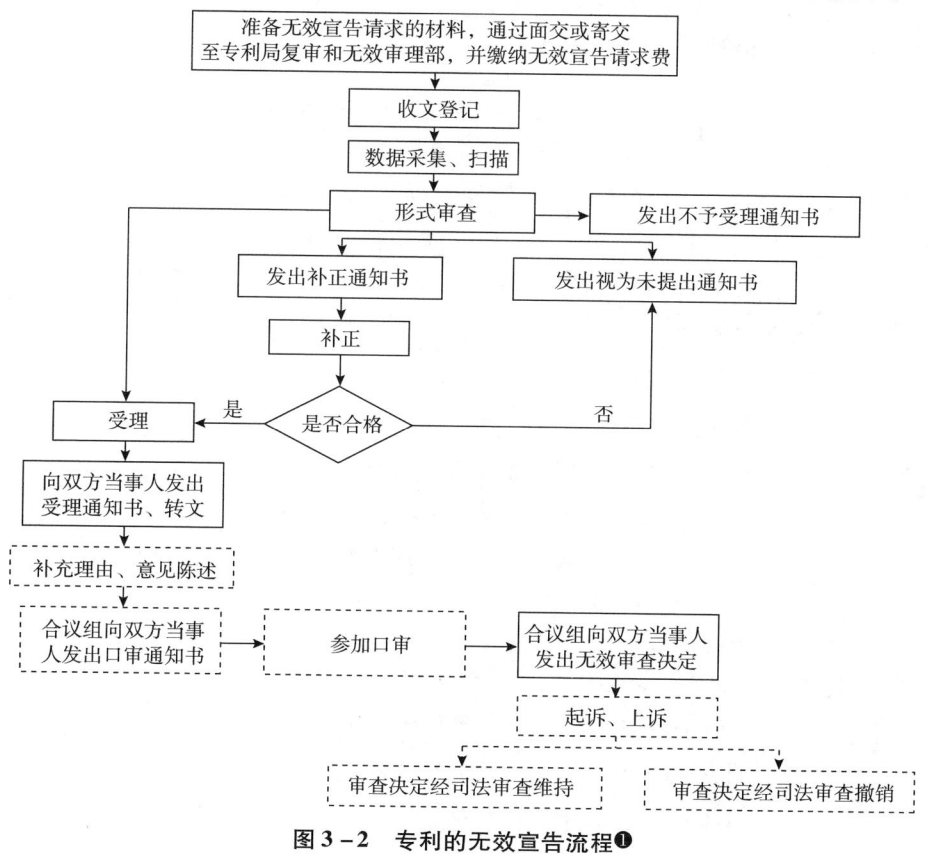

图 3 - 2 专利的无效宣告流程❶

---

❶ 中一知识产权. 专利无效流程［EB/OL］. （2017 - 06 - 08）［2019 - 06 - 01］. http://www.zyip.com/index.php/ysshow - 57.html.

第二节　专利的行政保护

专利权的行政保护，就是通过行政程序，由国家行政管理机关使用行政手段，对专利权实行法律保护。根据专利法的规定，对未经专利权人许可，实施其专利的侵权行为，专利权人或者利害关系人可以请求专利管理机关进行处理。专利管理机关是指国务院有关主管部门和各省、自治区、直辖市、开放城市和经济特区人民政府设立的专利管理机关。专利管理机关在处理侵权行为时，有权责令侵权人停止侵权行为并赔偿损失。专利权的行政保护包括行政复议和行政诉讼两类。

一、行政复议

行政复议是行政法的一项重要制度，虽然带有准司法性质，其基本性质仍是行政行为。

专利行政复议（Patent Administrative Reconsideration）是指针对涉及专利事项的具体行政行为提起的行政复议。其中涉及的专利事项，既包括国家知识产权局在审查授予专利权等过程中作出的具体行政行为，也包括管理专利工作的部门在处理专利侵权纠纷、查处专利违法案件等过程中做出的具体行政行为。

（一）行政复议范围和参加人

《国家知识产权局行政复议规程》第四条规定："除本规程第五条另有规定外，有下列情形之一的，可以依法申请行政复议：

（一）对国家知识产权局作出的有关专利申请、专利权的具体行政行为不服的；

（二）对国家知识产权局作出的有关集成电路布图设计登记申请、布图设计专有权的具体行政行为不服的；

（三）对国家知识产权局复审和无效审理部作出的有关专利复审、无效的程序性决定不服的；

（四）对国家知识产权局作出的有关专利代理管理的具体行政行为不服的；

（五）认为国家知识产权局作出的其他具体行政行为侵犯其合法权益的。"

（二）专利行政复议的主体与机构❶

专利行政复议的主体，指提出专利行政复议申请的申请人及被申请人。

---

❶ 宁星耀. 专利行政复议的收案范围 ［J］. 发明与创新，2003（12）：25.

提出专利行政复议申请的申请人分两类：第一类申请人是指不服国家知识产权局作出的具体行政行为，提出复议申请的人；第二类申请人是指不服管理专利工作的部门作出的具体行政行为，提出复议申请的人。无论是第一类还是第二类专利行政复议申请人，被申请人均是作出具体行政行为的行政机关，具体而言，就是国家知识产权局或管理专利工作的部门。

与专利行政复议的两类申请人一致，专利行政复议的机构也分为两类。对于第一类机构，《行政复议法》第十四条规定："对国务院部门或者省、自治区、直辖市人民政府的具体行政行为不服的，向作出该具体行政行为的国务院部门或者省、自治区、直辖市人民政府申请行政复议。"国家知识产权局属于国务院直属机构，性质上相当于国务院部门，因此，对其作出的具体行政行为，应由其本身进行复议。《国家知识产权局行政复议规程》第三条规定："国家知识产权局负责法制工作的机构（以下称'行政复议机构'）具体办理行政复议事项。"关于第二类机构，《行政复议法》第十二条规定："对县级以上地方各级人民政府工作部门的具体行政行为不服的，由申请人选择，可以向该部门的本级人民政府申请行政复议，也可以向上一级主管部门申请行政复议。"

（三）提起专利行政复议的期限

《行政复议法》第九条规定："公民、法人或者其他组织认为具体行政行为侵犯其合法权益的，可以自知道该具体行政行为之日起六十日内提出行政复议申请；但是法律规定的申请期限超过六十日的除外。"

（四）专利行政复议决定

1. 第一类专利行政复议决定

国家知识产权局行政复议机构应当自受理复议申请之日起 7 日内将复议申请书副本转交有关部门。该部门应当在收到复议申请书副本之日起 10 日内提出维持、撤销或者变更原具体行政行为的书面答复意见，并提交当初作出具体行政行为的证据、依据和其他有关材料。逾期不提出答复意见的，不影响复议决定的作出。

原则上，复议期间具体行政行为不停止执行。行政复议机构认为需要停止执行的，应当向有关部门发出停止执行通知书，并通知复议申请人及第三人。

《行政复议法》第三十一条规定："行政复议机关应当自受理申请之日起六十日内作出行政复议决定；但是法律规定的行政复议期限少于六十日的除外。情况复杂，不能在规定期限内作出行政复议决定的，经行政复议机关的负责人批准，可以适当延长，并告知申请人和被申请人；但是延长期限最多不超过三十日。"《行政复议规程》重申了上述规定。

2. 第二类专利行政复议决定

行政复议原则上采取书面审查的办法，但是申请人提出要求或者行政复议机关负责法制工作的机构认为有必要时，可以向有关组织和人员调查情况，听取申请人、被申请人和第三人的意见。行政复议机构应当自行政复议申请受理之日起 7 日内，将行政复议申请书副本或者行政复议申请笔录复印件发送被申请人。被申请人应当自收到申请书副本或者申请笔录复印件之日起 10 日内提出书面答复，并提交当初作出具体行政行为的证据、依据和其他有关材料。

行政复议机关责令被申请人重新作出具体行政行为的，被申请人不得以同一事实和理由作出与原具体行政行为相同或者基本相同的具体行政行为。

申请人在申请行政复议时可以一并提出行政赔偿请求，行政复议机关对符合《国家赔偿法》的有关规定、应当给予赔偿的，在决定撤销、变更具体行政行为或者确认具体行政行为违法时，应当同时决定被申请人依法给予赔偿。申请人在申请行政复议时没有提出行政赔偿请求的，行政复议机关在依法决定撤销或者变更罚款，撤销对财产的查封、扣押、冻结等具体行政行为时，应当同时责令被申请人返还财产，解除对财产的查封、扣押、冻结措施，或者赔偿相应的价款。

行政复议决定书一经送达，即发生法律效力。被申请人应当履行行政复议决定。被申请人不履行或者无正当理由拖延履行行政复议决定的，行政复议机关或者有关上级行政机关应当责令其限期履行。

（五）专利行政复议后的程序

当事人对复议决定仍不服的，可以向人民法院提起行政诉讼。当事人也可以选择不提起复议，而直接向人民法院提起行政诉讼。

二、行政诉讼

我国的专利执法体制是双轨制，即司法体制和行政执法体制并行。根据《专利法》第六十条、第六十三条及第六十四条的规定，管理专利工作的部门可以作出责令侵权人立即停止侵权行为、责令改正并予公告、没收违法所得、并处罚款等行政处罚。对上述行政处罚，当事人不服的，可以自收到处理通知之日起 15 日内依照《行政诉讼法》向人民法院起诉；侵权人期满不起诉又不停止侵权行为的，管理专利工作的部门可以申请人民法院强制执行。这一体制的架构需要在地方设立管理专利工作的部门，负责处理专利侵权纠纷、查处假冒专利和冒充专利等违法行为。目前所有省级人民政府都已设立此类管理专利工作的部门，部分设区的市级人民政府也已设立此类管理专利工作的部门。

行政复议和行政诉讼的区别主要体现在以下几方面。

（1）性质不同

行政复议是由上一级行政机关对下一级行政机关所作的具体行政行为进行的审查，属于行政行为的范畴，所有过程都在行政系统内部进行；行政诉讼则是人民法院对行政机关所作的具体行政行为实施的司法监督，是一种司法行为。

（2）受理机关不同

行政复议的受理机关是作出具体行政行为的行政机关所属的人民政府或其上一级行政主管部门，行政诉讼的受理机关则是人民法院。

（3）受案范围不同

人民法院受理的行政案件是公民、法人或其他组织认为行政机关的具体行政行为侵犯其合法权益的案件；复议机关受理的既有行政违法的案件，也有行政不当的案件。也就是说，凡是能够提起行政诉讼的行政争议，公民、法人或者其他组织都可以向行政机关申请复议，而可以申请行政复议的未必能够提起行政诉讼。另外，法律规定行政复议裁决为终局决定的，当事人申请行政复议以后，不得再提起行政诉讼，从而使一些行政争议只能通过行政复议而不能通过行政诉讼得以解决。

（4）审查的力度不同

受理复议申请的复议机关不仅审查具体行政行为是否合法，还要审查其是否适当；而在行政诉讼中，人民法院只审查行政行为的合法性，一般不审查其是否适当。因此，行政复议的审查力度要大于行政诉讼。

（5）审查依据不同

复议机关审理复议案件，以法律、行政法规、地方性法规、自治条例和单行条例、行政规章及上级行政机关依法制定和发布的具有普遍约束力的决定、命令为依据；而行政诉讼中，人民法院审查行政案件，以法律、行政法规、地方性法规及民族区域自治地方的自治条例和单行条例为依据，行政规章只作参照。

（6）审理程序不同

行政复议基本上实行一级复议，以书面复议为原则；而行政诉讼案件实行的是两审终审、公开开庭审理的制度。相对而言，行政复议程序比较简便、灵活。

（7）审查范围不同

行政诉讼是"不告不理"，审查的范围限于原告请求范围；行政复议则是"有错必纠"，这意味着复议的范围不局限于申请人的申请，因此行政复议的审查范围要大于行政诉讼。

行政复议与行政诉讼是两种不同性质的监督，且各有所长，不能互相取代。因此，现代国家一般同时创设这两种制度。在具体的制度设计上，或将行政复议作为行政诉讼的前置阶段。

第三节　专利的转移与许可

专利授权之后，专利权人既可以实施专利，也可以选择将专利转移或者许可他人实施。

一、专利的转移

专利关系的转移包括专利转让、专利质押、专利出资、专利信托、专利继承与赠予、专利强制执行等方式。其中，专利转让包括专利申请权和专利权两种形式的转让。专利申请权转让是一种请求权的转让，是指申请人在向专利行政部门提出申请后依照法律规定或合同约定将专利申请所享有的权利进行转让，专利申请权具有相对性和暂时性。而专利权的转让是一种所有权的转让，它是将专利权中的财产权全部让与，具有绝对性和持续性。❶

二、专利的许可

（一）专利许可

《专利法》第十二条规定："任何单位或者个人实施他人专利的，应当与专利权人订立实施许可合同，向专利权人支付专利使用费。被许可人无权允许合同规定以外的任何单位或者个人实施该专利。"即专利权人可以将其享有的专利权通过签订实施许可合同的方式许可其他单位或者个人实施利用。

专利许可是专利技术转化应用的重要途径和主要方式，具有显著的经济意义与法律意义❷。其中，在经济方面：研究机构或个人在不具备自己实施专

---

❶ 苏平，范长军，董玉鹏. 专利法［M］. 北京：法律出版社，2015：187.
❷ 范长军. 德国专利法研究［M］. 北京：科学出版社，2010：147.

利技术的情况下许可他人实施，有利于实现专利技术的经济价值；对于企业而言，可以充分利用其闲置的专利技术，同时可以凭借技术标准化而获取市场优势；对于被许可人而言，有利于节约研发经费，增加产品种类，获得更多的经济收益；对于国家而言，专利实施许可是加速技术流通、推进产业升级的重要途径，是实施知识产权战略的重要方面。

在法律方面：对于被许可人而言，可以通过专利许可获取为实现其目标所必需的部分权利，而不必支付更多的费用获取专利独占权；对于许可人而言，既可以保留专利独占权，又可以通过许可部分权利获得经济利益。

因此，专利许可比专利转让更有实践价值。❶

（二）专利的强制许可

专利的强制许可与专利许可是两个不同的概念。专利强制实施许可，是指国务院专利行政部门在法定的情形下，不经专利权人许可，授权他人实施发明或者实用新型专利的法律制度。《专利法》第四十八条规定了实施强制许可的情形："有下列情形之一的，国务院专利行政部门根据具备实施条件的单位或者个人的申请，可以给予实施发明专利或者实用新型专利的强制许可：

（一）专利权人自专利权被授予之日起满三年，且自提出专利申请之日起满四年，无正当理由未实施或者未充分实施其专利的；

（二）专利权人行使专利权的行为被依法认定为垄断行为，为消除或者减少该行为对竞争产生的不利影响的。"

总之，实施专利强制许可，最终目的是督促已授权专利进入使用状态，以推动社会技术的进步，发挥专利应有的价值。

第四节　专利的登记与公告

《专利法实施细则》第八十九条和第九十条中规定了专利登记和专利公告的内容。

第八十九条　国务院专利行政部门设置专利登记簿，登记下列与专利申请和专利权有关的事项：（一）专利权的授予；（二）专利申请权、专利权的转移；（三）专利权的质押、保全及其解除；（四）专利实施许可合同的备案；（五）专利权的无效宣告；（六）专利权的终止；（七）专利权的恢复；

---

❶ 苏平，范长军，董玉鹏. 专利法［M］. 北京：法律出版社，2015：198.

（八）专利实施的强制许可；（九）专利权人的姓名或者名称、国籍和地址的变更。

第九十条　国务院专利行政部门定期出版专利公报，公布或者公告下列内容：（一）发明专利申请的著录事项和说明书摘要；（二）发明专利申请的实质审查请求和国务院专利行政部门对发明专利申请自行进行实质审查的决定；（三）发明专利申请公布后的驳回、撤回、视为撤回、视为放弃、恢复和转移；（四）专利权的授予以及专利权的著录事项；（五）发明或者实用新型专利的说明书摘要，外观设计专利的一幅图片或者照片；（六）国防专利、保密专利的解密；（七）专利权的无效宣告；（八）专利权的终止、恢复；（九）专利权的转移；（十）专利实施许可合同的备案；（十一）专利权的质押、保全及其解除；（十二）专利实施的强制许可的给予；（十三）专利权人的姓名或者名称、地址的变更；（十四）文件的公告送达；（十五）国务院专利行政部门作出的更正；（十六）其他有关事项。

由以上可以看出，专利登记的内容主要是专利权主体发生变更的各项记录，而专利公告的内容涵盖范围更广，除专利权主体变更记录之外还包括其他申请、审查等专利程序中涉及的文件内容变更及官方通知等记录。

第四章　专利语言服务引论

通过前三章的介绍，在熟悉专利相关知识的基础上，本章将从专利语言服务的缘起、主要内容、从业者及其胜任模型、专利语言服务的行业发展等多个角度对专利语言服务这一新兴行业进行系统介绍。

第一节　专利语言服务概述

语言服务内涵丰富，外延宽泛，包括"跨语言、跨文化信息转换服务记忆相关研究咨询、技术研发、工具应用、资产管理、教育培训等专业化服务"。"由于语言服务具有专业化、实践型、标准化等特征，语言服务能力不仅包括翻译能力，还包括管理能力、技术应用能力、跨文化交流和传播能力等"。[1]

专利语言服务是专业领域综合性专业服务，在专利相关立法、行政管理与执法、司法、代理、申请、审查、复审、无效等相关部门和环节都有强烈的现实需求。人才是服务的根本保障，全球专利语言服务业持续稳健发展，为专利语言服务提供了前所未有的发展机遇，也对高素质的专利语言服务人才提出了迫切的需求。

一、专利生命周期

以一项 PCT 国际专利申请为例，从最初发明人产生技术构思到该发明最终在不同国家和地区实现专利保护，其生命周期的主要环节及其实施主体如下：

产生技术构思（发明人）—实施专利新颖性检索（专利检索员）—撰写专利申请文件（专利代理师）—翻译专利申请文件（专利翻译人员）—专利审查（专利审查员）—答复审查意见（专利申请人）—专利授权（国家知识

---

[1]　中国翻译协会. 2018 中国语言服务行业发展报告［R］. 北京，2018.

产权局）—专利管理（专利权人）—专利运营（专利权人）—专利失效（专利权人）。

1. 产生技术构思

一项发明创造，其核心价值是发明人提出的技术构思本身，后续的所有环节都是为这一核心服务的。因此，一个技术构思本身的质量高低决定了所获专利的最终价值。发明人的技术构思通常会以书面的"技术交底书"的方式送交专门从事专利申请文件撰写的专利代理师，由其撰写符合专利申请提交规范的专利申请文件。

2. 实施专利新颖性检索

发明人产生技术构思之后，需要检索是否存在现有技术与自身的技术构思相似或相同，即检索该项发明是否具有新颖性。一项发明，具备新颖性是获得专利授权的实质条件之一。除新颖性检索之外，专利申请、专利审查、专利权维护等多个程序中也都涉及专利检索，如专利的侵权检索、无效检索、自由实施检索等。

3. 撰写专利申请文件

在这一环节，专利代理师根据《专利法》及《专利法实施细则》的规定，将发明人提供的技术交底书撰写为合乎专利申请提交规范的专利申请书，并与发明人或专利申请人沟通，根据规定提供专利申请所必需的其他文件和信息。专利申请书属于一类特殊的法律文件，有特殊的起草规范。发明受保护的范围主要取决于专利申请书中权利要求书的范围，因此，权利要求书的撰写质量十分关键。另外，解决一些程序和法律问题，如"超范围""不清楚""不支持""必要技术特征""期限和费用"等，也是专利代理师在专利代理过程中应具备的职业技能。

4. 翻译专利申请文件

在进入 PCT 国家阶段时，以进入中国为例，需要提交该专利申请的中文译文。该环节由专业的专利翻译人员完成。专利翻译需遵循严格的标准，避免在转译过程中因表述不准确或元素增删而将专利的保护范围扩大、缩小或使其不清楚。专利翻译人员需要具备专利知识、相关技术领域的基础知识及良好的双语转换能力。

5. 审查专利申请

在这一阶段，该 PCT 申请将经历第二章第三节"国际专利的申请与审查"中提到的各项程序。在国际阶段，将由国际检索单位针对该 PCT 申请的可专利性作出书面审查意见，供申请人在进入国家阶段时参考。在进入中国国家阶段时，将由中国国家知识产权局对该专利进行初步审查和实质审查，针对该专利申请的缺陷出具书面审查意见。

6. 答复审查意见

对于中国国家知识产权局专利审查员出具的书面审查意见（中文），申请人应在规定的时间内予以答复，以确保及时修正审查意见中指出的申请文件的缺陷，最终获得专利授权。对于非中国的申请人而言，理解审查员出具的中文审查意见可能存在语言方面的困难，此时需要专业的翻译人员将审查意见准确翻译成该专利申请人的母语语言，方便专利申请人针对审查意见书作出精准的答复。

7. 专利授权

在专利申请通过专利审查程序之后，国家知识产权局将对该申请授予专利权，并且向专利权人颁发专利证书。自此，该项发明可以被称为发明专利，拥有该项专利的人也被称为该项发明专利的专利权人。

8. 专利管理

广义上，专利管理包括专利相关事务的全流程管理。狭义上，专利管理是指通过一定的工具或手段确保专利在授权之后正常有效。对于获得授权之后的专利，专利权人应定期缴纳相关费用，确保该项专利在专利权期限内始终享有被保护的权利。同时，专利管理还包括通过专利侵权检索等手段监控市场中是否有他人通过不正当的方式实施侵权行为，达到维护自身权益的目的等。

9. 专利运营

专利运营是指以精细的专利管理手段促进专利技术的应用和转化，使专利增值的活动。专利运营的方式有多种，既包括转让、质押、出资、许可等方式，也包括运用商业宣传、产业孵化、专利诉讼等实现专利增值的方式。

10. 专利失效

在中国，发明专利的保护期限是 20 年，实用新型专利的保护期限是 10 年。专利的保护期限起始日是专利的申请之日，终止日取决于专利权人，但最长是到专利期限终止日。专利权人未按时缴纳年费、专利经无效程序被宣告无效、专利权人自动放弃专利权及专利期限届满等原因均会导致专利失效。一项专利失效意味着该专利不再受保护，其生命周期也于此终止。

二、专利语言服务的缘起

狭义的专利语言服务可以理解为专利人工翻译或机器翻译服务，广义的专利语言服务则包括所有跨语言专利检索、专利分析服务等。专利语言服务缘何而起？即专利为何需要进行语言转换和翻译？专利翻译工作发生的场合有哪些？在了解专利生命周期的基础上，可以从以下五个方面来理解。

（一）对专利语言服务的需求贯穿本国专利申请的全流程之中

在常规的本国专利申请流程中，对专利翻译的需求其实是贯穿始终的。从专利申请文件的撰写到专利申请受理后的审查，再到专利最终授权或驳回，其中涉及的角色，从专利申请人、专利代理师再到专利局审查员，无一不与专利翻译工作关系密切。以我国国内专利申请为例，无论是在申请文件的撰写阶段还是在专利审查阶段，都需要对现有技术进行检索，以便确认本申请的发明点及新颖性和创造性等。《专利法》第二十二条规定："本法所称现有技术，是指申请日以前在国内外为公众所知的技术。"因此，在专利申请前和审查阶段的检索工作中就需要涵盖相关技术领域的国外文献，尤其是专利技术文献，并在此基础上对照本申请的技术方案加以仔细对比和研究分析。在申请文件的撰写阶段，就要求申请人或代理师不仅要能够查阅参考国内文献，还需要具备一定的外语功底，能够进行专利语言转换，从而了解国外现有技术的水平。同样，在审查阶段，也只有具备专利翻译能力的专利审查员才能进行跨语言文献检索，全面地检索和理解国内外对比文件，进而发表准确具体、经得起推敲的审查意见。与此同时，申请人或代理师也必须能够读懂审查员提及的对比文件，才能答复好审查意见通知书。

综上所述，专利申请人、专利代理师及专利局审查员的专利翻译功底扎实与否将直接关系到该件专利申请流程顺利与否以及授权后的专利权稳固性。

（二）对专利语言服务的需求存在于国际专利申请的各个场合之中

专利权具有独占性、时间性和地域性三大特征。所谓地域性，是指一个国家或一个地区所授予和保护的专利权仅在该国或该地区的范围内有效，在其他国家和地区不发生法律效力，其专利权是不被确认与保护的。专利权的地域性必然催生专利国际申请的需求，而在专利国际申请中，专利翻译工作必不可少。以向中国提出专利申请为例，根据《专利法实施细则》第三条的规定，"依照专利法和本细则规定提交的各种文件应当使用中文"。因此，外国专利申请人提交的申请文件自然也需要使用中文，申请前进行英译中的专利翻译就成为专利代理师必须进行的一项工作。向其他国家和地区递交专利申请也一样，无论是 PCT 途径、《巴黎公约》途径还是 EPC 途径，最终专利申请在进入特定的国家或地区阶段之后，还需要按照本国家或地区的要求将专利申请文件全部或部分翻译转换成目标语言。

近年来随着全球化的迅猛发展，各国间交互专利申请日益增多。2018 年，WIPO 的 PCT 专利申请量再创纪录，达到 25.3 万件，相比 2017 年增加 3.9%。在全球范围内，国际专利申请早已势不可挡，原因之一就是随着全球化的快速发展，各国企业的自主创新意识和知识产权意识逐步加强，向国外申请专利成为所有有实力、有雄心的企业拓展海外市场前必然进行的铺垫工作。

可见，专利翻译已成为国际专利申请大舞台上必不可少的一项利器，且随着全球经济的发展，这项利器必将在未来的全球经贸合作往来中发挥愈加重要的作用。

（三）某些情形下，专利语言服务是国际局或各国家局需要开展的一项工作

在《专利合作条约实施细则》中列有以下相关规定。

第 36.1 条对国际检索单位的最低要求中规定："（iii）该局或者该组织必须拥有一批工作人员，能够对所要求的技术领域进行检索，并且具有至少能够理解用来撰写或者翻译本细则 34 所述最低限度文献的语言的语言能力。"

第 48.3 条对公布语言的规定："（c）如果国际申请是用英文以外的一种语言公布的，根据本细则第 48.2 条（a）（v）的规定公布的国际检索报告或者条约第 17 条（2）（a）所述的宣布，发明的名称、摘要以及摘要附图所附的文字都应使用这种语言和英文公布。如果申请人没有提交根据本细则第 12.3 条（为国际检索目的的译文）的译文，译文应由国际局负责准备。"

第 72.1 条对国际初步审查报告和国际检索单位书面意见的译文规定为："（a）任何选定国均可要求将使用该国国家局的官方语言或者官方语言之一以外的任何一种语言制定的国际初步审查报告译成英文。（b）任何此类要求均应通知国际局，国际局应迅速在公报中予以公布。"

（四）专利语言服务是各类专利权主体进行自身知识产权管理的必做功课

根据 WIPO 公布的信息，2017 年，在所有已经公布的 PCT 专利申请中，企业类申请人占比为 84.8%，个人占比为 8%，高校占比为 5.4%，机关团体占比为 1.9%，如图 4－1 所示。❶

---

❶　WIPO. Patent cooperation treaty yearly review 2018：A11. Distribution of PCT applications by applicant type，2003－2017［R］.（2018－08－06）［2019－06－02］. https：//www.wipo.int/publications/en/details.jsp？id＝4344.

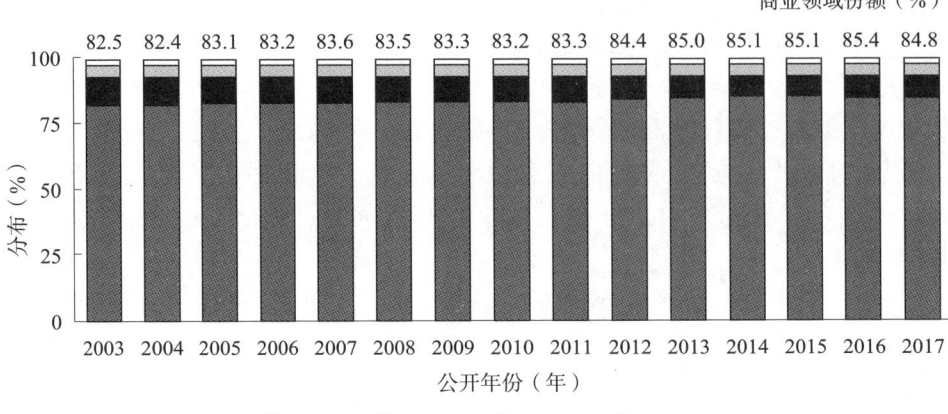

图 4 – 1　全球 PCT 申请中不同申请人贡献度占比

注：2017 年 PCT 申请商业领域的占比约为 85%。

　　根据国家知识产权局公布的 2017 年专利统计年报，2017 年，在国内职务发明创造专利申请中，企业申请量占比为 82.8%，高校占比为 12.3%，科研单位占比为 2.8%，机关团体占比为 2.1%，如表 4 – 1 所示。❶

表 4 – 1　国内职务发明创造专利申请量（2017. 1—2017. 12）

表　　　号：专受表 6

制定机关：国家知识产权局

备案机关：国家统计局

备案文号：国统办函〔2016〕445 号

有效期至：2019 年 9 月

地区	2017				
	合计	大专院校 A	科研单位 B	企业 C	机关团体 D
全国总计	2 732 229 件	336 185 件	76 580 件	2 261 767 件	57 687 件
	100. 0%	12. 3%	2. 8%	82. 8%	2. 1%

　　由以上统计数据可知，无论是在全球范围内还是在我国国内，企业、高校及科研院所都是主要的专利申请主体。

――――――――――

　　❶　国家知识产权局. 2017 年专利统计年报——专受表 6，国内职务发明创造专利申请量〔R/OL〕.（2018 – 10 – 19）〔2019 – 06 – 03〕. http://www. sipo. gov. cn/docs/20181019135307585336. pdf.

对于上述如此多的专利权利主体而言，加强自身知识产权的管理是非常有必要的。知识产权管理主要是通过创造、运用、保护和管理知识产权，达到促进技术创新、改善市场竞争地位、支撑持续发展、提升核心竞争力的目的。随着我国知识产权事业的飞速发展，企业等各类专利权主体的自主创新意识得到了有效提升，知识产权实力逐年增强。然而，随之而来的不仅有技术创新的进步，还有更多的专利侵权纠纷等知识产权保护风险，不少企业都是在遭遇专利侵权纠纷进而丢失市场后才逐渐意识到知识产权管理工作对企业创新和发展的重要作用，这种全新的形势对于加强知识产权管理工作提出了更高的要求。

专利翻译是知识产权管理工作中必不可少、至关重要的一环。例如，《企业知识产权管理规范》（GB/T 29490—2013）第 7.4.3 条规定了涉外贸易过程中的知识产权工作，前两款的内容为：向境外销售产品前，应调查目的地的知识产权法律、政策及其执行情况，了解行业相关诉讼，分析可能涉及的知识产权风险；向境外销售产品前，应适时在目的地进行知识产权申请、注册和登记。

以专利为例，第二款规定的专利申请自不待言，是必须事先进行专利翻译才能实现的。而第一款中的调查、了解境外的知识产权法律、行业诉讼，并分析可能涉及的知识产权风险，势必要求对国外的专利诉讼文书、专利法律、专利文献等进行全面的研究和分析，在这个过程中，专利翻译也是必然要进行的一项工作。

因此，从这个意义上来说，在企业的涉外贸易知识产权管理工作中，专利翻译工作的质量将直接关乎涉外贸易能否成功。如果做得不够好，一旦构成境外侵权，后果可能十分严重。

（五）专利语言服务是获取全球前沿科技情报信息的重要途径

专利文献是承载最新科技研究成果的重要载体，尤其是在目前绝大多数国家都实行"先申请制"的背景下，全球最尖端、最前沿的科技成果几乎都会最先出现在专利文献中。据世界知识产权组织的资料披露，全世界每年90%以上的发明成果都首先通过专利文献反映出来，可以说专利文献就是人类发明创造的智慧情报库。

当今世界，国家核心竞争力越来越表现为对智力资源和智慧成果的培育、配置、调控能力，表现为对知识产权的创造、运用、保护能力。专利信息几乎囊括了一切应用领域中的技术成果，涉及经济发展、科技创新和战略决策最重要的信息资源，在当今国际市场竞争极为激烈的形势下，可以说，谁能掌握并运用好全球的专利信息资源，谁就占领了市场制高点。在此背景下，各类市场主体对于自身所关注的全球专利信息进行语言转换便是掌握并进一步运用好全球专利信息的重要前提和必经之路。

据世界知识产权组织介绍，在实际的研究工作中，参阅专利文献可以缩短60%的研究时间，节省40%的研究费用。国外专利文献代表着国外的先进技术，在高水平的科研工作中，跨语言查阅并参考国外专利文献是必然要开展的一项工作，可以拓宽研究者的国际化视野，并将科研项目的高度推向全球的层面。

三、专利语言服务的人才培养

高校是培养专利语言服务人才的重要阵地，在高校中推进政产学研联合培养，寻求产教充分融合是培养专利语言服务人才的根本途径。在国家政策和行业劲需的推动下，我国知识产权、法学、信息技术、标准化、翻译与本地化等相关专业教育持续稳步发展，为专利语言服务业输送了大批高素质、复合型、应用型专利语言服务人才。

（一）专利语言服务人才素质要求

专利语言服务涉及部门广泛，机构众多，环节复杂。专利语言服务人才除了需要具备语言服务人才的基本素养，还要进一步掌握知识产权尤其是专利语言服务人才的基本素养。综合专利语言服务各领域及环节的内容来看，专利语言服务人才至少应当具备以下三大方向、12项基本素养。

（1）专利语言服务业基本职业素养

专利语言服务业基本职业素养包括：

1）熟悉翻译项目管理，具有组织协调能力。

2）展现团队协作精神，与项目组同事有效交流沟通。

3）具有良好的身体及心理素质和抗压能力，按时保质保量完成工作任务。

4）恪守职业道德，诚信敬业，严格履行保密责任。

（2）专利基础知识素养

专利基础知识素养包括：

1）熟悉专利语言服务业的发展。

2）熟悉知识产权特别是专利相关的公约、法律、规章、行业标准。

3）熟悉知识产权特别是专利有关的概念及特征。

4）熟悉专利各专业领域知识。

5）熟悉各类型专利文献的组成部分及语言特征。

（3）专利翻译知识与技能素养

专利翻译知识与技能素养包括：

1）具有较高程度的双语表达能力。

2）掌握各类型专利文献的翻译原则、方法与技巧。

3）熟练掌握专利语言服务技术与工具。

（二）专利语言服务人才培养途径

2018 年《中国语言服务行业发展报告》指出，翻译专业教育与语言服务提供方和语言服务需求方的专业人才需求相比还有一定差距，与培养高层次、应用型、专业化的翻译人才的目标还有不少差距，特别在特色化、国家化、复合型人才培养方面差距明显。

为此，党中央、国务院、专门机构、地方各级政府等出台了具体的指导思想和实施意见，相关语言服务企业和高等学校要积极参与，产学研政各方积极联动，改进和创新专利语言服务人才培养机制，确保专利语言服务人才培养的数量和质量。

1. 政府及专门机构积极作为

党的十八届三中全会通过的《中共中央关于全面深化改革若干重大问题的决定》提出了"创新高校人才培养机制，促进高校办出特色争创一流"的总体要求。

《国家中长期教育改革和发展规划纲要（2010—2020 年)》第十九条对高等教育的发展提出了"提高人才培养质量"的要求，具体指出："创立高校与科研院所、行业、企业联合培养人才的新机制。大力推进研究生培养机制改革。""建立以科学与工程技术研究为主导的导师责任制和导师项目资助制，推行产学研联合培养研究生的'双导师制'。"

《国务院办公厅关于深化产教融合的若干意见》（国办发〔2017〕95 号）提出构建教育和产业统筹融合发展格局，推进产教融合人才培养改革，加强产教融合师资队伍建设，全面推行校企协同育人，构建校企合作长效机制。其中具体提出，"用 10 年左右时间，教育和产业统筹融合、良性互动的发展格局总体形成，需求导向的人才培养模式健全完善，人才教育供给与产业需求重大结构性矛盾基本解决"。

《教育部、人力资源与社会保障部关于深入推进专业学位研究生培养模式改革的意见》（教研〔2013〕3 号）指出，专业学位研究生培养模式改革的目标是"以职业需求为导向，以实践能力培养为重点，以产学结合为途径，建立与经济社会发展相适应、具有中国特色的专业学位研究生培养模式"。

全国翻译专业学位研究生教育指导委员会先后发布或修订了《翻译硕士专业学位研究生指导性培养方案》《翻译硕士专业学位基本要求》《翻译硕士专业学位培养单位评估指标体系》《增列硕士专业学位授权点基本条件》等文件，就人才培养目标、培养方案和培养模式等相关问题作出了具体要求和部署。全国翻译专业学位研究生教育指导委员会与中国翻译协会共同组织制定了《全国翻译专业学位研究生教育实习基地（企业）认证规范》和《全国翻译专业学位研究生教育兼职教师认证规范》及相关认证活动，为推动解决实践教学基地及兼职教师队伍规范性问题提供了很好的示范作用。

2. 专利教育相关高等院校积极配合

截至 2018 年，开设翻译专业硕士培养点的高校达到 249 所，目前每年招生超过 8 000 人，全国翻译硕士累计招生约 53 000 人，毕业生约 30 000 人❶，其中有相当数量的毕业生进入语言服务行业。部分高等院校依托专业优势或校企合作，在翻译硕士培养方向上创出了专利翻译特色，如西安外国语大学、西安交通大学、曲阜师范大学、河北大学等。

要努力寻求校企合作全面融入翻译硕士教育招生、培养、学位论文及就业等全过程，构建翻译硕士教育中的校企合作全覆盖模式。具体可以在招生、职业认同教育、培养方案制定/修订、课程建设、师资队伍建设（含专任"双师型"教师培养及兼职教师聘任）、翻译技术实验室和工作室建设、资源库建设、实习基地建设、科研或教学论文发表、著作或教材出版、联合培养基地建设、会议、培训、竞赛、毕业论文选题、就业及毕业生跟踪反馈等方面寻找校企合作的有效切入途径。

高校和企业是两种不同性质的机构，一个是提供社会公共服务的教育机构，一个是提供商品或服务的商业机构，两者在合作过程中多少会遇到一些问题。但学校教育有其公益性，企业有其社会责任性，在解决问题的过程中，校企双方有基础坐在一起，本着相互理解、相互尊重的态度共同协商并及时解决，以保证学校、实习生及公司的合法权益，最终实现学校和公司发展的共赢。

3. 专利语言服务行业积极参与

在构建政产学研协同培养语言服务人才机制的过程中，除了政策的支持和保障以及相关高校的积极配合，专利语言服务行业的积极参与是人才培育顺利实施的关键。在专利语言服务相关的学校教育和行业培训领域，国际及

---

❶ 中国翻译协会. 2018 中国语言服务行业发展报告［R］. 北京，2018.

国家知识产权监管服务机构和国内外企业的积极参与是重要条件。

世界知识产权组织网站提供了包括五大局在内的语言网页，提供了以英文为主的法律条文和申请服务，还提供了 Patentscope 检索服务，以及提供 WIPO Academy❶ 培训服务，该网站本身就是一个完备的专利语言服务及培训平台。中国国家知识产权局也提供了类似完备的服务和培训内容。

知识产权行政机构和出版机构也在积极参与专利语言服务人才培养工作。2017 年 12 月，知识产权出版社、陕西省知识产权局和西安外国语大学共同筹建陕西省"一带一路"知识产权语言服务人才培养中心，同时组织召开了"一带一路"中的话语体系建设与语言服务发展论坛。2018 年 10 ~ 12 月，"一带一路"知识产权语言服务人才培养中心承办了由全国翻译专业学位研究生教育指导委员会、中国翻译协会、陕西省知识产权局指导、西安外国语大学主办的首届全国专利翻译大赛。知识产权出版社多年来持续探索产教融合的道路，利用其资源优势和平台优势，前置培训，发掘高校潜在的专利语言服务人才。2015 年 4 月，知识产权出版社正式对社会公众发布垂直领域（知识产权领域）首家 Web 版智能型翻译平台"I 译 +"，向有意加入知识产权翻译行业的社会公众提供专业的在线培训课程及智能辅助翻译工具。

不少专利语言服务企业积极参与校企合作，协同参与专利语言服务人才培养。以 RWS 集团中国公司为例，该公司于 2006 年在北京成立，2010 年开始与高校接触，目前已经与曲阜师范大学、西安外国语大学、西安交通大学等高校开展了密切、深入的合作。特别值得一提的是，为推动与相关高校的深入合作，RWS 集团中国公司在日照和西安分别设立了分公司，以方便校企共建课程的实施和学生实习实践。2017 年，在与曲阜师范大学前七年的合作基础上，与曲阜师范大学联合申报并获批"山东省研究生教育质量提升计划"中的研究生联合培养基地建设项目，得到了较大幅度的政策和资金支持，为校企合作进一步深入实施提供了一定程度的保障，目前已经有部分成果产出，运用到学校教学和企业生产中，进一步服务地方、服务社会。

舜禹公司以江苏省为中心向外辐射，走出了一条校企合作之路。其合作院校从南京大学、东南大学、南京航空航天大学、南京师范大学、武汉大学、华中科技大学等综合类院校扩展到上海外国语大学、西安外国语大学、大连外国语大学等语言类院校，合作形式多种多样，包括开放日、接收高校实习生、企业进校园讲座、舜禹讲堂、"舜禹杯"各类竞赛、独家赞助校园活动

---

❶ WIPO. WIPO Academy［EB/OL］.（2019 - 03 - 13）［2019 - 06 - 03］. https://www.wipo.int/academy/en/.

等。自 2014 年成为河海大学 MTI 联合培养示范基地后，2019 年 1 月，舜禹公司与南京师范大学外国语学院为共建外语创新创业基地举行揭牌仪式，将该公司与院校的合作推向了新的高度。

总体而言，无论全球性公司如 RWS 还是本土公司如舜禹，都在积极探索校企合作的有效方式，既充分发挥了企业的社会责任，也在一定程度上解决了人才短缺的问题，达到了企业和院校双赢的良好结果。

第二节　专利语言服务行业与市场

本节将从专利语言服务行业当前的情况及专利语言服务市场未来的发展展望两方面阐述专利语言服务行业与市场。

一、专利语言服务行业概况

专利语言服务行业的特点是什么？当前发展状况如何？本节将以行业综述的形式论述这些问题。

（一）专利语言服务行业简介

专利语言服务行业，顾名思义，即面向专利行业提供语言服务的行业，其横跨专利和语言服务行业而形成，与这两个行业关系密切，可以说是源与流、母与子的关系，或者说是两个行业的交叉行业，如图 4 - 2 所示。一方面，专利语言服务行业作为语言服务行业的一个分支，其生存与发展必然离不开语言服务行业的大背景；另一方面，专利语言服务行业主要面向专利行

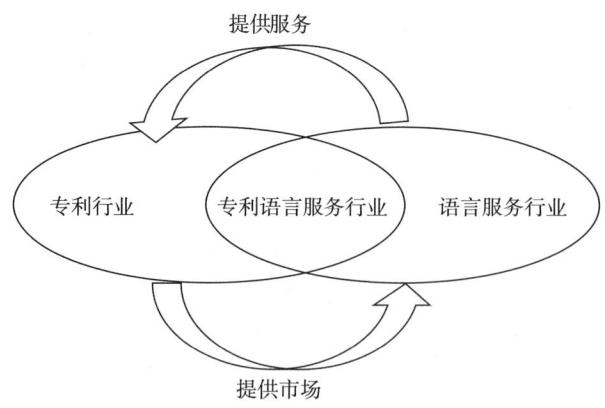

图 4 - 2　专利语言服务行业定位

业的客户提供语言服务，因此专利行业的发展状况直接影响专利语言服务行业的市场价值状况。

（二）专利语言服务行业的发展现状

1990 年，国际战略管理学派创始人、哈佛商学院教授迈克尔·波特（Michael Porter）出版了他的《国家竞争优势》一书，作为一系列国际贸易理论中的最新成果，书中提出了"菱形理论"（the Diamond Theory）（又称"钻石理论"），用来阐释行业竞争力的形成机制。❶ 波特认为，任何一个行业的竞争力都受到四大决定性因素（determinants）的支配，分别为需求条件、要素条件、相关或支撑型产业发展和企业的战略、结构与竞争。

在菱形结构中，某个决定因素的实现必须同时依赖其他因素的增进，所以该结构具有自我加强（selfreinforcing）的结构特征。除了上述四大决定因素外，行业面临的重要发展机遇和政府的产业政策也是直接影响行业竞争力的两个关键变量。❷ 利用"菱形理论"可以恰当分析我国专利语言服务业面临的机遇与挑战。❸

1. 需求条件非常有利：专利语言服务市场需求增长迅猛，市场价值逐渐显现

一方面，当前整个语言服务市场空前繁荣，这为专利语言服务行业的发展提供了原动力。随着全球化进程的推进，国际贸易往来日益频繁，随之而来是服务外包行业的发展，这些都极大地促进了语言服务市场的繁荣，整个语言服务行业迎来了快速发展期。与此同时，我国全方位、宽领域、多层次的对外开放也为我国语言服务行业的发展营造了宽阔的平台。中国经济在全球的崛起、中国文化在全球的传播以及"一带一路"倡议的提出与实施，又为语言服务业创造了更多更大的市场。当前，中国经济和文化"走出去"的步伐越来越大，这些都离不开语言服务行业的支撑。专利语言服务行业作为语言服务行业的一个分支，正在分享整个语言服务行业良好的发展机遇带来的市场红利。

另一方面，伴随着我国知识产权事业的飞速发展，专利语言服务行业的市场需求正在迅猛增长。自 2008 年国务院印发了《国家知识产权战略纲要》以来，10 年间，我国的知识产权创造活力显著增强，知识产权大国地位牢固确立。专利申请及授权数量快速增长，专利申请年均增长 19.56%，专利授权

---

❶ 迈克尔·波特. 国家竞争优势 ［M］. 李明轩，邱如美，译. 北京：华夏出版社，2002.

❷ 王传英. 社会经济网络与中小企业发展 ［M］. 北京：经济科学出版社，2005：25.

❸ 王传英. 语言服务业发展与启示 ［J］. 中国翻译，2014（2）：78－82.

年均增长 21.29%。国内有效发明专利拥有量从 2007 年的 9.6 万件增长到 2017 年的超 100 万件，每万人口发明专利拥有量由 2007 年的 0.6 件增长至 2017 年的 9.8 件。

近些年来，尤其是自我国加入 WTO 以来，我国的国际专利申请增长速度之快在国际上当属首席。图 4－3 展示了自 1979 年以来世界五大局的 PCT 专利申请量走势，可明显看出我国的 PCT 申请量呈现快速上升趋势。

图 4－3　五大局的 PCT 申请趋势（1979—2017）

注：1. 数据来源于 WIPO 统计数据库，2018 年 3 月。

2. 2017 年的数据为 WIPO 估测的数据。

伴随着我国知识产权事业的飞速发展，专利语言服务市场大有可为。

2. 要素条件正在发展：技术对行业的贡献度日渐凸显

在技术层面，近些年来专利语言服务行业的翻译技术开发和应用发展迅速。例如，CAT 技术的发展经过了单机部署、对等网部署、局域网部署三个阶段，当前云部署是发展趋势。一款成熟的 CAT 工具可以支持多种格式的文件，从而免去企业对需要翻译的内容进行人工识别或提取的杂务，并实现一站式交付。QA 检查是指针对人工翻译过程中容易出现的错误进行核查，是语言服务的重要把关环节，这方面的技术一般包含标点符号检查、非译元素（数字和符号）的匹配检查、语言拼写检查、语法检查等。另一个对专利翻译行业产生重大影响的技术是机器翻译。随着神经网络机器翻译（NMT）的应用，市面上很多机器翻译系统都使专利文献的翻译质量得到了极大的提升，如谷歌机器翻译、WIPO Translate 等。此外，机器翻译＋译后编辑模式目前在专利翻译中的应用越来越普及。

技术的发展给专利语言服务行业的发展带来了许多新的机遇，撬动了新的市场需求，使行业格局、作业模式产生了新的变化。例如，随着专利机器翻译质量的不断提升，利用机器翻译进行专利文献的跨语言检索工作将会更加方便，检索结果也会更加精确，这直接加大了跨语言专利检索分析业务对机器翻译的市场需求。此外，根据 WIPO 的相关规定，自 2012 年 7 月 1 日起，中国专利文献（发明专利）已正式成为 PCT 成员国审查国际专利申请时的必检文献，即纳入 PCT 最低文献量❶，这也大大促进了我国专利文献机器翻译行业的发展。

3. 上游产业智力支持亟待提升：产学融合是目前专利语言服务人才培养的迫切需要

专利语言服务行业涵盖与专利语言服务有关的整条产业链。专利语言服务的专门机构和/或企业虽然处于该行业链的核心环节，但产业链上游的人才培养和输送环节也是至关重要的。目前，专利语言服务行业的从业者主要是涉外专利代理师、专/兼职译员等，人员背景以语言专业为主，即使是理工科背景的人员也往往具有较高的语言功底。由于专利语言服务的专业性要求较高，企业招聘的人员往往需要在入职之后进行至少一年的学习和实习方可胜任。高等院校、研究机构的智力支持对于培育行业整体竞争力来说是至关重要的，而我国高校开展的翻译教学长期以来重理论、轻实践，应用翻译研究与人才培养无法真正满足语言服务业发展的需要，造成了整个语言服务人才市场结构性失衡。另外，近年来翻译技术的飞速发展对翻译人才提出了更多新的要求，如要求具备翻译工具使用、翻译项目管理、术语管理能力和专业领域知识等。

语言服务人才培养现状与专利语言服务市场需求的脱节催生了对产学融合的迫切需求。

4. 企业层面：从业主体模式转变是趋势

专利语言服务行业的企业类主体主要有两类：一类是专门从事专利语言服务的公司；另一类是涉外专利代理机构/律师事务所，专利语言服务主要作为其中一个业务单元运行。当前，后者不仅在数量上占大多数，而且事实上也占据了大部分市场，粗略估计占据市场份额 70% 以上。

对于那些专门从事专利语言服务的公司来说，大部分都已经能够充分运用翻译技术发展带来的便利，大部分采购了市场上较为先进的 CAT 工具或机器翻译工具，甚至有一些还拥有自主的翻译技术。而对于许多涉外专利代理机构/律师事务所而言，其内部的专利语言翻译生产模式还处于"刀耕火种"

---

❶　PCT 最低文献量要求是指，按照世界知识产权组织的《专利合作条约》及其实施细则的要求，PCT 国际专利申请的检索与审查必须具备一定数量的专利文献和非专利文献。

的原始状态，很多译员既不采用 CAT 工具，也甚少采用机器翻译，更不用说云协作等生产模式了。

在当前人工智能发展的时代，专利语言服务企业的商业模式亟须破旧立新。除了日新月异的自然语言处理技术外，近年来逐渐出现的互联网语言服务平台也在影响着语言服务行业的业务形态。"互联网＋"已经成为国家战略，信息技术与语言服务的融合是大趋势，更是语言服务行业发展的必由之路。对于专利语言服务产业而言，需要产业结构的创新与变革；对于专利语言服务从业主体而言，需要快速升级与更迭来重新定位发展，重新设计商业模式，以顺应大数据时代的发展趋势。

二、专利语言服务市场展望

当前，专利语言服务市场正处于快速发展的阶段，并展现出越来越大的发展空间，这在中国乃至整个亚洲的语言服务市场发展态势中都得到了很好的体现，而技术创新也在不断促进这一市场持续扩大。

（一）中国语言服务市场整体正处于快速发展阶段，给专利语言服务市场提供了发展助力

近年来，在国家"走出去"战略和"一带一路"倡议的实施过程中，语言服务的巨大作用得以体现，可以说，语言服务产业的发展状况已经成为影响国民经济发展的重要因素。2011 年以来，我国的语言服务业进入繁荣发展期，呈现爆发式增长。数据显示，截至 2018 年 6 月底，经营范围包括语言服务的企业增加到 320 874 家，以语言服务为主营业务的企业达 9652 家。❶ 这一数据比 2016 年的 72 495 家大幅增长。一方面，这是"大众创业、万众创新"在语言服务领域落地生根的直接体现；另一方面，说明语言服务在我国的社会认知度与市场需求度呈现跨越式提升。

自改革开放以来，历经 40 余年的发展，我国的语言服务企业开始进入全球行业排名的领先位置。美国语言服务研究机构卡门森斯顾问（Common Sense Advisory）发布的 2018 年语言服务市场报告显示，亚太地区前 35 家语言服务提供商中有 16 家中国语言服务企业。

我国语言服务市场整体表现出的良好发展态势无疑会推动专利语言服务市场的发展。可以预见，专利语言服务市场将会搭载着语言服务行业这趟快车飞速前进。

---

❶ 中国翻译协会. 2018 中国语言服务行业发展报告［R］. 北京，2018.

（二）亚洲专利持续繁荣，给我国专利语言服务市场提供了良好的发展机遇

2018 年，在通过 WIPO 提交的全部国际专利申请中，有半数以上来自亚洲，而中国、印度和韩国增长最为显著，这是亚洲提交的国际专利申请数量首次超过全球半数，推动了世界知识产权组织全球知识产权服务再创纪录。世界知识产权组织总干事弗朗西斯·高锐（Francis Gurry）说："亚洲在通过 WIPO 提交的国际专利申请中占据多数，对于亚洲这一充满经济活力的地区而言，这是一个重要的里程碑，凸显了创新活动从西向东的历史性地理转移。"

正如国际知名语言服务媒体 Slator 发表的文章所称，专利翻译是一项大生意❶，专利语言服务已经越来越多地成为全球大型公司的支柱业务。亚洲专利事业的繁荣发展必然会推动专利语言服务需求的进一步增长，这对于我国专利语言服务行业而言无疑是一个良好的发展信号。

（三）技术创新驱动行业市场不断扩大

现代语言服务是全球化和信息化时代背景下，以现代信息技术为驱动，以传统翻译业务为基础发展起来的一种新型业态。随着经济全球化的不断深入，语言服务行业正在逐步告别传统的增长模式，创新驱动将成为发展的动力之源，云计算、大数据、人工智能等新技术正在为语言服务业带来无限的机遇和挑战。新的语言技术革命浪潮已经来临，技术创新将重塑语言服务产业链结构和增长模式，翻译行业生产力不断提升，智能化、语境化、可视化、集成化、网络协作化等特征越来越明显。

展望未来，在翻译技术创新引领之下的专利语言服务行业，翻译效果不断提升的专利机器翻译服务将有更大的市场需求，而以机器翻译为主，结合记忆库技术、术语管理技术、文档处理技术、检索技术等的人机交互翻译技术将会在各类具体的专利语言服务业务中得到更加广泛的运用。此外，云平台技术及各类语言服务技术工具，包括机器翻译、质量保证、术语管理等，也将会极大提升专利语言服务企业的工作效率，帮助专利语言服务商更好地开拓市场。

三、专利语言服务行业当前面临的挑战

语言服务行业整体的快速发展、专利行业的繁荣和翻译技术的创新进步

---

❶ Slator. Record number of patent applications drive translation demand ［EB/OL］. （2019 - 04 - 01）［2019 - 06 - 01］. https://slator. com/demand - drivers/record - number - of - patent - applications - drive - translation - demand/.

为专利语言服务行业带来了史无前例的发展机遇，也带来了巨大的挑战。

目前，我国的专利语言服务领域还存在许多亟待解决的问题，具体而言有以下三个层面。

1. 行业层面，存在定位不清晰和缺乏规范的问题

目前，专利语言服务行业的市场定位尚不够明确，虽然市场上出现了一些大型的专利语言服务提供商，但其所占的市场份额仍然偏小，说明专利语言服务行业的定位还不够清晰明确，市场竞争力有待加强。此外，专利语言服务行业缺乏规范，主要表现在缺乏服务规范和准入规范。以专利翻译工作为例，虽然专利行业和翻译行业分别公布有各自的服务规范——《专利代理条例》和《翻译服务规范》等，然而专利翻译行业的服务规范目前基本还是空白，人才准入机制和服务提供准入机制更是缺失，这与当前不断增加的市场需求极不匹配。

2. 人才层面，专利语言服务市场人才供需脱节

当前我国的高校语言服务人才培养方案存在与市场发展需求不匹配的问题，主要表现在翻译专业学生垂直行业知识匮乏，对语言服务行业了解不足，实践能力不强。❶ 专利语言服务行业更是如此。如《国际专利分类表》显示，专利行业主要涉及机械、化工、电信、生物医药、计算机等理工类学科，而目前无论是外语学院还是高级翻译学院人才的培养主要侧重于文学翻译和常规应用翻译。要从事专利语言服务行业，也必须具备一定的专利基础知识，因此对于人才的综合素质要求也颇高。目前，行业人才匮乏是一个突出问题。

3. 技术层面，创新投入需要进一步增加

在当今人工智能发展的时代，伴随着专利语言市场的快速发展，人工翻译已然无法满足体量巨大的翻译需求，在语言服务技术层面进行创新是必由之路。我国的专利语言服务行业需要从服务模式、产业机构、组织行为和商业模式等方面转型升级，全新定位，寻求突破。

---

❶ 中国翻译协会. 2018 中国语言服务行业发展报告［R］. 北京，2018.

第二部分

专利申请文件
翻译实务

第五章 专利申请文件翻译基础

随着科学技术的蓬勃发展，各国企业对知识产权越来越重视，而申请文件作为记录发明创造的核心理念和实施方式的重要载体，其准确性和详尽性关系到专利申请能否被最终授权以及授权范围的大小。

专利权的地域性意味着一件发明若要在许多国家或地区得到法律保护，必须分别在这些国家或地区申请专利。各个国家或地区的专利法律在形式上和实体上的规定都不一致，使用的官方语言也不相同，为了获得优先权，申请人需要将原申请文件翻译成各个国家或地区所要求的官方语言。因此，专利申请文件的译文将成为后续专利审查甚至专利诉讼的对象文本。例如，《专利审查指南》第三部分第二章第3.3节指明，"对于以外文公布的专利申请，针对其中文译文进行实质审查，一般不需核对原文；但是原始提交的国际申请文件具有法律效力，作为申请文件修改的依据。"虽然根据《专利法实施细则》第一百一十三条的规定，"申请人发现提交的说明书、权利要求书或者附图中的文字的中文译文存在错误的，可以在下列规定期限内依照原始国际申请文本提出改正"，但对于此类译文错误［"译文错误是指译文文本与国际局传送的原始文本相比个别术语、个别句子或者个别段落遗漏或者不准确的情况"（《专利审查指南》第三部分第一章第5.8节）］，改正的机会只有"（一）在国务院专利行政部门作好公布发明专利申请或者公告实用新型专利权的准备工作之前；（二）在收到国务院专利行政部门发出的发明专利申请进入实质审查阶段通知书之日起3个月内"，并且"申请人改正译文错误的，应当提出书面请求并缴纳规定的译文改正费"。《专利法实施细则》第一百一十七条规定："基于国际申请授予的专利权，由于译文错误，致使依照专利法第五十九条规定确定的保护范围超出国际申请的原文所表达的范围的，以依据原文限制后的保护范围为准；致使保护范围小于国际申请的原文所表达的范围的，以授权时的保护范围为准。"

可见，高质量的专利申请文件翻译对最终的专利授权和被授权的范围而言意义重大，如果翻译中存在错误，在有机会修改的情况下也将产生补正费用，严重时有可能导致无法授权，甚至即使授权，也可能导致在后续的无效或侵权诉讼阶段使竞争对手有机可乘，进而带来巨大损失。

因此，严格的翻译和质量控制流程以及同时具备知识产权知识、相关领域技术知识及语言对能力的专业团队是确保提供高质量专利文件翻译服务的基础。

专利翻译的译者要想提供满足专利审查要求的高质量译文，应首先大致了解本书第一部分第一至三章介绍的专利基础知识，从而深刻地理解所要翻译的专利申请文件对申请人的意义、在法律流程中所处的环节和法律地位、应符合的相关法律条款要求，以此作为翻译工作的指导原则，并进一步结合具体的翻译实务，从文本框架到遣词造句逐层地实践专利申请文件翻译的操作要求，灵活地运用译者法律知识、技术理解、语言规范等方面的综合能力，提供尽可能完善的专利文件译文。

本章将从文本框架和语言特点方面介绍专利申请文件翻译的基础知识，为第六章和第七章介绍具体翻译实务打下基础。

第一节　专利申请文件的翻译要诀

一、法律范围严谨

专利文件的审查要遵循各国的专利法制度，而专利相关法律从许多不同的方面对专利文件进行了限定，包括发明创造的主题的类型、保密性、社会影响，权利要求的逻辑结构、清楚简明性，权利要求书与说明书的对应性及支持关系，术语的选择、特定词语的使用等。因此，规范的专利文件必须首先在法律严谨性上符合专利相关法律的规定，而满足这些要求，并不仅仅是专利撰写人员的责任，在专利文件的翻译过程中，不了解或忽视这些法律要求，都会导致原本规范的专利申请文件变得漏洞百出。以下仅以举例方式简要描述专利文件翻译过程中需考虑的法律严谨性。

（一）发明主题应落入授予专利权的范围

例如，有译者曾将发明名称中的"gambling game""casino"等轻率地翻译为"赌博""赌场"。《专利法》第五条第一款规定，"对违反法律、社会公德或者妨害公共利益的发明创造，不授予专利权"，且在《专利审查指南》第二部分第一章第3.1.1节中给出了具体实例，"发明创造与法律相违背的，不能被授予专利权。例如，用于赌博的设备……"。专业的译者在熟悉相关法规的基础上，会对此类措辞非常敏感。在仔细研究上下文后，会发现该申请描述的只是游乐场中的投币游戏机，因此通过术语调整即可避免该申请在审查过程中被直接驳回的风险。

（二）字数格式等应符合《专利法》硬性规定

例如，根据《专利审查指南》第二部分第二章第 2.1.1 节的规定，发明或者实用新型的名称一般不得超过 25 个字。虽然在《专利审查指南》第三部分第一章第 3.1.3 节也指出，在译文没有多余词汇的情况下，并不受此字数要求的限制，但大多数情况下是可以通过对表达的简单调整满足此字数要求的，即省略所谓的"多余词汇"。例如，原文"A process for starting up deep tank reactors and application of such a reactor for making an oxygenated compound"可以被准确精炼地翻译为"深槽反应器的启动方法及其制备含氧化合物的用途"，而不是"一种用于启动多个深槽反应器的方法以及将这样的反应器应用于制备一种氧化的化合物"。熟知此项规定并在翻译过程中加以考虑，能有效地避免后续在审查意见通知书中被指出问题，也节约了后期答复审查意见和修改的时间和费用。

（三）表述应符合《专利法》关于清楚简明的规定

《专利法》第二十六条第四款规定："权利要求书应当以说明书为依据，清楚、简要地限定要求专利保护的范围。"如果查阅审查员发出的审查意见通知书，经常会看到由于翻译过程中的遣词造句不准确而导致权利要求不符合这一条款的规定，有时候甚至仅仅是定冠词的使用不准确。例如，在英译中时，将一个表达特指含义的定冠词"the"错误地译为"所述"，就可能导致"所述特征 X"中"所述"缺乏引用基础，因为"特征 X"是第一次出现。又如，当漏译了一个表达"所述"含义的定冠词"the"，使得"a feature X"和第二次出现的"the feature X"都被译为"特征 X"，则可能导致"不能判断特征 X 与前一个特征 X 是不是同一个特征 X，因此技术方案不清楚"。深刻理解这样的规定，就可以在翻译中准确灵活地处理冠词，既确保译文能反映清楚的引用关系，也让译文的表达简洁流畅。机械地生搬硬套，刻板地遵守"定冠词都译出"或"定冠词都不译出"的说法，只会让译文模糊不清或晦涩拗口。

总的来说，专利译文作为申请获得专利权的审查依据，必须在各个方面满足专利法律条文的相关规定，以经得起一次次审查过程的检验。这也要求专利译者不仅要具备语言对的转换能力，也应了解专利相关法律的要求。

二、技术含义精准

专利文件是创新的科学技术的文字载体，只有精准地译出源语言专利文件的技术内容,才能达到专利翻译的目的。专利翻译要求结合附图、相关技术资料获得对待翻译文件全文的技术构思、技术方案的综合性理解,然后在技术术语、句子结构、表达方式的选用上严谨地推敲,使得译文能足够准确地反映原文的技术含义,并不产生歧义。

"精准"两个字说起来简单,其实在专利文件翻译中意味着非常大的难度,也是体现译者综合能力、检验专利译文是否为高质量译文的核心。技术含义的精准在专利文件的翻译中体现在以下几个方面。

(一) 理解高新技术

专利申请中包含的发明创造,根据《专利法》的规定,要求具备新颖性、创造性和实用性,也就是不断超越现有技术的技术创新的产物,自然,其技术上的高度、深度和广度也在不断与时俱进(图 5 - 1)。

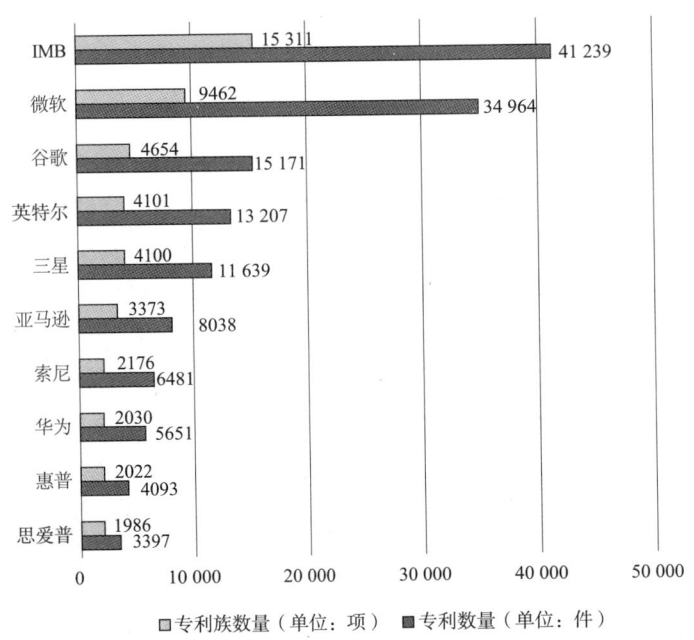

图 5 - 1　全球前十大云计算专利所有者排名 (至 2018 年)

以通信行业为例,华为公司总裁任正非在 2016 年《全国科技创新大会》上发言称,华为"正在本行业逐步攻入无人区,处在无人领航、无既定规则、无人跟随的困境"。这些高精尖的技术随之将转化成严谨专业、高技术含量的专利申请文件,同样为译者带来不小的挑战。

技术的先进性带来技术理解的难度,也对专利译者的专业性提出了很高的要求。因此在专利翻译行业，绝大多数译者同专利代理人一样，都具有理工科的技术背景，且需要在特定的技术领域不断地积累经验、自主学习，深入钻研每个文件，扩大自己的知识体系，成为本领域的专业技术人员。如果译者不求甚解、敷衍了事，对任何一篇具体的专利申请文件来说都将是灾难。

（二）严格直译

对于具有法律意义的专利文件而言，翻译必须是对源语言文字的严格映射，任何的增加、删减、夸张等都可能导致某些技术特征的添加、减少或扭曲；尤其在某些国际专利法规的框架下，译文与原文的不一致甚至可能导致优先权不成立。

在此方面，与其他文献的翻译中需要体现语言的丰富和优美而采用的"创译"相比，在专利文件的翻译中，"直译"才是确保准确性的第一要务。

做到严格直译，包括以下几个方面。

1. 特殊格式原样复制

专利文件内容涉及具体的技术领域，因此往往涉及各个技术领域所特有的语言特点，如化学式中的上下标及短横线、数学式中的数学符号及括号、拉丁文名称中的斜体等。此外，专利文件的行文中往往会使用下划线、粗体、斜体等特殊格式来突显小标题或主题。这些格式在翻译过程中都应当被原样呈现，以便不改变原文隐含的含义。

2. 内容无增漏

涉及文章内容的任何字、词都需要原样呈现，不能增译或漏译，哪怕是"可以""例如""因此""然后"这样微不足道的词，其出现与否也应当与原文保持一致。专利文件中使用的数字，无论是数值、序号，或是提供对附图中内容的索引的附图标记，都应原样重现。

3. 相同的术语或表达译文应一致

原文中使用的相同的术语甚至表达，一旦确认指代相同的技术特征，都应在译文中被相同地表述出来。不一致的表达，轻者造成译文读起来不连贯，失去上下文的关联性，严重时导致技术方案的逻辑关系混乱、存在歧义甚至矛盾。

例如，某份审查意见通知书中的评述为："在权利要求 X 中限定了'减压阀'，在权利要求 X＋n 中限定'所述阀门'，由于'阀门'在权利要求 X＋n 所引用的权利要求中从未出现过，因此'所述'缺乏引用基础，也不清楚'阀'和'所述阀门'是否指代相同特征"。乍一看可能会认为是定冠词的使用错误，其实查看原文可以发现，"减压阀"对应于"reduced-pressure valve"，而"所述阀门"对应于"said valve"，英文原文中"said"的使用是存在引用基础的，因为"valve"出现过，问题在于翻译过程中对于"valve"分别使用了不同的中文译文"阀"和"阀门"，这是很多译者在专利翻译中很容易出现的"术语不一致"问题。

4. 不同术语区分翻译

与上一点原则类似，相同的术语应一致地翻译，不同的术语则应区分翻译。不同的术语若被译成相同的译文，会造成技术方案逻辑不清。例如，在原文"a display device comprises a means for displaying"中，"device"和"means"在一般情况下都可以译为"装置"，但此时如都译为"装置"，这句话译文即为"一种显示装置包括显示装置"，让人无法理解。译者在翻译专利文件的过程中只有始终秉持这个原则，才能在以上这样会造成逻辑混乱的句子出现时保持敏感，并避免此类问题。

（三）表述准确

实现技术含义上的精准，除了通过技术内容的研究和学习做到完全理解技术方案之外，译文的表达同样是重要的方面。很多情况下，译者是某领域的专业人士，对于原文也具备很好的理解能力，但却忽略了自己所提供的译文真正表达的含义，这也是要求译者具备语言对的处理能力的一个重要原因。

表述准确主要涉及以下三个方面。

1. 译文通顺有意义

在不断向专利译者强调技术法律知识和技术理解的重要性时，译者往往容易将全部注意力用于关注技术方案如何理解、字词是否增漏、术语是否正确，而忽略了译文在说什么。因此，在翻译专利文件时，为了能兼顾所要遵循的各种规范和要求，并确保正确的技术理解被正确的译文表达，一般推荐译者完整地通读自己的译文，一篇脱离了原文则无法理解的译文无疑是存在错误的。

2. 术语准确反映保护范围

译者在翻译专利文件时，对术语的选择应联系上下文，尽可能宽地表达技术方案的保护范围，而不是简单地照搬双语词典上的参考译文，或随意地按照本领域常识选择术语。例如，"vehicle"在大多数情况下确实是指车辆，甚至在有些专利申请文件的附图中也往往以车辆为例来描述"vehicle"，但是当在上下文中出现术语定义"The term 'vehicle' as used here may include but not limited to cars, trucks, motorcycles, busses, trains, ships, airplanes, space crafts, and the like"时，"vehicle"具有其最宽范围的解释，涵盖了陆上、水上、空中的一切交通工具或运载工具，将此文件中的"vehicle"译为"车辆"显然极大地缩小了原文的保护范围。

3. 选词严谨无歧义

举几个非常简单的例子："fill"为"填充"，若译为"装满"，则限制了范围；"vertical"一般为"竖直"，默认垂直于地平面，在没有明确限定参照对象的情况下译为"垂直"，则可能导致句意不清楚，从而不符合《专利法》第二十六条第四款的规定。

三、语言表达规范

首先，专利文件是对发明创造的客观陈述，本质上是一种技术文件，因此语言的使用相对规范和简明，没有太多复杂的时态和语态，也没有太多口语化和抒情化的表达。其次，专利文件的技术先进性决定了它的术语和句式与其他文学作品略有不同，而且在专利制度的不断演进中出现了一些专利行业所独有的语法，甚至发明人在希望准确表达自己的创新性构思时会自定义一些术语。最后，专利文件还是一篇完整的技术文献，所以从行文顺序和逻辑结构上符合一般技术论文的写作方式，存在起承转合和相互呼应。

了解了专利文件以上的语言特点，在翻译中就可以在语言上更匹配原文的含义和风格，提供符合专利语言风格的规范表达。

（一）专有语法，符合规范

以英文为例，译者最常感受到的专利文件与日常用语的语法区别在于冠词和数词。由于专利文件中对于"清楚性"的严格要求，必须严格区分第一次提及的新特征与再次引述的特征。在英文中通过使用不定冠词来强调第一次提及的新特征，会使某些表达看起来怪异，甚至不符合英语语法要求，但中译英时，这样的表达才是英文专利文件中的地道英文，如例句"In **a first** aspect of the present invention, the compound has **a** molecular weight of 300 g/mol and is not soluble in water at **a** temperature below 100℃"和"As shown in FIGS. 1 and 2, the first sidewall 14 has a window 19, **a first number of** grooves (two example grooves 20, 22 are shown in FIGS. 1 and 2), **a second number of** grooved regions (two example grooved regions 24, 26 are shown in FIG. 5), **a first plurality of** flanges, and **a second plurality of** slots"中的冠词和数词。在第七章第四节第一部分将对此展开描述，在此不过多介绍。

（二）自定义词，范围准确

《专利审查指南》第二部分第二章第2.2.7节中有如下规定："说明书应当使用发明或者实用新型所属技术领域的技术术语。对于自然科学名词，国家有规定的，应当采用统一的术语，国家没有规定的，可以采用所属技术领域约定俗成的术语，也可以采用鲜为人知或者最新出现的科技术语，或者直接使用外来语（中文音译或意译词），但是其含义对所属技术领域的技术人员来说必须是清楚的，不会造成理解错误；必要时可以采用自定义词，在这种情况下，应当给出明确的定义或者说明。"该规定为自定义词在申请文件中的使用提供了合法性基础。

自定义词是指当要提出尚未在现有技术中出现的新的材料或新的技术手段时自己创造的术语，其在所属领域中没有通用的含义，通常为申请文件的区别技术特征。在翻译中遇到自定义词时，首先要结合上下文理解原意，然后选择在覆盖范围上尽可能接近原词的译文进行表达。

（三）含义清晰，语言简练

专利翻译的目的是以本地读者的语言呈现世界范围内的先进技术，因此从译文表达到标点符号，都需符合目标语言读者的表达习惯。生硬晦涩的句式不仅增加了读者理解发明创造构思的难度，也很有可能已经丧失了原文本来传达的某些信息。

在简单直译的基础上，追求目标语言的逻辑与简练，能极大地提高表达的准确性，如下面的实例。

【例】游标重量轻了，可以用较小的磁钢吸合，磁力降低了，相应的，会降低摩擦力，摩擦力降低了，会提高测量精度。

【原译】The vernier is light in weight and can be sucked with a small magnetic steel. The magnetic force is reduced. Correspondingly, the friction is reduced, the friction is reduced, and the measurement accuracy is improved.

【改译】A smaller magnetic steel member can be used to attract a lighter moving indicator, and a smaller magnetic force accordingly leads to a reduced friction force, which in turn allows the measurement accuracy to be improved.

（四）固定套话，表达地道

专利文件的各部分之间固有地存在起承转合的句子或段落，同时由于专利相关法律对申请文件内容限定的各种要求，专利文件的不同部分存在各自的常规段落，如术语限定段落、保护范围说明段落等。这些句式或段落在专利翻译行业俗称"套话"，套话译文表达的地道性也是译者专业性的极大体现。

关于套话的翻译技巧，请参见本书第六章中对于专利文件各组成部分的翻译详解，在此不作具体分析。

第二节　专利翻译的文本基础

《专利法》第二十六条规定："申请发明或者实用新型专利的，应当提交请求书、说明书及其摘要和权利要求书等文件。请求书应当写明发明或者实用新型的名称，发明人的姓名，申请人姓名或者名称、地址，以及其他事项。说明书应当对发明或者实用新型作出清楚、完整的说明，以所属技术领域的技术人员能够实现为准；必要的时候，应当有附图。摘要应当简要说明发明或者实用新型的技术要点。权利要求书应当以说明书为依据，清楚、简要地限定要求专利保护的范围。依赖遗传资源完成的发明创造，申请人应当在专利申请文件中说明该遗传资源的直接来源和原始来源；申请人无法说明原始来源的，应当陈述理由。"

以发明或实用新型专利申请为例，需要向专利局提交的申请文件包括请求书、说明书及其摘要和权利要求书，其中说明书及其摘要和权利要求书是对发明创造的技术内容的描述，而请求书则简单地包含发明人、申请人的基础信息。若发明创造涉及遗传资源，还需作出额外说明，或甚至提供额外附件。

此外，专利文件本身是由不同的部分构成的，并且专利文件在申请、审查的各个阶段会产生不同的过程文件。客户在委托专利翻译任务时，预期的是承接方是专利领域的专业人士，将在同样的业务领域内和专业高度上进行对话。有时委托指示仅仅是一个申请号和翻译语言对，甚至不会提供任何待译文件。因此，作为一名专业的专利译者，需清楚地了解在当前的翻译阶段中哪些文件的哪些部分需要翻译，具体应注意以下方面：

1）专利公布说明书中哪些内容需要翻译。

2）是否有伴随的附件需要翻译。

3）同一内容的不同形式中哪种形式应占先。

4）不同内容应以怎样的格式提供。

5）有哪些不同版本需要同时提交。

6）不同版本之间应如何关联。

下面将从不同方面分别介绍对翻译文本的确认，以上问题也都会从下面的章节中找到答案。

一、专利说明书组成部分

全球各专利组织出版的专利说明书（specification）通常包括扉页、权利要求书、说明书（正文，description）及附图（如有），部分专利组织出版的说明书还附有检索报告。

（一）扉页

扉页是专利说明书的第一页及其续页，专利的基本信息按照一定规律以著录项目的形式登载于说明书扉页的特定位置。

著录项目通常包括：①技术内容信息，如发明创造名称、摘要、专利分类号等；②法律信息，如申请日、发明人名称、优先权数据等；③文件形式信息，如文献种类、公布文献的机构名称等。自1973年起各国专利局出版的专利文件开始标注由 WIPO 巴黎联盟专利局间情报检索国际合作委员会（ICI-REPAT）规定使用的 INID 代码（Internationally agreed Numbers for the Identification of (bibliographic) Data），由圆圈或括号所括的两位阿拉伯数字表示。

著录项目以 INID 码表示，扉页中的基本著录项见表 5 – 1。

表 5 – 1　专利文件著录项示例

专利文件著录项	
（10）专利文件标识	（58）检索领域
（12）专利文件名称	（62）分案原申请数据
（15）专利文件更正信息	（65）同一申请的公布数据
（19）公布或公告专利文件的局或组织名称	（66）本国优先权数据
（21）申请号	（71）申请人姓名或名称及地址
（22）申请日	（72）发明人姓名
（30）优先权数据	（73）专利权人姓名或名称及地址
（43）申请公布日	（74）代理机构名称或代理人姓名
（45）授权公告日	（75）发明人兼申请人的姓名
（48）更正文献出版日	（81）依据 PCT 的指定国
（51）国际专利分类号	（84）依据地区专利条约的缔约国
（54）发明创造名称	（85）PCT 国际申请进入国家阶段日
（56）现有技术文献	（86）PCT 国际申请的申请数据
（57）摘要	（87）PCT 国际申请的公布数据

其中，摘要是说明书技术内容的概述。各国对摘要的字数限制通常为不超过250个词，中国的规定是300字以内；摘要附图取自说明书附图，通常是最能展示发明创造技术方案的主要技术特征的一幅。

图 5 – 2 中的示例展示了分别以中文和英文提交的 PCT 国际申请的公布说明书。由该 PCT 专利申请公布说明书的扉页，对比《专利法》对于《请求书》填写内容的规定，容易看出扉页中除摘要和摘要附图外，其他信息基本

为《请求书》要求提供的信息，一般由发明人直接提供或准备。

(12) 按照专利合作条约所公布的国际申请

(19) 世界知识产权组织
国际局

PCT

(43) 国际公布日
2006 年 12 月 21 日 (21.12.2006)

(10) 国际公布号
WO 2006/133616 A1

(51) 国际专利分类号：
G06F 17/21 (2006.01)

(21) 国际申请号：　　PCT/CN2006/000854

(22) 国际申请日：　2006 年 4 月 29 日 (29.04.2006)

(25) 申请语言：　　　　　　　　　中文

(26) 公布语言：　　　　　　　　　中文

(30) 优先权：
200510076694.8
　2005 年 6 月 13 日 (13.06.2005)　CN

(71) 申请人 (对除美国外的所有指定国)：北京北大方正电子有限公司(BEIJING FOUNDER ELECTRON-ICS CO.,LTD.) [CN/CN]；中国北京市海淀区上地五街9号方正大厦, Beijing 100085 (CN)。北京大学

(PEKING UNIVERSITY) [CN/CN]；中国北京市海淀区颐和园路5号, Beijing 100871 (CN)。

(72) 发明人；及

(75) 发明人/申请人 (仅对美国)：蒋国新(JIANG, Guoxin) [CN/CN]；中国北京市海淀区上地五街9号方正大厦, Beijing 100085 (CN)。王剑(WANG, Jian) [CN/CN]；中国北京市海淀区上地五街9号方正大厦, Beijing 100085 (CN)。

(74) 代理人：北京英赛嘉华知识产权代理有限责任公司(INSIGHT INTELLECTUAL PROPERTY LIM-ITED)；中国北京市海淀区知春路甲48号盈都大厦A座19A,19B, Beijing 100098 (CN)。

(81) 指定国 (除另有指明，要求每一种可提供的国家保护)：AE, AG, AL, AM, AT, AU, AZ, BA, BB, BG, BR, BW, BY, BZ, CA, CH, CN, CO, CR, CU, CZ, DE, DK, DM, DZ, EC, EE, EG, ES, FI, GB, GD, GE, GH,

[见续页]

(54) Title: A PREPROCESSING METHOD FOR TYPESETTING DOCUMENT

(54) 发明名称：一种排版文件的预处理方法

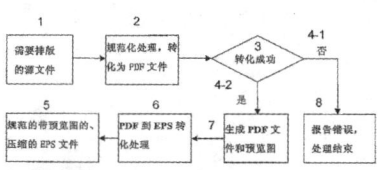

1 THE SOURCE FILE READY FOR TYPESETTING
2 NORMALIZATION PROCESS, CONVERT TO PDF FILE
3 CONVERT IS SUCCESS
4-1 NO
4-2 YES
5 NOTIFICATION THE ERROR, ENDING THE PROCESS
6 GENERATE PDF FILE AND PREVIEWING PICTURE
7 PDF TO EPS CONVERSION
8 NORMALIZED COMPRESSED EPS FILE WITH PREVIEWING PICTURE

(57) Abstract: The present invention relates to a typesetting document preprocessing method, it also belongs to the flied of processing computer information. There is no effective typesetting file preprocessing method in the prior art. As typesetting a file, if there are errors in the source file the existing typesetting software will cause various kinds of errors such as incorrect previewing picture and typesetting can not be output correct. And if the source file is not compressed, it will cause the file produced by the typesetting is relatively big, and affects the efficiency. The method of the invention firstly preprocesses a file to be put- in to generate a standard compressed EPS file with previewing picture as typesetting by the existing typesetting software, and then uses the EPS file processed to typeset. The method ensures the correct typeset result after the existing typesetting software put in the file and the result file is relative small so as to be easy to store and transmit.

（a）以中文提交的 PCT 国际申请的公布说明书示例

图 5−2　以中文和英文提交的 PCT 国际申请的公布说明书

WO 2006/133616 A1

(12) INTERNATIONAL APPLICATION PUBLISHED UNDER THE PATENT COOPERATION TREATY (PCT)

(19) World Intellectual Property
Organization
International Bureau

(43) International Publication Date
22 March 2018 (22.03.2018)

(10) International Publication Number
WO 2018/052931 A1

(51) **International Patent Classification:**
C09K 8/88 (2006.01)   *C09K 8/035* (2006.01)

(21) **International Application Number:**
PCT/US2017/051263

(22) **International Filing Date:**
13 September 2017 (13.09.2017)

(25) **Filing Language:**   English

(26) **Publication Language:**   English

(30) **Priority Data:**
62/394,342   14 September 2016 (14.09.2016)   US

(71) **Applicant: PHODIA OPERATIONS** [FR/FR]; 25, Rue de Clichy, 75009 Paris, France (FR).

(72) **Inventors; and**

(71) **Applicants** *(for US only)*: **KESAVAN, Subramanian** [US/US]; 12 Keswick Road, East Windsor, NJ 08520 (US). **LIN, Genyao** [CN/US]; 9047 Woodview Drive, Pittsburgh, PA 15237 (US). **ZHOU, Jian** [US/US]; 649 Highpointe Circle, Langhorme, PA 19047 (US). **LE, Hoang, Van** [US/US]; 17122 Valley Palms, Spring, TX 77379 (US). **JUNG, Changmin** [KR/US]; 302 Country Club Drive, Lansdale, PA 19446 (US). **QU, Qi** [US/US]; 6131 Merry Pine Ct., Spring, TX 77379 (US).

(74) **Agent: KLOSEK, Sarah** et al.; Solvay USA Inc., 504 Carnegie Center, Princeton, NJ 08540 (US).

(81) **Designated States** *(unless otherwise indicated, for every kind of national protection available):* AE, AG, AL, AM, AO, AT, AU, AZ, BA, BB, BG, BH, BN, BR, BW, BY, BZ, CA, CH, CL, CN, CO, CR, CU, CZ, DE, DJ, DK, DM, DO, DZ, EC, EE, EG, ES, FI, GB, GD, GE, GH, GM, GT, HN, HR, HU, ID, IL, IN, IR, IS, JO, JP, KE, KG, KH, KN, KP, KR, KW, KZ, LA, LC, LK, LR, LS, LU, LY, MA, MD, ME, MG, MK, MN, MW, MX, MY, MZ, NA, NG, NI, NO, NZ, OM, PA, PE, PG, PH, PL, PT, QA, RO, RS, RU, RW, SA, SC, SD, SE, SG, SK, SL, SM, ST, SV, SY, TH, TJ, TM, TN, TR, TT, TZ, UA, UG, US, UZ, VC, VN, ZA, ZM, ZW.

(84) **Designated States** *(unless otherwise indicated, for every kind of regional protection available):* ARIPO (BW, GH, GM, KE, LR, LS, MW, MZ, NA, RW, SD, SL, ST, SZ, TZ, UG, ZM, ZW), Eurasian (AM, AZ, BY, KG, KZ, RU, TJ, TM), European (AL, AT, BE, BG, CH, CY, CZ, DE, DK, EE, ES, FI, FR, GB, GR, HR, HU, IE, IS, IT, LT, LU, LV, MC, MK, MT, NL, NO, PL, PT, RO, RS, SE, SI, SK, SM, TR), OAPI (BF, BJ, CF, CG, CI, CM, GA, GN, GQ, GW, KM, ML, MR, NE, SN, TD, TG).

Published:
— *with international search report (Art. 21(3))*

WO 2018/052931 A1

(54) **Title:** POLYMER BLENDS FOR STIMULATION OF OIL & GAS WELLS

(57) **Abstract:** Compositions and methods for fracturing a subterranean formation are presented. Also provided are compositions and methods for reducing friction-related losses in a well treatment fluid. In general, the compositions include a copolymer that includes one or more vinylphosphonic acid ("VP A") monomers.

（b）以英文提交的 PCT 国际申请的公布说明书示例

图 5 - 2   以中文和英文提交的 PCT 国际申请的公布说明书（续）

（二）检索报告

作为 PCT 国际阶段的一个流程，国际检索单位将对 PCT 专利申请进行检索，并作出国际检索报告。由《专利法》第二十六条可知，国际检索报告并非必需的专利申请文件之一，本书在第九章第五节第二部分将详细介绍国际检索报告的细节，在此不再赘述。

（三）"专利五书"

在专利申请阶段，申请文件需要由专利译者翻译的部分为"专利五书"，即说明书、权利要求书、摘要、说明书附图及摘要附图。

为了满足专利法规的各项规定，专利文件的撰写相对规范。尤其是文本内容，即说明书（技术领域、背景技术、发明内容、附图说明、具体实施方式）、权利要求书、摘要，都有各自的撰写套路，同时彼此存在逻辑上、内容上的相互关联。充分了解这种规范性和关联性，采用适当的翻译顺序，由浅入深、从整体到细节地开展翻译，可以在翻译过程中始终跟随行文的逻辑性，极大地减少反复查找、修改前文所带来的理解不准确、译文不一致及时间的浪费。

不同的译者可能在翻译过程中形成自己特有的翻译习惯，而不同领域的专利文件也往往因不同的描述和论证方式而采用不同的表达风格，从而建议不同的翻译顺序。

总体来说，就专利申请文件的各个组成部分而言，存在以下逻辑关联性和文字特点：

1）摘要与独立权利要求相对应。

2）发明名称和技术领域一般是独立权利要求主题的反映。

3）发明内容部分是对所有权利要求的概括性描述，但在格式上往往缺少了权利要求中的段落层次而表现为整句或整段。

4）附图说明和具体实施方式是对发明也就是权利要求主题的具体描述，但对于需要译者结合附图理解发明的要求较高的机电类专利文件，往往需要根据附图说明部分看图，结合图分析至少一个实施例之后才能获得对权利要求主题更充分的理解。

5）背景部分是对发明的一种铺垫，且文字比较浅显，容易理解，可以先进行翻译或阅读。

综上，推荐的翻译顺序为：背景技术—附图说明—具体实施方式中的一个实施例—权利要求书—发明名称—技术领域—发明内容—其余实施例。按照这样的顺序进行翻译，首先能够充分了解所提出的发明创造的领域和背景，从中知晓现有技术中的相关技术方案存在的缺点或未解决的问题,知道本申请的发明要点,然后通过附图和实例进一步理解本申请的发明要点,从而对发明内容有了整体把握,在此基础上进行权利要求书的翻译就会游刃有余,接着翻译的发明内容部分往往与权利要求书内容一致。

二、专利申请公布版本

以 PCT 国际申请为例,在国际阶段因为审查过程中的各种因素,同一国际申请可能以多个不同的国际公布说明书版本被公布。PCT 国际申请的国际公布代码区分了国际申请公布文件的公布版本,对于通过国际申请途径进入国家的专利,了解公布代码的版本含义可以有效辨别和确认翻译基础。根据世界知识产权组织(WIPO)的 ST. 16 标准❶,从 2009 年 1 月 1 日起 PCT 国际申请使用表 5 - 2 所示的公布代码。

表 5 - 2　PCT 国际申请公布的文献代码示例

国际公布代码	公布内容	实例
A1	国际申请和国际检索报告一同公布	WO 2018/065311 A1
A2	国际公布中只有国际申请,缺少国际检索报告	WO 2018/052320 A2
A2	国际申请和根据条约第 17(2)(a)* 的宣布一同公布	—
A3	稍后公布的国际检索报告和扉页	WO 2018/052320 A3
A4	稍后公布的修改的权利要求和声明(条约第 19 条**)和扉页	WO 2009/029171 A4
A8	国际申请扉页相关著录项目信息的更正版本	WO 2018/065311 A8
A9	国际申请或国际检索报告的更正版、变更或补充文件	WO 2018/154004 A9

注: *专利合作条约第 17 条(2)(a):如果国际检索单位认为:(i)国际申请涉及的内容按细则的规定不要求国际检索单位检索,而且该单位对该特定案件决定不作检索;或者(ii)说明书、权利要求书或附图不符合规定要求,以至于不能进行有意义的检索的;上述检索单位应作相应的宣布,并通知申请人和国际局将不作出国际检索报告。

*　*专利合作条约第 19 条:向国际局提出对权利要求书的修改。

对于国际申请在进入国家阶段时应以哪个版本作为翻译基础,《专利法》有明确规定。例如,《专利审查指南》第三部分第一章第 3.2.1 节要求:"说

---

❶ WIPO. List of WIPO standards, recommendations and guidelines(世界知识产权组织 ST. 16 标准)[S].(2016 - 10 - 01)[2019 - 06 - 03]. https://www.wipo.int/standards/en/part_03_standards.html#group - b.

明书、权利要求书的译文应当与国际局传送的国际公布文本中说明书、权利要求书的内容相符。译文应当完整，并忠实于原文。"第 3.2.3 节中还规定："摘要译文应当与国际公布文本扉页记载的摘要内容一致。例如，国际检索报告不包含在首次公布的国际公布文本 A2 中，而在随后公布的国际公布文本 A3 中，并且国际公布文本 A3 与国际公布文本 A2 扉页记载的摘要内容不相同的，应当以国际公布文本 A3 中的摘要内容为依据译出。首次公布不包括检索报告，并且首次公布的国际公布文本 A2 与随后公布的国际公布文本 A3 使用的摘要附图不一致的，应当以随后公布时的摘要附图为准。"

因此，在国际申请进入国家阶段时，如果申请人希望将原始提交的国际申请作为实质审查的基础，则需要将公布的 A1 版本作为翻译基础；若申请文件无 A1 版本，则把 A3 版本的扉页和 A2 版本的正文作为翻译基础。

三、专利申请原文修改内容

同样以 PCT 申请为例，申请人在国际阶段依 PCT 条约的有关规定可以对申请文件做出修改，但在提出进入国家阶段的同时必须明确指出哪些修改将作为审查的基础。

国际申请在国际阶段有两次修改机会：

PCT 条约第 19 条规定，申请人在国际检索报告寄出日起 2 个月或在国际申请日（有优先权的指优先权日）起 16 个月内，有权向国际局提出对申请的权利要求进行修改，该修改将在国际公布中给予公布。

PCT 条约第 34 条规定，在优先权日起 22 个月或检索国际报告（或宣布不制定国际检索报告的通知）传送之日起 3 个月内，申请人有权依规定的方式，将修改权利要求书、说明书和附图提交至主管国际初审单位。

在进入国家阶段时，如果申请人明确表示要按照第 19 条或第 34 条以修改文件作为审查基础，就需要同时提交原始国际申请文件和修改文件译本。如果申请人要求以原始国际申请文件和修改文件作为审查基础，则无需翻译此类修改文件。

此外，在国际申请进入国家阶段时及进入国家阶段后，申请人还可以依据《专利合作条约》第 41 条、第 28 条或《专利法实施细则》第五十二条对申请文件提交修改，此时申请人提供的修改文本也应一并翻译。

四、取决于提交国家/地区的翻译风格

不同源语言撰写的专利申请文件，在进入中国时其中文译文都应符合中

国《专利法》的相关规定；而以中文起草的原始申请文件，在进入使用相同语言的不同国家时往往在翻译上存在差异。以中译英为例，总体上按照进入欧洲国家和进入美国来区分，在翻译过程中需要考虑以下方面的风格差异（表5-3）。

表5-3 专利翻译中译英时考虑的要点

要进入的国家或地区	欧洲	美国	备注
所保护的发明创造的类型	巴黎公约：发明、实用新型、外观设计 PCT：发明、实用新型		美国、英国、加拿大等国家没有实用新型专利
	欧洲专利公约：发明	美国：发明、植物和外观设计	
语言表达	权利要求欧洲起草风格	权利要求美国起草风格	
单词拼写	GB-en 拼写	US-en 拼写	

1. 语言表达

在语言表达方面，欧洲和美国英文的主要区别在于权利要求书部分，具体为连接词的使用，将在第六章第二节举例说明，在此不展开描述。

2. 单词拼写

众所周知，英式英语和美式英语在单词拼写上存在一定差异，为了在中译英时使得英文译文更符合目标读者的习惯，专业的译者在翻译时需要考虑这些差异。例如，RWS 集团的美式与英式英语拼写规范部分节选如下：

"**American (US) spelling**：

The spelling according to *Webster's Dictionary* is followed. Some general rules for US spelling are given below. Words that are spelt differently in US and are not covered by any general rule will be found in the list of preferred Spellings on page 58.

· Verbs that end -yes in Brithis English change to -yze (analyze, paralyze, etc).

· Words made from verbs that end in an unstressed vowel plus -l do not double the -l- (revaling, traveler, labeled). Note that this rule only applies to -l; with other consonants the US and British spellings are the same, which usually means that the consonant is not doubled (riveted, focusing), though sometimes it is (worshipped).

· Some words ending in -logue in Brithish English drop the -ue (catalog, analog). This does not apply to all such words; follow Webster.

· Words with an unstressed -our drop the -u- (honor, color). If the -our is stressed the -u- is retained (contour).

　　· A small group of words in which -oul- is pronounced -ol- also drops the -u- (mold, smolder, molt).

　　· Words ending in -bre, -dre, -gre and -tre usually change to -er (theater, mea- ger, fiber)."

五、原文问题处理

　　在翻译过程中，译者凭借自己的专利法律知识及翻译经验偶尔能注意到原文中存在的问题，这些问题可能是句意的不清楚、措辞的不准确、技术方案的矛盾以及格式等不符合中国《专利法》的相关要求。常见的问题可以分为以下几类。

　　1. 不符合专利相关法律要求

　　以进入中国的专利申请为例，不符合中国专利法及相关细则和指南的原文问题可能包括：

　　1）发明名称超过25个字，摘要文字部分（包括标点符号）超过300个字。

　　2）附图标记括号使用错误。

　　3）使用了审查指南中拒绝的词汇。

　　2. 措辞行文不够严谨准确

　　措辞行文的问题包括：

　　1）文中附图标记在图中缺失，或文中提及的图在附图中缺失。

　　2）文中附图标记错误，或图中附图标记错误。

　　3）表述不完整、句意不清楚。

　　4）权利要求主题引用错误。

　　5）权利要求中特征缺乏引用基础。

　　6）权利要求中句号错误。

　　7）句子未以句号结尾。

　　8）拼写/语法错误。

　　9）术语重复、术语不一致等。

　　3. 技术方案有缺陷

　　技术方案的缺陷包括：

　　1）技术特征引述错误。

　　2）句子的肯定与否定关系描述错误等。这一类问题通常也是由于措辞行文不够严谨引起，但造成的偏差较大，甚至可能得出意思完全相反的译文。

　　对于国际申请，在国际专利法律体系下，对于译文与原文之间的对应性存在法律约束。例如，我国《专利审查指南》第三部分第一章第 3.1 节中指出，"译文与原文明显不符的，该译文不作为确定进入日的基础。"因此，不能像原创文学作品一样任意修改成最正确的方式，而只能以最忠实的程度重现原文。但是从本章第三部分可知，在不改变原始申请文件的保护范围的情况下，可以在不同阶段对原文作出修改。例如，《专利法实施细则》第五十一条第一款指出："发明专利申请人在提出实质审查请求时以及在收到国务院专利行政部门发出的发明专利申请进入实质审查阶段通知书之日起的 3 个月内，可以对发明专利申请主动提出修改。"因此，无论如何，译者留意到原文问题是其专业能力的一种体现，而报告且正确地处理原文问题则是对翻译委托人提供的附加价值。

一般而言，对于专利翻译过程中发现的原文问题，主要有以下三种处理方式。

1. 保留原文并报告

任何实质性且按照原文能够译出的错误都应遵照原文翻译并报告给客户，包括：

1）术语不一致（例如，means 和 device 混用）。

2）附图标记错误（例如，member 3 应当是 member 2）。

3）技术特征错误（例如，first 应当是 second，in 应该是 on）。

4）拼写错误（例如，level 应当是 lever）。

5）句子不完整。

6）逻辑错误。

7）修饰关系错误等。

2. 改正错误并报告

重要但微小的错误，或重要但不改正则无法翻译的错误，包括：

1）明显拼写错误（例如，if 应当是 of；C 应当是℃）。

2）明显语法错误（例如，there many 应当是 there are many）。

3）权利要求中句号错误（例如，权利要求内出现句号，或权利要求末尾没有句号）等。

3. 改正错误而不报告

非实质性错误、不影响技术含义的错误，包括：

1）简单格式问题（例如，两句之间没有句号，或括号不成一对）。

2）简单语法错误（例如，is is 应当是 is；the a 应当是 the）。

3）简单拼写错误（例如，aer 应当是 are）。

具体实例如下。

（1）发明名称/摘要超过规定字数

【例1】Apparatus for assisting in establishing a correction for correcting heterotropia or heterophoria and method of operating a computer for assisting in establishing a correction for correcting heterotropia or heterophoria.

【解析】此发明名称，即使以最简洁的方式翻译成中文"辅助建立用于矫正斜视或隐斜视的矫正的设备、以及用于辅助建立用于矫正斜视或隐斜视的矫正的计算机的操作方法"，仍超过 25 个汉字，应当向发明人报告此问题。

而对于非 PCT 公布的新专利申请，发明人可以考虑将发明名称简化。

（2）权利要求中的附图标记未括在括号内

【例2】The filter element according to any of claims 10-14, wherein said drainage plug (230) comprises a surface shaped as a cylindrical mantle, and wherein at least one opening **239** is provided in said cylindrical mantle to facilitate and accelerate the drainage process.

【解析】对于起草不是很严谨的专利申请文件，译者偶尔能发现类似于上例的问题。根据《专利审查指南》的规定，权利要求中的附图标记应放在圆括号内，而这项权利要求中的附图标记"239"并未用圆括号括起来，应当报告此问题，且对于 PCT 公布文件，应保留原文错误。

（3）文中附图标记错误

【例3】The left portion 117 and the right portion 118 are configured to displace the locking bar 35 between a first position (cf. Fig. 11) and a second position (cf. Fig. 10). Therefore, the **locking bar 35** is movably supported at the door 7 in a linear manner, i.e. the **locking bar 38** is movable along the longitudinal axis extending from one side 5 to the other side 6 of the door 7.

【解析】从以上段落中看到，原文使用两个不同的附图标记"35"和"38"指代同一个特征"the locking bar"，存在错误。当然，结合附图或根据上下文，译者能判断出可能的正确表述，即判断出是附图标记"35"或"38"使用错误，还是附图标记指代的技术特征"the locking bar"引述错误，但首先译者应对此类错误非常敏感，这是通过结合附图准确理解技术含义时能做到的。

（4）原文句子表述不完整

【例4】The blocking element 16 according to the first embodiment shown in Figs. 3 to 7 is a longitudinal member which extends between.

【解析】可以看出原文句子在"between"之后存在内容的丢失，对于 PCT 公布文件，仍需要尊重原文进行翻译。发现这类问题有时候对于译者是一项挑战，因为这要求完美重现原文，且重现原文的错误。

第三节 各技术领域的专利特点

所谓"隔行如隔山",不同技术领域的发明创造类型千差万别。在专利行业,对专利文件的技术领域进行分类时,普遍使用的是 1971 年《斯特拉斯堡协定》建立的国际专利分类(International Patent Classification,IPC),它提供了一种由独立于语言的符号构成的等级体系,用于按所属的不同技术领域对专利和实用新型进行分类,是目前唯一国际通用的专利文件分类和检索工具(表 5-4)。

表 5-4 2017 年中国发明及实用新型专利申请按 IPC 部的分类统计

IPC	构成
A~H,合计	100%
A 部,人类生活必需	13.2%
B 部,作业、运输	28.9%
C 部,化学、冶金	6.9%
D 部,纺织、造纸	1.5%
E 部,固定建筑物	7.1%
F 部,机械工程	11.9%
G 部,物理	15.8%
H 部,电学	14.7%

IPC 分类体系按部(Section)、大类(Class)、小类(Subclass)、主组(Main Group)、分组(Group)进行分级,组成完整的《国际专利分类表》。

一般来说,根据 IPC 分类号对技术领域自动分类,首先需要读取 IPC 分类号中的信息。对于 PCT 专利申请,IPC 分类号会作为著录项出现在扉页上,一般格式见图 5-3。

以 B64C25/02 为例,IPC 分类号的标记规则如下:

部,B——作业、运输;

大类,B64——表示飞行器、航空、宇宙飞船,大类类号用两位数标记;

小类,B64C——表示飞行,小类类号用大写字母标记;

大组,B64C25/00——表示起落装置,大组类号用 1~3 位数加/00 标记;

小组,B64C25/02——标记是将大组/00 中的 00 改为其他数字。

(51) 国际专利分类号:
　　G06F 17/21 (2006.01)

(51) Int. Cl.[7]: **H04L 1/18**

[51] Int. Cl[4]
　　G09G 3/20

(51) International Patent Classification:
　　C12N 15/82 (2006.01)

(51) Int. Cl.
　　A61B 6/00 (2006.01)
　　A61B 19/00 (2006.01)
　　G06T 15/20 (2011.01)
　　G06T 19/00 (2011.01)

(51) International Patent Classification
　C07D 231/12 (2006.01)　*C07D 405/14* (2006.01)
　C07D 401/06 (2006.01)　*C07D 409/14* (2006.01)
　C07D 401/12 (2006.01)　*C07D 417/14* (2006.01)
　C07D 401/14 (2006.01)　*A01N 43/56* (2006.01)
　C07D 403/06 (2006.01)　*A01N 43/58* (2006.01)
　C07D 403/12 (2006.01)　*A01N 43/82* (2006.01)
　C07D 403/14 (2006.01)　*A01P 3/00* (2006.01)

图 5 - 3　扉页上 IPC 分类号的一般格式

已知 IPC 分类号,想要索引到具体的部/大类/小类/大组/小组,可以通过网站进行在线查询。很多网站提供了 IPC 分类号在线查询的服务,如 SooPat (http://www. soopat. com/IPC/Index)。

除了通过 IPC 分类号大致定位某一申请案件的领域,或对批量专利申请领域进行快速分类之外,为了让翻译公司的项目协调员或项目经理准确地将具体翻译任务委托给专业能力匹配的译者,还需要根据专利申请案件的具体内容尤其是发明创造的名称来判断。

一般来说,不同的翻译团队有不同的领域划分标准,但从技术内容、起草风格、篇幅长短、翻译技巧等方面,大致可以根据其相似性和差异性粗略地划分为三大类。

1. 医药/化工类

医药/化工类涉及药学、微生物学、遗传学、植物学、化学、纺织、材料学、医疗器械、化工设备、检测仪器等。

以下给出了具体发明名称的部分实例(以下中英文发明名称检索自专利数据库 Patbase,网址为 https://www. patbase. com):

1) Microbiocidal pyrazole derivatives/杀微生物的吡唑衍生物。

2) Use and administration of pimavanserin/匹莫范色林的用途和给药。

3) Fiberselective promoters/纤维选择性启动子。

4) Computational methods for synthetic gene design/用于合成基因设计的计算方法。

5) Conduit connector forpatient breathing device/用于患者呼吸装置的导管

接头。

6）Gadolinium-terbium oxide nanoparticles/氧化钆铽纳米颗粒。

7）Process and system for removing sulfur from sulfur-containing gaseous streams/用于从含硫气态流中除去硫的方法和系统。

8）Device for biochemical processing and analysis of sample/用于样品的生化处理和分析的装置。

9）Processes for starting up deep tank anaerobic fermentation reactors for making oxygenated organic compound from carbon monoxide and hydrogen/启动用于由一氧化碳和氢气制备含氧有机化合物的深槽厌氧发酵反应器的方法。

2. 机械/工程类

机械/工程类涉及日常生活用品、交通工具、机械设备、制造工艺、使用及工作方法等。

以下给出了具体发明名称的部分实例：

1）Device for offline inspection and color measurement of printed sheets for the production of banknotes and like printed securities/用于印刷片材的离线检查以及颜色测量以生产纸币以及类似印刷证券的装置。

2）Laptop elevation device/便携式计算机的抬高装置。

3）Road sheltering and optimization/公路的掩蔽及优化。

4）Umbrella, and tip element for umbrella frame/伞以及用于伞框架的尖端元件。

5）Pole climbing fall prevention assembly/爬杆防坠落组件。

6）Composite building module with thermal mass radiator/具有热质量辐射体的复合建筑物模块。

7）Brake control of vehicle based on driver behavior/基于驾驶员行为的车辆制动控制。

3. 电子/通信类

电子/通信类涉及电气电子相关产品和方法、光电技术、图像处理、移动通信与网络技术等。

以下列举了具体发明名称的部分实例：

1）Integrated semiconductor devices with amorphous silicon beam, methods of manufacture and design structure/带有非晶硅梁的集成半导体器件、制造方法和设计结构。

2）Optimized semiconductor packaging in three-dimensional stack/三维堆叠体中的优化半导体封装。

3）Named object view of electronic data report/电子数据报表的命名对象视图。

4）Communication between avatars in different games/不同游戏中的化身之间的通信。

5）Spatially organized image collections on mobile devices/移动设备上的空间组织图像采集。

6）Control area for touch screen/用于触摸屏的控制区域。

7）Color channels and optical markers/色彩通道和光学标记。

不同技术类别的专利申请有不同的关注点。为了让分类更简单，一般也将机械工程类与电子通信类笼统地称为机电类。下文将以上述分类为基础分别详细介绍医化专利和机电专利的特点。

一、医化专利

医化专利含金量高，属于实验科学领域，重视实施例和实验数据；产品研发时间成本代价高昂，专利门槛高，更加依赖专利保护，往往一个专利就是一张网，为竞争对手设置最大障碍。医化领域的专利普遍具有以下特点：

1）文件相对长，大多数为 1 万～10 万字。

2）说明书附图多，待翻译文字多，多为实验数据表和仪器检测结果图。

3）句子短、语法简单、技术术语多。

4）引用文献多。

5）格式要求多，有特殊段落。

6）实施例多，文中图、表多，文件内部重复率高。

针对以上特点，在医化专利的翻译过程中要关注以下方面。

（一）大段术语罗列及其翻译处理

（1）基团列举

【例1】each R^{26} independently is halogen, cyano, amino, nitro, hydroxyl, mercapto, C_1-C_8 alkyl, C_2-C_8 alkenyl, C_2-C_8 alkynyl, C_3-C_8 cycloalkyl, C_3-C_8 cycloalkyl-C_1-C_4 alkyl, C_3-C_8 cycloalkyl-C_1-C_4 alkyloxy, C_3-C_8 cycloalkyl-C_1-C_4 alkylthio, C_1-C_8 alkoxy, C_3-C_8 cycloalkyloxy, C_1-C_8 alkenyloxy, C_2-C_8 alkynyloxy, C_1-C_8 alkylthio, C_1-C_8 alkylsulfonyl, C_1-C_8 alkylsulfinyl, C_3-C_8 cycloalkylthio, C_3-C_8 cycloalkylsulfonyl, C_3-C_8 cycloalkylsulfinyl, aryl, aryloxy, arylthio, arylsulfonyl, arylsulfinyl, aryl-C_1-C_4 alkyl, aryl-C_1-C_4 alkyloxy, aryl-C_1-C_4 alkylthio, heterocyclyl, heterocycyl-C_1-C_4 alkyl, heterocycyl-C_1-C_4 alkyloxy, heterocycyl-C_1-C_4 alkylthio, NH(C_1-C_8 alkyl), N(C_1-C_8 alkyl)$_2$, C_1-C_4 alkylcarbonyl, C_3-C_8 cycloalkylcarbonyl, C_2-C_8 alkenylcarbonyl, C_2-C_8 alkynylcarbonyl, wherein alkyl, alkenyl, alkynyl, cycloalkyl, alkoxy, alkenyloxy, alkynyloxy and cycloalkoxy are optionally substituted by halogen, and wherein aryl and heterocyclyl are optionally substituted by one or more R^{27};……

（2）相似句式

【例2】 In one embodiment, a formulation useful herein comprises at least about 0.1, 0.2, 0.5, 1, 5, 10, 15, 20, 25, 30, 35, 40, 45, 50, 55, 60, 65, 70, 75, 80, 85, 90, 95, 99, 99.5, 99.8 or 99.9% by weight of the composition comprising one or more gangliosides and useful ranges may be selected between any of these foregoing values (for example, from about 0.1 to about 50%, from about 0.2 to about 50%, from about 0.5 to about 50%, from about 1 to about 50%, from about 5 to about 50%, from about 10 to about 50%, from about 15 to about 50%, from about 20 to about 50%, from about 25 to about 50%, from about 30 to about 50%, from about 35 to about 50%, from about 40 to about 50%, from about 45 to about 50%, from about 0.1 to about 60%, from about 0.2 to about 60%, from about 0.5 to about 60%, from about 1 to about 60%, from about 5 to about 60%, from about 10 to about 60%, from about 15 to about 60%, from about 20 to about 60%, from about 25 to about 60%, from about 30 to about 60%, from about 35 to about 60%, from about 40 to about 60%, from about 45 to about 60%……)

（3）相似表达

【例3】 In some embodiments of the method of paragraphs 3-31, the glucanase and the xylanase have an amino acid sequence having at least 80% sequence identity with the respective SEQ ID, or any functional fragment thereof, being selected from the list consisting of SEQ ID NO:1 and SEQ ID NO:7; SEQ ID NO:2 and SEQ ID NO:7; SEQ ID NO:3 and SEQ ID NO:7; SEQ ID NO:4 and SEQ ID NO:7; SEQ ID NO:5 and SEQ ID NO:7; SEQ ID NO:6 and SEQ ID NO:7; SEQ ID NO:17 and SEQ ID NO:7; SEQ ID NO:18 and SEQ ID NO:7; SEQ ID NO:1 and SEQ ID NO:8; SEQ ID NO:2 and SEQ ID NO:8; SEQ ID NO:3 and SEQ ID NO:8; SEQ ID NO:4 and SEQ ID NO:8; SEQ ID NO:5 and SEQ ID NO:8; SEQ ID NO:6 and SEQ ID NO:8; SEQ ID NO:17 and SEQ ID NO:8; SEQ ID NO:18 and SEQ ID NO:8; SEQ ID NO:1 and SEQ ID NO:9; SEQ ID NO:2 and SEQ ID NO:9; SEQ ID NO:3 and SEQ ID NO:9; SEQ ID NO:4 and SEQ ID NO:9; SEQ ID NO:5 and SEQ ID NO:9; SEQ ID NO:6 and SEQ ID NO:9; SEQ ID NO:17 and SEQ ID NO:9; SEQ ID NO:18 and SEQ ID

NO:9; SEQ ID NO:1 and SEQ ID NO:10; ……

【解析】对于大段罗列的相似术语或表达，无论从防止看漏还是节省打字时间或查词时间的角度考虑，都值得在分析句式之后采用与常规的单个词、单个句子逐一翻译不同的方式，常用的办法包括：

1）对于大段专业名词（如昆虫、微生物、病症等），查询专业网站，批量下载专业术语，制成术语表或术语库之后逐一读取，可确保当前译文的准确性，也为在后续相似案件中快速处理打下基础。

2）对于大段化学基团或化合物，可采用批量替换、循环替换的方式，既能避免相似单词肉眼容易混淆的风险，也能避免长串清单中任一项的丢漏。

3）对于例2、例3中的相似句式，替换是非常有效的方式，尤其例2在替换内容中包含标点符号，如"，from about"可替换为"、从约"，"to about"可替换为"%至约"，而例3中则需关注相似项在整个句子中的位置。

（二）大量专业名词及其翻译处理

（1）昆虫列举

【例4】Insect pests mentioned in the invention for the major crops include: Pseudaletia unipunctata, army worm; Spodoptera frugiperda, fall armyworm; Elasmopalpus lignosellus, lesser cornstalk borer; Agrotis orthogonia, western cutworm; Elasmopalpus lignosellus, lesser cornstalk borer; Oulema melanopus, cereal leaf beetle; Hypera punctata, clover leaf weevil; Diabrotica undecimpunctata howardi, southern corn rootworm; Russian wheat aphid; Schizaphis graminum, greenbug; Macrosiphum avenae, English grain aphid; Melanoplus femurrubrum, redlegged grasshopper; Melanoplus differentialis, differential grasshopper; Melanoplus sanguinipes, migratory grasshopper; Mayetiola destructor, Hessian fly; Sitodiplosis mosellana, wheat midge; Meromyza americana, wheat stem maggot; Hylemya coarctata, wheat bulb fly; Frankliniella fusca, tobacco thrips; Cephus cinctus, wheat stem sawfly; Aceria tulipae, wheat curl mite; Sunflowe……

（2）新药品名

【例5】药品名见表5－5。

表 5 - 5　新药品名

Compound
Upadacitinib
ENMD-2076
((E)-N-(5-Methyl-1H-pyrazol-3-yl)-6-(4-methylpiperazin-1-yl)-2-styrylpyrimidin-4-amine)
JTE-052 (from company Japanese Tobacco International, LEO Pharma)
BMS-911543 (N,N-dicyclopropyl-4-((1,5-dimethyl-1H-pyrazol-3-yl)amino)-6-ethyl-1-methyl-1,6-dihydroimidazo[4,5-d]pyrrolo[2,3-b]pyridine-7-carboxamide)
gandotinib
cerdulatinib
TG-02, also known as SB-1317 from Tragara Pharmaceuticals
peficitinib
itacitinib
ganetespib
lestaurtinib

【解析】

1）对于大段专业名词（如昆虫、微生物、病症等），查询专业网站，批量下载专业术语，制成术语表或术语库之后逐一读取，可确保当前译文的准确性，也为在后续相似案件中快速处理打下基础。

2）新上市或处于试验阶段的药名在国内往往还没有正式译法，专业论文中的引用也多是直接引用英文原文，因此给译者在药品名的翻译过程中增添了不小的困难。译者需要查询相关领域的权威网站，并研究各类药品的药名构成方式，以给出最接近的可能译法。必要时，根据《专利审查指南》第五部分第一章第3.3节的规定，"专利申请文件是外文的，应当翻译成中文，其中外文科技术语应当按照规定译成中文，并采用规范用语。外文科技术语没有统一中文译法的，可按照一般惯例译成中文，并在译文后的括号内注明原文"，可以在译文之后的括号内注明原文。

（三）大量引证文献和商品名称及其翻译处理

医化专利中理论分析的比重相对较大，往往需要大量的文献支撑其理论和方法体系，因此往往引用大量的参考文献；同时为了详细描述实验原材料及分析仪器，以作为实验结果可重现的证明，还会出现大量的商品名、公司名，这也是医化专利的一大特点。

（1）引证文献

【例6】 See D. Dabelea et al., "The Coronary Artery Calcification in Type 1 Diabetes (CACTI) Study," Diabetes 52:2833-9, 2003; J. Rumberger et al., "Electron-beam tomographic coronary calcium scanning: a review and guidelines for use in asymptomatic persons," Mayo Clin Proc 74:243-52, 1999; J. Olson et al., "Coronary calcium in adults with type 1 diabetes:a stronger correlate of clinical coronary artery disease in men than in women," Diabetes 49:1571-8, 2000; Y Arad et al., "Prediction of coronary events with electron-beam tomography," J Am Coll Cardiol 36:1253-60, 2000; P. Raggi et al., "Identification of patients at increased risk of unheralded myorcardial infarction by Electron-Beam Computed Tomography," Circulation 101: 850-5, 2000; J. Rumberger et al., "Coronary Calcium, as Determined by Electron Beam Computed Tomography, and Coronary Disease on Arteriogram," Circulation 91:1363-7, 1995; and R. Detrano et al., "Coronary calcium as a predictor of coronary events in four racial or ethnic groups," New England Journal of Medicine 358: 1336-45, 2008.

（2）商品名称

【例7】 One PEP known as pancrelipase is commercially available in the form of enteric coated particles incorporated into capsules which contain up to 35,000 USP units/capsule of pancrelipase (e.g., PANCRECARB®(Digestive Care, Inc.), ULTRASE®(Axcan Scandipharm Inc.), PANCREAZE™(McNeil Pharmaceutical), COTAZYME®(Organon USA, Inc.), ZENPEP®(Eurand Pharmaceuticals) and CREON® (Solvay Pharmaceuticals, Inc.)).

【解析】

1）对于引证文献、人名、公司名的翻译，《专利审查指南》规定："外国人名、地名和科技术语没有统一中文译文的，应当注明原文"，"所引用的外国专利文件、专利申请、非专利文件的出处和名称应当使用原文，必要时给出中文译文，并将译文放置在括号内"。

2）为了避免译文中原文保留太多，在英译中时行业内普遍采用的做法是：外国人名、注册商标、产品名不翻译而保留原文；地名、公司名翻译，且在译文非普及时将原文置于译文后的括号内；引证文献名保留原文，且将译文置于原文后的括号内。

（四）大量文中图、表及其翻译处理

医化专利中，在描述物质转化、分析物质特性、归纳实验数据时，往往需要在正文中使用图和表格（不同于附图中的图和表格）。

（1）文中表格

【例8】正文中表格见表5－6。

表5－6　文中表格示例

Method code	column	mobile phase	gradient	Flow	Run time
				Col T	BPR
SFC－A	Daicel Chiralpak® IC column (5 μm, 150 × 4.6 mm)	A: CO_2 B: MeOH	30% B hold 7 min	3 — 35	7 — 100
SFC－B	Daicel Chiralpak® IC column (5 μm, 150 × 4.6 mm)	A: CO_2 B: iPrOH + 0.3% iPrNH2	40% B hold 7 min	3 — 35	7 — 100
SFC－N	Daicel Chiralpak® AD3 column (3 μm, 150 × 4.6 mm)	A: CO_2 B: EtOH +0.2% iPrNH$_2$ +3% H_2O	45% B hold 6 min, to 50% in 1 min, hold 2.5 min	2.5 — 40	9.5 — 110
SFC－O	Daicel Chiralpak® AD3 column (3 μm, 150 × 4.6 mm)	A: CO_2 B: EtOH +0.2% iPrNH$_2$ +3% H_2O	35% B hold 6 min, to 50% in 1 min, hold 2.5 min	2.5 — 40	9.5 — 110

（2）化学式

【例9】 R^1 is -NHC$(=O)R^6$, -NHC$(=O)(CH_2)_nR^6$, -NH$(CH_2)_nC(=O)R^6$, -NHC$(=O)(CH_2)_mHR^5$, -NHC$(=O)(CH_2)_mN(R^5)_2$, -NHC$(=O)(CHR^9)_mNHR^5$, -NHC$(=O)(CH_2)_mNH_2$, -NHC$(=O)(CH_2)_nOR^9$, -NHC$(=O)OR^9$, -NH$(CH_2)_mC(=O)N(R^5)_2$, -NH$(CHR^9)_nC(=O)R^6$, -NHC$(=O)(CHR^9)_nR^6$, -NHC$(=O)(CHR^9)_nN(R^8)_2$, -NHC$(=O)(CHR^9)_nNHR^8$, -NH$(CHR^9)_nC(=O)N(R^8)_2$, -NH$(CHR^9)_mC(=O)R^6$, -NHR^6, -NR^5R^6, -NH$_2$, -N$(R^5)_2$, -NHR^5, -NHR^8, -N(R^6R^8), -NH$(C(R^9)_2)_nR^{10}$, -NR^9C$(=O)OR^{11}$, -NHCH$_2(CHR^9)_nOR^9$, -NH$(CHR^9)_nOR^9$, -NR^9$(CH_2)_nOR^9$, -NHCH$_2(C(R^9)_2)_nOR^9$, -OR^9, -NR^9C$(=O)R^5$, -NR^9C$(=O)(CH_2)_nR^5$, -NR^9C$(=O)OR^5$, -NHS$(=O)_2R^5$, -NHC$(=O)(CH_2)_nNR^9C(=O)R^5$, -NHC$(=O)(CH_2)_nNR^9S(=O)R^5$, ...

（3）化学反应过程

【例 10】化学反应过程如图 5 - 4 所示。

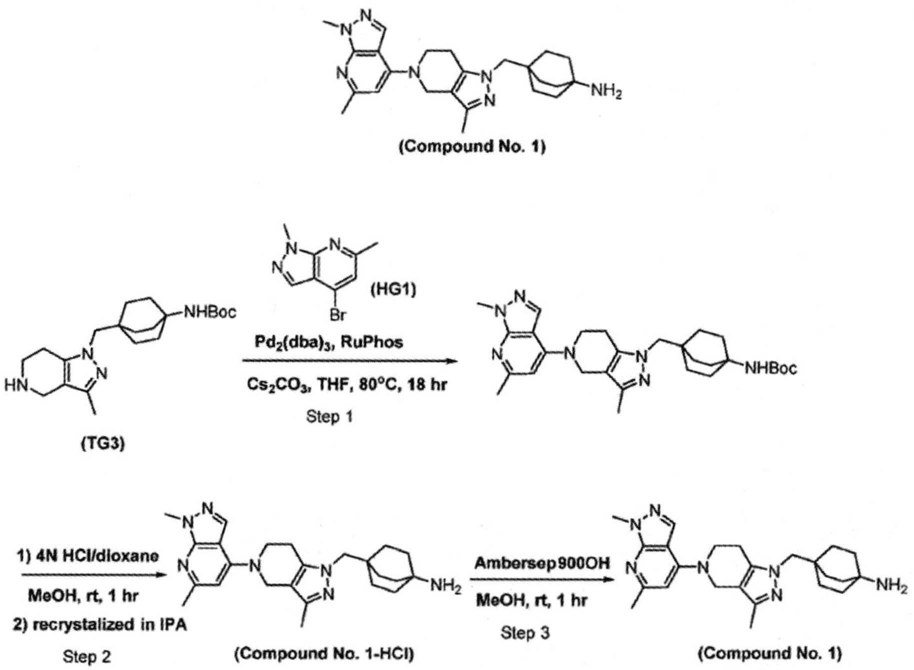

(Compound No. 1)

图 5 - 4　化学反应过程示例

【解析】

1）文中的图、表中的文本内容都需要翻译。例 8 的文中表格可以直接编辑，但往往存在待译元素和非译元素的混杂，需仔细分辨。

2）对于例 9 和例 10，在计算机辅助翻译工具中以标记的形式出现，往往容易被译者忽略，因此在翻译前应先浏览原文件包含的特殊格式，以便在翻译正文之前或之后单独处理。

3）例 10 中的化学反应图片中包含描述反应物和条件的文字，需转换为相应的译文，并以制图的方式重新放在图片上。

（五）复杂的格式及其翻译处理

（1）核苷酸、氨基酸序列

【例 11】SEQ ID NO: 61:

NNNNNNNNNNNNNNNNNNNNNNNNguuuuuguacucucaagauuuaGAAAuaaaucuugcaga

agcuacaaagauaaggcuucaugccgaaaucaacacccugucauuuuauggcaggguguuuucguuauuuaa,

SEQ ID NO: 62:

NNNNNNNNNNNNNNNNNNNNNNNNguuuuuguacucucaGAAAugcagaagcuacaaagauaa ggcuucaugccgaaaucaacacccugucauuuuauggcaggguguuuucguuauuuaa,

SEQ ID NO: 63:

NNNNNNNNNNNNNNNNNNNNNNNNguuuuuguacucucaGAAAugcagaagcuacaaagauaa ggcuucaugccgaaaucaacacccugucauuuuauggcaggguguu,

......

（2）核磁共振谱图数据

【例12】Partial 1H NMR (D2O, 300 MHz): δ 8. 68 (s, 1H, FA H-7), 7. 57 (d, 2H, J = 8. 4 Hz, FA H-12 &16), 6. 67 (d, 2H, J = 9 Hz, FA H-13 &15), 4. 40-4. 75 (series of m, 5H), 4. 35 (m, 2H), 4. 16 (m, 1H), 3. 02 (m, 2H), 2. 55-2. 95 (series of m, 8H), 2. 42 (m, 2H), 2. 00-2. 30 (m, 2H), 1. 55-1. 90 (m, 2H), 1. 48 (m, 2H) ppm.

【解析】

1）对于这类非译元素占主导的段落，将原文复制到译文中是确保译文正确性的最佳方式，用肉眼校对译文与原文的一致性显然不太现实。

2）在这类段落中，如例12的核磁数据中，往往隐藏了个别需要翻译的词，如"partial""series of"，容易被译者忽略，需要保持警惕。

（六）长句子中复杂的逻辑关系及其翻译处理

由于医化专利中经常使用较多的同类并列名词或表达，这一系列名词或表达作为句子中的一个成分出现时，会给译者对句子完整性的理解带来困难。

【例13】Y^1 represents hydrogen, halogen, CN, NO₂, C_1-C_6 alkyl, C_3-C_8 cycloalkyl, C_3-C_8 cycloalkenyl, C_2-C_6 alkenyl, C_2-C_6 alkynyl, phenyl, naphthyl, a 5 -to 10- membered mono -or bicyclic heterocycle containing one to three heteroatoms independently selected from O, S and N, providing that the heterocycle does not contain adjacent oxygen atoms, adjacent sulphur atoms, or adjacent sulphur and oxygen atoms, wherein the heterocycle can be aromatic, or fully or partially saturated, OR^1, CO_2R^1, COR^2, $CON(R^3)_2$, $N(R^3)_2$, NR^3COR^2 and $C(R^2) = N$-OR^1, wherein the alkyl, cycloalkyl, cycloalkenyl, alkenyl, alkynyl, phenyl, naphthyl, and heterocycle are optionally substituted by one or more groups independently selected from halogen, CN, OH, NH₂, NR^3COR^2, SH, NO₂, OR^1, C_1-C_4 alkyl, C_1-C_4 haloalkyl, phenyl, halophenyl, C_1-C_4 alkylphenyl, C_3-C_8 cycloalkyl, C_3-C_8 cycloalkenyl, C_1-C_4 alkylthio, C_1-C_4 alkylsulphinyl and C_1-C_4 alkylsulphonyl;

【参考译文】Y^1 代表氢；卤素；CN；NO₂；C_1 ~ C_6 烷基；C_3 ~ C_8 环烷基；

$C_3 \sim C_8$ 环烯基；$C_2 \sim C_6$ 烯基；$C_2 \sim C_6$ 炔基；苯基；萘基；包含一至三个独立地选自 O、S 以及 N 的杂原子的 5-至 10-元单-或双环的杂环，其条件是该杂环不包含相邻的氧原子、相邻的硫原子、或相邻的硫和氧原子，其中该杂环可以是芳香族的、或者完全或部分饱和的；OR^1；CO_2R^1；COR^2；$CON(R^3)_2$；$N(R^3)_2$；NR^3COR^2 以及 $C(R^2) = N—OR^1$；其中该烷基、环烷基、环烯基、烯基、炔基、苯基、萘基、以及杂环任选地被独立地选自以下各项的一个或多个基团取代：卤素、CN、OH、NH_2、NR^3COR^2、SH、NO_2、OR^1、$C_1 \sim C_4$ 烷基、$C_1 \sim C_4$ 卤代烷基、苯基、卤代苯基、$C_1 \sim C_4$ 烷基苯基、$C_3 \sim C_8$ 环烷基、$C_3 \sim C_8$ 环烯基、$C_1 \sim C_4$ 烷硫基、$C_1 \sim C_4$ 烷基亚磺酰基以及 $C_1 \sim C_4$ 烷基磺酰基；

【例 14】 The compounds of formula II, wherein R^5, R^6, R^7, R^8, R^9, R^{10}, R^{11}, T, Y^1, Y^2, Y^3, Y^4, n, p, Q are as defined for formula I and A is hydrogen, a protecting group such as acetyl, benzyl or tert-butoxycarbonyl or a group M, can be obtained by transformation of a compound of formula III, wherein R^5, R^6, R^7, R^8, R^9, R^{10}, R^{11}, T, Y^1, Y^2, Y^3, Y^4, n, p are as defined for formula I and A is hydrogen, a protecting group such as acetyl, benzyl or tert-butoxycarbonyl or a group M, with a compound of formula IV, wherein R^{12} and Q are as defined for formula I and X is a hydroxy, halogen, preferably fluoro, chloro or bromo or alkoxy, such as methoxy, ethoxy.

【参考译文】 式 II 的化合物，其中 R^5、R^6、R^7、R^8、R^9、R^{10}、R^{11}、T、Y^1、Y^2、Y^3、Y^4、n、p、Q 如式 I 所定义，并且 A 是氢，例如乙酰基、苄基或叔丁氧基羰基等保护基团，或基团 M，可以通过式 III 的化合物，其中 R^5、R^6、R^7、R^8、R^9、R^{10}、R^{11}、T、Y^1、Y^2、Y^3、Y^4、n、p 如式 I 所定义，并且 A 是氢，例如乙酰基、苄基或叔丁氧基羰基等保护基团，或基团 M，与式 IV 化合物的转化而获得，其中 R^{12} 和 Q 如式 I 所定义，并且 X 是羟基，卤素，优选氟、氯或溴，或烷氧基，如甲氧基、乙氧基。

【解析】

1）例 13 中整句话全部用逗号断开，但显然有些逗号前后是并列关系，有些逗号前后是被修饰对象与修饰语的关系，而有些逗号前后已属于不同的句子。此时，在翻译成中文时需要组合使用"、""，""；"等标点符号来断开列举内容，以帮助提高中文行文的可读性。如果仅仅将"，"原样复制到中文中，中文行文逻辑的清晰度将大大受损。

2）例 14 中有很多用"wherein"引出的插入语，翻译此类句子时，首先应确定此句在专利申请说明书中的位置，从而判断其是名词性短语还是具有完整主谓宾结构的句子。此句有很明显的谓语"can be"，因此首先需要提取

出句子主干 "The compounds of formula II…can be obtained by transformation of a compound of formula III… with a compound of formula IV"。

3）至于每一个 "wherein" 分句中的逻辑关系，则可以通过 "and" "or" 来判定。在专利中，尤其是医化专利的权利要求书中，发明特征之间往往以 "and" "or" 连接，而在翻译过程中，这种看似最简单的 "和" "或" 关系的背后往往隐藏着巨大的 "隐患"，也是准确拆分句子、梳理逻辑关系的关键。例 14 中，"and A is" 中 "and" 将 "wherein" 中的条件句拆分成两句，第二句中 "benzyl or tert-butoxycarbonyl" 中 "or" 代表 "a protecting group" 的列举项结束，最后的 "or a group M" 中 "or" 则表示 "A" 的列举项结束。

（七）特殊文件及其翻译处理

医化专利中因为有可能涉及遗传物质或植物新品种，需要伴随专利申请文件提交其他的附件材料，这类材料也需要翻译。

（1）涉及核苷酸或氨基酸序列的，需提供序列表

《专利法实施细则》第十七条第五款规定："发明专利申请包含一个或多个核苷酸或者氨基酸序列的，说明书中应当包括符合国务院专利行政部门规定的序列表。申请人应当将该序列表作为说明书的一个单独部分提交，并按照国务院专利行政部门的规定提交该序列表的计算机可读形式的副本。"

（2）涉及某些新的生物材料的，需提供生物保藏证明

《专利法实施细则》第二十四条规定："申请专利的发明涉及新的生物材料，该生物材料公众不能得到，并且对该生物材料的说明不足以使所属领域的技术人员实施其发明的，除应当符合专利法和本细则的有关规定外，申请人还应当办理下列手续：（一）在申请日前或者最迟在申请日（有优先权的，指优先权日），将该生物材料的样品提交国务院专利行政部门认可的保藏单位保藏，并在申请时或者最迟自申请日起 4 个月内提交保藏单位出具的保藏证明和存活证明。"

序列表是医化专利有别于其他领域专利的一类文件，序列表中出现的内容大体分为三类：公司名称和发明人信息、术语、程式化标题。公司名称等信息需要按照客户提供的译法或自行搜索正式公司名称；术语需要和说明书中的译法保持一致；程式化标题按照固定译法处理。

【例 15】　　　　　　　　SEQUENCE LISTING

<110>BILIC, SANELA

　　　　HOWARD JR., DANNY ROLAND

　　　　CAMERON, JOHN SCOTT

BROGDON, JENNIFER

ISAAC, RANDI

......

<120 > COMBINATION THERAPIES OF CHIMERIC ANTIGEN RECEPTORS AND PD – 1

INHIBITORS

......

<400 > 3

Glu Ser Lys Tyr Gly Pro Pro Cys Pro Pro Cys Pro Ala Pro Glu Phe

1　　　　　5　　　　　　　10　　　　　　　15

Leu Gly Gly Pro Ser Val Phe Leu Phe Pro Pro Lys Pro Lys Asp Thr

20　　　　　　　25　　　　　　　30

......

二、机电专利

机电类企业的生存依赖于技术的不断更新，其专利申请是以数量突击占优势，往往是沿新研发方向布设多个甚至几十个专利来保护核心技术，构成专利池，以期达到垄断市场的目的。其专利文件的撰写倾向于数理逻辑能够成立，往往较少的实验研究就可以衍生出和支持很多专利申请。

1）文件相对较短，大多为 2 千 ~ 2 万字。

2）说明书附图多，结合附图进行技术理解难度大。

3）技术术语常见，但译法灵活性大。

4）句子语法复杂。

5）词性转换现象多。

在翻译过程中，相比医化专利，机电专利的译者往往会有术语看上去常见、简单，但无从下手，理解起来复杂的感觉。不同于医化专利中大量的化合物、药物、微生物、病症等名词，机电专利中更多地描述和现今生活息息相关的技术，术语看上去都认识，但由于技术的独特性，常见的术语往往在不同的文件之间或同一文件的不同上下文中被赋予不同的含义，并且机电专利更侧重描述工作原理和结构及位置关系，因此会更加仰仗附图，所以要求译者根据附图完全准确理解了技术原理之后，再对技术术语及特征之间的关系作出准确判断，这种判断仅通过语法能力往往是达不到的。

以下举例说明。

（一）复杂的逻辑关系及其翻译处理

【例16】 Up to a predefined number n_0 of wafers, an APC setting may calculate the exposure dose for the next single wafer on the basis of one or more previously measured critical dimensions CD(n), CD(n − 1) in APC step 570.

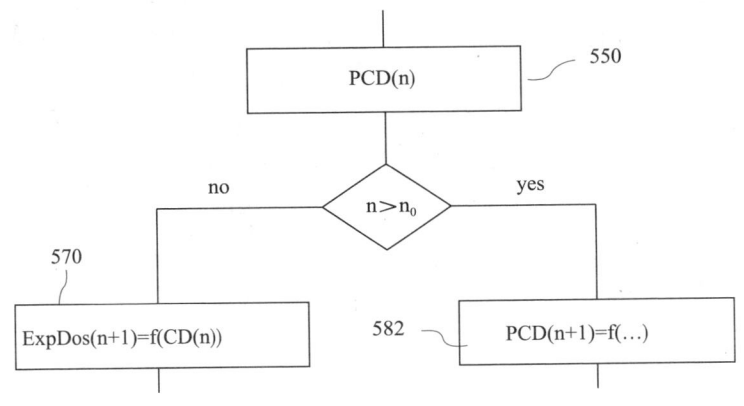

图 5 − 5　流程图（节选）

【原译】 在 APC 步骤 570 中，在高达预定义数量 n_0 的晶片时，APC 设置可以基于一个或多个先前测量的关键尺寸 CD(n)、CD(n − 1)计算用于下一单个晶片的曝光剂量。

【解析】 原文中提及了"APC step 570"，则"在 APC 步骤 570 中"具体对应于什么操作，是测量了一个或多个关键尺寸，还是对于数量 n_0 的晶片计算下一晶片的曝光计量，需要查看相应说明书附图中的流程图确认。在图 5 − 5 中可以清楚地看出，步骤 570 为一个数学表达式，解读为基于晶片 n 来计算晶片 n + 1 的曝光剂量，同时步骤 570 之前存在一个 $n > n_0$ 判断步骤，当条件关系式 $n > n_0$ 结果为否，即 $n \leqslant n_0$ 时才执行步骤 570，也意味着步骤 570 是对于所有 $\leqslant n_0$ 的晶片 n 执行。因此，原译中"在 APC 步骤 570 中，在高达预定义数量 n_0 的晶片时"是不正确的。

【改译】 一直到预定义数量 n_0 的晶片之前，APC 设置可以在 APC 步骤 570 中基于一个或多个先前测量的关键尺寸 CD(n)、CD(n − 1)来计算用于下一单个晶片的曝光剂量。

【例17】 The safety net 5 is arranged to be supported by and connected to a frame structure 6 which extends at a height above the support structure 2.

【原译】 安全网 5 被布置成由在支撑结构 2 上方一定高度处延伸的框架结构 6 支撑并与其连接。

【**解析**】原文的语法结构比较清晰，是安全网 5 由框架结构 6 支撑并与之连接，而框架结构 6 在支撑结构 2 上方延伸。但 "extends at a height" 可以是 "在某个高度处延伸"，也可以是 "延伸至某个高度"，这就需要对照相应附图来确认。在图 5 – 6 中显然可以看出，框架结构 6 与作为基础的支撑结构 2 直接相连，且框架结构 6 是从支撑结构 2 开始向上延伸，并且延伸至其上方的某个高度，而不是原译中所说 "在支撑结构 2 上方一定高度处延伸"，后者会被解读为框架结构 6 与支撑结构 2 相隔了某个高度的距离。

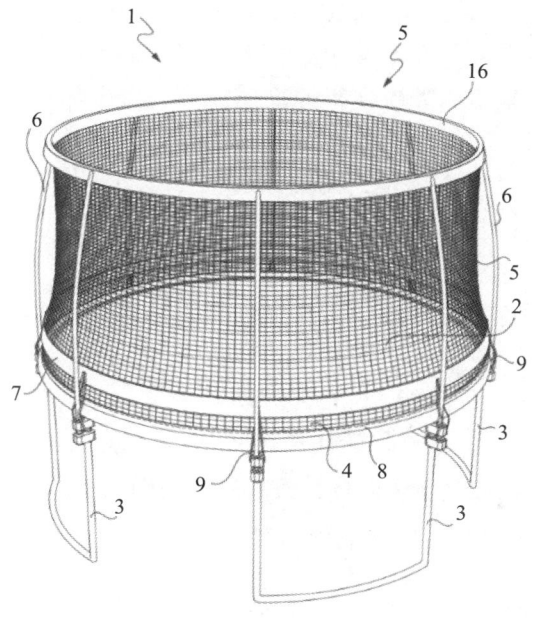

图 5 – 6　安全网的结构

【**改译**】安全网 5 被布置成由延伸到支撑结构 2 上方一定高度的框架结构 6 支撑并与其连接。

（二）大量同类术语的嵌套使用及其翻译处理

在机电专利中，为了清楚地限定产品的结构特征和特征之间的关系，需要大量使用同级别的相似术语对特征和特征关系进行命名，举例如下：

1）设备装置类，如 facility，plant，equipment，instrument，apparatus，device，assembly 等。

2）零部件类，如 component，part，means，member，element，piece 等。

3）连接，如 connect，couple，attach，affix，bond，link，join 等。

4）孔/洞，如 hole，aperture，opening，port，orifice，bore，mouth。

5）空隙，如 gap，void，cavity，pore，clearance 等。

6）凹陷，如 slot，slit，groove，recess，depression，dimple，pit 等。

7）凸起，如 land，island，bump，raise，protrusion，projection，boss，embossment 等。

8）杆/柱，如 rod，bar，post，stud，pole，pillar，column，lever，stick。

9）组/集，如 a set，a group，a cluster，a bundle。

10）设置/限定，如 be arranged to，configured to，defined to，adapted to，designed to，sized to，shaped to。

这些同类术语有一些在广义上是可互换使用的，而有一些在严格的技术含义上存在细微差别。本着忠实于原文的原则，要求对所有技术特征区别翻译，而当一篇文章中同时出现多个（如 5 个以上）同类术语时，译者往往有词穷的感觉。要解决这个困难，需要译者结合附图获得准确的技术理解，判断出各个术语指代的特征之间的范围大小、细微差别，同时在目标语言的词汇方面有相当的积累。

以"设备/装置类"为例，在机械领域，英文中 apparatus 往往大于 device，中文对应"设备"大于"装置"，而在通信领域，英文更多的是 device 大于 apparatus，中文仍然是"设备"大于"装置"，可见在机械、通信领域，对于 apparatus 和 device 的习惯选择是相反的。

（三）词干的不同形式关联使用及其翻译处理

在机电专利中，描述装置部件与其功能的词语往往存在明显的关联性，这是因为机电专利在描述产品部件时更普遍使用功能性的描述，如：处理器，用于处理…；成像装置，用于对…成像；移位装置，用于使…移位；数据获取装置，用于获取…的数据……这也使得机电专利中的名词与动词之间存在关联，成为翻译中需要考虑的问题。

【例 18】机电专利中词干的不同形式的翻译。

An arm is **pivotally** attached to the base.（枢转地）

The **pivot** 3230 is attached to a support unit 3260.（枢轴）

Said lever 3 is **pivoted** on pin 7, supported by base element 8.（枢接）

At least the application unit is arranged such that it can be **pivoted** relative to the surface about a pivoting axis.（枢转）

The silent chain is formed of a plurality of link plates that are **pivotably** interconnected to each other via connecting pins.（可枢转地）

（四）术语在不同语境下的推敲使用

在向译者强调术语一致性时，译者有时会由于过度关注一致性而忽略了正确的技术理解。遵循术语一致性的前提是，同一术语确实在指代同一技术特征，而在专利文件中，尤其是在机电专利文件中，看似常见的术语，相同的术语在不同语境下含义不同是常见的现象。

【例19】Braking intensity indicator system including selective adjustment of brake pedal light and related methods.

【原译】包括选择性调节制动踏板灯的制动光强指示器系统及相关方法。

【解析】通常，在翻译机电专利前最好先阅读背景技术，大致了解本发明所要解决的技术问题，从而确认关键术语应用的具体范围。在背景部分中有如下描述：Some break lights are activated only when the break pedal is depressed and generally do not give any indication of how quickly or how far the brake pedal is being depressed.（一些制动灯仅在制动踏板被下压时才被启动，并且通常不会给出任何关于制动踏板被下压得多快或多远的指示。）To increase driver awareness, some braking systems provide an indication of intensity of braking.（为了提高驾驶者的感知度，一些制动系统提供了对制动光强的指示。）An aspect is directed to a method of selectively adjusting an intensity of at least one brake light of a vehicle.（一个方面涉及一种用于选择性地调节车辆的至少一个制动灯的光强的方法。）

从这些描述中可以了解，braking intensity 指的是踩下制动踏板的力度和距离，即制动强度，这个强度在本发明中通过制动灯来展示，因此 intensity 在指示灯的背景下可以译为光强，但与 braking 结合很显然不是光强的意思。

【例20】The present invention relates to a method for determining the distance to the outer surface of a roll of material, and more particularly, for determining the quantity of material remaining on a dispensing or take-up roller.

【原译】本发明涉及一种用于确定到材料辊的外表面的距离、并且更具体地用于确定在分配或卷取辊上剩余的材料的量的方法。

【解析】在翻译机电专利时，将源语言的每个术语简单转换为目标语言之后，往往需要通读一下译文，如从英文译到中文，如果无法理解译文的含义，该译文很可能有问题。在本句中，roll 和 roller 均被译为"辊"，而由原文，确定"离 roll 外表面的距离"来判断"roller"上剩余材料量，很显然 roll 和 roller 不是同一物体。接着从上下文中寻找更多支持。说明书中描述了"The facility includes a roll mandrel 12 rotatably mounted on a machine frame 14 that supports a roll of material 16 that is rotatably driven to take-up (wind) or dispense (un-wind) the roll of material 16. " 从 "take-up or dispense the roll" 看，很显然 roll 不是辊，而是材料卷。

【改译】本发明涉及一种用于确定到材料卷的外表面的距离、并且更具体地用于确定在分配或卷取辊上剩余的材料的量的方法。

第六章　专利文件各组成部分的翻译

专利文件类似于科技论文，其行文遵循一定的规律或套路，其表达或措辞也遵循一定的规范，因此总体而言，专利文件是规范性的技术文献，专利翻译是更侧重于忠实于原文、再现技术内容的翻译工作，不需要引入太多的文字再创造。专利说明书的各组成部分在整个文件中承担了自己的角色，在篇幅、撰写特点、先后顺序上都有自己的特点。

本章将按照专利文件的行文顺序详细讲解各个部分的翻译特点，以帮助读者建立系统而完整的专利翻译体系。

第一节　专利说明书

本节所述的说明书指的是作为专利申请公布说明书的一部分，与权利要求书、摘要、附图并列的那部分内容，即 description。

《专利法实施细则》第十七条规定："发明或者实用新型专利申请的说明书应当写明发明或者实用新型的名称，该名称应当与请求书中的名称一致。说明书应当包括下列内容：

（一）技术领域：写明要求保护的技术方案所属的技术领域；

（二）背景技术：写明对发明或者实用新型的理解、检索、审查有用的背景技术；有可能的，并引证反映这些背景技术的文件；

（三）发明内容：写明发明或者实用新型所要解决的技术问题以及解决其技术问题采用的技术方案，并对照现有技术写明发明或者实用新型的有益效果；

（四）附图说明：说明书有附图的，对各幅附图作简略说明；

（五）具体实施方式：详细写明申请人认为实现发明或者实用新型的优选方式；必要时，举例说明；有附图的，对照附图。"

专利申请文献的说明书一般都包含以上五个部分，但小标题的表达形式略有不同，如英中小标题形式见表 6－1。除此之外，取决于具体专利申请是否包含优先权数据，以及是否为政府资助项目。说明书部分还可以包含其他内容，如表6-1所示。

表6-1　说明书各部分小标题的英中对照

国外专利说明书	中国专利说明书
· Title	发明名称
· **Cross reference to related applications** · Related applications · Related application data · Reference to related applications	相关申请的交叉引用
· Copyright · **Copyright notice** · Copyright and trademark notice · Copyright notice and permission	版权声明
· Federally sponsored research · Statement of government license rights · Government support	联邦政府资助的研究项目 政府许可声明 政府支持
· Field · **Technical field** · Field of the invention · Technical field of the invention · Technical field to which the invention relates	技术领域
· Background · **Background art** · State of the art · Description of the background · Description of the related art · Overview of the related art · Description of related art · Invention background · Background of the art · Technological background	背景技术
· Summary · **Summary of the invention** · Brief summary · Brief description of the invention · Objects of the invention · Subject-matter of the invention	发明内容

续表

国外专利说明书	中国专利说明书
· **Brief description of the drawings** · Description of drawings · Summary of the drawings · Brief descriptions of several views of the drawings · Brief description of the figures · Description of the accompanying drawings · Brief description of the drawings/figures	附图说明
· **Detailed description of embodiments** · Detailed description of examples of embodiments · Detailed description of preferred embodiments · Description of particular embodiments of the invention · Modes for carrying out the invention · Detailed description · Detailed description of an exemplary embodiment	具体实施方式

　　表 6 - 1 中的小标题位于具体部分的内容之前，在提交中国专利申请时，一般要求采用中国专利法规定的标准小标题，而英文形式则多样化，最常采用的形式在表 6 - 1 中以粗体示出。

　　需要注意的是，小标题的翻译及理解应结合其在说明书部分所处的位置及所包含的具体内容，只有当这两方面符合《专利法实施细则》第十七条的规定时，才能译为标准小标题；当位置和包含内容与上述条款不符时，严格直译才更准确。例如：

　　【例 1】 Background of the invention

　　1）Technical field

　　2）State of the art

　　【解析】 英文原文中“Background of the invention”包含了“Technical field”和“State of the art”两个部分，显然不能按照表 6 - 1 将“Background of the invention”和“State of the art”均简单翻译为“背景技术”。此处“Technical field”和“State of the art”并列，为标准小标题部分，因此“Background of the invention”直译为“发明背景”。

　　前述章节阐述了专利文件的语言规范性，下面将按照说明书部分的组成逐一介绍各部分的翻译特点。

一、发明名称

（一）法律条款

《专利审查指南》第二部分第二章第 2.2.1 节规定："发明或者实用新型的名称应当清楚、简要，写在说明书首页正文部分的上方居中位置。发明或者实用新型的名称应当按照以下各项要求撰写：

（1）说明书中的发明或者实用新型的名称与请求书中的名称应当一致，一般不得超过 25 个字，特殊情况下，例如，化学领域的某些申请，可以允许最多到 40 个字；

（2）采用所属技术领域通用的技术术语，最好采用国际专利分类表中的技术术语，不得采用非技术术语；

（3）清楚、简要、全面地反映要求保护的发明或者实用新型的主题和类型（产品或者方法），以利于专利申请的分类，例如一件包含拉链产品和该拉链制造方法两项发明的申请，其名称应当写成'拉链及其制造方法'；

（4）不得使用人名、地名、商标、型号或者商品名称等，也不得使用商业性宣传用语。

发明名称应当简短、准确地表明发明专利申请要求保护的主题和类型。"

《专利审查指南》第三部分第一章第 3.1.3 节指出："进入声明中的发明名称应当与国际公布文本扉页中记载的一致。"

（二）翻译原则

按照以上法条中对发明名称的要求，在翻译时应注意以下方面：

1）发明名称应与国际公布文本扉页中记载的一致，因此当译者收到的各个文件版本中或同一文件的不同部分（如扉页、说明书、摘要）出现多个名称时，应以扉页中的发明名称作为翻译基础。

2）发明名称应当简短，意味着在保留所有技术特征的情况下应尽可能省略多余词汇，以将中文字符数控制在 25 个字符以内。

3）发明名称应当清楚反映发明的主题，因此可结合权利要求中的主题进行翻译，以避免歧义。

（三）翻译实例

此部分主要以中译英为例进行发明名称翻译的详解。

（1）简要性

【例 2】移动装置的电源管理方法

【参考译文】Power supply management method for mobile device

【解析】一般不使用冠词，或不译出冠词。

（2）清楚性

【例3】超导集成电路及其制造方法

【参考译文】Superconducting integrated circuit and method for fabricating same

【解析】避免使用指代不清的词，如 it，they，its，their，推荐使用 thereof，therefor，therethrough，same。

（3）准确性

【例4】三辊联动可调数控四辊卷板机

【参考译文】Numerically-controlled four-roller plate rolling machine with three rollers being linked and adjustable

【解析】技术主题明确，利用介词等分出句子结构，利用连字符等明确修饰关系。此例中的发明名称中，首先确定主题名称为一个名词短语"卷板机"；该名词前有一系列的定语修饰，而各定语与名词之间的关系需要结合上下文确定，判断"三辊联动可调"为整体，结构为"数控四辊卷板机具有三个联动可调的辊"。

（4）关联性

【例5】电池涂布膜浆料、电池隔膜、二次电池及其制备方法

【参考译文】Battery coating film slurry, battery separator, secondary battery and preparation methods therefor

【解析】发明名称实质上与权利要求的主题一致。此例的关键在于"及其制备方法"是仅指"二次电池"的制备方法，还是前述三种产品的制备方法。这就需要查阅权利要求书，如果权利要求中分别提出了三种产品及其制备方法，则此发明名称中制备方法应为复数。

二、相关申请的交叉引用

此部分是对本申请的优先权数据的说明，下文以举例方式介绍其常见句式及翻译方法。

【例6】This application claims benefit under 35 U. S. C. 119(e) of US Provisional Patent Application Serial No. 61/295,561, filed January 15, 2010, and US Non-Provisional Patent Application Serial No. 12/944,518, filed November 11, 2010 and entitled "SYSTEMS AND METHODS FOR SUPERCONDUCTING INTEGRATED CIRCUITS," which are incorporated herein by reference in its entirety.

【参考译文】本申请根据35U. S. C. 119(e) 要求如下专利申请的权益：于2010 年 1 月 15 日提交的序列号为 61/295,561 的美国临时专利申请、以及于

2010 年 11 月 11 日提交的名称为"用于超导集成电路的系统和方法（SYS-TEMS AND METHODS FOR SUPERCONDUCTING INTEGRATED CIRCUITS）"的序列号为 12/944,518 的美国非临时专利申请，这些专利申请通过援引以其全文并入本文。

【解析】

1）"35U. S. C. 119(e)"是指《美国法典》第 35 卷第 119 条第（e）款，因为《美国专利法》收集在《美国法典》（United States Code）第 35 卷中。

2）"This application"在此是指本文申请，即"本申请"。在全文中，"this application"有可能是指刚刚提到的申请，即引用的申请，需谨慎翻译。

3）临时申请。从 1995 年 6 月 9 日开始，USPTO 为首先在美国国内提出专利申请的发明人提供了一种较低成本的申请方式——临时专利申请，从而使美国申请人与外国申请人享有乌拉圭回合谈判的同等权利。依据《美国专利法》第 111 条（b）款，临时专利申请是在美国专利商标局提出的国内申请。在临时专利申请中不需要正式的权利要求、誓词及声明、相关资料及在先的技术公开。依据《美国专利法》第 111 条第（a）款，临时专利申请为以后的非临时专利申请建立了有效的申请提交日。一件临时专利申请从申请提交日起计算有 12 个月的未决期。

【例 7】This application is copending with US patent applications serial no. 12/154, 509 filed on 05/23/2008 entitled ADJUSTABLE BED FRAME ASSEMBLY and serial no. 12/367,538 filed on 02/08/2009 entitled ARTICULATING BED SYSTEM both having a common assignee with the present application, the disclosures of which are incorporated herein by reference.

【参考译文】本申请与如下专利申请处于共同未决：于 2008 年 05 月 23 日提交的名称为"可调节床框架组件（ADJUSTABLE BED FRAME ASSEM-BLY）"的序列号为 12/154,509 的美国专利申请、以及于 2009 年 02 月 08 日提交的名称为"铰接床系统（ARTICULATING BED SYSTEM）"的序列号为 12/367,538 的美国专利申请，所述两个申请与本申请具有同一个受让人，其披露内容通过援引并入本文。

【解析】共同未决申请：对于具有专利性无差异权利要求（patentably indistinct claims）的多件共同未决申请（co-pending application），所有申请被视为一件申请，以判断所有的权利要求数量是否符合 5/25 项权利要求限制的规定。

三、技术领域

（一）常见句式

技术领域部分通常较短，用几句话总体介绍发明创造所属的技术领域，通常也直接提及发明创造的主题，因此与发明名称和权利要求的主题也形成对应。常见句式为：

The present invention relates to..., and in particularly/specifically to...

This invention belongs to the...field

The present application concerns...

This disclosure is directed to...

最常对应的中文表达是"本发明/申请/披露涉及一种……"。

（二）例句详解

【例 8】 This invention relates generally to electrical systems, and relates more particularly to electrical systems for providing uninterruptable power for electronic devices and methods of using the same.

【参考译文】 本发明总体上涉及电气系统、并且更具体地涉及用来为电子装置提供不间断电力的电气系统以及使用该电气系统的方法。

【解析】 此句中"generally"与"more particularly"对应，是在概括/总体与狭义/具体的层面上描述，有些译者将此处的"generally"译为"一般""基本上"则是不准确的。

【例 9】 The disclosed embodiments relate generally to mobile platform operations and more particularly, but not exclusively, to systems and methods for operating a mobile platform within a wide range of heights.

【参考译文】 所披露的实施例总体上涉及移动平台的操作、并且更具体地但非排他性地涉及用于在大的高度范围内操作移动平台的系统和方法。

【解析】 在专利文件中，"披露""公开""公布"和"公告"有不同的法律含义。"公开"与"公布"同义，在专利申请的官方公布之前，申请文件中的信息提供都只是小范围的披露。

《专利文献号标准》（ZC 0007—2004）中明确定义了公布与公告：公布是指发明专利申请经初步审查合格后，自申请日（或优先权日）起18个月期满时的公布或根据申请人的请求提前进行的公布。

公告是指对发明专利申请经实质审查没有发现驳回理由，授予发明专利权时的授权公告；对实用新型或外观设计专利申请经初步审查没有发现驳回理由，授予实用新型专利权或外观设计专利权时的授权公告；对发明、实用新型和外观设计专利权部分无效宣告的公告。

四、背景技术

（一）法律条款

《专利审查指南》第二部分第二章第2.2.3节规定："发明或者实用新型说明书的背景技术部分应当写明对发明或者实用新型的理解、检索、审查有用的背景技术，并且尽可能引证反映这些背景技术的文件。尤其要引证包含发明或者实用新型权利要求书中的独立权利要求前序部分技术特征的现有技术文件，即引证与发明或者实用新型专利申请最接近的现有技术文件。说明书中引证的文件可以是专利文件，也可以是非专利文件，例如期刊、杂志、手册和书籍等。引证专利文件的，至少要写明专利文件的国别、公开号，最好包括公开日期；引证非专利文件的，要写明这些文件的标题和详细出处。……引证外国专利或非专利文件的，应当以所引证文件公布或发表时的原文所使用的文字写明引证文件的出处以及相关信息，必要时给出中文译文，并将译文放置在括号内。"

因此，这部分内容是对发明的背景知识的描述，一方面可能涉及一般性的社会现状、技术发展或时代需求，此类句子的技术性不强，翻译方式比较灵活，含义通俗易懂即可，因此要尽量翻译成中国人习惯的表达方式，另一方面往往要引证文献。此部分需依据相关规定参照本书第四章第三节第一部分的阐述进行翻译。

（二）常见句式

在背景技术部分中，行文的逻辑顺序是通过对现状的描述提出对新技术的需求，或通过指出现有技术的缺点提出克服缺点的需要，常见的句式有以下几种。

1. 描述客观现状

【例10】 Diagnostics are utilized to identify or determine whether a subject belongs to a specified class or has a specified condition. Diagnostics may be utilized to evaluate food security, energy quality or environmental conditions.

【参考译文】 诊断被用于识别或判定受试者是否属于指定类别或患有指定病症。诊断可以用于评估食品安全性、能源质量或环境状况。

2. 描述现有技术

【例11】 The prior art has disclosed devices for suctioning, lifting, transporting and relocating workpieces. Such devices and methods have been used for decades in particular in the industrial manufacturing sector. DE 20 2010 015 939 U1 discloses a generic suction gripper for suctioning, lifting, transporting and relocating workpieces.

【参考译文】现有技术披露了用于抽吸、提升、运输和重新定位工件的装置。这些装置和方法已经使用了数十年，特别是在工业制造领域。DE 20 2010 015 939 U1 披露了一种用于抽吸、提升、运输和重新定位工件的通用抽吸抓取器。

3. 描述现有技术的缺点

【例12】WO 2015/140275 discloses a phospholipase C from Bacillus thuringgiensis. Foam generation during ethanol fermentation is a major problem, especially in ethanol production processes where starch-containing material is liquefied with an alpha-amylase and a protease before saccharification and fermentation.

【参考译文】WO 2015/140275 披露了来自苏云金芽孢杆菌的磷脂酶 C。泡沫产生是乙醇发酵期间中的主要问题，尤其是含淀粉材料在糖化和发酵之前使用 α–淀粉酶和蛋白酶进行液化的乙醇生产过程中。

4. 引出对本发明的需要

【例13】Therefore, there is a desire to reduce foam in ethanol fermentation.

【参考译文】因此，希望减少乙醇发酵中的泡沫。

五、发明内容

（一）语言特点

如《专利法实施细则》第十七条中的定义，发明内容是为了写明发明或者实用新型所要解决的技术问题以及解决其技术问题采用的技术方案，并对照现有技术写明发明或者实用新型的有益效果。

发明内容部分在结构顺序上承接背景技术部分中总结的缺点、不足和需求，因此往往以发明目的的方式呈现。

在描述解决技术问题的方案时，其内容往往与权利要求、至少是独立权利要求相对应，而区别通常在于：

1）权利要求为名词性短语，发明内容部分以完整句子描述技术方案。

2）权利要求中可携带附图标记，而发明内容部分中缺失。

3）权利要求中往往通过段落划分层级，而发明内容部分通常将一个技术方案合为一段进行描述。

4）权利要求中极少使用不确定性词语，如"例如""可能""优选地"

等，而发明内容部分则灵活使用。

（二）常见句式

1. 引出解决问题的技术方案

【例14】To address such a drawback, the present disclosure proposes…

These and other needs are addressed by the invention, in which an approach is presented for…

The targeted objects of the invention are achieved by means of a process/product for

As was discussed above, in order to eliminate or at least mitigate…a method or product for…is provided.

2. 描述主要技术方案

【例15】In a first aspect the invention relates to methods of reducing foam during ethanol fermentation, wherein a phospholipase A and/or phospholipase C is present and/or added during fermentation.

【参考译文】在第一方面，本发明涉及用于减少乙醇发酵期间的泡沫的方法，其中在发酵期间存在和/或添加磷脂酶 A 和/或磷脂酶 C。

【例16】In another aspect the invention relates to processes of producing ethanol, comprising (a) converting a starch-containing material into dextrins with an alpha-amylase; (b) saccharifying the dextrins using a carbohydrate-source generating enzyme, to form fermentable sugars; (c) fermenting the fermentable sugars into ethanol using a fermenting organism; wherein phospholipase A and/or phospholipase C is (are) present and/or added during steps (b) and/or (c).

【参考译文】在另一方面，本发明涉及生产乙醇的工艺，该工艺包括：（a）用 α－淀粉酶将含淀粉材料转化为糊精；（b）使用产生酶的碳水化合物源将糊精糖化以形成可发酵糖；（c）使用发酵生物将该可发酵糖发酵成乙醇；其中在步骤（b）和/或步骤（c）的过程中存在和/或添加磷脂酶 A 和/或磷脂酶 C。

3. 进一步限定技术方案

常用的句式如下：

In an embodiment/development/refinement,

In another embodiment,

In a further embodiment,

In yet a further embodiment,

In still other embodiments,

In yet still further embodiments,

In yet still another embodiment,

Optionally,

In addition or alternatively,

In addition to or as an alternative to

Preferably, more preferably, most preferably,

Another particularly preferred aspect of the invention consists in that

4. 定义术语

【例17】Hereinafter the terms "exhibit", "have", "comprise" or "include" or any grammatical deviations therefrom are used in a non-exclusive way.

【参考译文】在下文中，术语"展示""具有""包含"或"包括"或其任何语法变型偏差都是以非排他的方式使用的。

【例18】In the context of the present invention, the "magnetizable ball" may basically be understood to mean any element which has a three-dimensionally rotationally symmetrical form, for example the form of a ball, and which is configured to, under the influence of a magnetic field, intensify the latter and/or itself form a magnetic field.

【参考译文】在本发明的上下文中，"可磁化球"基本上可以理解为意指具有三维旋转对称形式（如球的形式）、并且被配置为在磁场的影响下强化该磁场和/或自身形成磁场的任何元件。

5. 指明优点

【例19】By contrast to devices, methods and uses known from the prior art, the suction gripper system according to the invention and the present methods can permit an automatic return into an initial position. In particular, in this way, it is for example possible to omit an intermediate step in the methods, preferably an intermediate step which comprises the return into the initial position.

【参考译文】与现有技术中已知的装置、方法和用途对比，根据本发明的抽吸抓取器系统和本方法可以允许自动返回到初始位置。特别地，以这种方式，例如可以省略方法中的中间步骤，优选地省略包括返回到初始位置的中间步骤。

六、附图说明

当说明书包含附图时，需要同时包含附图说明部分，其中应写明各幅附图的图名，并对图示的内容作简要说明。

（一）常见句式

在发明内容与具体实施方式之间，附图说明起到从对于发明主题的简要说明到详细说明的过渡作用；在简要描述每一幅附图的图名时，通常也会指明附图的比例、附图标记之间的关联性等。常见句式如下。

1. 引出附图说明部分

【例20】 The foregoing and other aspects will become apparent to those skilled in the art to upon reading the following description with reference to the accompanying drawings, in which:

【参考译文】本领域技术人员在参考附图阅读以下说明后，将了解以上内容以及其他的方面，在附图中：

【例21】 The demonstration of the invention will now continue with a description of an embodiment, given below by way of illustration and nonlimiting example, and with reference to the appended drawings in which:

【参考译文】现在将通过对实施例的描述来继续对本发明的例示，该描述是以展示性且非限制性的实例的方式并且参照附图给出的，在附图中：

【例22】 The description which follows below in light of the appended drawings, which are given as nonlimiting examples, will clearly show what the invention consists of and how it can be implemented.

【参考译文】结合作为非限制性实例所给出的附图，以下说明将清楚地显示本发明是由什么组成以及可以如何实现。

2. 附图中比例及要素说明

【例23】 Additionally, elements in the drawing figures are not necessarily drawn to scale.

【参考译文】另外，附图中的元件不一定是按比例绘制的。

【例24】 For example, the dimensions of some of the elements in the figures may be exaggerated relative to other elements to help improve understanding of embodiments of the present invention.

【参考译文】例如，在附图中一些要素的尺寸相对于其他元件被夸大，以帮助加深对本发明的实施例的理解。

【例25】 The same reference numerals in different figures denote the same elements.

【参考译文】不同图中的相同附图标记指代相同的要素。

3. 图名介绍

【**例 26**】 Figures 1B and 1C show details of the exemplary embodiment of the suction gripper system illustrated in Figure 1A;

【**参考译文**】图 1B 和图 1C 示出了图 1A 中展示的抽吸抓取器系统的示例性实施例的细节；

【**例 27**】 Figure 2 is a flow diagram of an example method for generating or creating a target class feature model.

【**参考译文**】图 2 是用于生成或创建目标类别特征模型的示例方法的流程图。

【**例 28**】 Fig. 3 shows foaming after 7 hours of SSF using glucoamylase with and without phospholipase A and/or C on corn mash liquefied with alpha-amylase and protease.

【**参考译文**】图 3 示出了使用糖化酶在具有及没有磷脂酶 A 和/或磷脂酶 C 的情况下对于用 α-淀粉酶和蛋白酶液化的玉米醪进行 7 小时 SSF 之后的起泡情况。

【**例 29**】 Figures 5a-d are various views of an example aerofoil structure formed from the kit of parts of Figures 4a-d; and

【**参考译文**】图 5a 至图 5d 是由图 4a 至图 4d 的零件套件形成的示例性翼型结构的不同视图；并且

（二）常用图名

附图说明中使用的常见图名中英文示例见表 6-2。

表 6-2　附图说明中使用的常见图名中英文示例

英文图名	中文图名	英文图名	中文图名
view	视图	plan view	平面视图，平面图
front view	前视图	perspective view	透视图，立体图
rear view	后视图	exploded view	分解视图
top view	俯视图，顶视图	partial enlargement view	局部放大视图
bottom view	仰视图，底视图	block diagram	框图
cross-sectional view	截面视图	flow chart	流程图
detailed view	详图	close up view	特写视图
elevation	立面图	schematic structure diagram	结构示意图

七、具体实施方式

（一）法律条款

《专利审查指南》第二部分第二章第 2.2.6 节规定："实现发明或者实用新型的优选的具体实施方式是说明书的重要组成部分，它对于充分公开、理解和实现发明或者实用新型，支持和解释权利要求都是极为重要的。对照附图描述发明或者实用新型的优选的具体实施方式时，使用的附图标记或者符号应当与附图中所示的一致，并放在相应的技术名称的后面，不加括号。"

《专利法实施细则》第十八条规定："发明或者实用新型说明书文字部分中未提及的附图标记不得在附图中出现，附图中未出现的附图标记不得在说明书文字部分中提及。申请文件中表示同一组成部分的附图标记应当一致。"

（二）常见句式

实施方式部分是结合附图、实验对发明主题的组成结构、工作原理或制备方法、实际效果的详细描述，内容详细且充分，要达到让本领域技术人员能够实施或实现的目的，因此要求译者具备一定的技术知识，认真分析理解技术内容，注重技术细节。

1. 术语定义段落

【例 30】 The terms "left," "right," "front," "back," "top," "bottom," "over," "under," and the like in the description and in the claims, if any, are used for descriptive purposes and not necessarily for describing permanent relative positions.

【参考译文】说明书和权利要求书中的术语"左""右""前""后""顶部""底部""上方""下方"等（如果有的话）用于描述的目的，而不一定描述永久的相对位置。

【例 31】 The term "solvent" means a liquid in which at least one of the polymers in the polymer composition will at least partially dissolve; "substantially free of solvent" means less than 2wt.% of solvent, for example less than 1wt.%, less than 0.5wt.% or less than 0.1wt.%; "substantially simultaneously" means within 30 seconds; the term "halogen" includes fluorine, chlorine, bromine, and iodine, unless indicated otherwise.

【参考译文】术语"溶剂"意指聚合物组合物中的至少一种聚合物将至少部分溶解在其中的液体；"基本上不含溶剂"意指溶剂少于 2wt.%，如少于 1wt.%、少于 0.5wt.% 或少于 0.1wt.%；"基本上同时"意指在 30 秒以内；术语"卤素"包括氟、氯、溴和碘，除非另外指出。

【例 32】 Further, terms like "autonomous machine" or simply "machine", "autonomous vehicle" or simply "vehicle", "autonomous agent" or simply "agent", "autonomous device" or "computing device", "robot", and/or the like, may be interchangeably referenced throughout this document.

【参考译文】 此外，贯穿本文档，可以互换地引用如"自主机器"或简称"机器"、"自主运载工具"或简称"运载工具"、"自主代理"或简称"代理"、"自主装置"、或"计算装置"、"机器人"等术语。

2. 结合附图分析产品部件的结构关系

【例 33】 the suction attachment 125 may be configured to close off the part of the surface 144 of the article 142 in air-tight fashion. The article 142 can be suctioned on by further suction extraction of the air through the at least one connection 136, as illustrated for example by means of the arrows leading through the connections 136 in Figure 4B.

3. 实验步骤及结果分析

【例 34】 The materials (total of 10g) were introduced simultaneously and mixed for a time (residence time) before being extruded into a strand. The torque needed to rotate the extruder screws was measured during blending. The thermal properties, i.e., melting temperature and crystallization temperature of PEEK and PPS were determined by DSC at a heating rate of 20℃/min. The morphology of the blend was analyzed by Scanning Electron Microscopy (SEM) and Transmission Electron Microscopy (TEM) to give a maximum diameter of the dispersed phase.

4. 保护范围解释段落

【例 35】 While the disclosed concept has been discussed thus far with dispenser assembly providing a sealed, moisture tight environment for solid units in the first position, it will be appreciated that alternative embodiments of the disclosed concept are contemplated wherein a moisture tight seal is not formed between the inner housing and the outer sleeve when the dispenser assembly is in the first position.

【参考译文】 虽然目前为止对所披露的概念的讨论是针对于分配器组件在第一位置时为固体单元提供密封的防潮环境，但是应了解的是，会设想到所披露的概念的替代性实施例，其中，当分配器组件处于第一位置时，在内壳体与外套筒之间没有形成防潮密封。

【例 36】 While certain embodiments have been described, and shown in the accompanying drawings, it is to be understood that such embodiments are merely illustrative and not restrictive of the broad invention, and that this invention not be limited to the specific constructions and arrangements shown and described, since various other modifications may occur to those ordinarily skilled in the art upon studying this disclosure.

【参考译文】虽然已经描述并在附图中示出了某些实施例，但应当理解的是，此类实施例仅是说明性的并且不限制宽泛的发明，并且本发明不限于所示和所描述的特定构造和布置，因为在研究本公开时本领域普通技术人员将想到各种其他修改。

【例37】The foregoing examples and description of the preferred embodiments should be taken as illustrating, rather than as limiting the present invention as defined by the claims.

【参考译文】前述实例和优选的实施例的描述应被视为说明而非限制由权利要求限定的本发明。

第二节　权利要求书

权利要求限定了专利文件的保护范围，其在专利文件中的重要性不言而喻。权利要求书可以按不同的标准进行分类，常见的分类标准和分类类别如下文所述。

一、权利要求的基本分类和结构

（一）权利要求的基本分类

权利要求可以按不同的标准进行分类，常见的分类标准和分类类别见表6-3。

表6-3　专利权利要求的一般分类

分类标准	分类类别
发明创造类型	产品；方法（用途）
逻辑结构	独立；从属
撰写风格	中国/欧洲（中欧式）；美国

（二）权利要求的基本结构

1. 独立权利要求

根据《专利法实施细则》第二十一条的规定，发明或者实用新型的独立权利要求包括前序部分和特征部分，其中前序部分写明要求保护的发明或者实用新型技术方案的主题名称和发明或者实用新型主题与最接近的现有技术共有的必要技术特征；而特征部分使用"其特征是……"或者类似的用语，写明发明或者实用新型区别于最接近的现有技术的技术特征。在专利领域，通常也将"其特征是……"类似用语称为过渡词或连接词。下面将解析不同发明创造类型、不同撰写风格的独立权利要求的基本结构。

（1）中欧式——产品独立权利要求

【例1】一种用于￥的产品，其特征在于，该产品包括：

1）用于 x 的组成部分 A；以及

2）用于 y 的组成部分 B；

其中，所述组成部分 A 和组成部分 B 以关系 α 布置，以实现效果 U。

【解析】在中欧式撰写风格的权利要求中，会出现很明显的连接词"其特征在于"等，这个连接词的意义在于将独立权利要求的主题的最接近现有技术特征与本发明的区别于最接近现有技术的技术特征断开，也就是说，连接词的位置确认了之前是现有技术、之后是区别技术特征，这对于审查发明具有重要意义。

同时，产品权利要求的一般写法是通过描述产品的组成部分以及各组成部分之间的位置、连接、功能关系等完成的。

（2）中欧式——方法独立权利要求

【例2】一种用于￥的方法，其特征在于，该方法包括以下步骤：

1）通过装置 A 进行 x；以及

2）通过装置 B 进行 y；

其中，所述步骤 x 和 y 以关系 α 进行，以实现效果 U。

【解析】方法权利要求的一般写法是通过描述方法所包括的步骤、各步骤的执行者、执行条件、先后关系等完成的。

【例3】如权利要求 n 所述的产品用于￥的用途。

【解析】根据《专利审查指南》第二部分第二章第 3.2.2 的定义，用途权利要求属于方法权利要求。此处虽然存在引用关系"如权利要求 n 所述的"，但本权利要求的主题是"用途"，与所引用的权利要求 n 的主题"产品"不同，因此仍然是独立权利要求。

（3）美国式——产品独立权利要求

【例4】一种用于￥的产品，包括：

1）用于 x 的组成部分 A；以及

2）用于 y 的组成部分 B；

其中，所述组成部分 A 和组成部分 B 以关系 α 布置，以实现效果 U。

【解析】比较这种美国式写法与前述中欧式写法，可以看出美国式权利要求更简洁，而连接词也从明显的"其特征在于"变成"包括"等。

（4）美国式——方法独立权利要求

【例 5】一种用于 ¥ 的方法，包括以下步骤：

1）通过装置 A 进行 x；以及

2）通过装置 B 进行 y；

其中，所述步骤 x 和 y 以关系 α 进行，以实现效果 U。

【解析】同样地，此权利要求中连接词为"包括"。

2. 从属权利要求

根据《专利法实施细则》第二十二条的规定，发明或者实用新型的从属权利要求应当包括引用部分和限定部分，其中引用部分写明引用的权利要求的编号及其主题名称，而限定部分写明发明或者实用新型附加的技术特征。

按照与独立权利要求相同的结构划分，可以将从属权利要求分解为引用部分＋连接词＋限定部分。下面将解析不同发明创造类型及不同撰写风格的从属权利要求的基本结构。

（1）中欧式——产品从属权利要求

【例 6】如权利要求 1 所述的产品，其特征在于，所述关系 α 进一步包括条件 α1，以实现效果 V。

【解析】首先，从属权利要求的引用部分应写明所引用的权利要求的变化，并且其主题与所引用权利要求的主题一致，由此才使得"权利要求 2 从属于权利要求 1"、即"权利要求 2 是权利要求 1 的从属权利要求"成立。其次，在连接词之后，限定部分进一步限定所引用权利要求的完整技术方案。

（2）中欧式——方法从属权利要求

【例 7】如权利要求 1 所述的方法，其特征在于，所述关系 α 进一步包括条件 α1，以实现效果 V。

【例 8】如权利要求 m 所述的用途，其特征在于，所述用途进一步包括条件 α1，以实现效果 V。

（3）美国式——产品从属权利要求

【例 9】如权利要求 1 所述的产品，其中，所述关系 α 进一步包括条件 α1，以实现效果 V。

【解析】在此美国式从属权利要求中，连接词变为"其中"。

（4）美国式——方法从属权利要求

【例 10】如权利要求 1 所述的方法，其中，所述关系 α 进一步包括条件

α1，以实现效果 V。

3. 其他特殊写法的权利要求

（1）Beauregard Claim

【例11】 A computer readable medium storing a computer program for instructing a receiver, comprising program instructions according to one of claims 14-19.

【参考译文】一种存储了用于指示接收机的计算机程序的计算机可读介质，包括根据权利要求 14～19 之一所述的程序指令。

【解析】 在美国专利法中，Beauregard 权利要求是物品的形式要求保护计算机程序，其中计算机程序被存储、编码在该制品如计算机可读介质上。

（2）Jepson Claim

【例12】 In a building having an opening, and a protective screening covering said opening, the improvement comprising said screening comprising a flexible composite fabric comprising:

【参考译文】一种具有开口和覆盖所述开口的防护屏障的建筑物，其改进包括所述屏障包含一种柔韧性复合织物，所述柔韧性复合织物包括：

【解析】 在美国专利法中，Jepson 权利要求中将一个或多个限制条件明确指明为由于该权利要求的前序部分中的内容，通常写为"一种产品或方法，其改进在于"。

（3）Omnibus Claim

【例13】 An apparatus for testing electrical activity from a biological tissue sample substantially as herein described with reference to the accompanying drawings.

【参考译文】一种用于测试来自生物学组织样品的电活性的装置，该装置大体上如本文参照附图所描述。

【解析】 所谓的 Omnibus 权利要求，是包含引用说明书或附图的语句、而不明确写明产品或方法的任何技术特征的一种权利要求。但《专利法实施细则》第十九条指出："除绝对必要的外，不得使用'如说明书……部分所述'或者'如图……所示'的用语。"

（4）Swiss-type Claim

【例14】 The use of a lipophilic inhibitor of the renin-angiotensin system for the manufacture of a medicament for the treatment or prevention of cachexia or its recurrence, wherein the cachexia is associated with ageing, hepatic or malignant disease, a chronic or acute inflammatory process, or musculoskeletal or neurological injury.

【参考译文】肾素－血管紧张素系统的亲脂抑制剂用于制造用来治疗或预防恶病质或其复发的药物的用途，其中该恶病质是与衰老、肝病或恶性疾病、慢性或急性炎症过程、或者肌肉骨骼或神经损伤相关的。

【解析】Swiss-type 权利要求是曾经使用过的旨在覆盖已知物质或组合物的第一、第二及后续医疗用途的权利要求格式，通常写为"物质 X 用于制备用于治疗病症 Y 的药物的用途"。

（5）Markush claim

【例 15】The process of claim 1, wherein the first hydrocarbonaceous (1) feedstock is selected from the group consisting essentially of atmospheric gas oil, vacuum gas oil, coker distillates, cracked gas oils and admixtures thereof.

【参考译文】如权利要求 1 所述的方法，其中第一烃 (1) 原料选自主要由以下各项组成的组：常压瓦斯油、真空瓦斯油、焦化馏出物、裂化瓦斯油、以及它们的混合物。

【解析】Markush 权利要求主要用于化学领域，是在化合物的一个或多个部分中允许使用多个功能等效化学体的一种权利要求。在美国专利商标局 USPTO 中，Markush 权利要求的正确形式为"selected from the group consisting of A, B and C"，也即专利领域通常所称的"封闭式权利要求"。

二、权利要求的相关法律规定

（一）保护范围

《专利法》第二十六条第五款规定："权利要求书应当以说明书为依据，清楚、简要地限定要求专利保护的范围。"

《专利法》第五十九条指出："发明或者实用新型专利权的保护范围以其权利要求的内容为准，说明书及附图可以用于解释权利要求的内容。"

《专利法实施细则》第十九条第五款指出："权利要求中的技术特征可以引用说明书附图中相应的标记，该标记应当放在相应的技术特征后并置于括号内，便于理解权利要求。附图标记不得解释为对权利要求的限制。"

（二）法律概念

《专利法实施细则》第二十二条规定："从属权利要求只能引用在前的权利要求。引用两项以上权利要求的多项从属权利要求，只能以择一方式引用在前的权利要求。"

《专利审查指南》第一部分第二章第 7.4 节规定："独立权利要求应当从整体上反映实用新型的技术方案；除必须用其他方式表达的以外，独立权利要求应当包括前序部分和特征部分，前序部分应写明要求保护的实用新型技术方案的主题名称和实用新型主题与最接近的现有技术共有的必要技术特征，特征部分使用'其特征是……'或者类似的用语，写明实用新型区别于最接近的现有技术的技术特征。

从属权利要求应当用附加技术特征，对引用的权利要求作进一步的限定，其撰写应当包括引用部分和限定部分，引用部分写明引用的权利要求的编号及与独立权利要求一致的主题名称，限定部分写明实用新型附加的技术特征。

每一项权利要求仅允许在权利要求的结尾处使用句号。"

《专利审查指南》第二部分第二章第 3.3 节指出："通常，开放式的权利要求宜采用'包含''包括''主要由……组成'的表达方式，其解释为还可以含有该权利要求中没有述及的结构组成部分或方法步骤。封闭式的权利要求宜采用'由……组成'的表达方式，其一般解释为不含有该权利要求所述以外的结构组成部分或方法步骤。"

（三）标准表达

《专利法实施细则》第十九条第三款指出："权利要求书中使用的科技术语应当与说明书中使用的科技术语一致，可以有化学式或者数学式，但是不得有插图。除绝对必要的外，不得使用'如说明书……部分所述'或者'如图……所示'的用语。"

《专利审查指南》第二部分第二章第 3.2.2 节指出："首先，每项权利要求的类型应当清楚。权利要求的主题名称应当能够清楚地表明该权利要求的类型是产品权利要求还是方法权利要求……用途权利要求属于方法权利要求……权利要求中不得使用含义不确定的用语，如'厚''薄''强''弱''高温''高压''很宽范围'等，除非这种用语在特定技术领域中具有公认的确切含义，如放大器中的'高频'……权利要求中不得出现'例如''最好是''尤其是''必要时'等类似用语……在一般情况下，权利要求中不得使用'约''接近''等''或类似物'等类似的用语，因为这类用语通常会使权利要求的范围不清楚……除附图标记或者化学式及数学式中使用的括号之外，权利要求中应尽量避免使用括号，以免造成权利要求不清楚……"

此外，《专利审查指南》第二部分第二章第 3.3 节指出："通常，'大于''小于''超过'等理解为不包括本数；'以上''以下''以内'等理解为包括本数。"

三、权利要求翻译详解

由本节第一部分可知，独立权利要求的结构为前序部分＋连接词＋特征部分；从属权利要求的结构为引用部分＋连接词＋限定部分。下面将以这种结构为基础，结合权利要求的语言特点进行权利要求的翻译详解。

（一）独立权利要求前序部分

【例16】A device for monitoring an activity of a user, comprising…

这句非常简单的原文可能产生以下不同的译文：

1）一种监测用户的活动的装置包括……

2）一种监测用户活动的装置，包括……

3）监测用户活动的装置，包括……

4）用户活动监测装置，包括……

5）一种用户活动的监测装置，包括……

6）一种装置，用于监测用户的活动，包括……

7）一种用于监测用户活动的装置，包括……

在翻译权利要求的前序部分时，非常重要的一点是，要明白每一项权利要求是一个名词性的短语，而并非完整的主谓宾结构，因此标点符号的使用非常重要。译文1）中，由于"装置"与"包括"之间没有标点，译文变成了陈述句，不再符合权利要求的句式要求；其他译文都基本正确，但推荐使用的译法为译文7），因为既符合独立权利要求的一般句式风格，即"一种用于……的产品或方法"，也没有将短句子断得过于零碎，同时"的"的使用也有效地避免了"活动"被理解为"action"还是"movable"的歧义。

（二）从属权利要求引用部分

常见句式为：

1）The product of/as claimed in/as defined in/as recited in/as specified in claim X：如权利要求X所述的产品。

2）The product according to claim X：根据权利要求X所述的产品。

3）The product according to one/any one/either of claims M to N：根据权利要求M至N之一/中的任一项/之一所述的产品。

4）The product according to any preceding claim：根据任一前述权利要求所述的产品。

在翻译从属权利要求的引用部分时，需考虑法律条款"引用部分写明引用的权利要求的编号及其主题名称"以及"引用两项以上权利要求的多项从属权利要求，只能以择一方式引用在前的权利要求"。一旦发现不符合这两条，译者应当记录为原文错误并报告给客户。

（三）权利要求连接词

专利权利要求中的连接词示例见表 6 - 4。

表 6 - 4 专利权利要求中的连接词举例

欧洲式权利要求连接词		美国式权利要求连接词	
characterized in that	其特征在于	comprising/including/containing/with	包括/包含/含有/具有
characterized by	其特征为	the improvement comprising	其改进包括
		wherein	其中
		further comprising	进一步包括

（四）权利要求的开放式与封闭式定义

《专利审查指南》第二部分第十章第 4.2.1 节中规定："组合物权利要求分开放式和封闭式两种表达方式。开放式表示组合物中并不排除权利要求中未指出的组分；封闭式则表示组合物中仅包括所指出的组分而排除所有其他的组分。开放式和封闭式常用的措辞如下：（1）开放式，例如'含有''包括''包含''基本含有''本质上含有''主要由……组成''主要组成为''基本上由……组成''基本组成为'等，这些都表示该组合物中还可以含有权利要求中所未指出的某些组分，即使其在含量上占较大的比例。（2）封闭式，例如'由……组成''组成为''余量为'等，这些都表示要求保护的组合物由所指出的组分组成，没有别的组分，但可以带有杂质，该杂质只允许以通常的含量存在。"

而在英译中时，开放式定义包括：comprising/including/containing；having/with/composed of/comprised of；consisting essentially of：（开放，或半封闭）主要由……组成。

封闭式定义为：selected from the group consisting of。

（五）权利要求的特殊格式

，——权利要求是名词短语，主题与连接词之间必须断开；

。——有且仅有一个句号，在权利要求结尾处；

；——区分句子层级结构时推荐使用；

（ ）——尽量避免使用括号。

（六）权利要求翻译中的常见问题分析

1. 一套权利要求中的主题句一般采用相同表达

【例 17】The article according to Claim 9, …

The article of Claim 10, ...

【原译】根据权利要求 9 所述的制品，……

如权利要求 10 所述的制品，……

【解析】一套权利要求中引用在前权利要求的主题时，采用统一方式，即都为"根据权利要求所述"，或都为"如权利要求所述"。

【改译】根据权利要求 9 所述的制品，……

根据权利要求 10 所述的制品，……

2. 权利要求中的引用关系要准确限定

【例 18】 The process of claim 5 for the preparation of the betaine of claim 2,

【原译】用于制备如权利要求 2 所述的甜菜碱的如权利要求 5 所述的方法，

【解析】原译不符合从属权利要求的常规表达方式，且"用于制备如权利要求 2 所述的甜菜碱的方法"整体都是权利要求 5 的主题，不应被拆开。

【改译】根据权利要求 5 所述的用于制备如权利要求 2 所述的甜菜碱的方法，

【例 19】 Aircraft (10) comprising at least one engine (18) according to the preceding claim.

【原译】一种包括根据前一项权利要求所述的至少一个发动机（18）的飞行器（10）。

【解析】"前一项权利要求"的主题应为一种发动机，而不是"至少一个发动机"，原译将导致"至少一个发动机（18）"缺乏引用基础。

【改译】一种包括至少一个根据前一项权利要求所述的发动机（18）的飞行器（10）。

【例 20】 The photochemical device of claim 12 in the form of a dye-sensitized solar cell, a photochromic device or a electrochromic device.

【原译】根据权利要求 12 所述的呈染料敏化太阳能电池、光致变色器件或电致变色器件形式的光化学装置。

【解析】"根据权利要求所述的"之后是所引用权利要求的主题，需与之一致；"in the form of"是对主题的进一步限定，属于权利要求的限定部分，应从结构上断开。

【改译】根据权利要求 12 所述的光化学装置，该光化学装置呈染料敏化太阳能电池、光致变色器件或电致变色器件的形式。

3. 从属权利要求应择一引用在前的权利要求

【例 21】 Mixture according to the preceding claim, characterized in that it comprises

【原译】根据前述权利要求所述的混合物，其特征在于，其包含

【解析】权利要求只能择一引用在前权利要求，应将"择一引用"的含

义译出来。"其"一般用作代词宾格和物主代词，而尽量不作代词主格，且应避免连续出现两个"其"，导致指代不清。

【改译】根据前一项权利要求所述的混合物，其特征在于，该混合物包含

4. 权利要求的复杂引用关系

【例22】A kit of parts according to claim 8 when dependent on claim 2, wherein…

【参考译文】根据权利要求 8 在从属于权利要求 2 时所述的零件套件，其中……

【解析】显然，权利要求 8 是一项引用了包含权利要求 2 在内的权利要求的多项从属权利要求，而权利要求 8 在引用不同的在前权利要求时会构成不同的技术方案，当前权利要求明确指出了所引用的是"权利要求 8 在从属于权利要求 2 时所构成的技术方案"。

5. 中译英时权利要求的区别撰写方式

【例23】1）一种自动包饺机，用于制作饺类食品，包括成形组件，其特征在于，所述成形组件包括：……

英式表达：An automatic dumpling maker for making dumplings, comprising a forming assembly, characterized in that, the forming assembly comprises…

美式表达：An automatic dumpling maker for making dumplings, which comprises a forming assembly, the forming assembly comprising…

2）根据权利要求 1 所述的自动包饺机，其特征在于，所述自动包饺机还包括……

英式表达：The automatic dumpling maker according to claim 1, characterized in that, the automatic dumpling maker further comprises…

美式表达 1：The automatic dumpling maker according to claim 1, wherein the automatic dumpling maker further comprises…

美式表达 2：The automatic dumpling maker according to claim 1, further comprising…

第三节　摘　要

一、摘要文本

摘要作为专利申请说明书的一部分，应写明发明或者实用新型专利申请

所公开内容的概要，即写明发明或者实用新型的名称和所属技术领域，并清楚地反映所要解决的技术问题、解决该问题的技术方案的要点及主要用途。

因此，摘要是对发明创造的代表性技术方案的概述，在翻译中应考虑以下几个方面：

1) 摘要内容通常对应于独立权利要求1的技术方案及其他独立权利要求的主题，因此可以作为专利说明书的最后部分进行翻译。

2)《专利审查指南》第三部分第一章第3.2.3规定："摘要译文应当与国际公布文本扉页记载的摘要内容一致。"《专利法实施细则》第二十三条规定："摘要文字部分不得超过300个字。"

3) 摘要中附图标记应置于括号内。

【例1】 The present invention relates to a suction gripper system (110) and to a method for handling at least one article (142), to a method for producing at least one spectacle lens, and to a use of the suction gripper system (110).

二、常见句式

1. 介绍发明名称

摘要通常以介绍发明或者实用新型的名称开头。应注意，此处的发明名称需与专利说明书采用的译法保持一致，但中译英时应根据语法添加合适的冠词。常见的句式如下：

一种……

提供了一种……

公开了一种……

本发明提供了一种……

Provided is…

Disclosed is…

The present invention provides…

2. 写明技术领域

介绍发明或者实用新型的名称开头后，摘要中通常还会说明其所属的技术领域。

【例2】 The present invention provides a handover processing method, which relates to the technical field of communications.

【参考译文】 本发明提供了一种切换处理方法，其涉及通信技术领域。

3. 描述技术方案的要点

摘要中所描述的发明或实用新型的技术方案通常对应于独立权利要求1，

在翻译时应注意保持术语、句式和语义的一致性。同时，无论中文或英文，对摘要的字数都有一定限制，在撰写时，为符合字数要求，可能省略权利要求1的某些技术特征。这种情况下应按照原文翻译，不可自行添加原文中未提及的信息。

【例3】The method comprises: when a FDD service cell and a TDD service cell aggregate, a UE, according to predefined rules, sends uplink control information in an FDD service cell uplink sub-frame and/or in a TDD service cell uplink sub-frame.

【参考译文】所述方法包括：当FDD服务小区和TDD服务小区聚合时，UE根据预定义的规则在FDD服务小区的上行子帧和/或TDD服务小区的上行子帧中发送上行控制信息。

4. 指明主要用途

描述完技术方案的要点后，在摘要的最后部分通常会加上对发明或实用新型主要用途或优点的描述。但如果之前技术方案描述的字数较多，加上用途或优点的描述会导致摘要字数超出规定的范围，也可不包括该部分。

【例4】The network can identify the potential interfering UEs and assign the appropriate resources among D2D pairs.

【参考译文】该网络可识别潜在的干扰UE并在D2D对中分配适当的资源。

在专利翻译时，应留意说明书各部分之间以及说明书各部分与权利要求书、摘要和说明书附图之间的呼应关系，这有利于更好地理解发明的技术方案，作出清楚、简洁、一致的翻译。

三、摘要附图

说明书有附图的，申请人应当提交一幅最能说明该发明技术方案主要技术特征的附图作为摘要附图。摘要附图应当是说明书附图中的一幅。

摘要中可以包含最能说明发明的化学式，该化学式可被视为摘要附图。

第四节　说明书附图

一、相关法规

《专利审查指南》第二部分第二章第2.3节指出："附图是说明书的一个组成部分。附图的作用在于用图形补充说明书文字部分的描述，使人能够直观地、形象化地理解发明或者实用新型的每个技术特征和整体技术方案。对于机械和电学技术领域中的专利申请，说明书附图的作用尤其明显。

对发明专利申请，用文字足以清楚、完整地描述其技术方案的，可以没有附图。

实用新型专利申请的说明书必须有附图。"

二、翻译处理

说明书附图是说明书的组成部分，与说明书中的内容紧密相关。说明书中的附图说明部分是对附图图名的直接描述，具体实施方式部分则是参照附图对技术方案的详细描述，权利要求和摘要中也会引用附图中的附图标记，因此说明书附图对于整个专利申请说明书文件而言意义重大。对于译者而言，尤其在翻译机械和电学领域的专利时，参考说明书附图来理解文字描述是必须的步骤。应至少从以下方面重视说明书附图：

1）《专利审查指南》中规定，附图中的词语应当使用中文，必要时，可以在其后的括号里注明原文。因此，附图的翻译也是专利文件翻译的一个组成部分。

2）《专利审查指南》中还规定，说明书文字部分中未提及的附图标记不得在附图中出现，附图中未出现的附图标记不得在说明书文字部分中提及。因此，在翻译说明书文字部分时，应结合附图，发现附图标记、图号在说明书文字部分与附图图形不匹配时，报告给客户进行修改。

3）附图作为说明书的组成部分，其包含的技术术语应与说明书文字部分中一致，因此翻译附图时也应注意术语的一致性。一般在翻译完文字部分之后，通过在文字中搜索附图标记的形式复制附图标记指代的内容，以确保内容的一致性。

三、翻译详解

附图文字的翻译格式为：参照图式，依次以英中对照的方式列出需要翻译的内容。应遵守固定的翻译顺序，如从上至下，或从左至右，便于后期DTP人员排版制图。例如，图6-1所示的附图文字的翻译如下。

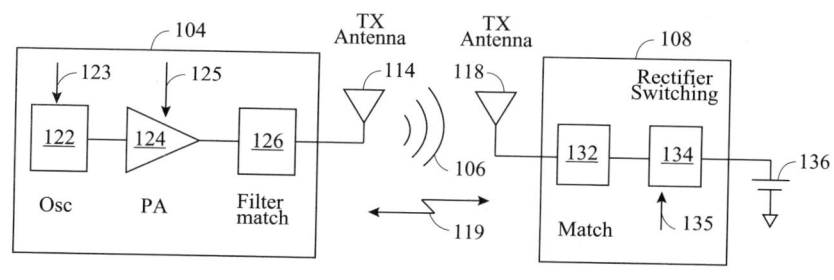

图 6-1 说明书附图

附图文字的译文：

图 2

Osc	振荡器
PA	功率放大器
Filter，match	滤波器、匹配
TX Antenna	发射天线
RX Antenna	接收天线
Rectifier Switching	整流器切换
Match	匹配

大致说来，需遵循以下规则：

1）若附图中的缩略语在说明书中有明确定义，则应当译出，便于核稿人、审查员等理解。以上图为例，其中 Osc、PA、TX Antenna 和 RX Antenna 对应的元件符号 122、124、114 和 118 均在说明书中有明确定义，即 oscillator 122、power amplifier 124、transmit antenna 114 和 receive antenna 118，因此应当译出。

2）若附图为草图而不清楚，需告知客户（图 6-2）。

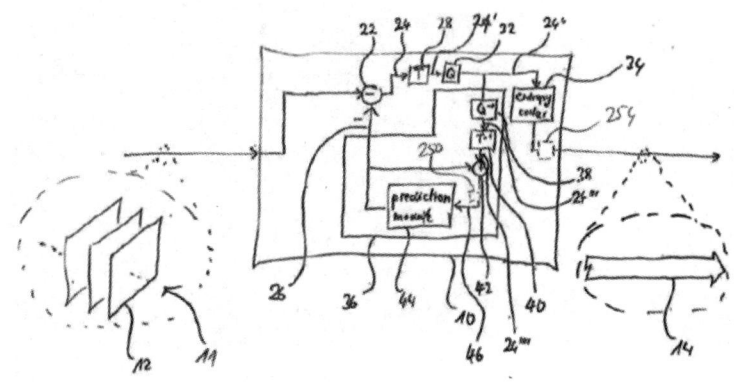

图 6-2 附图为草图

3）软件程序、超文本标记语言不必译出（图6-3）。

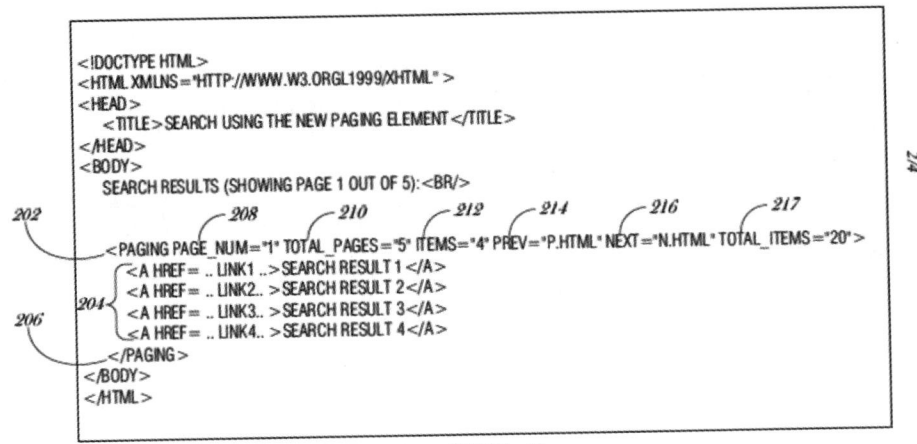

图6-3　附图为软件程序、超文本标记语言

4）流程图、软件的使用者界面及方块图中的完整英文字词需译出。

5）在计算机与通信领域，计算机显示器、手机显示屏、电视等的截屏内容（图6-4）无需翻译，用于对比显示效果的图上文字也无需翻译其具体内容。

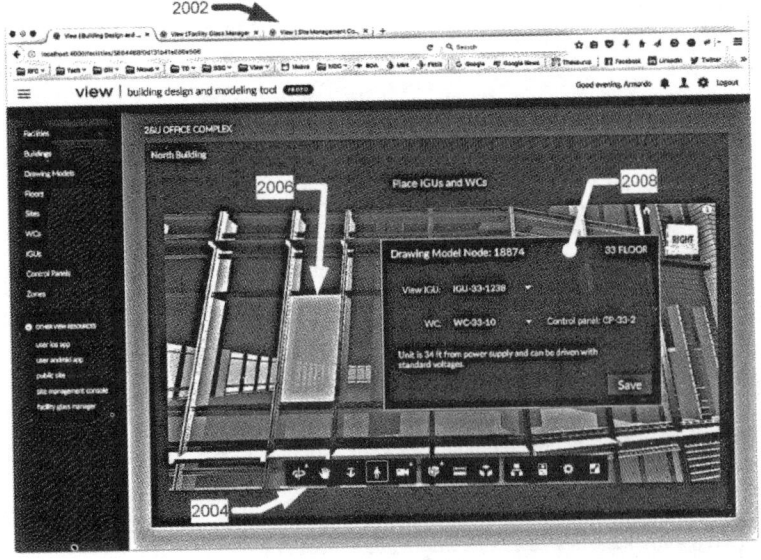

图6-4　附图为计算机显示器等截屏内容

6）生化类发明案的基因及蛋白质序列不必译出。生化图式中的缩略语如 EcoRI 不必译，但完整的英文单词如 Virus A DNA 则需译出（病毒 A DNA）。

7）化合物结构式中的取代基若为代号则不必译出，如 R，X，Me，Et，若为完整基团如 Alkyl（烷基）则需译出。

8）坐标图纵、横轴及图中文字皆需译出（图 6 - 5）。

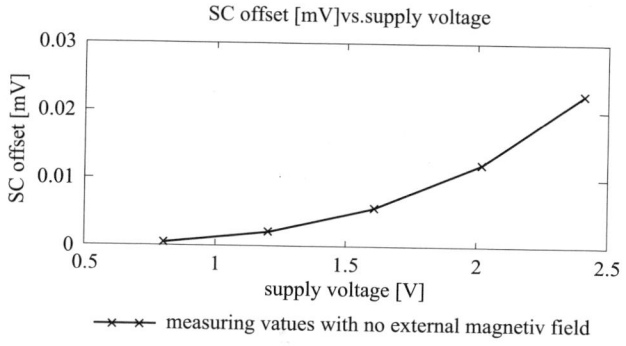

图 6 - 5　附图为坐标图

9）电路图中的标号如 ANI - A，RI - DET 等不必译。有意义的文字如 Pulse（脉冲）需译出。

第七章 专利翻译的技术与语言理解

在前两章描述了专利翻译的基础性原则及各组成部分的常见表达和翻译技巧之后，本章继续提升高度，从技术和语言理解的角度阐述如何更准确地理解原文，并通过常见的翻译问题解析如何通过更准确的语言表达规避可能造成的不准确。

第一节 全文理解

在专利翻译过程中，全文理解非常重要，这不仅因为专利说明书的各个组成部分存在内容上的交叉和重叠，更因为这些不同部分的语言表达和逻辑结构都是基于同样的技术背景、针对同样的技术方案、服务于同样的技术主题，所以应视为整体来理解和翻译，而不是从任意部分随机开始，或任意将长文件拆分而只阅读其中某个部分，这些都有可能造成对技术方案的片面理解。

以下摘录了某篇结构类专利文件的主干部分，以此为例阐述对专利文件全文的综合性理解与翻译，其中，【解析】中的编号①②…为推荐的阅读和翻译顺序，读者也可以此顺序阅读本节。

TITLE OF INVENTION
发明名称
DISPOSABLE PROTECTIVE GARMENT
一次性防护服装

Technical field

技术领域

This invention relates to a disposable protective garment for use in hazardous environments having features that are believed to reduce the potential the wearer will be exposed to contamination.

本发明涉及一种用于在危险环境中使用的一次性防护服装，所述防护服装具有被认为降低穿用者暴露于污染物的可能性的特征。

【解析⑤】名称及技术领域部分往往比较简短，在此情况下可以随时进行翻译，但涉及技术主题时也可能需要译者了解更多信息才能更准确地把握，此时可以在翻译完权利要求书之后翻译此部分。翻译中的关注点为涉及领域与主题的内容应与权利要求的主题表述一致。

BACKGROUND OF THE INVENTION
背景技术

US Pat. No. 5586339 to Latham discloses a disposable, thin, polyethylene, heat-joined garment comprising a torso covering assembly and a pants assembly. This patent further discloses a rip cord for tearing apart the torso covering assembly and the pants assembly.

Latham 的第 5586339 号美国专利披露了一种一次性的薄的聚乙烯热连接式服装，所述服装包括躯干罩盖组件和裤子组件。此专利进一步披露了用于撕开躯干罩盖组件和裤子组件的扯索。

Recent biohazard outbreaks like the Ebola crisis have highlighted the dangers medical workers experience when treating Ebola patients. Any improvement in protective garments that is believed to enhance the safety of these workers is desired.

最近像埃博拉病毒危机等生物危机的爆发，突显了医疗工作者在治疗埃博拉病毒病人时遇到的危险。防护服装中被认为提高这些工作者的安全性的任何改进都是所希望的。

【解析①】推荐首先翻译背景技术部分，从本质上了解本申请的背景及要解决的技术问题。本例中，背景为医护人员所穿的防护服，技术问题是进一步提高防护服对病毒等的隔离，因此提高医护人员的安全性。翻译中的关注点为引证文献的翻译，以及语言表达的流畅、可读性。

BRIEF SUMMARY OF THE INVENTION
发明内容

In some embodiments, the protective garment further comprises a set of neck opening tear tabs for initiating the tear of the continuous line of flexible sealing material, and in some embodiments, the protective garment further comprises a set of interior tear tabs for assisting and continuing the tear of the continuous line of flexible sealing material.

在一些实施例中，所述防护服装进一步包括领口揭片组，所述领口揭片组用于开始撕开所述连续柔性密封材料线，并且在一些实施例中，所述防护服装进一步包括内部揭片组，所述内部揭片组用于帮助和继续撕开所述连续柔性密封材料线。

【解析⑥】 发明内容和摘要（在此未给出）部分与权利要求密切相关，建议在翻译完权利要求书之后开始。翻译中的关注点为文字表述与权利要求的区别，参见第六章第一节相关内容。

BRIEF DESCRIPTION OF THE DRAWINGS
附图说明

Figures 1& 2 are illustrations of a disposable protective garment with the continuous line of sealing material shown centered vertically on the front of the garment and several alternative positions of the continuous line of sealing material on the front of the garment.

图 1 和图 2 是一次性防护服装的展示，在服装的正面上竖直居中示出了连续密封材料线、以及连续密封材料线在服装正面上的若干替代性位置。

Figure 7 is a detail of one representation of a view of the interior of the garment, showing the positioning of a set of interior tear tabs for assisting and continuing the tear of the continuous line of flexible sealing material.

图 7 是服装内部的一种视图表示的细节，示出了一组内部揭片的定位，这些内部揭片用于帮助和继续撕开连续柔性密封材料线。

【解析②】 接着转向附图说明部分，可以通过翻译或几个图样来粗略了解产品的组成结构，为下一步翻译实施例做准备。关于曲线图、方法流程图等的说明可以暂时略过，因为并不十分干扰对技术方案的理解。此例中，参照说明书附图中的图 1、图 2，可以更直观地了解产品为服装，且密封线在服装不同位置对应于不同的设计，即不同的实施例，而图 7 是服装内侧设计的视图。结合【解析①】中的背景知识，可以思考密封线的位置及内侧的设计将如何使服装实现进一步提高病毒的隔离性。

DETAILED DESCRIPTION OF THE INVENTION
具体实施方式

Fig. 1 is an illustration of one possible disposable protective garment 1 comprising a protective fabric as the exterior surface of the garment and preferably having a fabric liner on the interior of the garment. The garment includes a body portion 2 for covering at least a portion of a person's torso having at least one torso opening 3 for donning the garment and a neck opening 4 for a person's head and neck.

图 1 是一件可能的一次性防护服装 1 的展示，所述服装包括作为服装外表面的防护织物并且优选地在服装内侧具有织物衬里。所述服装包括用于罩盖人的躯干的至少一部分的主体部分 2，所述主体部分具有用于穿戴服装的至少一个躯干开口 3 和用于人的头部和颈部的领口 4。

The body portion further comprises a plurality of openings, including a first opening 5 ending in a first sleeve 6 for receiving a portion of a person's right arm when the person wears the garment, and a second opening 7 ending in a second sleeve 8 for receiving a portion of a person's left arm when the person wears the garment. Each of the ends of the first and second sleeves have openings 9 & 10 for a person's wrists and hands. If desired the sleeves can be provided with cinching tapes, such as hook and loop fasteners, for closing the sleeves around the wrists of the wearer (not shown). Likewise, string ties or other closure options for any of the openings can be employed if desired.

所述主体部分进一步包括多个开口，包括第一开口 5 和第二开口 7，所述第一开口终止于第一袖管 6，所述第一袖管用于在人穿着服装时接纳人的右臂的一部分，所述第二开口终止于第二袖管 8，所述第二袖管用于在人穿着服装时接纳人的左臂的一部分。第一和第二袖管的末端各自具有用于人的手腕和手的开口 9 和 10。如果希望的话，这些袖管可以配备有收紧条带，如钩环扣，以用于使袖管围绕穿用者的手腕闭合（未示出）。同样，如果希望的话，可以针对任何开口采用线系带或其他闭合选项。

The garment 1 has an interior surface defined as the surface facing a person's body when the person wears the garment; that is, any surface of the garment that is closest to the wearer when the garment is worn, is generally considered the inner surface of the garment.

服装 1 具有被定义为当人穿着服装时面向人体的表面的内表面；也就是说，当穿着服装时服装的最靠近穿用者的任何表面通常被认为是服装的内表面。

For the purposes herein, "a first part" and "a second part" generally refer to a first end of fabric and a second end of fabric that are to be joined, even if the two ends are opposing edges of a single piece of fabric.

出于本文中的目的，"第一部分"和"第二部分"通常指的是有待连接的织物第一端和织物第二端，即使这两端是单件织物的相反边缘也是如此。

【解析③】 在看懂若干图样的基础上翻译具体实施方式部分与所述图样对应的实施例，具体了解产品的组成部分及其功能、组成部分之间的连接或位置关系，从而确定关键的技术术语及表达。此例中，通过对图 1 所对应的实施例的翻译，可以了解服装的组成部分（为 body portion 7，其上的多个开口将服装分成了具有不同功能的部分，即覆盖 torso 和 arm 的部分，译者很容易勾画出此服装的三维结构），并结合图而确定术语 protective fabric、fabric liner、torso opening、cinching tape、sleeve 等在此例中的译法。翻译中的关注点为：将实施例中的附图标记与附图中的附图标记结合起来理解，并对照最后的术语定义段落通读中文译文，修改或调整中文表达，使之清楚、流畅。

What is claimed is:

权利要求书

1. A disposable protective garment comprising a protective fabric, the garment having:

1. 一种包括防护织物的一次性防护服装，所述服装具有：

a body portion for covering at least a portion of a person's torso when the garment is worn by a person; the body portion having at least one torso opening for donning the garment and a neck opening for a person's head and neck;

主体部分，所述主体部分用于当人穿着所述服装时罩盖人的躯干的至少一部分；所述主体部分具有用于穿戴所述服装的至少一个躯干开口和用于人的头部和颈部的领口；

the body portion further having a plurality of openings; the plurality including at least a first opening ending in a first sleeve for receiving a portion of a person's right arm when the person wears the garment, and a second opening ending in a second sleeve for receiving a portion of a person's left arm when the person wears the garment, each of the sleeves further having an opening for a person's wrist and hand;

所述主体部分进一步具有多个开口；所述多个开口至少包括第一开口和第二开口，所述第一开口终止于第一袖管，所述第一袖管用于在人穿着所述服装时接纳人的右臂的一部分，所述第二开口终止于第二袖管，所述第二袖管用于在人穿着所述服装时接纳人的左臂的一部分，这些袖管各自进一步具有用于人的手腕和手的开口；

the garment having an interior surface facing a person's body when the person wears the garment and an exterior surface facing a potentially hazardous environment or threat;

所述服装具有当人穿着所述服装时面向人的身体的内表面和面向潜在危险环境或威胁的外表面；

the garment being provided with at least one continuous line of flexible sealing material extending from the neck opening to at least one other opening in the garment,

所述服装配备有从所述领口延伸到所述服装中的至少一个其他开口的至少一条连续柔性密封材料线，

the sealing material attaching a first part of the protective fabric to a second part of the protective fabric, the continuous line of sealing material forming a liquid-impervious seal between the first and second parts of protective fabric;

所述密封材料将所述防护织物的第一部分附接到所述防护织物的第二部分上，所述连续密封材料线在防护织物的所述第一部分与第二部分之间形成不透液体的密封；

wherein the sealing material has a tensile strength less than the tensile strength of the protective fabric and the continuous line of flexible sealing material can be torn open by the wearer for doffing of the garment.

其中，所述密封材料具有的抗拉强度小于所述防护织物的抗拉强度，并且所述连续柔性密封材料线能够被所述穿用者撕开以脱下所述服装。

【解析④】在具体实施方式部分结合图深入理解了技术方案并确定了关键术语之后可以翻译权利要求书。按照这种先后顺序是因为，权利要求书有时未包含附图标记，可能增加理解的难度，但其文字描述与具体实施方式大致相符，且通过采用长句子中包含段落层次的格式，产品的组成结构更加清晰。与前一部分相结合考虑，译者可以在翻译中加深对技术方案的理解，并进一步优化译文的表达。翻译中的关注点为权利要求的特殊语言特点及翻译原则，参见第六章第二节。图7－1所示为节选的说明书附图。

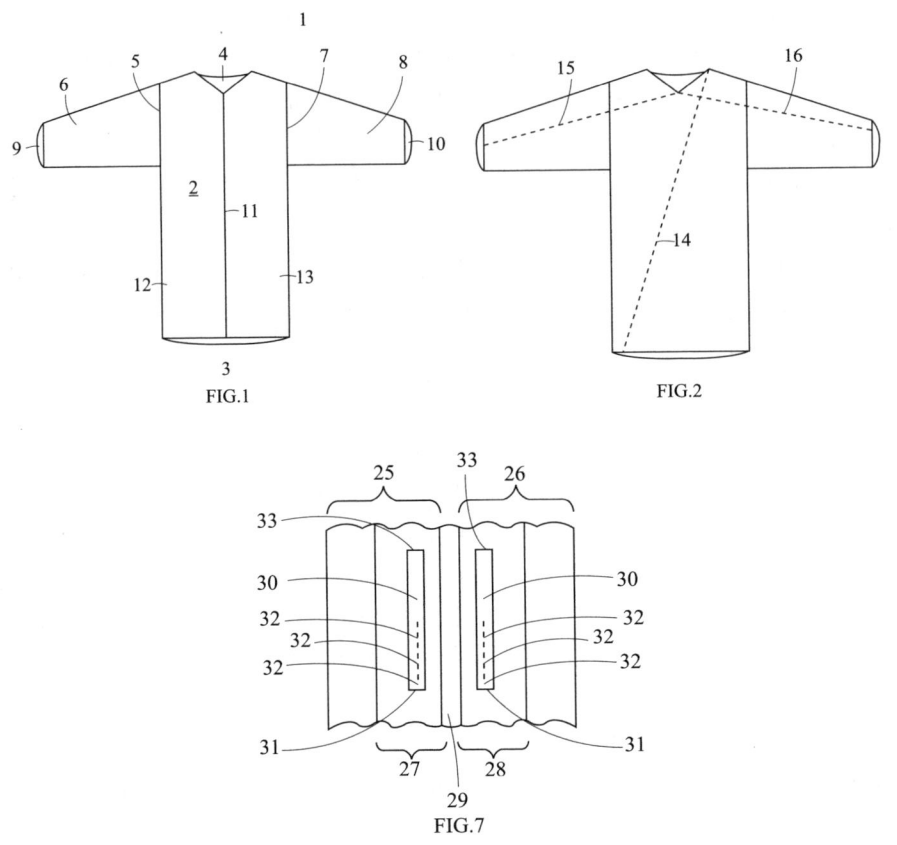

图 7 - 1　说明书附图（节选）

第二节　句型分析

上一节重点介绍了在翻译中对专利全文的各部分进行有机关联，作出综合性的理解。在此基础上，具体到每一个段落甚至句子，译者需要关注到每一个语法点和技术点，而这两者往往是可以相互检验的，也就是说，将技术方案牢记在心，并从技术与语法两个角度去思考，将可以检验译文的正确性。本节主要列举了涉及包含关系、句意合理性、修饰关系及长句逻辑问题的例句，以分析翻译中常出现的问题。

一、包含关系

【例1】The image sensor device may include a liquid crystal focus cell carried by the barrel and having cell layers, and second electrically conductive contacts.

【原译】该图像传感器装置可以包括由该镜筒承载并且具有多个单元层的液晶聚焦单元、以及多个第二导电触点。

【解析】此句出现在摘要中，摘要一般与独立权利要求1相似，但权利要求书中通过分段结构层次更加清楚，建议先翻译权利要求。在本文件的权利要求1中描述了：

An image sensor device comprising:

an interconnect layer;

an image sensor integrated circuit (IC) on said interconnect layer and having an image sensing surface;

a barrel adjacent said interconnect layer and comprising a first plurality of electrically conductive traces;

a liquid crystal focus cell carried by said barrel and comprising a plurality of cell layers, and a second plurality of electrically conductive contacts associated therewith, at least one pair of adjacent cell layers having different widths; and

an electrically conductive adhesive body coupling at least one of said second plurality of electrically conductive contacts to a corresponding one of said first plurality of electrically conductive traces.

权利要求的主题为"image sensor device"，第四段中的名词"liquid crystal focus cell"是其一个组成部分，因此第四段中整句话为一个名词短语，其余部分均为修饰语，从而可以判断出"liquid crystal focus cell"包括"a plurality of cell layers"和"a second plurality of electrically conductive contacts"，因此后者不能与"liquid crystal focus cell"并列，而是其所包含的一部分。

【改译】该图像传感器装置可以包括液晶聚焦单元，该液晶聚焦单元由该镜筒承载并且具有多个单元层以及多个第二导电触点。

【例2】A gas sensor device may include a gas sensor integrated circuit (IC) having a gas sensing surface, and bond pads adjacent to the gas sensing surface, and a frame having gas passageways extending therethrough adjacent the gas sensing surface.

【原译】一种气体传感器设备可以包括具有气体感测表面的气体传感器集成电路（IC），以及与该气体感测表面相邻的多个键合焊盘，以及框架，该框架具有穿过其延伸的与该气体感测表面相邻的多条气体通路。

【解析】同样，以上句段出现在摘要中，译者在遇到 having，comprising，and，or 连接的多项特征时需要格外留意其间的并列或包含关系，往往可以从权利要求中或说明书其他地方找到更准确的支持。在本文件的权利要求中，用清楚的层级关系限定了特征之间的并列：

A gas sensor device comprising:

a gas sensor integrated circuit (IC) having a gas sensing surface, and a plurality of bond pads adjacent thereto;

a frame having a plurality of gas passageways extending therethrough adjacent the gas sensing surface;

a plurality of leads…

【改译】一种气体传感器设备可以包括气体传感器集成电路（IC）以及框架，该气体传感器集成电路具有气体感测表面以及与该气体感测表面相邻的多个键合焊盘，该框架具有穿过其延伸的与该气体感测表面相邻的多条气体通路。

【例3】A pyrrolysine analog of formula VI according to any one of claims 1 to 3, wherein FG represents $-N_3$, $-CH = CH_2$, $-C \equiv CH$, $-COCH_3$, $COOCH_3$, phenyl substituted by halogen or cyclooctyne.

【原译】根据权利要求 1 至 3 中任一项所述的具有式 VI 的吡咯赖氨酸类似物，其中 FG 表示—N_3、—$CH = CH_2$、—$C \equiv CH$、—$COCH_3$、$COOCH_3$、被卤素或环辛炔取代的苯基。

【解析】当权利要求中的描述非常简洁时，同样需要借助说明书中更详细的描述来确定唯一正确的译法，当然，前提是译者能觉察到仅仅根据语法来判断译法时会有不同的解释，而不是不经推敲地随机选择其中一种。此句出现在权利要求中，最后一部分为"phenyl substituted by halogen or cyclooctyne"，如果非常信任原文的语法，则能肯定判断出"phenyl substituted by halogen"与"cyclooctyne"并列，因为最后两个列举项之间没有连词。但通常，原文的语法并非都十分严格准确，所以需要更多的支持。在说明书中描述了"In structures of formula V and VI, when FG represents aromatic halide, it suitably represents phenyl substituted by halogen, especially iodine (e. g. 4-iodo-phenyl)."，以及"In structures of formula V and VI, when FG represents cycloalkyne, it suitably represents cyclooctyne, e.g. cyclooct-4,5-yne."，可以判断出"phenyl substituted by halogen"与"cyclooctyne"并列，而不是"substituted by halogen or cyclooctyne"。

【改译】根据权利要求 1 至 3 中任一项所述的具有式Ⅵ的吡咯赖氨酸类似物，其中 FG 表示—N$_3$、—CH $=$ CH$_2$、—C $\equiv$ CH、—COCH$_3$、COOCH$_3$、被卤素取代的苯基或环辛炔。

【例 4】the second monomer is a diarylether containing a sulfone represented by the formula

【原译】该第二单体是含有由下式表示的砜的二芳基醚

【解析】原句中存在不确定的修饰关系，"represented by the formula"修饰的是紧邻的在前名词"sulfone"还是名词短语"diarylether containing a sulfone"？此时需要能留意到这种不确定性，并从上下文中寻找支持。例如，在下文中存在句子"The diarylether containing a sulfone is represented by the formula: ...", 因此可以判断原句中"represented by the formula"的修饰对象为"diarylether containing a sulfone"整体。

【改译】该第二单体是由下式表示的含有砜的二芳基醚

二、句意合理

【例 5】发条是机械结构制品中常用的部件，其为发动机器的一种装置，卷紧片状钢条，利用其弹力逐渐松开时产生动力。

【原译】A spring is a commonly used component in mechanical structural products. It is a device for an engine that winds up a sheet of steel strip and generates power when it is gradually released by its elastic force.

【解析】此句的易错点在"发动机器"，很容易囫囵吞枣地理解为名词。

【参考译文】A clockwork spring is a common component in mechanical structural articles, as a device for starting up a machine, and is particularly in the form of a wound-up flat steel ribbon which produces motive power when the elastic force thereof is gradually released.

【例 6】an uppermost position allowing the cup 9 to be positioned concentrically with the axis 100 in the holder 14

【原译】允许杯子 9 与杯座 14 中的轴线 100 同心地定位的最上面的位置

【改译】让杯子 9 在保持器 14 中定位成与轴线 100 同轴的最上面位置

【解析】轴线（axis）是一条虚拟的几何线，一般在指定方向时作为参考物提供，并非实体存在的事物，因此类似"杯座中的轴线"这种表达是错误的。

【例 7】The light sources allow for mimicking of daylight in an indoor environment.

157

【原译】光源允许模拟室内环境中的日光

【改译】光源允许在室内环境中模拟日光

【解析】日光即太阳光，应该是在室外存在的，显然"在室内环境中模拟日光"要比"模拟室内环境中的日光"更合理。

三、修饰关系

【例8】bringing an edge recess of a second belt pulley, which partially overlaps the first belt pulley, an axle and/or a seat associated with the first belt pulley, into alignment with a rotational axis of the first belt pulley

【原译】使第二皮带轮的与该第一皮带轮、同该第一皮带轮关联的轴和/或座部分地重叠的边缘凹陷与该第一皮带轮的旋转轴线对准的边缘凹陷与该第一皮带轮的旋转轴线对准

【解析】在分析"which"的指代对象时，有时不能简单地通过语法来准确判断，而应在充分了解技术含义的基础上进行推敲，或者搜索上下文以获得更多支持。此例中，"which"是指代"second belt pulley"还是"edge recess"，可以通过在上下文中搜索动词"partially overlap"来进一步分析。搜索到的同类句式有"a second belt pulley (8), spaced from the first belt pulley (611) in a direction perpendicular to the axis of rotation of the grinding head (1), and partially overlapping the first belt pulley (611), its associated axle and/or its associated bearing, as seen in a plane parallel with the lower support (31)"，由此，与"the first belt pulley"进行"partially overlapping"的是"second belt pulley"，而并非其"edge recess"。

【改译】使与该第一皮带轮关联、该第一皮带轮所关联的轴和/或座部分地重叠的第二皮带轮的边缘凹陷与该第一皮带轮的旋转轴线对准

【例9】preparing a non-symmetric primer-dependent amplification reaction mixture that includes the sample, a DNA polymerase, deoxyribonucleoside triphosphates, other reagents required for amplification, a distinguishably labeled homogeneous fluorescence detection probe, for example, a molecular beacon probe, that is specific for the amplification product of each rare mutant target sequence, an excess concentration of a common conventional reverse primer for the closely related mutant target sequences, and a limiting concentration of a unique multi-part primer for each intended rare mutant target sequence

【原译】制备非对称引物依赖性扩增反应混合物，该混合物包括该样本、DNA聚合酶、脱氧核糖核苷三磷酸、扩增所需的其他试剂、可区分标记的均

相荧光检测探针，例如分子导标探针，该分子导标探针对每种罕见突变体靶序列的该扩增产物、针对这些密切相关的突变体靶序列的过量浓度的常见的常规反向引物、以及针对该每种预期的罕见突变体靶序列的独特的多部分引物的限制浓度是特异的

【解析】此句需要关注的是"that include"后面的清单有多少项，而"that is specific"这个插入语中断了句子的条理性。但从英文语法上严谨地分析，首先"that is specific"中"that"的修饰对象是"molecular beacon probe"，其为清单中的一项，因与在前的项"other reagents"之间没有连接词"and"或"or"，很显然"molecular beacon probe"不是最后一项，也即"that is specific"不能修饰后面的所有项，其后还有与"molecular beacon probe"并列的项。对于清单带有长插入语的个别项，须用顿号、句号、分号分隔出清楚的层级关系。

【改译】制备非对称引物依赖性扩增反应混合物，该混合物包括：该样本；DNA 聚合酶；脱氧核糖核苷三磷酸；扩增所需的其他试剂；可区分标记的均相荧光检测探针，例如分子导标探针，该均相荧光检测探针对每种罕见突变体靶序列的扩增产物是特异的；过量浓度的这些密切相关的突变体靶序列的共同的常规反向引物；以及限制浓度的每种预期的罕见突变体靶序列的独特的多部分引物

【例 10】wherein Ra and Rb have the meaning given in claim 1 for formula (I);

【原译】其中，Ra 和 Rb 具有在权利要求 1 中给出的对于式（I）的含义；

【改译】其中，Ra 和 Rb 具有在权利要求 1 中对于式（I）给出的含义；

【例 11】exposing said suspension or slurry to ultrasonication at an energy level for a sufficient length of time to produce said isolated graphene sheets in said liquid medium.

【原译】在一定能量水平下将所述悬浮液或浆料暴露于超声处理，持续足够长的时间，以在所述液体介质中生产所述孤立的石墨烯片。

【解析】显然，超声处理需要能量，原译中将"在一定能量水平下"与其所修饰的对象"超声处理"分隔太远，削弱了其修饰关系，容易产生歧义，让读者不清楚"能量"是否来自别的能量源。此外，"在所述液体介质中生产所述孤立的石墨烯片"还是"生产在所述液体介质中的所述孤立的石墨烯片"，在此例的具体上下文中可以准确判断。例如，从上下文"said isolated graphene sheets dispersed in said liquid medium produced in step (b) form a graphene slurry"中可以看出，"said isolated graphene sheets in said liquid medium"实质上是"said isolated graphene sheets dispersed in said liquid medium"，因此

"said isolated graphene sheets in said liquid medium" 应作为整体出现。

【改译】将所述悬浮液或浆料暴露于在一定能量水平下的超声处理，持续足够长的时间，以产生在所述液体介质中的所述孤立的石墨烯片。

【例 12】A quantity of liquid, preferably water, at a temperature of at least 50℃, is supplied to the cup 9 via a supply line 16.

【原译】以至少 50℃的温度，经由供应管线 16 向杯子 9 供应一定量的液体，该液体优选为水。

【解析】原译中"以至少 50℃的温度经供应管线 16 向杯子 9 供应液体"，对于"至少 50℃的温度"的对象可以有多种解释，如供应管线 16、杯子 9、甚至环境温度，而不一定会被理解为液体的温度，因此原译产生了极大歧义。

【改译】经由供应管线 16 向杯子 9 供应一定量的至少 50℃温度的液体、优选地水。

【例 13】The grinder 15 is advantageously rod-shaped, with an axle 152 provided on one end of one or several blades 151, and is driven by a motor 153 on an opposite end.

【原译】研磨机 15 有利地是杆状的，其中轴 152 设置在一个或多个叶片 151 的一端上，并且在相反端上由马达 153 驱动。

【解析】研磨机是杆状的，与"axle"的结构对应，可以推断出"axle"是研磨机的主体结构；且杆或轴"axle"应具有相反的两端，后面句子中的"one end"和"an opposite end"处于对应关系，能够判断两者都属于"axle"。

【改译】有利地，研磨机 15 是杆状的，其中轴 152 的一端设置有一个或多个叶片 151，并且轴 152 在相反的端部上由马达 153 驱动。

【例 14】One objective of this disclosure is to provide an assembly, e.g., in the form of an automatic dispenser, and a corresponding method that overcome the aforementioned disadvantages.

【原译】本披露的一个目的是提供一种组件（例如呈自动分配器的形式）和一种克服上述缺点的相应方法。

【解析】从中文含义上来看，"一种组件和一种克服缺点的方法"似乎在暗示该组件并没有克服缺点，显然这应当不是发明人的本意；同时，"overcome"此处应是一般现在时，未使用"overcomes"意味着"that"是复数，即"组件"和"方法"。

【改译】本公开内容的一个目的是提供克服上述缺点的组件（例如采用自动分配器的形式）和相应的方法。

【例 15】wherein said pore walls contain a pristine graphene and said 3D gra-

160

phene-carbon hybrid foam, when measured without said metal, has a density from 0. 1 to 1. 7 g/cm^3, an average pore size from 2 nm to 50 nm, and a specific surface area from 300 m^2/g to 3200 m^2/g.

【原译】其中，当在不含所述金属的情况下测量时，所述孔壁含有原生石墨烯并且所述 3D 石墨烯 – 碳混杂泡沫具有从 0.1g/cm^3 至 1.7g/cm^3 的密度、从 2nm 至 50nm 的平均孔径、以及从 300m^2/g 至 3200m^2/g 的比表面积。

【解析】"所述孔壁含有原生石墨烯"是一种状态，不受测量条件影响，因此"当在不含所述金属的情况下测量时，所述孔壁含有原生石墨烯"不通顺。"when measured without said metal"这一修饰语落在主语"said 3D graphene carbon hybrid foam"与谓语"has"之间，显然只能修饰该分句的主语，而管辖不到前一分句。

【改译】其中，所述孔壁含有原生石墨烯，并且，所述 3D 石墨烯 – 碳混杂泡沫在不含所述金属的情况下测量时具有从 0.1g/cm^3 至 1.7g/cm^3 的密度、从 2nm 至 50nm 的平均孔径、以及从 300m^2/g 至 3200m^2/g 的比表面积。

四、长句逻辑

【例 16】the first monomer is the diphenol and the second monomer is the diarylether and wherein the relative diphenol molar ratio in the reaction mixture is at least about 0. 5, at least about 0. 6, at least about 0. 7, at least about 0. 8, at least about 0. 85, at least about 0. 9 or at least about 0. 95 and no more than about 1. 5, no more than about 1. 4, no more than about 1. 3, no more than about 1. 25, no more than about 1. 2, no more than about 1. 15, no more than about 1. 1, or no more than about 1. 05, during at least a portion of the reacting.

【原译】如权利要求 1 至 9 中任一项所述的方法，其中，在该反应的至少一部分过程中，该第一单体是二酚并且该第二单体是二芳基醚，并且其中，该反应混合物中的相对二酚摩尔比是至少约 0.5、至少约 0.6、至少约 0.7、至少约 0.8、至少约 0.85、至少约 0.9 或至少约 0.95 并且不超过约 1.5、不超过约 1.4、不超过约 1.3、不超过约 1.25、不超过约 1.2、不超过约 1.15、不超过约 1.1、或不超过约 1.05。

【解析】原译文中，"在该反应的至少一部分过程中，该第一单体是二酚并且该第二单体是二芳基醚"在语义上不合理，因为单体作为反应原料，应在反应之前就明确限定，而不是在反应过程中才限定或了解其种类。此外，在上下文中搜索"during at least a portion of the reacting"，也能更肯定地判断出，此时间状语是修饰所得摩尔比的范围，例如在句子"Additionally or alternatively, the relative diphenol molar concentration is no more than about 1. 5, no more than about 1. 4, no more than about 1. 3, no more than about 1. 25, no more than about 1. 2, no more than about 1. 15, no more than about 1. 1, or no more than about 1. 05, during at least a portion of the reacting." 中，因此原译文中"在该反应的至少一部分过程中"的位置错误。

【改译】 如权利要求 1 至 9 中任一项所述的方法，其中，该第一单体是二酚并且该第二单体是二芳基醚，并且其中，在该反应的至少一部分过程中，该反应混合物中的相对二酚摩尔比是至少约 0. 5、至少约 0. 6、至少约 0. 7、至少约 0. 8、至少约 0. 85、至少约 0. 9 或至少约 0. 95 并且不超过约 1. 5、不超过约 1. 4、不超过约 1. 3、不超过约 1. 25、不超过约 1. 2、不超过约 1. 15、不超过约 1. 1、或不超过约 1. 05。

【例 17】 The compounds of formula II, wherein R^5, R^6, R^7, R^8, R^9, R^{10}, R^{11}, T, Y^1, Y^2, Y^3, Y^4, n, p, Q are as defined for formula I and A is hydrogen, a protecting group such as acetyl, benzyl or tert-butoxycarbonyl or a group M, can be obtained by transformation of a compound of formula III, wherein R^5, R^6, R^7, R^8, R^9, R^{10}, R^{11}, T, Y^1, Y^2, Y^3, Y^4, n, p are as defined for formula I and A is hydrogen, a protecting group such as acetyl, benzyl or tert-butoxycarbonyl or a group M, with a compound of formula IV, wherein R^{12} and Q are as defined for formula I and X is a hydroxy, halogen, preferably fluoro, chloro or bromo or alkoxy, such as methoxy, ethoxy. This is shown in Scheme 1.

【解析】 这个句子很长，首先需要找准句子主干"The compounds of formula II… can be obtained by transformation of a compound of formula III… with a compound of formula IV"。此句是在描述通过使两种化合物转化而获得第三种化合物的方法。因为对基团的限定内容较多，如果译者不能从整体分析，往往陷入纠结一个个基团的死胡同里，甚至可能认为原文起草出现问题。

【参考译文】 式 II 的化合物可以通过式 III 的化合物与式 IV 的化合物的转化获得，在式 II 中 R^5、R^6、R^7、R^8、R^9、R^{10}、R^{11}、T、Y^1、Y^2、Y^3、Y^4、n、p、Q 是针对式 I 所限定的，并且 A 是氢、诸如乙酰基、苄基或叔丁氧基羰基等保护基团、或者基团 M，在式 IV 中 R^5、R^6、R^7、R^8、R^9、R^{10}、R^{11}、T、Y^1、Y^2、Y^3、Y^4、n、p 是针对式 I 所限定的，并且 A 是氢、诸如乙酰基、苄基或叔丁氧基羰基等保护基团、或者基团 M，并且在式 IV 中 R^{12} 和 Q 是针对式 I 所限定的，并且 X 是羟基、卤素、优选氟、氯或溴，或烷氧基，如甲氧基、乙氧基。这在方案 1 中示出。

第三节　术语选择

在专利文件中，相似术语的区分和相同术语的一致性对于技术准确性具有非常重要的意义，如果翻译中忽略了，则可能导致术语指代不清，甚至译文中的技术方案完全偏离了原文的技术方案。

一、相似术语的区分

严格来说，不同的中文术语需对应不同的英文译文，而为了使英文表达尽量地道，大量同类英文术语的区分需要在英文起草的专利文件中不断积累。

例如，在机械类专利文件中经常出现对同一类特征的大量不同表述，参见第五章第三节的实例。译者并不能基于技术理解认为这些表述所指代的含义类似，就简单地译成相同术语，而应在技术特征的名称上作出区分。以下给出了两个中英对照的实例，请注意这仅是为了示例，而并非给出了标准的一对一译文，具体的对应性还需在具体语境下进行分析。

例如：缝隙/槽/狭缝/凹槽/凹陷可以译为 slot，slit，groove，recess，depression，dimple，pit……；凸台/凸起/突起/隆起/鼓起/突出部可以译为 land，island，bump，raise，protrusion，projection，boss，embossment……

二、相同术语的区别

同一术语在不同领域的文件中或同一文件中的不同语境下都有可能具有不同含义。专利文件中要求术语一致性，但前提是指代同一对象的词才被称为同一术语，才被要求一致性。而要判断是否指代同一对象，需要准确的技术理解，因此在翻译中比遵循一对一的术语表更重要的是基于上下文进行具体的理解。

以下简单列举了两个英文术语在不同语境下的使用，括号中给出了具体语境下的译文，供读者体会和参考。

【例1】addition 的含义

1）The *addition* of a bathroom was a major improvement. （添加）

2）The sign "＋" stands for addition. （相加）

3）Results show that the addition reaction of bromine with acetylene was obviously influenced by light condition. （加成）

4) The objective is to investigate the effects of customized near addition lens on juvenile recessive myopia. （下加光）

【例2】contact 的含义

1) At step 314 the computing device determines whether the initial contact between the touch instrument and the touch screen is in the viewing area. （接触）

2) Policies may be applied at the contacts level 304, the e-mail level 306, the documents level 308, and/or for the enterprise data 312. （联系人）

3) A number of pump pistons 105 in respective chambers ride on the pump swash plate 103 via sliding contacts. （接触部）

4) Each contactor is in communication with a control module adapted to open and close the contacts of the contactors. （触头）

三、术语确认

专利翻译中，在术语层面除了了解相似术语区分翻译、相同术语考虑区别这一原则之外，确认术语的正确含义且据此选择正确的译文，是影响翻译准确性的核心因素。译者的相关行业背景知识、专业能力及专利翻译的经验能极大地帮助译者快速给出正确译文，而面对未知或不熟悉的术语时，仍需要学习和查询。

下面介绍了专利翻译译者经常采用的几种确认术语的途径。

1. 国家标准

中华人民共和国国家标准（简称国标）由国家标准化管理委员会发布，其中涉及术语的部分给出了各行各业中文术语的详细技术含义及大多数术语的对应参考英文。译者在面对不熟悉的技术领域时，参考相应的国标术语可以获得对术语技术含义的基本理解，如《橡胶 术语》（GB/T 9881—2008）。

2. 专业术语书籍

相比于只给出双语术语对的行业词典，能够给出术语的名词解释，甚至提供产品的结构或外形图的行业内术语书籍可能对译者的帮助更大，如常用工具、机械零部件和机构的术语解析如表7-1所示。

3. 专利数据库

在翻译专利文件时，译者普遍认为专利数据库和专利检索网站提供的术语翻译和释义更有价值。例如，如图7-2所示，可以通过网站 WIPO Pearl-WIPO's Multilingual Terminology Portal 进行术语确认。

表 7 - 1　常用工具、机械零部件和机构术语❶

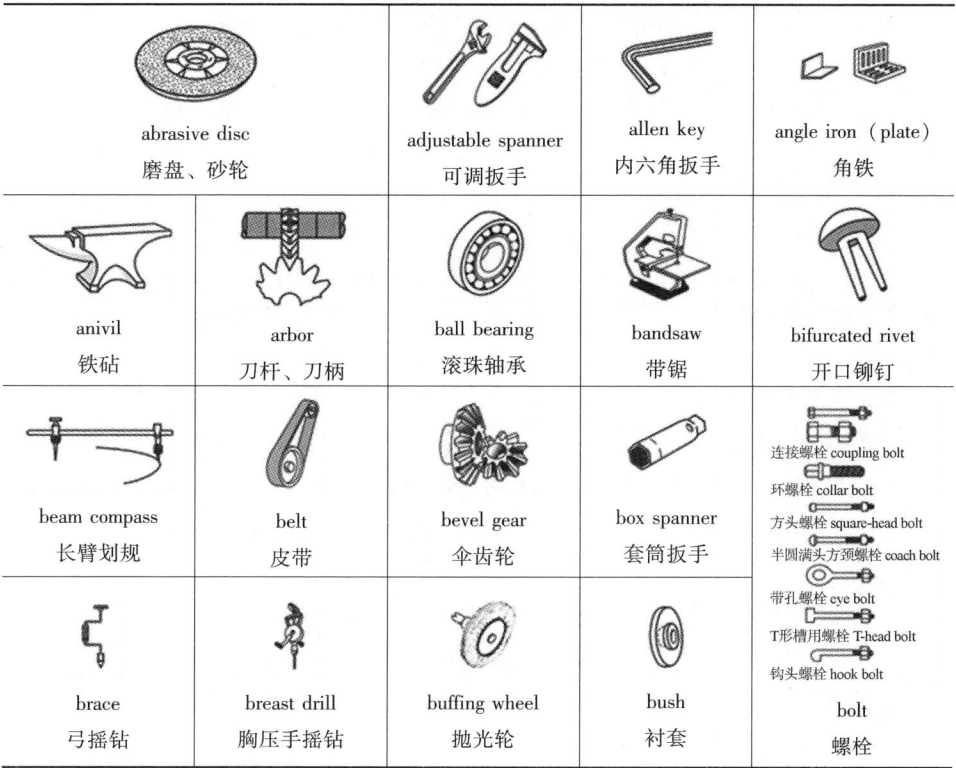

abrasive disc 磨盘、砂轮	adjustable spanner 可调扳手	allen key 内六角扳手	angle iron（plate） 角铁
anivil 铁砧	arbor 刀杆、刀柄	ball bearing 滚珠轴承	bandsaw 带锯	bifurcated rivet 开口铆钉
beam compass 长臂划规	belt 皮带	bevel gear 伞齿轮	box spanner 套筒扳手	连接螺栓 coupling bolt 环螺栓 collar bolt 方头螺栓 square-head bolt 半圆满头方颈螺栓 coach bolt
brace 弓摇钻	breast drill 胸压手摇钻	buffing wheel 抛光轮	bush 衬套	带孔螺栓 eye bolt T形槽用螺栓 T-head bolt 钩头螺栓 hook bolt bolt 螺栓

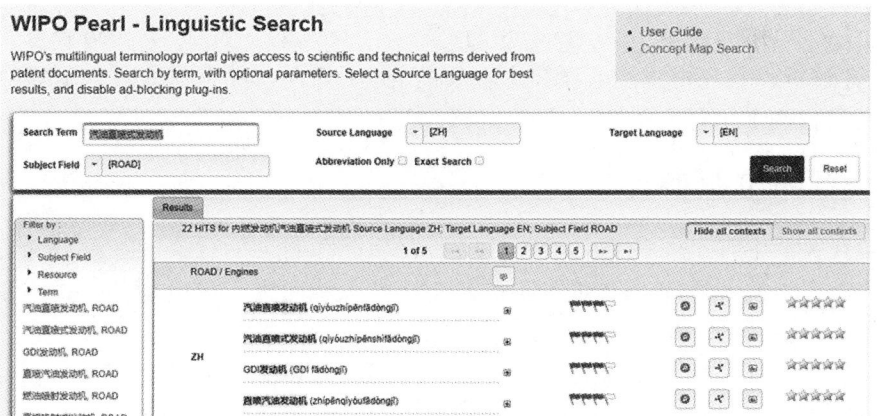

图 7 - 2　通过专利数据检查

---

❶　朱派龙. 机械专业英语图解教程［M］. 北京：北京大学出版社，2008：1.

4. 利用搜索引擎

在确认术语时，Wikipedia 网站的详细解释及 Google image search 的图片搜索也是检验术语理解是否正确或译文选择是否正确的一种方法。

例如，在翻译"灯头"时，查询译者所理解的灯头在灯中的部位与 Google image search 中给出的 lamp head 或 lamp head 的实物图片是否匹配，也是检验术语译文在具体语境中是否正确的有效手段。

5. 全文推理

无论技术方案理解、句型分析还是术语确认，从全文中寻找支持都是保证准确性的最可靠方式。下文以术语"轴"为例阐释通过推理和分析确认术语译文。

【例3】交错轴传动机构

【参考译文】crossed-axis gearing mechanism

【解析】行业内关于"交错轴斜齿轮"的定义是：两条轴线呈空间交错，其中两轴线在平行于两轴线之平面上的投影所夹锐角为交错角。由此可知，交错轴指的是轴线交错。

【例4】该旋转轴 L 优选取垂直或者水平方向。

【参考译文】The axis of rotation is preferably oriented vertically or horizontally.

【解析】标记"L"和表述"取垂直或者水平方向"都更加指向"旋转轴"是线而不是实物。

【例5】该旋转轴31与第二盘形件45一体地旋转。

【参考译文】The rotating shaft 31 rotates integrally with the second disc 45.

【解析】首先可以结合图判断附图标记31指向实物还是轴线，其次"一体"暗指两个实物为整体。

四、词性处理

在英译中时，很多英文单词可以具有动词和名词的含义，在翻译时需要根据上下文领会强调的是动作还是名词属性，从而进行区分翻译。类似的词语很多，如 orientation, marking, package 等。

另外，同一英文单词的各种名词、副词、现在分词、动名词、过去分词形式既存在关联又应区别对待。

专利文件中为了让句子更简洁，或使术语更贴近发明人的特定技术内容，往往会出现复合词，此类词语的灵活处理也直接关系到译文的准确性。

以下通过实例来展示对同一单词/语句的不同翻译会对句子产生何种影响。

1. 动作与名词属性

【例6】 A method for the extracorporeal treatment of a patient's body fluid, preferably of blood, said method comprising the use of a medical tubing obtained from composition (C) as defined in any one of Claims 10 and 11.

【原译】 一种用于患者体液、优选血液的体外治疗的方法，所述方法包括可从如在权利要求 10 和 11 中任一项中所定义的组合物（C）获得的医疗导管的用途。

【改译】 一种用于患者体液、优选血液的体外治疗的方法，所述方法包括使用可从如在权利要求 10 和 11 中任一项中所定义的组合物（C）获得的医疗导管。

【例7】 The selector is to select the memory element responsive to the data line having a first value, and to select the nozzle responsive to the data line having a second value different from the first value.

【原译】 所述选择器用于响应于具有第一值的数据线来选择所述存储器元件，并且响应于具有与所述第一值不同的第二值的数据线来选择所述喷嘴。

【改译】 所述选择器用于响应于所述数据线具有第一值来选择所述存储器元件，并且响应于所述数据线具有与所述第一值不同的第二值来选择所述喷嘴。

2. 动作的主动与被动

专利文件中的语法变换较为简单，因此往往容易被译者忽略。动词的主动和被动形式代表了被其修饰的名词是动作施动者还是受动者，有时会得到完全相反的结果，需要译者在翻译中小心处理。以下列举了三个实例来展示这种区别，相信读者可以从参考译文的对比中体会到差异。

（1） fixed 与 fixing

【例8】 The energy storage device 2 is fixed relative to the chassis 1 by the fixing device 3 to form a fixed part of the vehicle.

【原译】 能量储存装置 2 通过固定装置 3 相对于底盘 1 固定形成车辆固定部分。

【改译】 能量储存装置 2 被固定装置 3 相对于底盘 1 固定从而形成车辆的固定式部分。

【例9】 在该第一竖直固定位置上，每个可枢转臂 501 与固定臂 505 形成大于 90°的角。

【原译】 In the first vertical fixed position, each pivotable arm 501 forms an angle greater than 90° with the fixed arm 505.

【改译】In the first vertical fixing position, each pivotable arm 501 forms an angle greater than 90° with the fixed arm 505.

（2） controlled 与 controlling

【例 10】The system of claim 1, wherein the health condition is a controlled substance concentration indication.

【原译】如权利要求 1 所述的系统，其中，所述健康状况是控制物质浓度指示。

【改译】如权利要求 1 所述的系统，其中，所述健康状况是受控/管制物质浓度指示。

【例 11】It is possible for the drive device to carry out autonomously a controlled movement into the safe vane position.

【原译】驱动设备可以自动执行进入安全翼片位置的控制运动。

【改译】驱动设备可以自动执行进入安全翼片位置的受控移动。

（3） stochastic labeling 与 stochastically labeling

【例 12】Stochastic labeling may comprise the use of one or more sets of molecular barcodes

【原译】随机标记可以包括使用一个或多个组的分子条码

【改译】随机进行标记可以包括使用一个或多个组的分子条码

【例 13】stochastically labeling two or more molecules from two or more samples to produce labeled molecules

【原译】随机标记来自两个或更多个样品中的两个或更多个分子，以产生多个标记分子

【改译】随机地对来自两个或更多个样品中的两个或更多个分子进行标记，以产生经标记的分子

第四节　语言表达

一、冠词及单复数

（一）不定冠词

汉语是没有冠词的，这与很多其他语言相比是很大的区别，如英文中大量存在不定冠词"a/an"。在英译中或中译英时，冠词的处理对于中文译者而

言是很大的挑战。

1. 英文不定冠词的意义

首先需了解的是，英文中"a/an"不一定表示"one"。

（1）英文说明书中对不定冠词的解释

例如，在英文专利说明书中，为了避免对冠词所隐含的单复数意义理解有误，通常存在关于不定冠词的解释说明段落。

【例1】The terms "a/an", "one or more" and "at least one" can be used interchangeably herein.

【参考译文】词语"一种/一个（a/an）"、"一个或多个"及"至少一个（种）"在此可以互换使用。

【例2】If the specification or claim refers to "a" or "an" element, this does not mean there is only one of the described elements.

【参考译文】如果本说明书或权利要求提到"一种/个（a/an）"要素，这并不意味着仅存在一个所说明的要素。

（2）英文法院判例中对不定冠词的解释

在美国联邦巡回上诉法院判例——KCJ vs. Kinetic and KCI 中陈述了：

This court has repeatedly emphasized that an indefinite article "a" or "an" in patent parlance carries the meaning of "one or more" in open-ended claims containing the transitional phrase "comprising".

Unless the claim is specific as to the number of elements, the article "a" receives a singular interpretation only in rare circumstances when the patentee evinces a clear intent to so limit the article.

Thus, under the general rules of claim construction, this court presumes the customary meaning of "a"—one or more.

由此可知，无论根据专利申请文件中的定义，还是法院判例中的解释，英文不定冠词"a/an"都应被广义地解释为"one or more"。

2. 法院判例对于中文专利中"一个"的解释

在英译中时，如果"a/an"被译成"一个"，在解释关键的技术特征时，数量词"一个"往往会导致保护范围的缩小，如以下案例中所示。

（1）最高人民法院民事裁定书（2014）民申字第 497 号

再审申请人自由位移整装公司（以下简称自由位移公司）因与被申请人常州市英才金属制品有限公司（以下简称英才公司）、上海健达健身器材有限公司（以下简称健达公司）侵害发明专利权纠纷一案，不服上海市高级人民法院（2013）沪高民三（知）终字第 50 号民事判决，向本院申请再审。本院依法组成合议庭对本案进行审查。现已审查终结。

自由位移公司系专利号00812017. x、名称为"锻炼装置"发明专利（以下简称涉案专利）的专利权人。涉案专利共有20项权利要求，其授权公告的权利要求1和2为：

……

一、如何理解涉案专利权利要求1中的"包括……一个"

涉案专利权利要求1以"包括：……"进行限定，属于开放式权利要求，英才公司对此亦无异议。本院认为，对于开放式权利要求，如果被诉侵权产品在具有权利要求限定的技术特征的基础上，还具有其他技术特征的，仍然落入专利权的保护范围，这一解释规则也与专利侵权判断中的技术特征全面覆盖原则相对应。

然而，依据前述解释规则，并不意味着应当将权利要求1中的"包括……一个"解释为一个或者多个。事实上，权利要求1不仅限定了"一个阻力部件"、"一个……绳索"，还限定了"该绳索包括一个第一绳股和一个第二绳股"，"第一延伸臂，包括一个……第一端，以及一个自由的第二端"，以及"该滑轮有一个……转动轴线"等技术特征。如果按照自由位移公司的主张，将权利要求1中的"包括……一个"均解释为一个或者多个，会出现该绳索上包括多个第一、二绳股，延伸臂上包括多个第一端和自由的第二端，该滑轮上有多个转动轴线的技术方案，而这些技术方案不仅没有在涉案专利说明书、附图中公开，甚至会出现技术特征之间发生矛盾的情形。因此，对于自由位移公司有关依据涉案专利国际申请原文以及美国联邦上诉法院的相关判决，应将权利要求1中的"包括……一个"解释为一个或者多个的主张，本院不予支持。

（2）北京市第一中级人民法院行政判决书（2005）一中行初字第997号

原告：曼夫瑞德·阿诺·阿尔富雷德·鲁波克（MANFRED ARNO ALFRED LUPKE）

被告：中华人民共和国国家知识产权局复审和无效审理部

原告曼夫瑞德·阿诺·阿尔富雷德·鲁波克（简称鲁波克）不服被告中华人民共和国国家知识产权局复审和无效审理部（简称复审和无效审理部）于2005年6月10日作出的第7282号无效宣告请求审查决定（简称第7282号决定），于法定期限内向本院提起行政诉讼。第7282号决定系复审和无效审理部针对华光公司和上海金纬机械制造有限公司（简称金纬公司）就鲁波克所拥有的名称为"具有分离的模块的移动模"的发明专利（简称本专利）所提出的无效宣告请求而作出的。

首先，原始中文文本将原始英文文本权利要求1中"an endless track"翻译成"一环形导轨"，"an"可表示数量"一个"，也可泛指"一种"、"一类"等。双方当事人均未对上述中文译文有异议，而原始中文文本权利要求1中"一环形导轨"只能理解为"一个环形导轨"的含义。因此，"至少一个环形导轨"和"一环形导轨"的含义并不完全相同，原告关于"至少一个导轨"和"一导轨"范围相同的主张，本院不予支持。

从以上案例中看到，中文中的"一个"往往会被狭义地解释为"只有一个"，而排除了"多个"的可能性。因此，对于关键的技术特征，在使用中文"一个"时需小心谨慎，确保不改变原文的保护范围。

3. 不定冠词的翻译处理

鉴于以上分析，英文不定冠词"a/an"在翻译中通常被省略，但对于一些特殊的句段或表达，有时也需要译出。专利翻译中的常规实践为：

1）发明名称中的不定冠词不翻译（中译英同样适用）。

2）独立权利要求的主题中，a/an翻译为"一种"（无论原文是否包含a/an）。

3）摘要和说明书中与发明主题相关的语句，同上，将a/an译为"一种"。例如，"本发明涉及一种用于……"。

4）其他情形中a/an一般省略，但必要时可添加，如在强调数量时（如comprising a detector, or detectors），或者加上"一个"才能让句子更准确时。

（二）定冠词或特指词

英语中存在定冠词，而在专利文件中更是用"said"进一步强调具有"above-mentioned"含义的特指意义。作为使指代关系明确的一类词，定冠词或特指词的翻译在专利文献中有着重要意义，尤其是在权利要求的审查中，经常会出现"缺乏引用基础""指代不一致"之类的评价内容，这些针对的都是定冠词或特指词使用不当。

英译中时，只有当"the/said"后出现的特征为同一权利要求中已经提及的特征、或所引用的权利要求中已经提及的特征、或在说明书中为前文已经提及的特征时，才能被译为"该/所述"。例如，有一些"the"只是出于语法需要，没有"上文提及"的含义（如the thickness of…）时不用译出；有一些"said"出现在新特征前面时，属于原文起草不准确，也可以根据客户要求不翻译。

不同的客户或代理人、审查员往往有自己的专利文件翻译风格，这种风格往往关系到定冠词"the"的翻译。对于在英译中时将"said"译为"所述"，在中译英时将"所述"译为"the"而一般不使用"said"，大家似乎达成了一定共识。越来越多的人倾向于在权利要求书中将定冠词"the"及"said"一律译为"所述"，而在其他部分不作要求；也有人不希望用"所述"

模糊单复数的概念，而通过用"该"意指单数、"这些"意指复数来略作区分。本质上来讲，当表达"上文提及"的含义时，"the"与"said"、"该"与"所述"并无甚区别，只是表达方式上的差异，而在具体翻译项目中可与客户进行沟通。

考虑区分单复数时对定冠词或"该/所述"的翻译实践如表7-2所示。

表7-2　英译中定冠词的翻译处理

位置	英文原文	中文译文	备注
权利要求书	the + 单数名词	该 + 名词	
	the + 复数名词	这些 + 名词	
	the + plurality of	该多个（种）	
	the + at least one	该至少一个（种）	
	said + 单数/复数名词	所述 + 名词	
	the A of the B of the C	酌情省略后面的"该/这些"	避免出现"该 C 的该 B 的该 A"
说明书	said	所述	
	the + at least one	该至少一个（种）	此处"the"不能省略
"发明内容"部分	the	与权利要求书作相同处理	
说明书其他部分	the	酌情省略	尤其当"the"后面的名词带着附图标记时，可以省略
中译英时	该/所述	the	在表示 above-mentioned 含义时译为 the，一般不使用 said

（三）单复数

英译中时，a/an 省略不译；名词复数前没有数词如 a plurality of，a number of 等时，基于技术理解在强调复数时译出"多个"或"类"，其他情形可以忽略。例如：

1）the compound is selected from salts of organic acids 译为该化合物选自有机酸的盐类。

2）by welding, glue, or screws 译为通过焊接、胶水、或螺钉。

3）comprising a bottom face and side faces 译为包括底面和多个侧面。

中译英，中文原文往往不提及单复数，需要根据上下文及附图具体判断。能明确判断出复数含义时采用名词复数形式，无法准确判断时优先选择单数 a/an 形式。

二、长句拆分与短句合并

专利文件的起草风格因人而异。往往会碰到结构复杂的长句子，而同时由于英文语法中插入语的多样性，要在英译中时让译文的句子结构正确、清楚、无歧义，并不是简单的直译可以做到的。

【例3】reacting two acids Ra-COOH and Rb-COOH, wherein Ra and Rb are identical or different, via a Piria decarboxylating ketonization, whereby an internal ketone is obtained having the formula (II):

【原译】使两种酸 Ra—COOH 和 Rb—COOH 反应，其中，Ra 和 Rb 相同或不同，经由 Piria 脱羧基酮化，由此获得具有式（Ⅱ）的内酮：

【改译】使两种酸 Ra—COOH 和 Rb—COOH 经由 Piria 脱羧基酮化进行反应，由此获得具有式（Ⅱ）的内酮，其中 Ra 和 Rb 相同或不同：

【例4】wherein the process comprises the step of converting the compound of formula (I), wherein R^3 is selected from the group consisting of C_1-C_{12}-alkyl, C_2 – C_6 alkenyl, aryl or C_3-C_8-cycloalkyl group, each of which is optionally substituted, to a compound of formula (I), wherein R^3 = H, wherein the step is an acidic or basic hydrolysis.

【原译】其中，该方法包括将具有式（Ⅰ）的化合物（其中 R^3 选自下组，该组由以下各项组成：C_1 ~ C_{12}-烷基、C_2 ~ C_6 烯基、芳基或 C_3 ~ C_8-环烷基基团）转化为具有式（Ⅰ）的化合物（其中 R^3 = H，其中该步骤是酸水解或碱水解）的步骤，其中的每一项任选地被取代。

【改译】其中，该方法包括将具有式（Ⅰ）的化合物——其中 R^3 选自下组，该组由以下各项组成：C_1 ~ C_{12}-烷基、C_2 ~ C_6 烯基、芳基或 C_3 ~ C_8-环烷基基团，其中的每一项任选地被取代——转化为具有式（Ⅰ）的化合物——其中 R^3 = H——的步骤，其中该步骤是酸水解或碱水解。

三、标点符号

译文的书写须与原文一致，并符合目标语言的书写习惯，包括上下标、斜体、粗体、下划线、括号、空格及其他标点符号。

英译中时，标点及符号都应转换成相应的中文格式，但也可以根据中文的表达习惯引入中文特有的标点符号，如顿号"、"和书名号"《》"等，还需要根据中文符号的含义选择保留英文标点符号，常见的如英文括号、连字符、圆点等。

（一）括号

在中文译文中，中文括号表示行文中注释性的话，起到补充、解释说明作用，可以不必读出来。其他情况使用英文括号。

1. 英文括号

英文括号用于以下情形：

1）对特定名称的编号：步骤 (a)；化学式 (Ⅱ)；化学式 (3)；化合物 (P1)、化合物 (P2)。

2）化合物名称：2-环丙基-6-(3-环丙基-4-(3,3,3-t 三氟甲基)哌嗪-1-基)-2′-乙烯基；聚 (甲基丙烯酸乙酯)。

3）数学表达式：$SiO_2/(MgO + CaO)$ 比率；$W/(m \cdot K)$；(x, y, z)等。

2. 中文括号

中文括号用于以下情形：

1）词语缩写，如总阳光反射率（TSR）。

2）插入语，如（未示出）。

3）补充内容，如（甲基）丙烯酸酯。

4）附图标记，如发动机（10）。

5）原文附带，如辛格尔顿（Singleton）等人。

专利说明书中为了让句子主干更清晰，可以酌情添加（中文）括号，将插入语、从句等置于括号内。权利要求书中不增添括号。

（二）空格

空格的使用示例见表 7 – 3。

表 7 – 3　空格使用示例

情形	空格	实例
数字与中文单位之间	无	4 毫米
字母与中文之间	无	化合物 P1 具有
英文括号与前后中文之间	有	具有式 (Ⅱ) 的化合物
英文括号与前后中文标点之间	无	该化合物具有式 (Ⅱ),
括号与括号内文字之间	无	(for example, iron)（例如，铁）
数字与℃之间	无	100 ℃
数字与%之间	无	30%

（三）顿号、逗号、分号及句号

在中文译文中，为了让译文更确切，逻辑层次更清晰，可以灵活地增加顿号、逗号和分号，但保证译文句子个数不变，即不增加或删减句号。

1. 顿号

1）同一层级的列举项，用顿号连接。

【例5】In various examples, internal client computer 130, electrical device 110, and gateway device 150 are part of a local network 101.

【参考译文】在不同实例中，内部客户端计算机 130、电气装置 110 及网关装置 150 是本地网络 101 的一部分。

2）对某一句子成分的举例或补充说明，用顿号隔开。

【例6】its refractive index is higher than 1.55, preferably higher than or equal to 1.6, more preferably higher than or equal to 1.8

【参考译文】其折射率大于 1.55、优选地大于或等于 1.6、更优选地大于或等于 1.8

3）最后两个列举项之间断开（为避免"的"之前的修饰语所修饰的对象有歧义）。

【例7】wherein FG represents $-N_3$, $-CH = CH_2$, $-C \equiv CH$, $-COCH_3$, $COOCH_3$, phenyl substituted by halogen or cyclooctyne

【参考译文】其中 FG 表示—N_3、—CH ＝ CH_2、—C $\equiv$ CH、—$COCH_3$、$COOCH_3$、被卤素取代的苯基或环辛炔

2. 逗号

在需要保留英文括号的内容中，涉及的逗号同样保留英文逗号。

【例8】2-环丙基-6-(3-环丙基-4-(3,3,3-t 三氟甲基)哌嗪-1-基)-2′-乙烯基; (x, y, z)

以下情形需要注意逗号的翻译：

e.g., widgets, dashboard controls, windows, etc.

例如，小窗口、仪表板控件、窗口等。

characterized in that the method further comprises

其特征在于，该方法进一步包括

3. 分号

在列举并列项时，为表达层级关系，一层用顿号，两层用顿号+分号，三层用顿号+逗号+分号。

【例9】宴会提供以下饮料：果汁饮料，包括橘汁、苹果汁、杨梅汁、山

楂汁；酒精饮料，例如青岛、燕京、雪花啤酒，红、白、有气葡萄酒，以及烈酒，比如白兰地、威士忌、茅台、二锅头；蔬菜饮料，包括红、黄、绿色番茄汁，粉红、黄、橘色鲜南瓜汁，以及淡、中、深黄色、浅和深紫色，还有乳白色的薯汁。

4. 句号

1）中文译文中，句号个数与原文一致。

2）一项权利要求有且仅有一个句号，在结尾处。

（四）特殊符号及书写格式

1. 上下标、非译元素、斜体、粗体、方框、下划线与原文一致

【例10】R^{31} is $B(OH)_2$ or $B(OR^{32})_2$

【译文】R^{31} 是 $B(OH)_2$ 或 $B(OR^{32})_2$

【例11】（核苷酸序列）ATC*GGGCAATTA*GACCACATATATATATGGCCCG

【译文】ATC*GGGCAATTA*GACCACATATATATATGGCCCG

2. 重复前面内容时不重复附图标记、也尽可能不重复非译元素

【例12】a valve 11 which is…

【译文】阀11，该阀是……

3. 符号补全

【例13】10-70%；Figs. 1a-f; 0, 15, 25, or 35℃。

【译文】10%～70%；图1a至图1f；0℃、15℃、25℃或35℃。

4. 特殊英文翻译

英文单位译为全汉字或全字母，不采用一半汉字一半字母。例如，kg/hour 译为 kg/h 或千克/时，不译为 kg/小时。

大写字母缩写词的复数"s"不翻译。例如，MOSTs 译为 MOST。

5. 其他特殊情形

1）引用文献中出现多个英文符号，则前后符号采用中文符号，其他符号保持与原文一致。例如：

"…suggesting a possible role for ALK in brain development (Duyster, J. et al., Oncogene, 2001, 20, 5623-5637)."应译为

"……提示了 ALK 在脑发育中可能的作用 (Duyster, J 等人，Oncogene, 2001, 20, 5623-5637)。"

2）化学和医药领域的原文出现多个数字排列的情况下，则前后符号采用中文符号，其他符号保持与原文一致。例如：

"Yield of TFA salt: 103 mg (82%); LC/MS: 470 (M + H); HPLC: 97% pure,

RT = 2. 51 min; 1H NMR: (DMSO, δ) 9. 86 (s, 1H), 9. 50 (s, 1H), 8. 97 (s, 1H), 8. 36 (s, 1H), 7. 83 (d, J = 7. 5, 1H), 7. 62 (m, 2H), 7. 54 (t, J = 7. 7, 1H), 7. 32 (d, J = 8. 3, 1H), 7. 18 (t, J = 7. 5, 1H), 6. 95 (d, J = 4. 8, 1H), 6. 93 (d, J = 4. 8, 1H), 4. 79 (t, J = 6. 3, 2H), 3. 95 (m, 2H), 3. 81 (s, 3H), 3. 71 (m, 6H), 3. 16 (m, 2H). ” 应译为 “TFA 盐的产量：103 mg (82%); LC/MS: 470 (M + H); HPLC: 纯度 97%, RT = 2. 51 分钟; 1H NMR: (DMSO, δ) 9. 86 (s, 1H), 9. 50 (s, 1H), 8. 97 (s, 1H), 8. 36 (s, 1H), 7. 83 (d, J = 7. 5, 1H), 7. 62 (m, 2H), 7. 54 (t, J = 7. 7, 1H), 7. 32 (d, J = 8. 3, 1H), 7. 18 (t, J = 7. 5, 1H), 6. 95 (d, J = 4. 8, 1H), 6. 93 (d, J = 4. 8, 1H), 4. 79 (t, J = 6. 3, 2H), 3. 95 (m, 2H), 3. 81 (s, 3H), 3. 71 (m, 6H), 3. 16 (m, 2H)。”

6. 特殊符号要求

数字、符号的使用示例见表 7 - 4。

表 7 - 4　数字、符号使用示例

英文	中文	备注
°C/°F	°C/°F	2 个字符，不是 “℃” 输入方法：插入/符号/Symbol/°/大写 C
alpha-	α-	希腊字母翻译为符号
10-70%	10% ~70%	
Figs. 1a-f	图 1a 至 1f	
0, 15, 25, or 35°C	0°C、15°C、25°C 或 35°C	
first and second members 11, 12	第一构件 11 和第二构件 12	
first members 5, 6	第一构件 5、6	说明书中，附图标记不置于括号内，逗号改为顿号
first and second members (111, 211, 311; 112, 212, 312)	第一和第二构件（111, 211，311；112，212，312）	权利要求书中，附图标记置于括号内，用中文括号、中文逗号及中文分号

四、表达准确

一些从事专利翻译的译者往往认为，要提供高质量的翻译，需要良好的源语言阅读能力、技术领域的基础知识及相关法律知识，但同时，目标语言的表达能力也同样重要。在审校译文时经常会发现，因为译文措辞的不准确导致技术特征的偏差。本节将通过列举实例来从细节中描述表达准确的重要性。

1. 介词的灵活翻译

【例 14】 at least one light emitting diode emits UV light through a clear lens of the waterproof casing.

【原译】 至少一个发光二极管透过该防水套的透明透镜发出 UV 光。

【解析】 through 有 "透过" "穿过 pass through" "经过" "通过 by" 的含义，尤其在光学领域要注意用词准确。

2. 名词并列时的重复

【例 15】 The present invention is based on the finding that pyridino-thiazole, and pyrimidino-thiazole, derivatives of formula (I) as defined herein, exhibit surprisingly good herbicidal activity.

【原译】 本发明是基于以下发现：吡啶并-噻唑、和嘧啶并-噻唑、如在本文所定义的具有化学式（Ⅰ）的衍生物展示了出人意料的良好的除草活性。

【解析】 此句看清 "and" 的连接结构，就能明确 "derivatives of formula（Ⅰ）" 与 "pyridino-thiazole" 和 "pyrimidino-thiazole" 的关系。显然，英语中为了简略，将 "pyridino-thiazole derivative and pyrimidino-thiazole derivative" 合并成了 "pyridino-thiazole, and pyrimidino-thiazole, derivatives"。

【改译】 本发明是基于以下发现：本文中所定义的具有化学式（Ⅰ）的吡啶并噻唑衍生物和嘧啶并噻唑衍生物展示了出人意料的良好的除草活性。

【例 16】 wherein the extender oil ii) is selected from the group consisting of paraffinic, naphthenic and aromatic extender oils obtained by purifying high boiling fractions of petroleum, preferably paraffinic oil.

【原译】 其中，该增量油 ii）选自由以下各项组成的组：石蜡、环烷烃、以及通过纯化石油的高沸点馏分获得的芳香族增量油，优选石蜡油。

【解析】 "obtained by" 的修饰对象到哪里结束，需要结合技术理解。化工领域的译者应当了解，橡胶油是石油的高沸点馏分，由分子量在 300 ~ 600 的复杂烃类化合物组成，分子量分布宽。根据油中主要成分的不同，可将橡胶油分为以下三种：①芳烃油；②环烷油；③石蜡油。

【改译】 其中，该增量油 ii）选自由以下各项组成的组：通过纯化石油的高沸点馏分获得的石蜡增量油、环烷增量油以及芳香族增量油，优选石蜡油。

【例 17】 A method for providing a signal to a computer representative of a position and asserted pressure of an object touching a touchpad having X and Y position and Z pressure sensitive sensor layers,

【原译】一种用于向计算机提供表示物体触摸触摸板的位置和所施加压力的信号的方法，该触摸板具有 X 和 Y 位置以及 Z 压力敏感传感器层，

【解析】"具有 X 和 Y 位置以及 Z 压力敏感传感器层"有歧义，可以直接理解为"具有 X 和 Y 位置并且具有 Z 压力敏感传感器层"，再深入思考可能会想到"X 和 Y 位置"与"层"也相关，但是"X 和 Y 位置层"、"X 和 Y 位置传感器层"还是"X 和 Y 位置敏感传感器层"仍然不够清楚。

【改译】一种用于向计算机提供表示物体触摸触摸板的位置和所施加压力的信号的方法，该触摸板具有 X 和 Y 位置敏感传感器层以及 Z 压力敏感传感器层，

【例 18】In this disclosure, the term 'smoothie' refers to a drink comprised of fruit and/or vegetables that have been ground into pulp and a liquid, including without limitation water.

【原译】在本披露中，术语"思慕雪"是指由已经研磨成果肉和液体的水果和/或蔬菜构成的饮料，包括但不限于水。

【解析】原译中"包括但不限于水"之前的名词是"饮料"，直接读出的含义是"饮料包括但不限于水"，不合逻辑；而英文原文中，"including without limitation water"前的名词是"liquid"，并非"drink"。

【改译】在本公开内容中，术语'思慕雪'是指由液体和已经研磨成浆（pulp）的水果和/或蔬菜构成的饮料，所述液体包括但不限于水。

3. 用标点让表达更准确

【例 19】Cooperating combination comprising the assembly (10) according to any one of claims 13 to 31 and the cup (9).

【原译】一种协同操作的组合件，包括根据权利要求 13 至 31 中任一项所述的组件（10）和所述杯子（9）。

【改译】一种协同操作的组合件，所述组合件包括杯子（9）和根据权利要求 13 至 31 中任一项所述的组件（10）。或：

一种协同操作的组合件，所述组合件包括根据权利要求 13 至 31 中任一项所述的组件（10）、和杯子（9）。

【解析】"根据权利要求 13 至 31 中任一项所述的"仅修饰"组件"。

4. 语句通顺性及逻辑性检查

【例 20】Instead, one advantage of the use of coarser pieces is that there is a smaller contact surface, and thus less probability of the pieces adhering to one another

【原译】相反，使用较粗的块的一个优点是存在较小的接触表面，并且因

此彼此粘附的块的可能性较小

【改译】相反，使用较粗的块的一个优点是存在较小的接触表面，并且因此块彼此粘附的可能性较小

【例 21】 the bridge sequence and the intervening sequence create a bubble in the resulting hybrid that has a circumference of 18 to 40 nucleotides

【原译】该桥序列和该插入序列在所得杂交体中产生气泡，该所得杂交体周长为 18 至 40 个核苷酸

【改译】该桥序列和该插入序列在所得杂交体中产生泡状物，该泡状物周长为 18 至 40 个核苷酸

5. 括号的正确位置

【例 22】 a difference in threshold values (ΔCT) of at least ten thermal cycles

【原译】至少十个热循环的阈值（ΔCT）的差异

【改译】至少十个热循环的阈值的差异（ΔCT）

6. 复合词的译法

例如：tumor targeting therapy→肿瘤靶向疗法；CD19 CAR-expressing cell→表达 CD19 CAR 的细胞。

五、时态与语态

专利文件是对发明创造的客观陈述，因此语言的使用相对规范和简明，没有太多复杂的时态和语态。

（一）时态

在专利文件中最常用的时态是一般现在时，这主要是由于专利文件是对结构、过程等的客观描述，这些客观性的内容通常是没有时间性的。

在专利文件中出现其他时态时，往往需要格外留意其潜藏的含义。除了一般现在时之外，专利文件中还主要出现了一般过去时和完成时两种时态。

1. 一般过去时

在以实验内容为主的医药化工类专利文件中，实验方法和结果部分通常采用一般过去时，因为相对于写作之时，这些都发生在过去，且过去时能强调实验的确被实施过。

【例 23】添加 BME（501mg，6.41 mmol）来使反应结束，并将溶液在 40℃搅拌 2 小时，然后冷却至室温并过滤。

【参考译文】BME (501mg, 6.41 mmol) was added to quench the reaction, and the solution was stirred for 2 hours at 40℃, then cooled to room temperature and filtered.

在当时的实验条件下得出的实验结果，如果揭示的是具体事物的具体特征，与当时的时间状态紧密相关，也相应地采用过去时。

【例24】 Good phase separation between the organic (pyrolysate) and aqueous fractions was obtained under the conditions tested. The acid number result showed the supernatants had acid number values of 0 compared to the 47.5 mg KOH/g sample in the yellow grease hydrolysate pyrolysis product without acids extraction, which suggests complete extraction of the acids occurred.

应注意，当通过实验结果揭示现象或得出结论时，尽管实验结果是在当时得出的，但结果与现象或结论之间的推演关系基于客观原理或逻辑，因此这种揭示的关系仍采用一般现在时。

【例25】 The GC-MS chromatogram shows the complete extraction of the acids from the pyrolysis product, confirming the result from the acid number test. The retention of aromatic compounds (low molecular weight compounds such as benzene, toluene, ethylbenzene, xylenes) in the pyrolysate after acid extraction with concentrated NaOH was also observed.

2. 虚拟语气

当描述假设性情况，如在背景部分为了突出本申请的优点而采用假设时，需要使用虚拟语气。

【例26】 如果水箱位于洗碗机外部，则可拆卸的水箱将是更加危险的。

【参考译文】 A detachable water tank would be even more hazardous if the water tank were positioned outside the dishwasher.

3. 完成时

为了强调动作完成的时间属性，往往采用完成时。

【例27】 将计时器设置到推荐的烹饪时间，并且在烹饪时间期满时发出声音信号。

【参考译文】 A timer is set to the recommended cook time and issues an audible signal when the cook time has expired.

【例28】 事件检测模块，该事件检测模块被配置成用于使用该一个或多个第一数据信号来确定一个或多个电气事件是否发生。

【参考译文】 An event detection module configured to use the one or more first data signals to determine whether one or more electrical events have occurred.

【例29】 这四个基于通量的量子装置是制造在超导集成电路上的。

【参考译文】 The four flux-based quantum devices have been fabricated on a superconducting integrated circuit.

【例 30】 用户通信模块 214 被配置为向用户指示传感器 641 和 642 相对于给定导体正确放置。

【参考译文】 User communications module 214 is configured to indicate to the user that sensors 641 and 642 have been correctly placed with respect to a given conductor.

【例 31】 本发明是基于以下构思作出的……

【参考译文】 The present invention has been made on the basis of the concept that...

其他时态的语句，如现在过去完成时和将来时，在专利文件中也会少量出现。虽然时态变化不多，但在翻译中仍需仔细辨别，准确表达原文的含义。

（二）语态

英文表述多被动式，中文表述多主动式，译文应以不背离原文含义为原则，视需要而以被动语法或主动语法译出。例如，在英译中时，不是所有的被动语态都需要翻译出"被"字。此外，许多看上去似乎是被动语态的表达可能只是系表结构。

【例 32】 ..., wherein the modulation scheme is defined with mapping.

【参考译文】 ……，其中所述调制方案由映射加以定义。

【解析】 如果用主动语法表达而译为"其中所述调制方案使用映射定义"，则其原文意义可能被视为"..., wherein the modulation scheme uses mapping definition"，与原先所要表述的意义已显然不同，因此建议仍以被动方式译出："其中所述调制方案由映射加以定义"。采用"加以"二字是要表示主词（scheme）处于被动的地位。除"加以"二字以外，其他不改变主词及发出动作的词语间前后位置、又可表现出被动语态的用词有"予以""受到"等。

【例 33】 ..., wherein the pattern of the patterning means is defined according to the pattern to be imaged on the substrate.

【参考译文】 ……，其中所述图案化构件的所述图案根据要成像于所述基板上的图案来加以界定。

【解析】 在实务中，产品权利要求不应以方法权利要求的方式叙述，因此此句应保持原来英文的被动语态而不宜以主动语态翻译。

【例 34】 ..., comprising steps being automatically executed by a network control unit: ...

【参考译文】……，其包含由一网络控制单元自动执行的以下步骤：……
【解析】此处英文的被动语态在中文译文中可采用主动表达。

第五节　利用专利信息检索提升专利翻译工作

专利翻译工作需要不断获取特定的专利信息，如翻译专利审查意见书时需要参考审查员列举的对比文件，翻译专利申请书时需要相似的专利双语文献作为语料库等。因而，相关从业者需要具备一定的专利信息检索技能。对从业者来说，最实用的检索技能除了常用的简单检索类型之外，还应当包括客户背景调查和相同或相似主题专利检索。

客户背景调查基于特定的专利受让人、公开国家、公开时间和特定领域（分类号）进行限制，制定并运行相应检索策略，获得特定数量的检索结果，并根据检索结果开展针对该客户的专利信息分析，从而为翻译工作者提供清晰的行动参考和指导，如获取客户领域概览、分析客户来案趋势等。

相似主题专利检索可充分利用复杂检索类型中搜集检索的思路，以寻找充足的专利作文献参考：针对译员的具体翻译工作，确定专利的技术主题；根据技术主题提取检索要素，制定检索要素表；根据检索要素扩展检索词（中英文检索词、分类号），制定检索策略，在不影响检索主题方向的前提下加入检索限制，以得到合适数量的检索结果。

一、客户背景调查

很多翻译工作者由于尚未建立专利信息检索的思路，在遇到客户背景调查时往往一筹莫展。其实，只要在掌握基本检索命令之后，明确客户背景调查的要求或者目的，将这些要求落实到基本检索命令，再将基本检索命令以合理的逻辑相组合，便可得到期望的客户背景信息。

一般情况下，根据翻译客户的目标，在确定专利信息检索的思路时，客户背景调查的工作可从客户专利申请的规模上着手，逐步地深度挖掘具体信息。而针对客户规模的专利信息检索，可依据不同的需求进一步细化，如总体的专利申请量、PCT 国际专利申请量、这些专利所在分类情况等。

总体专利申请量可使用申请人名称或者其中的关键词执行简单检索命令中的专利受让人检索，即可获得该申请人所有已公开的专利申请；要获取该申请人的 PCT 国际专利申请量，可组合使用简单检索命令中的专利受让人检索和公开号检索；要进一步要获知这些 PCT 国际专利申请进入中国的情况，则需对在前结果作出指定国家检索的限制；如需对公开年份作出限制，只需要加上简单检索中的时间检索即可。

下文将以国际著名家电品牌公司惠而浦公司为目标，以 RWS 集团 PatBase 检索系统为检索工具，详细探讨客户背景调查的思路和策略。

要对惠而浦公司的专利情况有深度的了解，一般需要由浅入深、一步步挖掘该公司专利信息的具体特征。首先，需要大致了解该公司的专利申请规模，所以先要用专利受让人检索命令检索出该公司名下的专利族的数量。

第一步，在检索系统界面的受让人（PA）栏输入 Whirlpool，如图 7-3 所示。

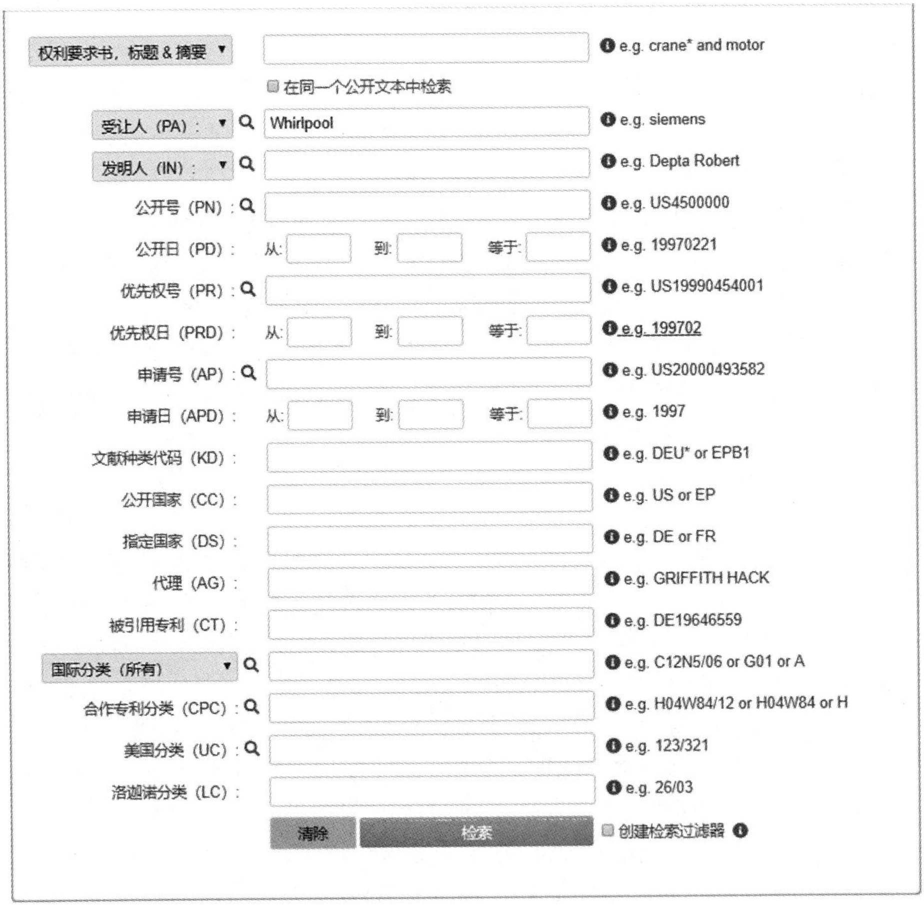

图 7-3　在检索系统界面受让人栏输入 Whirlpool

检索结果如图 7 - 4 所示。

#	检索查询	结果
45	PA=(Whirlpool)	8894

图 7 - 4　受让人检索结果

第二步，检索该公司的 PCT 国际专利申请量。受让人（PA）栏输入 Whirlpool，公开号（PN）输入 WO，如图 7 - 5 所示。

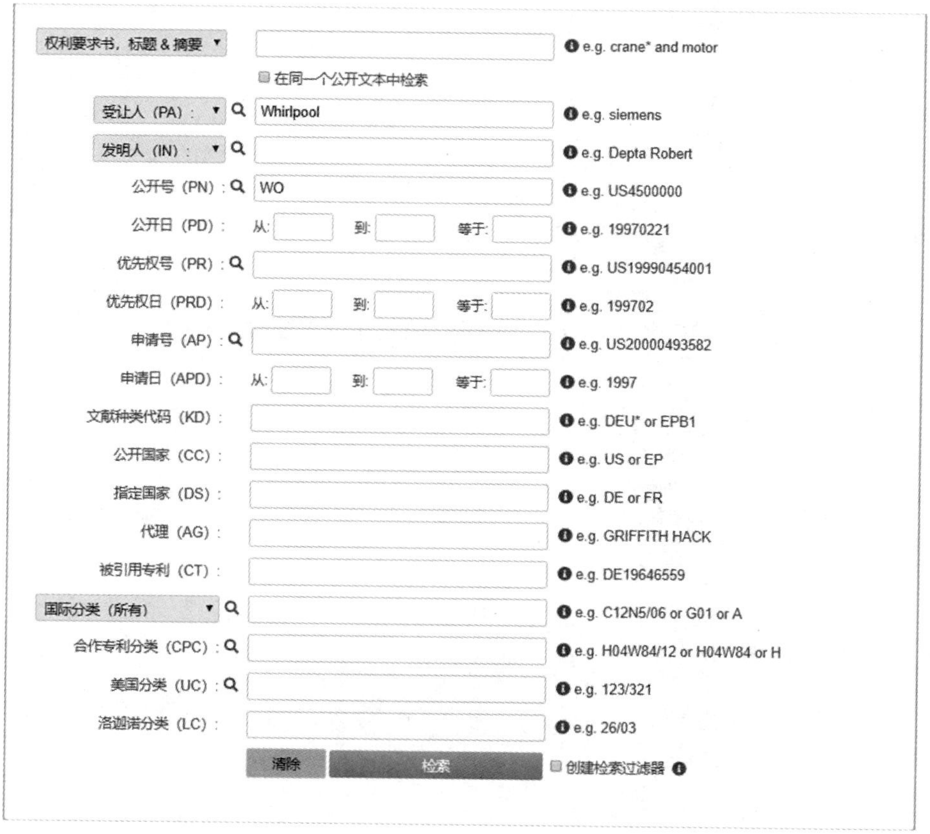

权利要求书，标题 & 摘要 ▼		❶ e.g. crane* and motor
☐ 在同一个公开文本中检索		
受让人 (PA) : ▼ 🔍	Whirlpool	❶ e.g. siemens
发明人 (IN) : ▼ 🔍		❶ e.g. Depta Robert
公开号 (PN) : 🔍	WO	❶ e.g. US4500000
公开日 (PD) :	从: 到: 等于:	❶ e.g. 19970221
优先权号 (PR) : 🔍		❶ e.g. US19990454001
优先权日 (PRD) :	从: 到: 等于:	❶ e.g. 199702
申请号 (AP) : 🔍		❶ e.g. US20000493582
申请日 (APD) :	从: 到: 等于:	❶ e.g. 1997
文献种类代码 (KD) :		❶ e.g. DEU* or EPB1
公开国家 (CC) :		❶ e.g. US or EP
指定国家 (DS) :		❶ e.g. DE or FR
代理 (AG) :		❶ e.g. GRIFFITH HACK
被引用专利 (CT) :		❶ e.g. DE19646559
国际分类 (所有) ▼ 🔍		❶ e.g. C12N5/06 or G01 or A
合作专利分类 (CPC) : 🔍		❶ e.g. H04W84/12 or H04W84 or H
美国分类 (UC) : 🔍		❶ e.g. 123/321
洛迦诺分类 (LC) :		❶ e.g. 26/03

清除　　检索　　☐ 创建检索过滤器 ❶

图 7 - 5　检索 PCT 国际专利申请量

检索结果如图 7 - 6 所示。

#	检索查询	结果
46	PA=(Whirlpool) and PN=(WO)	763

图 7 - 6　PCT 国际专利申请量检索结果

第三步，利用 PatBase 的分类分析功能，分析该公司申请的 PCT 专利分布在哪些领域，如图 7 - 7 所示。

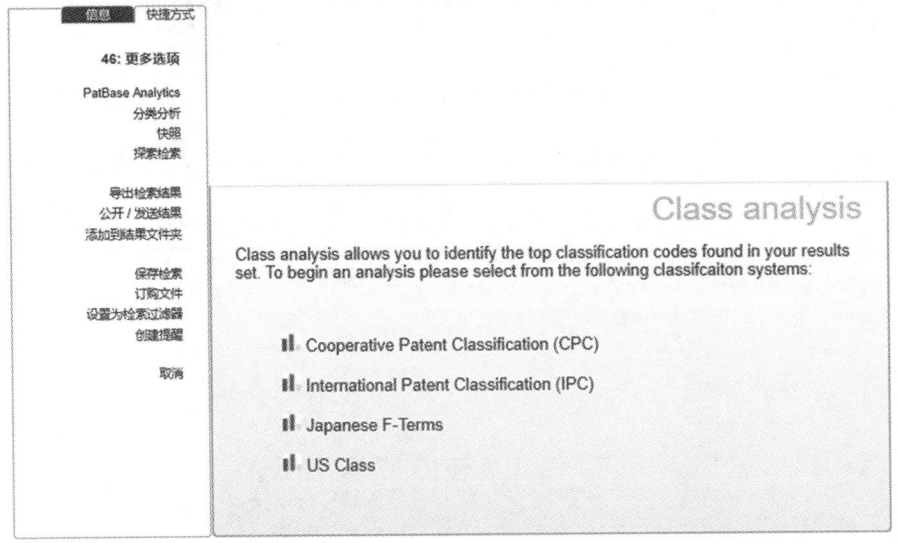

图 7 - 7　利用 Patbase 的分类分析功能分析 PCT 专利分布的领域

经过 IPC 分类分析，得到如图 7 - 8 所示的分析结果。

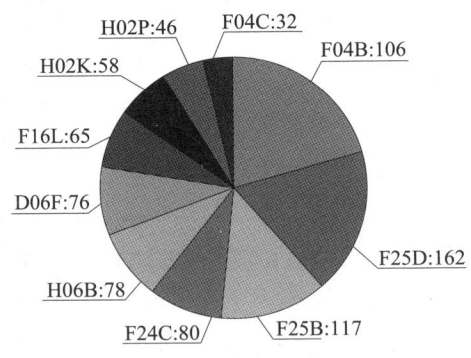

图 7 - 8　IPC 分类分析结果

第四步，检索惠而浦公司 2010 年之后在中国的专利申请情况。受让人栏输入 Whirlpool，公开日期为 > 2010，PCT 公开号为 WO，公开国家为 CN，如图 7 - 9 所示。

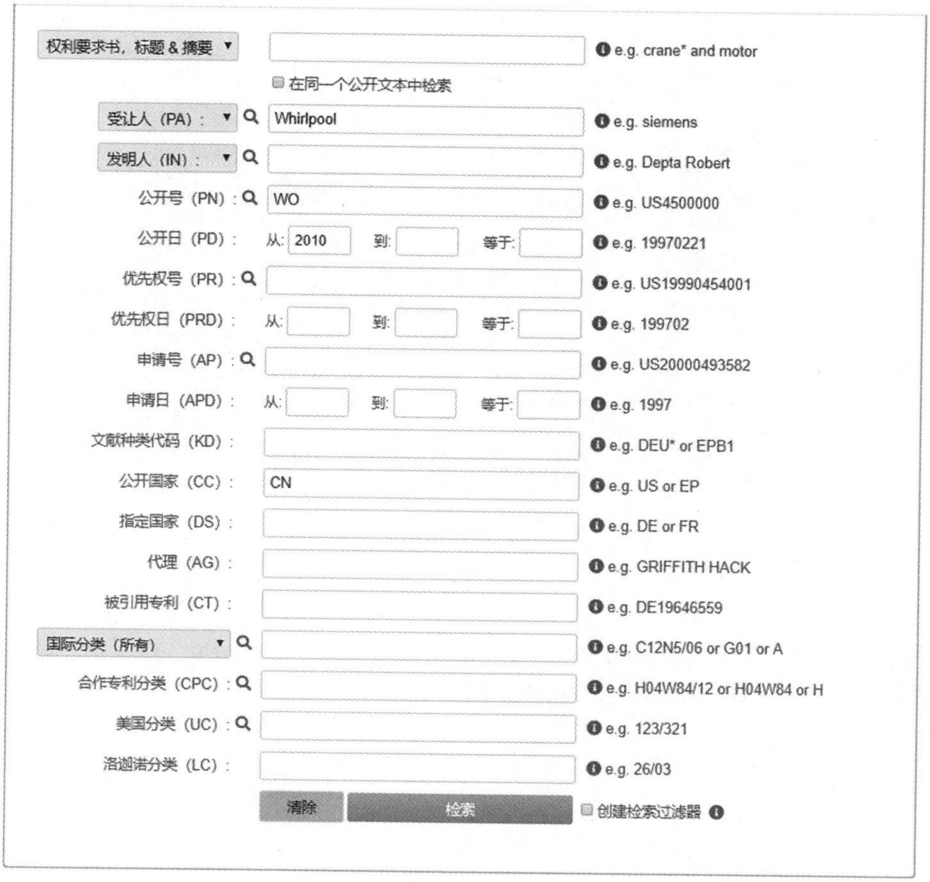

权利要求书, 标题 & 摘要 ▼		❶ e.g. crane* and motor
	☐ 在同一个公开文本中检索	

（检索表单内容）

- 权利要求书, 标题 & 摘要 ▼ ❶ e.g. crane* and motor
  - ☐ 在同一个公开文本中检索
- 受让人 (PA)：▼ 🔍 Whirlpool ❶ e.g. siemens
- 发明人 (IN)：▼ 🔍 ❶ e.g. Depta Robert
- 公开号 (PN)：🔍 WO ❶ e.g. US4500000
- 公开日 (PD)：从：2010 到： 等于： ❶ e.g. 19970221
- 优先权号 (PR)：🔍 ❶ e.g. US19990454001
- 优先权日 (PRD)：从： 到： 等于： ❶ e.g. 199702
- 申请号 (AP)：🔍 ❶ e.g. US20000493582
- 申请日 (APD)：从： 到： 等于： ❶ e.g. 1997
- 文献种类代码 (KD)： ❶ e.g. DEU* or EPB1
- 公开国家 (CC)：CN ❶ e.g. US or EP
- 指定国家 (DS)： ❶ e.g. DE or FR
- 代理 (AG)： ❶ e.g. GRIFFITH HACK
- 被引用专利 (CT)： ❶ e.g. DE19646559
- 国际分类 (所有) ▼ 🔍 ❶ e.g. C12N5/06 or G01 or A
- 合作专利分类 (CPC)：🔍 ❶ e.g. H04W84/12 or H04W84 or H
- 美国分类 (UC)：🔍 ❶ e.g. 123/321
- 洛迦诺分类 (LC)：🔍 ❶ e.g. 26/03
- [清除] [检索] ☐ 创建检索过滤器 ❶

图 7 – 9　检索 2010 年之后在中国的专利申请情况

检索结果如图 7 – 10 所示。

#	检索查询	结果
47	PA=(Whirlpool) and PN=(WO) and PD>2010 and CC=(CN)	266

图 7 – 10　2010 年后在中国的专利申请数量检索结果

由该步骤的检索可得到最近几年公开的中文同族专利，从而可以得到大量的双语专利文献，如图 7 – 11 所示。

专利族：专利族浏览器

公开号	公开日	申请号	申请日	链接
AR085375 AA	20130925	AR2012P100585	20120222	
BRPI1100270 A2	20130514	BR2011PI00270	20110225	
BRPI1100270 B1	20190319	BR2011PI00270	20110225	
CN103502649 A	20140108	CN201280020261	20120225	
CN103502649 B	20160928	CN201280020261	20120225	
EP2678567 A2	20140101	EP20120709776	20120225	
JP2014507624 T2	20140327	JP20130554753T	20120225	
KR20140074866 A	20140618	KR20137023545	20120223	
SG192934 A1	20130930	SG20130064167	20120225	
US2014105757 AA	20140417	US20120001357	20120225	
US9309887 BB	20160412	US20120001357	20120225	
WO12113047 A2	20120830	WO2012BR00036	20120225	
WO12113047 A3	20130627	WO2012BR00036	20120225	
WO12113047 A8	20131031	WO2012BR00036	20120225	

图 7-11　检索得到的中文同族专利

第五步，针对惠而浦公司的 PCT 国际专利申请领域的分类情况——展开分析。以 F25 的分类情况分析为例，受让人栏输入 Whirlpool，PCT 公开号为 WO，国际分类为 F25，检索界面如图 7-12 所示。

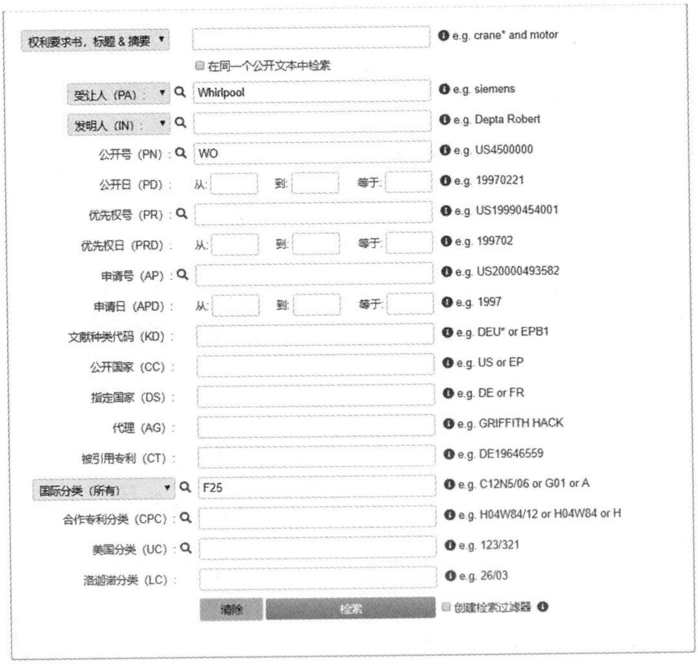

图 7-12　检索 PCT 国际专利申请领域的分类情况

检索结果如图 7 – 13 所示。

#	检索查询	结果
48	PA=(Whirlpool) and PN=(WO) and IC=(F25)	253

图 7 – 13　PCT 国际专利申请领域分类情况检索结果

得到以上结果之后，如需要对某些特定时期的热点技术信息进行挖掘，可通过附加条件缩小检索范围：

1）检索在 2010 之后的申请情况，公开日栏为 > 2010。

2）标题、摘要、说明书中含有关键词"真空绝热"（vacuum w5 insulat #），如图 7 – 14 所示。

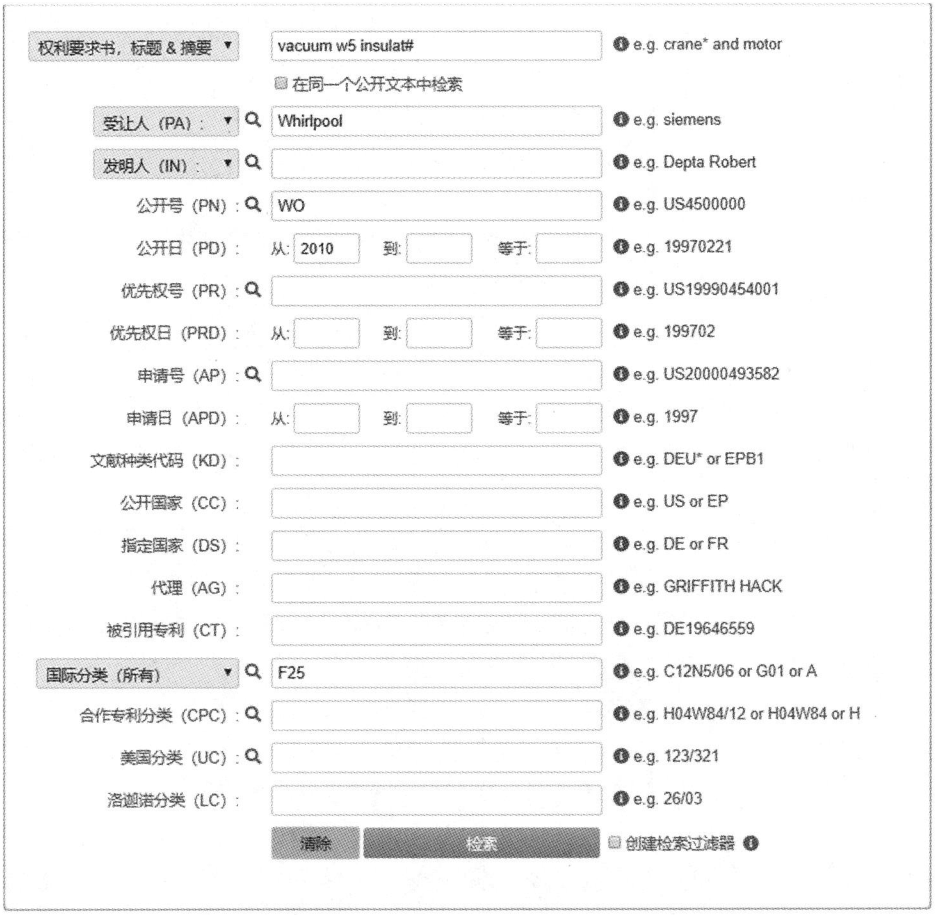

图 7 – 14　附加条件，缩小检索范围

检索结果如图 7 – 15 所示。

#	检索查询	结果
49	TAC=(vacuum w5 insulat#) and PA=(Whirlpool) and PN=(WO) and PD>2010 and IC=(F25)	57

图 7 – 15　关键词检索结果

综上，由对惠而浦公司的相关分析可以大致推断出该公司的专利分布情况，并能够针对某些技术信息获取所需的相关专利文献。另外，还可以利用具体的申请日检索，批量上传检索命令，获取该公司每月提交的 PCT 申请的数量，用于了解该公司的产品研发速度等信息。

二、相同或相似主题专利检索

相似主题专利检索即全面检索所有的专利文献，一般采取以下步骤：

第一步，找出几篇文献。首先利用被检索技术主题的若干已知的核心主题词进行初步检索，找到若干篇文献，然后阅读这些文献的著录数据，以便确定检索的初步效果，即先做出初步检索，以找到现有技术文件，进一步理解现有技术，从而确定检索要素。

第二步，找出相关的国际专利分类号。通过阅读初步检索的结果（即找到的几篇专利文献）的著录项目找出它们涉及的 IPC 号，再按照国际专利分类表找出最相关的 IPC 分类号，然后进行专利分类号的检索（即分类号检索）。

第三步，扩展主题词，即需要考虑同义词、近义词或者反义词。可以应用上/下位概念，也可以从用途、功能、效果、解决的技术问题、原理等角度扩展表明技术特征的其他主题词。另外，还需要考虑该主题词的习惯用语、错误用法等。

第四步，确定一个完整的检索提问式并检索。将根据初步检索结果找到的 IPC 分类号和该技术主题的其他表述或者同义词、近义词进行最后组配，这样确定的检索式就是该检索课题最终完整的检索提问式，用此检索提问式进行检索，得出的检索结果通常是比较完整的。

以上也是在专利技术信息检索过程中通用的步骤，在实际应用中还要具体问题具体分析。例如，有的课题在进行检索结果分类统计时发现技术主题没有统一的分类号，这种情况就不适宜用分类号来构建检索式。

专利信息检索尤其对于复杂检索类型来说是一个动态的过程，为获取较好的检索结果，检索过程中需要不断调整检索策略和关键词，随时保存检索策略，才能不断优化结果，获取最全面、最准确的专利信息。另外，为了避免大量的专利阅读工作，应将检索结果的数量限制在一定的范围内。

第三部分

专利审查文件
翻译实务

第八章 专利审查文件解读

根据国家知识产权局发布的发明专利生命周期（图 8-1），专利生命周期中有两个重要阶段，即申请阶段和审查阶段。专利申请是获得专利权的必须程序。专利权的获得，要由申请人向国家专利机关提出申请，经国家专利机关批准并颁发证书。申请人在向国家专利机关提出专利申请时，还应提交一系列的申请文件，如请求书、说明书、摘要和权利要求书等。人们在谈到"专利翻译"时，多数是指专利申请文件的翻译，即说明书、摘要和权利要求书等的翻译。

申请人提交专利申请后，每件专利申请都要经过专利审查员的审查才能授权或驳回。在专利申请审查过程中，审查员将根据申请人提交的申请文件对其进行初步审查和实质审查。若经过实质审查，审查员认为该专利申请不符合《专利法》和《专利法实施细则》的相关规定，导致其不能授予专利权，将发出审查意见通知书，指明专利申请的缺陷，并要求申请人在指定的期限内提交意见陈述书或修改申请文件。在专利审查过程中，随着审查过程的推进，审查员将根据《专利法》和《专利法实施细则》的规定，发出不同的审查意见文件，包括但不限于第一次审查意见通知书、第二次审查意见通知书、授权通知书、驳回决定、复审通知书、无效宣告请求审查通知书等。

专利审查文件翻译很"小众"，很多具有丰富的专利申请文件翻译经验的译者甚至不知道专利审查文件的存在。翻译专利审查文件旨在向申请人传达审查员的意见，以便申请人在指定期限内提交意见陈述书或修改申请文件，推动审查程序的进行。与专利申请文件的翻译相比，专利审查文件的翻译主要有以下三点不同之处：

1）语言方向不同：专利申请文件翻译这一需求是在某国申请人向国外提交专利申请时产生的，而专利审查文件则是该外国审查员依据专利法相关规定发出的。因此，两类文件的翻译涉及不同的语言方向。以美国申请人 A 为例，如果该申请人希望在中国获得专利权，则需要对专利申请文件进行英译中，而专利审查文件则是中译英。

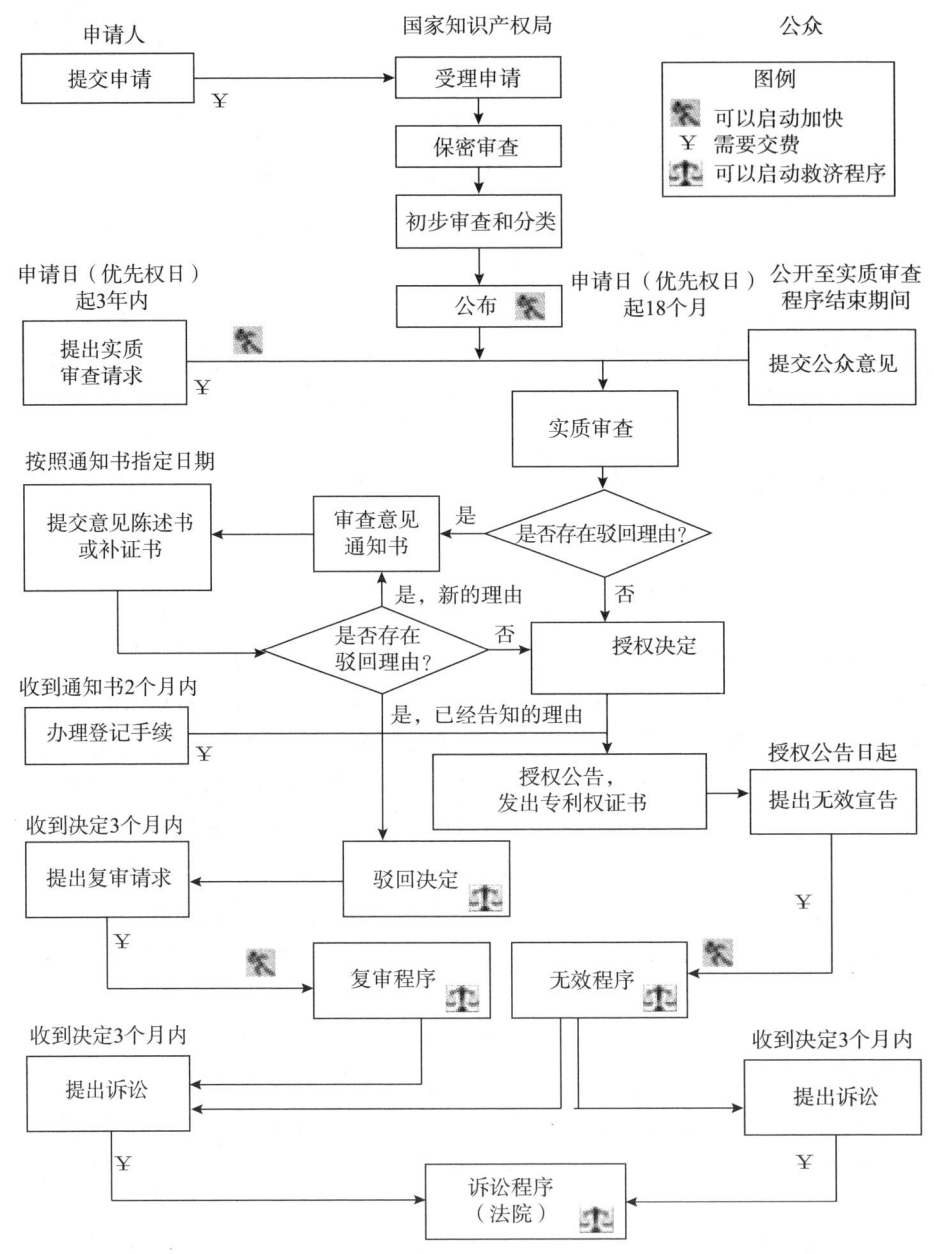

图 8-1　国家知识产权局发明专利生命周期

2）技术理解程度不同：专利申请文件应清楚、完整地表述发明人的发明创造，因此对译员的技术理解能力要求较高；而专利审查文件是审查员对专利申请与现有技术进行对比后，根据专利法相关规定撰写的意见报告，属于概括性文本，较少涉及非常具体的技术说明。

3）对专利法掌握程度不同：除了需要具备技术背景知识外，译员在翻译专利申请文件时还需了解各国专利审查指南中的一些相关规定，如根据我国《专利审查指南》第一部分第一章，发明名称一般不得超过 25 个字，但在特殊情况下，如化学领域的某些发明，可以允许最多 40 个字；而在翻译专利审查文件时，由于专利审查文件主要是针对专利申请是否符合新颖性、创造性和实用性的规定，以及是否符合《专利法》和《专利法实施细则》中的其他规定，译员在翻译审查文件时则需理解《专利法》和《专利法实施细则》中的相关规定，如什么是多项从属权利要求不得引用在前多项从属权利要求。

为了尽可能涵盖各类审查文件，使读者能够初步了解并熟悉各类审查文件，本章以 PCT 途径为例，简要介绍申请人通过 PCT 途径提交发明专利申请时在 PCT 途径的国际阶段和国家（地区）阶段程序中产生的各类审查文件。

第一节　国际阶段审查文件

如第一章第一节所述，专利权具有地域性，具体是指一个国家授予的专利权只在授权国本国有效，对其他国家没有法律约束力。因此，一件发明若要在许多国家或地区得到法律保护，必须分别在这些国家或地区申请专利。

目前，企业和个人申请国外专利的两个主要途径是巴黎公约和 PCT 途径。本章仅以通过 PCT 途径提交发明专利申请为例，介绍 PCT 途径中产生的各类审查文件，不涉及《巴黎公约》途径。

PCT 是《专利合作条约》（*Patent Cooperation Treaty*）的英文缩写，是在专利领域进行合作的国际性条约，其目的是就同一发明创造向多个国家申请专利时减少申请人和各个专利局的重复劳动。当申请人希望以一项发明创造得到多个国家（一般为 5 个以上国家）保护时，利用 PCT 途径是适宜的。根据 PCT 的规定，专利申请人可以通过 PCT 途径递交国际专利申请，向多个国家申请专利，具体可参见第二章主要专利程序中的介绍。

PCT 途径包括国际阶段和国家（地区）阶段（图 8 - 2）。

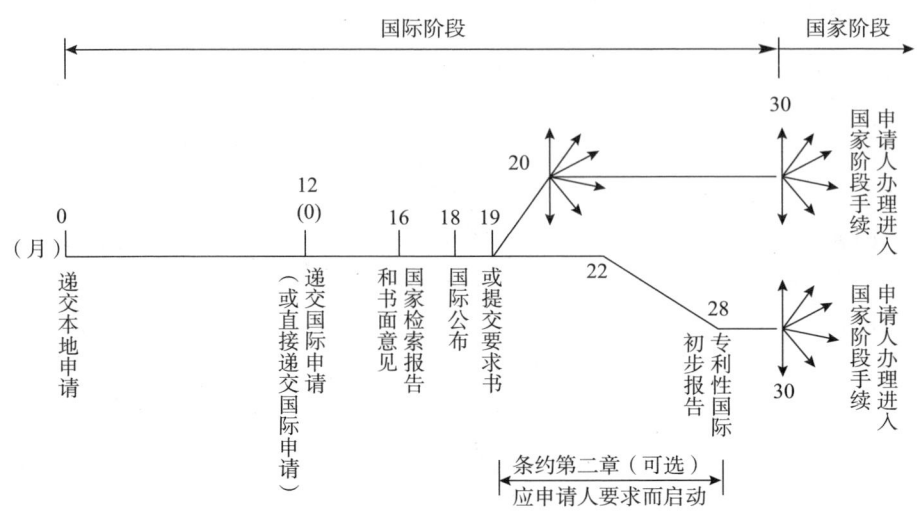

图 8 - 2   PCT 途径的国际阶段和国家（地区）阶段

一、国际阶段的程序

国际阶段的主要程序如下。

1. 受理专利申请和对专利申请文件进行形式审查

PCT 专利申请人在申请的同时就要指定该申请将在哪些成员国有效，这些被指定的国家称为"指定国"。PCT 受理局认为专利申请文件和专利申请手续完备的，即确定国际申请日。国际申请日表示，自该申请日起，PCT 国际申请在每一个"指定国"具有相当于正规的国内申请的效力，该申请日也成为在该指定国的实际申请日。PCT 受理局将对国际 PCT 申请的文件进行形式审查，审查合格后则将国际 PCT 申请文件分别送交世界知识产权组织国际局和国际检索单位。

2. 国际检索

PCT 专利申请提交后，在规定的时间内，国际检索单位将对 PCT 专利申请进行检索，并作出国际检索报告。该检索报告将在规定的时间内尽快送交 PCT 专利申请人和世界知识产权组织国际局。自国际申请日（或优先权日）起满 18 个月后，国际局将公布 PCT 国际专利申请和国际检索单位作出的检索报告，并将该申请连同检索报告送交该 PCT 专利申请要求的"指定国"的专利局。

3. 国际初步审查

《专利合作条约》规定，国际初步审查程序不是强制性的。参加条约的国家如果是受 PCT 第二章约束的，其申请人可以请求国际初步审查单位对其申请进行国际初步审查。国际初步审查的目的是就发明是否具有新颖性、创造性和工业实用性提出初步的意见，该审查意见对各个指定国没有任何约束力。但是 PCT 规定的标准是当前国际上通用的标准，而且该审查意见是由为数不多的国际初步审查单位在国际检索的基础上作出的，所以该报告应当是比较可靠和可以信赖的。在参加《专利合作条约》时，有些国家不受 PCT 第二章的约束。申请人请求国际初步审查时，只能从受 PCT 第二章约束的指定国中选定一些使用国际初步审查结果的国家，这些国家被称为"选定国"。中国国家知识产权局作为国际初步审查单位对国际申请进行审查后，将提出国际初步审查报告，送交世界知识产权组织国际局，并由国际局转交申请人，同时国际局将国际初步审查报告送交该申请的"选定国"。

对于 2004 年 1 月 1 日之后提交的每一件国际申请，国际检索单位将在撰写国际检索报告的同时撰写一份国际检索单位书面意见（Written Opinion of the International Searching Authority，简称 WOSA），就所涉发明根据检索报告的结果是否符合授予专利权的标准问题提出初步的、不具约束力的意见。该意见与国际检索报告一起送交申请人和 WIPO。由于书面意见中专门提及国际申请中的具体内容，有助于申请人理解和解释检索报告的结论，对那些希望了解有无机会获得专利且不愿意额外缴纳国际初步审查费用的申请人特别有用。申请人如果愿意，可以针对该书面意见向 WIPO 提交非正式看法，这样一来，申请人即使不打算进行国际初步审查，也有机会对书面意见中的理由和结论作出回应。

如果申请人不要求进行国际初步审查，国际检索单位书面意见将构成专利性国际初步报告（International Preliminary Report on Patentability，简称 IPRP）的依据，国际局将把该专利性国际初步报告连同所收到的任何非正式看法一起通知希望收到此报告的所有 PCT 缔约国的专利局。如果申请人要求进行国际初步审查，在一般情况下，国际初步审查单位（International Preliminary Examining Authority）如果不向 WIPO 作出相反的通知，将以国际检索单位的书面意见作为本单位的初步书面意见。专利性国际初步报告的内容对专利局作出是否授予专利权的决定也非常有用，尤其对那些不进行重要实质性审查的专利局更是如此。该报告于优先权日起 30 个月到期，之后被公之于众。

因此，一个国际专利申请根据其申请时和申请过程中的不同情形，遵循不同的审查流程（路径），中间过程分别产生国际检索单位书面意见（WOSA）（根据《专利合作条约》第一章）和国际初步审查报告（International

Preliminary Examination Report，简称 IPER）（根据《专利合作条约》第二章），最终 WOSA 和 IPER 转化为专利性国际初步报告（IPRP）。

二、国际检索单位书面意见

鉴于上述报告之间无实质性差别，均是对专利申请是否具有新颖性、创造性和工业实用性，以及是否符合《专利合作条约》和《专利合作条约实施细则》的相关规定提出的审查意见，下面将以中国国家知识产权局作为受理局出具的国际检索单位书面意见（WOSA）为例（WOSA 样本见下文）具体介绍该书面意见的详细情况。

国际检索单位书面意见是采用标准表格（表 PCT/ISA/237）撰写的，主要包括两部分。

（一）首页

首页包括基本信息，如国际申请号、申请人、收信人、发信人、完成本意见的日期等。

（二）其他栏

其他栏共八栏可选，审查员将根据具体实际情况选择相应栏，并在相应栏中给出详细的书面意见。

1. 第Ⅰ栏，意见的基础

审查员将在本栏中说明本书面意见的制定是基于何种语言，本意见的制定是否考虑了本单位许可或被通知的根据细则 91 所做出的明显错误更正，本意见针对的核苷酸和/或氨基酸序列（仅针对医化专利），是否提供了随后或附加副本中的序列表与申请时提交的申请文件中相同或未超过其信息范围的声明（仅针对医药专利）或其他补充意见。

2. 第Ⅱ栏，优先权

审查员将在本栏中说明本申请的优先权是否有效。根据 PCT 第 8 条第（1）款的规定，国际申请可以包含一项声明，要求在保护工业产权巴黎公约缔约国提出或对该缔约国有效的一项或几项在先申请的优先权。要求优先权主要有以下四点好处：①鼓励发明人及时申请专利；②督促发明人加快研究进程；③有利于专利申请类型的转换；④有利于加强专利的保护。

3. 第Ⅲ栏，不作出关于新颖性、创造性和工业实用性的意见

第Ⅲ栏与第Ⅴ栏内容相反，如勾选此栏，则无第Ⅴ栏，反之亦然，详细说明见第Ⅴ栏。

4. 第Ⅳ栏，缺乏发明的单一性

本栏将对 PCT 专利申请是否具有发明单一性作出判断。所谓单一性，是指一件发明或实用新型专利申请应当仅限于一项发明或者实用新型。这也是一般说的"一发明创造一申请的原则"。根据这一原则，不能把两项以上的发明创造放到一件专利申请提出，而应分别提出专利申请，但属于一个总的发明构思的两项以上的发明或者实用新型可以作为一件申请提出。判断两项以上的发明或者实用新型是否属于一个总的发明构思应当看其在技术上是否相互关联，是否包含一个或者多个相同或者相应的特定技术特征，其中特定技术特征是指每一项发明或者实用新型作为整体考虑，对现有技术做出贡献的技术特征。

5. 第Ⅴ栏，按照细则 43 之二.1（a）（i）关于新颖性、创造性或工业实用性的推断性声明；支持这种声明的引证和解释

第Ⅴ栏是本书面意见中最重要的部分，分为"声明"和"引证和解释"两部分。在"声明"部分，审查员将做出关于新颖性、创造性和工业实用性的推测性说明，列出具体哪些权利要求具备新颖性、创造性和工业实用性，哪些权利要求不具备；在"引证和解释"部分，审查员将通过列举相关的现有技术文档，并通过对现有技术和 PCT 专利申请进行对比，详细论述 PCT 专利申请中各项权利要求是否具备新颖性、创造性和工业实用性的原因。

6. 第Ⅵ栏，某些引用的文件

审查员将在本栏中列出其在撰写本书面意见时使用的某些公开文件和非书面公开。

7. 第Ⅶ栏，国际申请中的某些缺陷

本栏中将列出国际申请具有的形式或内容缺陷，包括但不限于多项从属权利要求引用在前的多项从属权利要求等。

8. 第Ⅷ栏，对国际申请的某些意见

本栏中将就权利要求、说明书和附图的清楚性或者就权利要求是否得到说明书的充分支持提出相关意见，包括但不限于缺乏引用基础、表述不清导致权利要求的保护范围不清楚、权利要求中出现笔误等。

以下为以中国国家知识产权局作为受理局出具的 WOSA 样本。

专 利 合 作 条 约

发信人：国际检索单位

收信人： **100101** **中国北京朝阳区北辰东路 8 号汇宾大厦 A 座 909 室** **北京中原华和知识产权代理有限责任公司**	**PCT** 国际检索单位书面意见 (PCT 细则 43 之二 .1)

	发文日 *(日/月/年)* **20.12 月 2012 (20.12.2012)**

申请人或代理人的档案号 PIY125032PGT	后续行为 见下面第 2 段

国际申请号 PCT/CN2012/000336	国际申请日 *(日/月/年)* **19.3 月 2012(19.03.2012)**	优先权日 *(日/月/年)*

国际专利分类(IPC)或国家分类和 IPC 两种分类

F21V29/00 (2006.01) i

申请人

陈镒明

---

1. 本意见包括关于下列各项标明的内容：
   - ☒ **第I栏** 意见的基础
   - ☐ **第II栏** 优先权
   - ☐ **第III栏** 不做出关于新颖性、创造性和工业实用性的意见
   - ☐ **第IV栏** 缺乏发明的单一性
   - ☒ **第V栏** 按照细则 43 之二.1(a)(i)关于新颖性、创造性或工业实用性的推断性声明；支持这种声明的引证和解释
   - ☒ **第VI栏** 某些引用的文件
   - ☐ **第VII栏** 国际申请中的某些缺陷
   - ☐ **第VIII栏** 对国际申请的某些意见

2. 后续行为
   如果提出初步审查要求书，本次意见将被视为国际初步审查单位(IPEA)的一次书面意见，除非申请人选择的国际初步审查单位非本机构，而且所选国际初步审查单位已按照细则 66.1 之二(b)通知国际局将不考虑国际检索单位的书面意见时例外。
   如本书面意见被视为国际初步审查单位的书面意见，则请申请人在自 PCT/ISA/220 表发文日起 3 个月或自优先权日起 22 个月内（以后届满者为准）向国际初步审查单位提交书面答复并提交修改（如适用）。
   进一步的选择参见 PCT/ISA/220 表。

3. 详细信息见 PCT/ISA/220 表格的说明

ISA/CN 的名称和邮寄地址： **中华人民共和国国家知识产权局** 中国北京市海淀区蓟门桥西土城路 6 号 100088 传真号： (86-10)62019451	完成本意见的日期 **13.12 月 2012** **(13.12.2012)**	受权官员 **王俊峰** 电话号码： (86-10) **82245518**

PCT/ISA/237 表(扉页)(2009 年 7 月)

国际检索单位书面意见

国际申请号
PCT/CN2012/000336

第I栏　意见的基础

1. 关于语言，本意见的制定基于：

☒　国际申请提交时使用的语言。

☐　该国际申请的＿＿＿＿语言译文，为了国际检索的目的提供该种语言的译文(细则12.3(a)和23.1(b))。

2. ☐　本意见的制定考虑了本单位许可或被通知的根据细则91所做出的明显错误更正（细则43之二1（a））。

3. ☐　关于国际申请中所公开的任何对要求保护的发明必要的**核苷酸和/或氨基酸序列**，**本意见**是在下列基础上制定的：

a. 序列表的提交或提供

☐　纸件形式

☐　电子形式

b.提交或提供时间

☐　包括了已提交的国际申请。

☐　以电子形式与国际申请一起提交。

☐　为检索目的随后提交给本单位。

4. ☐　另外，在提交/提供了多个版本或副本的序列表的情况下，提供了随后或附加副本中的信息与申请时提交的申请中的信息相同或未超出申请时提交的申请中的信息范围（如适用）的所需声明。

5. 补充意见

PCT/ISA/237 表(第I栏)(2009 年 7 月)

国际检索单位书面意见	国际申请号
	PCT/CN2012/000336

第V栏 按细则 43 之二.1（a）（i）关于新颖性、创造性或工业实用性的推测性声明；支持这种声明的引证和解释

1. 声明

　　新颖性(N)　　权利要求 _____4,10,12-20_____ 是

　　　　　　　　　权利要求 _____1,2,3,5-9,11_____ 否

　　创造性(IS)　　权利要求 _____无_____ 是

　　　　　　　　　权利要求 _____1-20_____ 否

　　工业实用性(IA)　权利要求 _____1-20_____ 是

　　　　　　　　　权利要求 _____无_____ 否

2. 引证和解释

　　引用下列对比文件：对比文件1：CN201513738U（苏州力创科技有限公司），23.6 月 2010（23.06..2010）

　　1.新颖性

　　权利要求 1 请求保护一种冲压式散热件的制作方法，对比文件 1 公开了（参见对比文件 1 中的权利要求 1-9、附图 4,9）一种具有冲压式灯壳的 LED 灯具，进而公开了一种制作方法：一冲压式灯壳 10，由冲压成型的至少一金属板片构成，必然得到一冲压件；在冲压件的周围切割多个间隙部 110（相当于权利要求 1 中的第一隔离缝），以形成多个壁缘 11（相当于权利要求 1 中的第一散热脚件）；将壁缘 11 与冲压件呈一定角度折制作（附图 4 中示出），得到冲压式灯壳 10（相当于权利要求 1 中的冲压式散热件）。因此，对比文件 1 已经公开了权利要求 1 的全部技术特征，权利要求 1 不具有 PCT 条约第 33 条（2）规定的新颖性。

　　权利要求 2、3、5 是权利要求 1 的从属权利要求，其附加技术特征已经被对比文件 1 公开："间隙部 110 等长"（附图 4 中示出）；间隙部 110 等距离排列；冲压件的中央冲压成一开口；因此，当其引用的权利要求 1 不具有新颖性时，上述权利要求也不符合 PCT 条约第 33 条（2）规定的新颖性。

　　权利要求 6 请求保护一种冲压式散热器，对比文件 1 公开了（参见对比文件 1 中的权利要求 1-9、附图 4,9）一种具有冲压式灯壳的 LED 灯具，包括一基盘，多个壁缘 11（相当于权利要求 6 中的第一散热脚件），其一端相连与基盘外围，且与基盘成大角度折制。因此，对比文件 1 已经公开了权利要求 6 的全部技术特征，权利要求 6 不具有 PCT 条约第 33 条（2）规定的新颖性。

　　权利要求 7-9,11 是权利要求 6 的从属权利要求，其附加技术特征均被对比文件 1 公开：基盘于中心设置一开口；冲压件进一步包括三个螺设孔，分布于基盘上；冲压件的壁缘 11 上设置多个折痕，冲压件的壁缘 11 在设有两个折痕，使得壁缘 11 折制成截面为 U 字型的立柱（附图 9 中示出）。因此，当其引用的权利要求 6 不具有新颖性时，上述权利要求也不符合 PCT 条约第 33 条（2）规定的新颖性。

　　权利要求 2 的技术方案"第一隔离缝以不等长交错设置"、权利要求 4 的技术方案"第一隔离缝为锯齿状或直线"、权利要求 10 的技术方案"第一隔离缝为锯齿状或直线"没有被对比文件 1 公开，权利要求 2 的技术方案"第一隔离缝以不等长交错设置"、权利要求 4，10 具有新颖性，符合 PCT 条约第 33 条（2）的规定。

　　权利要求 12 与对比文件 1 相对，区别在于"在位于冲压件中央的开口周围切割隔离缝以形成第二散热脚件"。权利要求 16 与对比文件相对，区别在于"第二散热脚件的一端相连于基盘内部"。因此，权利要求 12、16 具有新颖性，符合 PCT 条约第 33 条（2）的规定。直接或间接引用权利要求 12、16 的从属权利要求 13-15、17-20 也具有新颖性，符合 PCT 条约第 33 条（2）的规定。

PCT/ISA/237 表(第V栏)(2009 年 7 月)

国际检索单位书面意见

国际申请号
PCT/CN2012/000336

补充栏
(当前面的任何一栏篇幅不够时使用本栏)

续：第Ⅴ栏引证和解释

2. 创造性

权利要求 1,2(第一隔离缝等长),3,5-9,11 不具有新颖性,不符合 PCT 条约第 33 条(2)的规定,同样不符合 PCT 条约第 33 条(3)规定的创造性。

至于权利要求 2 中的技术方案"第一隔离缝以不等长交错设置"、权利要求 4 的技术方案"第一隔离缝为锯齿状或直线"均属于本领域的常用技术手段,无需付出创造性的劳动,上述权利要求不具有 PCT 条约第 33 条(3)规定的创造性。

权利要求 10 是权利要求 6 的从属权利要求,其附加技术特征为"第一隔离缝为锯齿状或直线",上述特征属于本领域的常用技术手段,无需付出创造性的劳动。上述权利要求不具有 PCT 条约第 33 条(3)规定的创造性。

权利要求 12 请求保护一种冲压式散热件的制作方法,对比文件 1 公开了(参见对比文件 1 中的权利要求 1-9、附图 4,9)一种具有冲压式灯壳的 LED 灯具,进而公开了一种制作方法:一冲压式灯壳 10,由冲压成型的至少一金属板片构成,必然得到一冲压件;在冲压件的中央冲压以开口;在冲压件的周围切割多个间隙部 110(相当于权利要求 1 中的第一隔离缝),以形成多个壁缘 11(相当于权利要求 1 中的第一散热脚件);将壁缘 11 与冲压件呈一定角度折制作(附图 4 中示出),得到冲压式灯壳 10(相当于权利要求 1 中的冲压式散热件)。

权利要求 12 与对比文件 1 的区别在于"在位于冲压件中央的开口周围切割隔离缝以形成第二散热脚件",基于上述区别技术特征,权利要求 12 实际要解决的技术问题为"采用从中央到周围方式切割隔离缝",对比文件 1 公开了一种从周围到中央的切割间隙部 110 的方式,其目的均为形成壁缘 11,上述工艺的改变属于本领域的相同功能已知手段的等效变换,无需付出创造性的劳动,权利要求 12 不具有 PCT 条约第 33 条(3)规定的创造性。

权利要求 16 请求保护一种冲压式散热件,对比文件 1 公开了(参见对比文件 1 中的权利要求 1-9、附图 4,9)一种具有冲压式灯壳的 LED 灯具,包括一基盘,基盘中央具有以开口;多个壁缘 11(相当于权利要求 6 中的第一散热脚件),其一端相连与基盘外围,且与基盘成大角度折制。

权利要求 16 与对比文件 1 的区别在于:"第二散热脚件的一端相连于基盘内部",基于上述区别技术特征,权利要求 16 实际要解决的技术问题为"在基盘内部切割出散热脚件"。对比文件 1 公开了在基盘周围切割出间隙部 110 的技术方案,其目的均为形成壁缘 11 以方便散热,上述切割方式的改变属于本领域的相同功能已知手段的等效变换,无需付出创造性的劳动,权利要求 16 不具有 PCT 条约第 33 条(3)规定的创造性。

基于对权利要求 2-4、8-11 的评述,从属权利要求 13-15、17-20 也不具有 PCT 条约第 33 条(3)规定的创造性。

3. 工业实用性

权利要求 1-20 要求保护的冲压式散热件及其制作方法在发光二极管灯泡及灯具中能够制造或使用。因此,权利要求 1-20 具有 PCT 条约第 33 条(4)规定的工业实用性。

第二节　国家（地区）阶段审查文件

国家（地区）阶段是授予专利程序的最后阶段，相关 PCT 成员国根据本国专利法的规定审查决定 PCT 专利申请能否获得该国的专利。进入国家阶段的程序不是自动发生的，必须由申请人来启动。申请人必须在优先权日起 30 个月内（某些国家允许通过缴纳宽限费延迟至 32 个月）办理进入指定国（或选定国）国家阶段的手续，缴纳国家费用，并递交翻译成该国语言的国际申请文件。

本节将以 PCT 发明专利申请进入中国为例，介绍在中国进行 PCT 专利申请审查过程中产生的各类审查文件。在专利申请的审批程序、复审程序、无效宣告程序和《专利法》及其实施细则规定的其他程序中，审查员根据不同情况将做出各种通知和决定。这些通知和决定主要包括专利申请受理通知书、审查意见通知书、补正通知书、手续合格通知书、视为撤回通知书、恢复权利请求审批通知书、发明专利申请实质审查请求期限届满前通知书、缴费通知书、费用减缓审批通知书、发明专利申请初步审查合格通知书、发明专利申请公布通知书、发明专利申请进入实质审查阶段通知书、授予发明专利权通知书、授予实用新型专利权通知书、授予外观设计专利权通知书、办理登记手续通知书、视为放弃取得专利权通知书、专利权终止通知书、驳回决定、复审决定书、无效宣告请求审查决定书等。

本节将重点介绍其中的四类审查文件，即第 N 次审查意见通知书、驳回决定、复审决定书和无效宣告请求审查决定书。

一、第 N 次审查意见通知书

第 N 次审查意见通知书（Notification of the Nth Office Action，简称 OA），指审查员对申请进行实质审查后，通常以审查意见通知书的形式将审查的意见和倾向性结论通知申请人。在审查员发出第一次审查意见通知书后，申请人应该在收到该意见通知书后的指定期限内提交意见陈述书和/或修改专利申请文件。审查员发出通知书和申请人的答复可能反复多次，因而根据实际审查情况，会出现第二次审查意见通知书、第三次审查意见通知书、第四次审查意见通知书，直至第 N 次审查意见通知书。

一份完整的审查意见通知书包括首页、正文和检索报告三部分。第九章第五节将具体介绍首页和检索报告，本节重点介绍正文部分（OA 正文样本见下文）。在审查意见通知书正文中，审查员必须根据《专利法》及其实施细则具体阐述审查意见。审查意见应当明确、具体，使申请人能够清楚地了解其申请存在的问题。

根据申请的具体情况和检索结果，审查员通常将按照以下几种方式撰写审查意见通知书正文。

1）申请属于不必检索即可发出审查意见通知书的情形的，通知书正文中仅指出主要问题并说明理由，而不会指出任何其他缺陷，最后指出因申请属于《专利法实施细则》第五十三条所列的某种驳回情形，将根据《专利法》第三十八条驳回申请。

2）申请虽然可以被授予专利权，但还存在某些不重要的缺陷的，为了加快审查程序，审查员可能在通知书中提出具体的修改建议，或者直接在作为通知书附件的申请文件复制件上进行建议性修改，并在通知书正文中说明建议的理由。

3）申请虽然可以被授予专利权，但还存在较严重的缺陷，而且这些缺陷既涉及权利要求书，又涉及说明书的，通知书正文中将按照审查意见的重要性的顺序来撰写。通常，首先阐述对独立权利要求的审查意见，其次是对从属权利要求的审查意见，再次是对说明书（及其附图）和说明书摘要的审查意见。对说明书的审查意见将按照《专利法实施细则》第十七条规定的顺序加以陈述。

如果说明书中没有明确记载或者仅仅笼统地记载了发明所要解决的技术问题，但审查员通过阅读整个说明书的内容能够理解发明所要解决的技术问题，并据此进行了检索和实质审查，则审查员将在通知书正文一开始就明确指出其认定的发明所要解决的技术问题。

4）申请由于不具备新颖性或创造性而不可能被授予专利权的，审查员在通知书正文中会对每项权利要求的新颖性或者创造性提出反对意见，首先对独立权利要求进行评述，然后对从属权利要求一一评述。但是在权利要求较多或者反对意见的理由相同的情况下，也会将从属权利要求分组加以评述。最后，还会指出说明书中没有可以取得专利权的实质内容。

审查员在审查意见通知书中依据所引用的对比文件的某部分提出意见的，会指出对比文件中相关的具体段落或者附图的图号及附图中零部件的标记，如审查意见中常出现"参见说明书第 5 页第 4 段至第 13 页第 4 段"等指明引用位置的字样。

5）申请属于明显缺乏单一性的情形的，审查员将发出分案通知书，要求申请人修改申请文件，并明确告之待申请克服单一性缺陷后再进行审查。

在申请人答复第一次审查意见通知书之后，审查员会对申请继续进行审查，考虑申请人陈述的意见和/或对申请文件作出的修改，并在审查程序的各阶段使用相同的审查标准。在后续审查意见通知书中，审查员会把注意力集中在申请人对通知书正文中提出的各审查意见的反应上，特别是申请人针对全部或者部分审查意见进行争辩时所陈述的理由和提交的证据。如果申请人提交了经修改的说明书和/或权利要求书，审查员将按照《专利法》第三十三条和《专利法实施细则》第五十一条第三款的规定，分别审查修改是否超出原说明书和权利要求书记载的范围，以及修改是否按照审查意见通知书要求进行。如果修改符合上述规定，再进一步审查经过修改的申请是否克服了审查意见通知书中所指出的缺陷，是否出现了新的不符合《专利法》及其实施细则有关规定的缺陷，尤其是审查新修改的独立权利要求是否符合《专利法》第二十二条的规定，从而确定该经修改的申请是否可以被授予专利权。

以下所示为 OA 正文样本（见下页）。

二、驳回决定

经过实质审查，审查员认为申请存在实质性缺陷、不能授予专利权的，将给申请人至少一次陈述意见和/或进行修改申请文件的机会。如果申请人在指定的期限内未提出有说服力的意见和/或证据，也未对申请文件进行符合《专利法》及其实施细则规定的修改，或者修改后的申请文件中仍然存在足以用已通知过申请人的理由和证据予以驳回的缺陷，则审查员可以作出驳回决定。

驳回决定一般应当在第二次审查意见通知书之后才能作出。但是，如果申请人在第一次审查意见通知书指定的期限内未针对通知书指出的可驳回缺陷提出有说服力的意见陈述和/或证据，也未针对该缺陷对申请文件进行修改，或者修改仅是改正了错别字或更换了表述方式，而技术方案没有实质上的改变，则审查员可以直接作出驳回决定。

《专利法实施细则》第五十三条规定的驳回发明专利申请的情形如下：

1）专利申请的主题违反法律、社会公德或者妨害公共利益，或者申请的主题是违反法律、行政法规的规定获取或者利用遗传资源，并依赖该遗传资源完成的，或者申请的主题属于《专利法》第二十五条规定的不授予发明专利权的客体。

2）专利申请不是对产品、方法或者其改进所提出的新的技术方案。

3）专利申请所涉及的发明在中国完成，且向外国申请专利前未报经专利局进行保密审查的。

4）专利申请的发明不具备新颖性、创造性或实用性。

5）专利申请没有充分公开请求保护的主题，或者权利要求未以说明书为依据，或者权利要求未清楚、简要地限定要求专利保护的范围。

中华人民共和国国家知识产权局

第 一 次 审 查 意 见 通 知 书

申请号:2011102319569

本发明涉及一种记录装置,经审查,提出以下审查意见:

1、权利要求 1 不符合专利法第 22 条第 3 款关于创造性的规定,不具有创造性。

权利要求 1 要求保护一种记录装置。对比文件 1(CN101546572A)公开了一种光记录方法和光记录装置,并具体公开了以下技术特征(参见权利要求 7-10,说明书第 1 页第 1-20 行,第 11 页第 1-31 行):电光调制器 30 和偏振器(偏振光束分离器)32 被布置于锁模激光器 2(相当于半导体激光器)和聚焦透镜 5 之间,法布里-珀罗干涉仪(相当于外部谐振器)可被用于调制从锁模激光器发出的激光(半导体激光器和外部谐振器一起相当于锁模激光单元),控制激光的偏振态,并且可以调制穿过非线性光学晶体 31 的光强度。因而,如上述实施例,激光的脉冲被调制,并且用所述激光照射记录介质(相当于发射用于在所述光学记录介质上记录信息的激光的半导体激光器),在所述调制步骤中,使用能够接收、放大以及输出从所述锁模激光光源发出的激光的半导体光学放大器(相当于光学调制单元,对所述锁模激光单元发射的激光进行放大调制)。

对比文件 1 公开了控制器 4(相当于驱动电路)以预定时间间隔向半导体光学放大器 3 输出用于控制已进入半导体光学放大器 3 的激光(的脉冲)的幅度的放大系数的控制信号(相当于生成用于驱动所述光学调制单元的驱动脉冲)的技术特征。权利要求 1 和对比文件 1 相比,其区别技术特征为:所述半导体激光器包括施加偏置电压的可饱和吸收体部以及用于馈入增益电流的增益部;基准信号生成单元,生成主时钟信号并向所述半导体激光器的所述增益部提供与所述主时钟信号同步的信号;记录信号生成单元,基于所述主时钟信号生成记录信号;光学调制单元的驱动脉冲是基于所述记录信号生成的。

基于以上区别技术特征,该权利要求实际所要解决的技术问题是:如何大容量存储。

对比文件 2(CN1398029A)公开了一种利用锁模激光器产生具有高重复率的光脉冲串,并具体公开了以下技术特征(参见说明书第 1 页第 1-30 行):光脉冲串的产生是利用常规已调制锁模半导体激光器完成的,通过电极 57 向可饱和吸收器区 54(相当于可饱和吸收体部)提供反向偏置电压。通过电极 8 向增益区 53(相当于增益部)提供直流电流(相当于半导体激光器包括施加偏置电压的可饱和吸收体部以及用于馈入增益电流的增益部),可见,对比文件 2 公开了区别技术特征中的部分特征。对比文件 3(CN1208915A)公开了将数据记录到光盘和/或从光盘重放数据的设备及方法,并具体公开了以下技术特征(参见说明书第 45 页第 10-30 行,第 46 页第 15-30 行):在母盘器件 161 中,摆动信号生成电路 167 从摆动数据 ADIP 中形成摆动信号 WB,摆动信号生成电路 167(相当于记录信号生成单元)包括可形成并输出预定的基准信号(相当于生成主时钟信号)的生成电路 167A(相当于基准信号生成单元),依据母盘器件 161,通过使用由生成电路 167A 所形成的一个基准信号来控制主轴电机 3,由此形成与原始盘 2 相同步的摆动信号 WB(相当于基于所述主时钟信号生成记录信号)。而主时钟信号通常可以通过分频的方式用来为设备的所有器件提供参考时钟,以实现时钟同步,这在时钟信号同步系统里面为常用的技术手段,因此,将生成主时钟信号并向所述半导体激光器的所述增益部提供与所述主时钟信号同步的信号,为本领域的公知常识。而通常的光学反馈系统,都是根据记录信号的来生成调制驱动脉冲的,否者调制单元将无法控制调制也,也无法实现实时调制,因此,根据实际情况光学调制单元的驱动脉冲是基于所述记录信号生成,同样为本领域的公知常识。对比文件 2,3 和公知常识给出了将其公开的技术特征用于对比文件 1 以解决其技术问题的启示。该启示使得本领域技术人员面对上述技术问题时,有动机将对比文件 1 结合对比文件 2,3 和公知常识得到该权利要求所要保护的方案,对本领域技术人员来说是显而易见的。因此,该权利要求不具有突出的实质性特点和显著的进步,不符合专利法第 22 条第 3 款关于创造性的规定。

2、权利要求 2 不符合专利法第 22 条第 3 款关于创造性的规定,不具有创造性。

权利要求 2 是对权利要求 1 的进一步限定。对比文件 3 公开了以下技术特征(参见说明书第 45 页第 10-30 行,第 46 页第 15-30 行):该信号生成电路 167 还包括形成通路信号 ch 的相位调制电路 167B(相当于相位调节电路)。相位调制电路,是用来调节信号相位的,也就是说你要调整哪两个信号,就将其放在那两个信号中间,根据实际需要,要调整基准信号和驱动脉冲的相位,就将其设置于所述基准信号生成单元和所述驱动电路之间,为本领域的公知常识。而相位调制电路,众所周知可以调节信号的相位以防止两个信号之间的重叠,这是相位调制电路的基本功能,根据需要调制相位电路放置的位置,以调节所述记录信号的相位以防止

210401
2010. 2
　　　　纸件申请,回函请寄:100088 北京市海淀区蓟门桥西土城路 6 号　国家知识产权局专利局受理处收
电子申请,应当通过电子专利申请系统以电子文件形式提交相关文件。除另有规定外,以纸件等其他形式提交的
文件视为未提交。

207

中 华 人 民 共 和 国 国 家 知 识 产 权 局

所述激光的发光脉冲与所述驱动脉冲的上升和下降的过渡区域重叠，为本领域的基本常识，为本领域的公知常识。因此，在其引用的权利要求不具有创造性的基础上，该权利要求也不具有突出的实质性特点和显著的进步，不符合专利法第 22 条第 3 款关于创造性的规定。

3、权利要求 3 不符合专利法第 22 条第 3 款关于创造性的规定，不具有创造性。

权利要求 3 是对权利要求 1 的进一步限定。对比文件 3 公开了以下技术特征（参见说明书第 41 页第 1-30 行）：在摆动信号生成电路 107 中，生成电路 107A 可形成 115.2KHz 频率的基准信号（相当于主时钟信号）。另外，根据母盘器件 101，通过使用基准信号可以控制主轴电机 3 的主轴（相当于所述光学记录介质的旋转通过与所述主时钟信号同步的控制信号来控制），由此可形成与原始盘 2 相同步的旋转信号 WB（相当于光学记录介质是圆盘状的）。因此，在其引用的权利要求不具有创造性的基础上，该权利要求也不具有突出的实质性特点和显著的进步，不符合专利法第 22 条第 3 款关于创造性的规定。

4、权利要求 4 不符合专利法第 22 条第 3 款关于创造性的规定，不具有创造性。

权利要求 4 是对权利要求 3 的进一步限定。对比文件 3 公开了以下技术特征（参见说明书第 16 页第 1-31 行）：对于分频器 35B（相当于区域分频器电路），通过设置与参见图 3 中所说明的分区相应的系统控制电路 34，根据激光束照射到光盘 12 的外周沿位置的位移逐步增加设定的分频比（相当于生成频率与所述主时钟信号的频率成比例的时钟信号），依照前面参照图 3 说明的区域 Z0、Z1 、…Zn-1 和 Zn，从内圆周上的区域朝外圆周上的区域，系统控制电路 34 逐步地降低光盘的旋转速度，并使内圆周上的区域和外圆周上的区域的每个扇区的记录密度相等，结合图 3 可以直接的、毫无疑义的得出划分所述光学记录介质中的记录信息的记录区域所形成的从所述光学记录介质的中心起的半径范围内的多个区域中的每个区域。而分频器的分频比通常为整数，为本领域的公知常识。因此，在其引用的权利要求不具有创造性的基础上，该权利要求也不具有突出的实质性特点和显著的进步，不符合专利法第 22 条第 3 款关于创造性的规定。

5、权利要求 5 不符合专利法第 22 条第 3 款关于创造性的规定，不具有创造性。

权利要求 5 要求保护一种激光装置。对比文件 1 公开了以下技术特征（参见权利要求 7,-10，说明书第 1 页第 1-20 行，第 11 页第 1-31 行）：电光调制器 30 和偏振器(偏振光束分离器)32 被布置于锁模激光器 2（相当于半导体激光器）和聚焦透镜 5 之间，法布里-珀罗干涉仪（相当于外部谐振器）可被用于调制从锁模激光器发出的激光（半导体激光器和外部谐振器一起相当于锁模激光单元），控制激光的偏振态，并且可以调制穿过非线性光学晶体 31 的光强度。在所述调制步骤中，使用能够接收、放大以及输出从所述锁模激光光源发出的激光的半导体光学放大器（相当于光学调制单元，对所述锁模激光单元发射的激光进行放大调制）。

对比文件 1 公开了控制器 4（相当于驱动电路）以预定时间间隔向半导体光学放大器 3 输出用于控制已进入半导体光学放大器 3 的激光(的脉冲)的幅度的放大系数的控制信号（相当于生成用于驱动所述光学调制单元的驱动脉冲）的技术特征。权利要求 5 和对比文件 1 相比，其区别技术特征为：所述半导体激光器包括施加偏置电压的可饱和吸收体部以及用于馈入增益电流的增益部；基准信号生成单元，生成主时钟信号并向所述半导体激光器的所述增益部提供与所述主时钟信号同步的信号；光学调制单元的驱动脉冲是基于所述记录信号生成的。

基于以上区别技术特征，该权利要求实际所要解决的技术问题是：如何大容量存储。

对比文件 2 公开了以下技术特征（参见说明书第 1 页第 1-30 行）：光脉冲串的产生是利用常规已调制锁模半导体激光器完成的，通过电极 57 向可饱和吸收器区 54（相当于可饱和吸收体部）提供反向偏置电压。通过电极 8 向增益区 53（相当于增益部）提供直流电流（相当于半导体激光器包括施加偏置电压的可饱和吸收体部以及用于馈入增益电流的增益部），可见，对比文件 2 公开了区别技术特征中的部分特征。对比文件 3 公开了以下技术特征（参见说明书第 45 页第 10-30 行，第 46 页第 15-30 行）：在母盘器件 161 中，摆动信号生成电路 167 从摆动数据 ADIP 中形成摆动信号 WB，摆动信号生成电路 167（相当于记录信号生成单元）包括可形成并输出预定的基准信号（相当于生成主时钟信号）的生成电路 167A（相当于基准信号生成单元），依据母盘器件 161，通过使用由生成电路 167A 所形成的一个基准信号来控制主轴电机 3，由此形成与原始盘 2 相同步的摆动信号 WB。而主时钟信号通常可以通过分频的方式来为设备的所有器件提供参考时钟，以实现时钟同步，这在时钟信号同步系统里面为常用的技术手段，因此，将生成主时钟信号并向所述半导体激光器的所述增益部提供与所述主时钟信号同步的信号，为本领域的公知常识。而通常的光学反馈系统，都是

210401
2010. 2

纸件申请，回函请寄：100088 北京市海淀区蓟门桥西土城路 6 号　国家知识产权局专利局受理处收
电子申请，应当通过电子专利申请系统以电子文件形式提交相关文件。除另有规定外，以纸件等其他形式提交的文件视为未提交。

208

中 华 人 民 共 和 国 国 家 知 识 产 权 局

根据记录信号的来生成调制驱动脉冲的，否者调制单元将无法控制调制量，也无法实现实时调制，因此，根据实际情况光学调制单元的驱动脉冲是基于所述记录信号生成，同样为本领域的公知常识。对比文件 2，3 和公知常识给出了将其公开的技术特征用于对比文件 1 以解决其技术问题的启示。该启示使得本领域技术人员面对上述技术问题时，有动机将对比文件 1 结合对比文件 2,3 和公知常识得到该权利要求所要保护的方案，对本领域技术人员来说是显而易见的。因此，该权利要求不具有突出的实质性特点和显著的进步，不符合专利法第 22 条第 3 款关于创造性的规定。

6、权利要求 6 不符合专利法第 22 条第 3 款关于创造性的规定，不具有创造性。

权利要求 6 是对权利要求 5 的进一步限定。对比文件 3 公开了以下技术特征（参见说明书第 45 页第 10-30 行，第 46 页第 15-30 行）：该信号生成电路 167 还包括形成通路信号 ch 的相位调制电路 167B（相当于相位调节电路）。相位调制电路，是用来调节信号相位的，也就是说你要调整哪两个信号，就将其放在那两个信号中间，根据实际需要，要调整基准信号和驱动脉冲的相位，就将其设置于所述基准信号生成单元和所述驱动电路之间，为本领域的公知常识。而相位调制电路，众所周知可以调节信号的相位以防止两个信号之间的重叠，这是相位调制电路的基本功能，根据需要调节相位电路放置的位置，以调节所述记录信号的相位以防止所述激光的发光脉冲与所述驱动脉冲的上升和下降的过渡区域重叠，为本领域的基本常识，为本领域的公知常识。因此，在其引用的权利要求不具有创造性的基础上，该权利要求也不具有突出的实质性特点和显著的进步，不符合专利法第 22 条第 3 款关于创造性的规定。

基于上述理由，本申请的全部权利要求都不具备新颖性/创造性，说明书也没有可以被授予专利权的实质性内容，如果申请人不能在本通知书规定的答复期限内提出表明本申请具有创造性的充分理由，本申请将被驳回。

审查员姓名：方磊

审查员代码：786196

210401 纸件申请，回函请寄：100088 北京市海淀区蓟门桥西土城路 6 号 国家知识产权局专利局受理处收
2010. 2 电子申请，应当通过电子专利申请系统以电子文件形式提交相关文件。除另有规定外，以纸件等其他形式提交的文件视为未提交。

209

6）专利申请是依赖遗传资源完成的发明创造，申请人在专利申请文件中没有说明该遗传资源的直接来源和原始来源；对于无法说明原始来源的，也没有陈述理由。

7）专利申请不符合《专利法》关于发明专利申请单一性的规定。

8）专利申请的发明是依照《专利法》第九条规定不能取得专利权的。

9）独立权利要求缺少解决技术问题的必要技术特征。

10）申请的修改或者分案的申请超出原说明书和权利要求书记载的范围。

驳回决定包括标准表格和驳回决定正文两部分。

（一）标准表格

标准表格中的各项应当按照要求填写完整。标准表格中主要记载申请人的姓名或者名称、申请号、发明创造的名称等；如申请人有两个以上的，应当填写所有申请人的姓名或者名称。

（二）驳回决定正文

驳回决定正文包括案由、驳回的理由、决定三部分。

1. 案由

案由部分将简要陈述申请的审查过程，特别是与驳回决定有关的情况，即历次的审查意见（包括所采用的证据）和申请人的答复概要、申请所存在的导致被驳回的缺陷，以及驳回决定所针对的申请文本。

2. 驳回的理由

在驳回理由部分，审查员将详细论述驳回决定所依据的事实、理由和证据。审查员在驳回理由部分还应当对申请人的争辩意见进行简要的评述。

3. 决定

在决定部分，审查员将写明驳回的理由属于《专利法实施细则》第五十三条的哪一种情形，并根据《专利法》第三十八条的规定引出驳回该申请的结论。

驳回决定一经发出，除要求更正因国家知识产权局工作失误而造成的专利文件中出现的错误和要求改正错别字的信函外，申请人的任何呈文、答复和修改均不再予以考虑。

以下所示为驳回决定样本（见下页）。

三、复审决定书

复审程序是因申请人对驳回决定不服而启动的救济程序，也是专利审批程序的延续。根据《专利法》第四十一条第一款的规定，国家知识产权局设

中 华 人 民 共 和 国 国 家 知 识 产 权 局

200233

上海桂平路 435 号 上海专利商标事务所有限公司
顾敏

发文日：

2014 年 04 月 25 日

申请号或专利号：**200980146775.7**   发文序号：**2014042200969740**

申请人或专利权人：阿科玛股份有限公司

发明创造名称：用于制造氢氯氟烯烃的方法

驳 回 决 定
（进入国家阶段的 PCT 申请）

1. 根据专利法第 38 条及实施细则第 53 条的规定，决定驳回上述专利申请，驳回的依据是：
   - ☐ 申请不符合专利法第 2 条第 2 款的规定。
   - ☐ 申请属于专利法第 5 条或者第 25 条规定的不授予专利权的范围。
   - ☐ 申请不符合专利法第 9 条第 1 款的规定。
   - ☐ 申请不符合专利法第 20 条第 1 款的规定。
   - ☒ 申请不符合专利法第 22 条的规定。
   - ☐ 申请不符合专利法第 26 条第 3 款或者第 4 款的规定。
   - ☐ 申请不符合专利法第 26 条第 5 款或者实施细则第 26 条的规定。
   - ☐ 申请不符合专利法第 31 条第 1 款的规定。
   - ☐ 申请的修改不符合专利法第 33 条的规定。
   - ☐ 申请不符合专利法实施细则第 20 条第 2 款的规定。
   - ☐ 分案申请不符合专利法实施细则第 43 条第 1 款的规定。
   - ☐ ＿＿＿＿

   详细的驳回理由见驳回决定正文部分(共 6 页)。

2. 本驳回决定是针对下列申请文件作出的：
   - ☐ 原始提交的国际申请的中文文本或中文译文进行的。
   - ☒ 下列申请文件进行的：
     2011 年 5 月 18 日提交的说明书第 1-42 段、说明书附图、说明书摘要、摘要附图；
     2014 年 1 月 2 日提交的权利要求第 1-10 项；

3. 根据专利法第 41 条及实施细则第 60 条的规定，申请人对本驳回决定不服的，可以在收到本决定之日起 3 个月内向专利复审委员会请求复审。

审查员：路畅   审查部门：专利审查协作北京中心化学发明审查部
联系电话：01061648373

210408   纸件申请，回函请寄：100088 北京市海淀区蓟门桥西土城路 6 号   国家知识产权局专利局受理处收
2012.5   电子申请，应当通过电子专利申请系统以电子文件形式提交相关文件。除另有规定外，以纸件等其他形式提交的
            文件视为未提交。

211

中 华 人 民 共 和 国 国 家 知 识 产 权 局

驳 回 决 定

（进 入 国 家 阶 段 的 PCT 申 请）

申请号：2009801467757

本驳回决定涉及申请号为 200980146775.7 的名称为"用于制造氢氯氟烯烃的方法"的 PCT 发明专利申请，申请日为：2009 年 11 月 12 日，优先权日为：2008 年 11 月 19 日，申请人为：阿科玛股份有限公司，并于 2011 年 05 月 18 日进入中国国家阶段。

一、案由

本申请进入中国国家阶段时提交的，即原始提交的国际申请的中文译文包括：权利要求第 1-24 项、说明书第 1-42 段（即说明书第 1-7 页）、说明书附图、说明书摘要以及摘要附图。

应申请人于 2011 年 10 月 20 日提出的实质审查请求，审查员对本申请进行了实质审查，审查基础为：原始提交的国际申请的中文译文。审查员于 2013 年 03 月 05 日发出了第一次审查意见通知书，通知书中以下对比文件：

对比文件 1：US5710352A，公开日为：1998 年 01 月 20 日；

对比文件 2：US2008/0103342A1，公开日为：2008 年 05 月 01 日；

对比文件 3：US5616189A，公开日为：1997 年 04 月 01 日；

对比文件 4：US2005/0177012A1，公开日为：2005 年 08 月 11 日。

通知书中指出：权利要求 1-9，14 相对于对比文件 1 和 2 不具备创造性；权利要求 10-11，13，16 相对于对比文件 1-3 不具备创造性；权利要求 12，15 相对于对比文件 1-4 不具备创造性；权利要求 17-24 相对于对比文件 1 和 2 或 3 和 2 不具备创造性；权利要求 10-12，14-15，17，20 不符合专利法第 26 条第 4 款的规定。

针对第一次审查意见通知书，申请人于 2013 年 07 月 12 日提交了意见陈述书及修改后的权利要求第 1-22 项。概述如下：

1）将权利要求 2 和 18 的技术特征结合到权利要求 1 和 17 中，形成新权利要求 1 和 16；修改了权利要求 10-12、14-15、17 和 20 以克服不符合专利法第 26 条第 4 款的缺陷；

2）申请人认为对比文件 1 没有公开异构化步骤，对比文件 2 没有具体公开 1-氯-3,3,3-三氟丙烯的异构化步骤，因此本申请具备创造性。

审查员对上述修改的权利要求继续审查，于 2013 年 10 月 18 日发出了第二次审查意见通知书，通知书中指出：权利要求 1-8，13 相对于对比文件 1 和 2 不具备创造性；权利要求 9-10，12，15 相对于对比文件 1-3 不具备创造性，权利要求 11，14 相对于对比文件 1-4 不具备创造性；权利要求 16-17，19-22 相对于对比文件 1 和 2 或 3 和 2 不具备创造性；权利要求 18 的修改不

210408
2012.5

纸件申请，回函请寄：100088 北京市海淀区蓟门桥西土城路 6 号　国家知识产权局专利局受理处收
电子申请，应当通过电子专利申请系统以电子文件形式提交相关文件。除另有规定外，以纸件等其他形式提交的
文件视为未提交。

212

中 华 人 民 共 和 国 国 家 知 识 产 权 局

符合专利法第 **33** 条的规定，并假设评述权利要求 18 不具备创造性。

同时，审查员认为：对比文件 1 中明确公开得到的 1-氯-3,3,3-三氟丙烯是顺式和反式的外消旋混合物；对比文件 **2** 明确公开了将顺式-1,3,3,3-四氟丙烯异构化为反式-1,3,3,3-四氟丙烯的方法，其结构与 1-氯-3,3,3-三氟丙烯结构十分接近，给出了技术启示，申请人意见不具备说服力。

针对第二次审查意见通知书，申请人于 **2014** 年 **01** 月 **02** 日提交了意见陈述书及修改后的权利要求第 **1-10** 项。概述如下：

1）删除了权利要求 1、9-10、12-15、17-19 和 21-22；将权利要求 16 重新编号为权利要求 1；修改了权利要求 2、6 和 11；

2）申请人认为：对比文件 1 和 2 均没有公开包含 3 个具体步骤的方法，并且没有给出任何动机将顺式异构化为反式；对比文件 2 完全没有提及顺式 1-氯-3,3,3-三氟丙烯异构化形成反式 1-氯-3,3,3 三氟丙烯，并且氟烯烃和氯氟烯烃具有不同的化学性质，并且被公认为不能以相同的方式进行反应，对比文件 2 没有给出技术启示，因此修改后的权利要求相对于对比文件 1 和 2 具备创造性。

在上述工作的基础上，审查员认为本案事实已经清楚，现作出驳回决定。此决定所针对的审查文本是 2014 年 01 月 02 日提交的权利要求第 1-10 项，2011 年 5 月 18 日提交的说明书第 1-42 段（即说明书第 1-7 页）、说明书附图、说明书摘要以及摘要附图。

二、驳回理由

(一)、权利要求 1-10 不具备创造性，不符合专利法第 22 条第 3 款的规定。

1. 权利要求 1 请求保护一种用于制备反式 1-氯-3,3,3-三氯丙烯（E-1233zd）的方法。然而对比文件 1（US5710352A，公开日：1998 年 1 月 20 日）公开了一种气相制备 1,1,1,3,3-五氟丙烷和 1-氯-3,3,3-三氯丙烯的方法，并具体公开了（参见说明书第 5 栏实施例 1-4）如下技术方案：约 132g（约 1.33g/cc 密度）的三氧化铬催化剂加入反应器中的 1 分米的 Monel 管中，催化剂使用前经过干燥并用 HF 进行预处理。

反应器预先加热至反应温度，同时无水 HF 气体通入反应器。当反应器达到指定的温度和压强后，有机原料（HCC-240，即 1,1,1,3,3-五氯丙烷）开始通入。随后调整 HF 和有机原料的进料速度。产物蒸气流通过在线 Perkin Elmer Model 8500 气相色谱进行分析。表 1 中显示了反应条件、产物转化率以及选择性。

210408
2012.5
纸件申请，回函请寄：100088 北京市海淀区蓟门桥西土城路 6 号　国家知识产权局专利局受理处收
电子申请，应当通过电子专利申请系统以电子文件形式提交相关文件。除另有规定外，以纸件等其他形式提交的
文件视为未提交。

213

中华人民共和国国家知识产权局

仅公开了制备 1-氯-3,3,3 三氟丙烯的方法,并且明确公开了产物中间顺式和反式异构体的比例,而且主要产物是反式异构体(参见 D1 表 1,反式产率为 77%-82%,顺式仅仅为 13%-14%)。将 D1 作为最接近的现有技术,本申请的技术效果与 D1 相比,仅仅是得到纯的反式异构体的产物。基于上述技术问题,本领域技术人员容易想到采用常规的分离技术将两种异构体分离,分别得到两种纯的异构体;为了进一步提高反应的效率,将得到的顺式异构体也转化为反式异构体是本领域技术人员容易想到的,对于申请人声称的"反式-1233zd"的毒性比"顺式-1233zd"大得多,这并不影响创造性的评述,本申请与现有技术相比,实际解决的技术问题就是制备得到纯的反式异构体,因此在面对上述问题时,本领域技术人员有动机在现有技术中寻找将顺式异构体转化为反式异构体的方法,与两种异构体的毒性没有关系;3)D2 在说明书第[0008]段中明确公开了上述方法能够用于将 C2-C6 烯烃的顺式结构转化为其反式结构。对于 D2 第[0043]段公开的"C2-C6 氟烯烃,优选是 C3-C4 氟烯烃,甚至是四氟烯烃的异构化方法",属于更具体的技术方案,并不能说明 D2 的方法不能用于氯氟烯烃,并且申请人也没有给出证据证明 1,3,3,3-四氟丙烯和 1-氯-3,3,3-三氟丙烯的化学反应方式不同,不适用相同的异构化方法,因此 D2 已经给出了充足的技术启示。

因此,申请人的意见陈述不具备说服力,不予以认可。

三、决定

综上所述,申请号为 200980146775.7 的发明专利申请的权利要求 1-10 不符合专利法第 22 条第 3 款的规定,属于专利法实施细则第 53 条第(二)项的情况,因此根据专利法第 38 条的规定予以驳回。

根据专利法第 41 条第 1 款的规定,申请人如果对本驳回决定不服,可以在收到本驳回决定之日起三个月内,向专利复审委员会请求复审。

审查员姓名:路畅

审查员代码:222669

210408
2012.5　　纸件申请,回函请寄:100088 北京市海淀区蓟门桥西土城路 6 号　国家知识产权局专利局受理处收
电子申请,应当通过电子专利申请系统以电子文件形式提交相关文件。除另有规定外,以纸件等其他形式提交的文件视为未提交。

214

立复审和无效审理部。根据《专利法》第四十一条的规定，复审和无效审理部对复审请求进行受理和审查，并作出决定。一方面，复审和无效审理部一般仅针对驳回决定所依据的理由和证据进行审查，不承担对专利申请全面审查的义务；另一方面，为了提高专利授权的质量，避免不合理地延长审批程序，复审和无效审理部可以依职权对驳回决定未提及的明显实质性缺陷进行审查。

复审请求案件包括对初步审查和实质审查程序中驳回专利申请的决定不服而请求复审的案件。

被驳回申请的申请人可以向复审和无效审理部提出复审请求。复审请求人不是被驳回申请的申请人的，其复审请求不予受理。被驳回申请的申请人属于共同申请人的，如果复审请求人不是全部申请人，复审和无效审理部应当通知复审请求人在指定期限内补正；期满未补正的，其复审请求视为未提出。复审请求人应当提交复审请求书，说明理由，必要时还应当附具有关证据。

本书第三章第一节中详细说明了专利复审流程，在此不再赘述。

复审决定书包括下列部分。（复审决定书样本见下文；由于复审决定书通常篇幅较长，样本仅包含部分内容）

1. 标准表格

标准表格中各项应当按照要求填写完整。标准表格中主要记载申请人的姓名或者名称、申请号、发明创造的名称、合议组成员等。

2. 审查决定的著录项目

复审决定书的著录项目包括决定号、案件编号、决定日、发明创造名称、国际分类号（或者外观设计分类号）、复审请求人、申请号、优先权日（如有）、申请日、发明专利申请的公开日、复审请求日、法律依据和决定要点。

其中，审查决定的法律依据是指审查决定的理由所涉及的法律、法规条款。

审查决定的决定要点是决定正文中理由部分的实质性概括和核心论述，是针对该案争论点或者难点所采用的判断性标准，是对所适用的《专利法》《专利法实施细则》有关条款作进一步解释，并尽可能地根据该案的特定情况得出具有指导意义的结论。

决定要点在形式上应满足下列要求：①以简明、扼要的文字表述；②表述应当合乎逻辑、准确、严密和有根据，并与决定结论相适应；③既不是简单地引用根据《专利法》或者《专利法实施细则》有关条款所得出的结论，也不是具体案由及结论的简述，可以从决定正文中摘出符合上述要求的关键语句。

3. 案由

在复审决定书的案由部分，复审和无效审理部将按照时间顺序叙述复审的提出、范围、理由、证据、受理，文件的提交、转送，审查过程及主要争议等情况。这部分内容客观、真实，与案件中的相应记载一致，正确地、概括性地反映案件的审查过程和争议的主要问题。

复审和无效审理部在案由部分会用简明、扼要的语言对当事人陈述的意见进行归纳和概括，清楚、准确地反映当事人的观点，并且应当写明决定的结论对其不利的当事人的全部理由和证据。

在针对发明或者实用新型专利申请或者专利的复审审查决定中，复审和无效审理部还将写明审查决定所涉及的权利要求的内容。

4. 决定的理由

在复审决定书的理由部分会先说明复审决定书针对的审查文本，然后阐明审查决定所依据的法律、法规条款的规定，得出审查结论所依据的事实，并且具体说明所述条款对该案件的适用。复审和无效审理部在论述这部分内容时，将根据所述法律法规对各项权利要求进行一一说明，还将具体分析对于决定的结论对其不利的当事人的全部理由、证据和主要观点，阐明其理由不成立、观点不被采纳的原因。

5. 结论

复审和无效审理部将在结论部分给出具体的审查结论，并且对后续程序的启动、时限和受理单位等给出明确、具体的指示。

复审请求审查决定（简称"复审决定"）分为下列三种类型：复审请求不成立，维持驳回决定；复审请求成立，撤销驳回决定；专利申请文件经复审请求人修改，克服了驳回决定所指出的缺陷，在修改文本的基础上撤销驳回决定。

上述第二种类型包括下列情形：①驳回决定适用法律错误的。②驳回理由缺少必要的证据支持的。③审查违反法定程序的，如驳回决定以申请人放弃的申请文本或者不要求保护的技术方案为依据；在审查程序中没有给予申请人针对驳回决定所依据的事实、理由和证据陈述意见的机会；驳回决定没有评价申请人提交的与驳回理由有关的证据，以致可能影响公正审理的。④驳回理由不成立的其他情形。

根据《专利法》第四十一条第一款的规定，复审和无效审理部将复审决定送达复审请求人。

以下所示为复审决定书样本部分内容。

中华人民共和国国家知识产权局

100004

北京市朝阳区建外大街 22 号赛特广场 7 层

北京集佳知识产权代理有限公司 田军锋,邹伟艳

发文日:

2015 年 05 月 12 日

申请号或专利号:200980132847.2   发文序号:2015050700385080

案件编号: 1F173638

发明创造名称: 能够到达风轮机的设备

复审请求人: PP 能源有限责任公司

复 审 决 定 书

（ 第 8 8 1 7 2 号 ）

☐ 根据前置审查意见书的意见,撤销国家知识产权局于_____年_____月_____日作出的驳回决定,由原审查部门继续进行审批程序。

☐ 维持国家知识产权局于_____年_____月_____日作出的驳回决定。

☒ 经审查,撤销国家知识产权局于 2014 年 03 月 07 日作出的驳回决定。

根据专利法第四十一条第二款的规定,复审请求人对本决定不服的,可以在收到本通知之日起 3 个月内向北京知识产权法院起诉。

☒ 附:决定正文 7 页(正文自第 2 页起算)。

合议组组长:李卉 主审员:苑丛 参审员:郭晓立

中华人民共和国国家知识产权局

中华人民共和国国家知识产权局专利复审委员会

复审请求审查决定（第 88172 号）

案件编号	第 1F173638 号
决定日	2015 年 05 月 05 日
发明创造名称	能够到达风轮机的设备
国际分类号	F03D 1/00(2006.01)
复审请求人	PP 能源有限责任公司
申请号	200980132847.2
优先权日	2008 年 06 月 26 日 2008 年 09 月 29 日
申请日	2009 年 06 月 18 日
公开日	2011 年 07 月 20 日
复审请求日	2014 年 06 月 17 日
法律依据	专利法第 22 条第 2、3 款
决定要点：若一项权利要求所限定的技术方案不同于现有技术所公开的技术内容，且现有技术也未给出相应的技术启示令本领域技术人员在不付出创造性劳动的前提下得到该项权利要求所限定的技术方案，则该项权利要求具备创造性。	

200912　　纸件申请，回函请寄：100088 北京市海淀区蓟门桥西土城路 6 号　国家知识产权局专利复审委员会收
2014. 11　　电子申请，应当通过电子专利申请系统以电子文件形式提交相关文件。除另有规定外，以纸件等其他形式提交的文件视为未提交。

2/8

中 华 人 民 共 和 国 国 家 知 识 产 权 局

一、案由

本复审请求涉及申请号为 200980132847.2，名称为"能够到达风轮机的设备"的 PCT 发明专利申请（下称本申请）。本申请的申请人为 PP 能源有限责任公司，申请日为 2009 年 06 月 18 日，最早的优先权日为 2008 年 06 月 26 日，进入中国国家阶段日为 2011 年 02 月 22 日，公开日为 2011 年 07 月 20 日。

经实质审查，国家知识产权局原审查部门于 2014 年 03 月 07 日发出驳回决定，驳回了本申请，其理由是：本申请权利要求 1-3、18、19、26-28、30、38、39、46、53、55-58 不符合专利法第 22 条第 2 款有关新颖性的规定，权利要求 4-17、20-25、29、31-37、40-45、47-65 不符合专利法第 22 条第 3 款有关创造性的规定。驳回决定所依据的文本为：2011 年 02 月 22 日提交的说明书第 1-289 段（即第 1-38 页）、说明书附图第 1-26 页、说明书摘要、摘要附图；2013 年 05 月 30 日提交的权利要求第 1-65 项。

驳回决定所针对的独立权利要求如下：

"1. 一种用于使得能够到达风轮机的转动叶片(54)的设备，所述设备适于在所述转动叶片的纵向方向上运动，所述设备包括：

——框架结构(2)；

——用于相对于所述转动叶片支撑和引导所述设备的装置；以及

——用于相对于所述转动叶片下降和/或提升所述设备的装置，

其中所述用于相对于所述转动叶片支撑和引导所述设备的装置构造成用于在下列区域处接触所述转动叶片：

——在所述转动叶片的前缘处或其附近，和/或

——在所述转动叶片的后缘处或其附近

其中，所述用于相对于所述转动叶片支撑和引导所述设备的装置构造成用于在所述设备的运动过程中相对于所述转动叶片进行调节，以便在所述区域处保持与所述转动叶片的可控接触，并且

其中，所述用于相对于所述转动叶片支撑和引导所述设备的装置包括多个接触装置(12, 14)，所述多个接触装置(12, 14)中的至少一个适于在所述设备的运动过程中在所述用于相对于所述转动叶片支撑和引导所述设备的装置正在相对于所述转动叶片进行调节的同时能够沿着所述转动叶片的表面全方向运动。

53. 根据权利要求 1-52 中任一项所述的用于使得能够到达风轮机的转动叶片(54)的设备的用途，其中：

——将所述设备(1)放置在基本上位于地面或海面高度处的所述风轮机附近；

——通过与所述风轮机连接的至少一个绳索(56)相对于所述风轮机提升所述设备；

——在所述设备已经到达合适的高度时，所述转动叶片(54)在所述转动叶片的边缘处被所述用于相对于所述转动叶片支撑和引导所述设备的装置接触，所述用于相对于所述转动叶片支撑和引导所述设备的装置能够相对于所述设备运动；

200912　纸件申请，回函请寄：100088 北京市海淀区蓟门桥西土城路 6 号　国家知识产权局专利复审委员会收
2014.11　电子申请，应当通过电子专利申请系统以电子文件形式提交相关文件。除另有规定外，以纸件等其他形式提交的文件视为未提交。

3/8

中华人民共和国国家知识产权局

经审查，合议组认为本案事实已经清楚，可以作出审查决定。

二、决定的理由

1、关于审查文本

复审请求人在提出复审请求时对权利要求书进行了修改，经审查，上述修改符合专利法第33条的规定。因此本复审请求审查决定针对的文本为：2011年02月22日提交的说明书第1-38页、说明书附图第1-26页、说明书摘要、摘要附图，2014年06月17日提交的权利要求第1-64项。

2、关于新颖性和创造性

专利法第22条第2款规定：新颖性，是指在申请日以前没有同样的发明或者实用新型在国内外出版物上公开发表过、在国内公开使用过或者以其他方式为公众所知，也没有同样的发明或者实用新型由他人向国务院专利行政部门提出过申请并且记载在申请日以后公布的专利申请文件中。

专利法第22条第3款规定：创造性，是指同申请日以前已有的技术相比，该发明有突出的实质性特点和显著的进步，该实用新型有实质性特点和进步。

本申请权利要求1请求保护一种用于使得能够到达风轮机的转动叶片的设备。

经查，对比文件1公开了用于处理风机叶片的方法和设备，并具体公开了如下技术特征（参见对比文件1的说明书第18页第23行至第19页第13行，第20页第4-9行，第26页第4行至第28页第27行、附图1-10）：风机1包括塔架2、起重机或者提升设备9（相当于本申请的用于使得能够到达风轮机的转动叶片的设备）和自动清洗风机叶片设备10（相当于本申请的框架结构），起重机或者提升设备9能够将自动清洗风机叶片设备10运向风机转动叶片，该起重机或者提升设备9适于在风机叶片的纵向上运动，该自动清洗风机叶片设备10为包围环缝的贝壳状或者圆柱状，起重机或者提升设备9可相对于风机转动叶片下降和/或提升，自动清洗设备10内具有带有刷毛42的刷子40，刷子40为旋转刷子，其以与在洗车装置中常用的刷子相同的方式进行设计并且用于清洁转动叶片的表面，自动清洗设备10内还具有控制和支撑轮50和51（相当于本申请的用于相对于所述转动叶片支撑和引导所述设备的装置），控制和支撑轮50和51布置在刷子40的上侧和下侧，控制轮50呈V型，可以控制旋转叶片后侧，例如旋转叶片的尖端，支撑轮51可以适应旋转叶片位置，例如在旋转叶片前侧邻接旋转叶片。

而对于权利要求1中的技术特征"用于相对于所述转动叶片支撑和引导所述设备的装置包括多个接触装置"中的"接触装置"，对比文件1并没有公开，相对于对比文件1而言，对比文件1公开的"控制和支撑轮50和51"相当于本申请的用于相对于所述转动叶片支撑和引导所述设备的装置，而控制和支撑轮50和51并不能相对于所述转动叶片沿着所述转动叶片的表面全方向运动；而对比文件1公开的"刷子40"，其可以用于清洁转动叶片的表面，但是其既不是支撑轮51和控制轮50的组成部分，也不能相对于所述转动叶片

200912　　纸件申请，回函请寄：100088 北京市海淀区蓟门桥西土城路6号　国家知识产权局专利复审委员会收
2014.11　　电子申请，应当通过电子专利申请系统以电子文件形式提交相关文件。除另有规定外，以纸件等其他形式提交的文件视为未提交。

中华人民共和国国家知识产权局

支撑和引导所述设备。由此可见，权利要求 1 要求保护的技术方案和对比文件 1 公开的技术方案相比，存在如下区别技术特征：所述用于相对于所述转动叶片支撑和引导所述设备的装置包括多个接触装置(12，14)，所述多个接触装置(12，14)中的至少一个适于在多个位置和/或在相邻点处接触所述转动叶片以及适于在所述设备的运动过程中在所述用于相对于所述转动叶片支撑和引导所述设备的装置正在相对于所述转动叶片进行调节的同时能够沿着所述转动叶片的表面全方向运动。

因此，权利要求 1 所要求保护的技术方案相对于对比文件 1 具备专利法第 22 条第 2 款规定的新颖性。

根据本申请说明书的记载，上述区别特征解决了如下技术问题：设备能够按照可靠的方式由转动叶片引导沿着转动叶片上下运动，所以用户能够到达或接近风轮机转动叶片的表面的所有部分。而用于相对于所述转动叶片支撑和引导所述设备可以自动地与沿着长度明显变化的所述转动叶片的尺寸和形状相适应，由此便于能够沿着实际上整个长度到达该转动叶片。而且设备因此支撑在转动叶片的合适的部分上，即位于转动叶片的前缘处或附近以及位于转动叶片的后缘处或附近的区域，并且即使这些区域根据转动叶片的尺寸和形状的变化而沿着其长度运动，也将所述支撑保持在这些区域处。而且接触装置可以沿着适合作为设备支撑的转动叶片的路径在没有过度摩擦并且轻松的情况下可全方向运动。而对比文件 1 公开的控制和支撑轮 50 和 51 不能够沿着所述转动叶片的表面全方向运动，因此对比文件 1 没有公开用于相对于所述转动叶片支撑和引导所述设备的装置包括的多个接触装置。所以，对比文件 1 没有给出应用上述区别技术特征以解决相关技术问题的技术启示，目前也没有证据表明上述区别技术特征属于本领域公知常识，由于上述区别技术特征的存在，使得权利要求 1 的技术方案具有能够以安全和稳固的方式并且即使在大风条件下也没有损伤转动叶片的风险的到达风轮机的转动叶片的技术效果。因此，权利要求 1 所要求保护的技术方案相对于对比文件 1 具有突出的实质性特点和显著的进步，具备专利法第 22 条第 3 款规定的创造性。

本申请权利要求 2-51 引用了权利要求 1，因此在权利要求 1 具备新颖性、创造性的情况下，从属权利要求 2-51 也具备新颖性、创造性，符合专利法第 22 条第 2、3 款的规定。

因为独立权利要求 52 引用了权利要求 1-51 中任意一项所述的用于使能够到达风轮机的转动叶片(54)的设备的用途，因此当权利要求 1-51 具备新颖性、创造性时，独立权利要求 52 及其从属权利要求 53-64 也具备新颖性、创造性，符合专利法第 22 条第 2、3 款的规定。

三、决定

撤销国家知识产权局于 2014 年 03 月 07 日对本申请作出的驳回决定。由国家知识产权局原审查部门以本复审请求审查决定针对的文本为基础继续进行审批程序。

如对本复审请求审查决定不服，根据专利法第 41 条第 2 款的规定，复审请求人自收到本决定之日起三个月内向北京知识产权法院起诉。

200912   纸件申请，回函请寄：100088 北京市海淀区蓟门桥西土城路 6 号 国家知识产权局专利复审委员会收
2014.11   电子申请，应当通过电子专利申请系统以电子文件形式提交相关文件。除另有规定外，以纸件等其他形式提交的文件视为未提交。
                                                                                                    7/8

221

四、无效宣告请求审查决定书

无效宣告程序是专利公告授权后依当事人请求而启动的、通常为双方当事人参加的程序。复审程序针对的是对初步审查和实质审查程序中驳回专利申请的决定不服而请求复审的案件，而无效宣告请求的客体应当是已经公告授权的专利，包括已经终止或者放弃（自申请日起放弃的除外）的专利。无效宣告请求不是针对已经公告授权的专利的，不予受理。

根据《专利法》第四十五条和第四十六条第一款的规定，专利局复审和无效审理部对专利权无效宣告请求进行受理和审查，并作出决定。专利局复审和无效审理部在收到无效宣告请求书后，首先会进行形式审查。无效宣告请求经形式审查不符合《专利法》及其实施细则和审查指南有关规定，需要补正的，专利局复审和无效审理部将发出补正通知书，要求请求人在收到通知书之日起 15 日内补正。无效宣告请求视为未提出或者不予受理的，专利局复审和无效审理部将发出无效宣告请求视为未提出通知书或者无效宣告请求不予受理通知书，通知请求人。

无效宣告请求经形式审查符合《专利法》及其实施细则和审查指南有关规定的，专利局复审和无效审理部将向请求人和专利权人发出无效宣告请求受理通知书，并将无效宣告请求书和有关文件副本转送专利权人，要求其在收到该通知书之日起 1 个月内答复。专利权人就其专利委托了在专利权有效期内的全程代理的，所述无效宣告请求书和有关文件副本转送该全程代理的机构。

在无效宣告程序中，专利局复审和无效审理部通常仅针对当事人提出的无效宣告请求的范围、理由和提交的证据进行审查，不承担全面审查专利有效性的义务。专利局复审和无效审理部作出宣告专利权全部或者部分无效的审查决定后，当事人未在收到该审查决定之日起 3 个月内向人民法院起诉或者人民法院生效判决维持该审查决定的，针对已被该决定宣告无效的专利权提出的无效宣告请求不予受理。

本书第三章第一节详细说明了专利无效宣告流程，在此不再赘述。

无效宣告请求审查决定书包括下列部分。（后附无效宣告请求审查决定书样本；由于无效宣告请求审查决定书篇幅较长，样本仅包含部分内容）

1. 标准表格

标准表格中各项应当按照要求填写完整。标准表格中主要记载申请人的姓名或者名称、申请号、发明创造的名称、专利权人、无效宣告请求人、合议组成员等。

2. 审查决定书的著录项目

无效宣告请求审查决定的著录项目应当包括决定号、决定日、发明创造名称、国际分类号（或者外观设计分类号）、无效宣告请求人、专利权人、专利号、申请日、优先权日（如有）、授权公告日、无效宣告请求日、法律依据和决定要点。

其中，审查决定的法律依据是指审查决定的理由所涉及的法律、法规条款。

审查决定的决定要点是决定正文中理由部分的实质性概括和核心论述，是针对该案争论点或者难点所采用的判断性标准，是对所适用的《专利法》《专利法实施细则》有关条款作进一步解释，并尽可能地根据该案的特定情况得出具有指导意义的结论。

决定要点在形式上应满足下列要求：①以简明、扼要的文字表述；②表述应当合乎逻辑、准确、严密和有根据，并与决定结论相适应；③既不是简单地引用根据《专利法》或者《专利法实施细则》有关条款所得出的结论，也不是具体案由及结论的简述，可以从决定正文中摘出符合上述要求的关键语句。

3. 案由

在无效宣告请求审查决定书的案由部分，专利局复审和无效审理部将按照时间顺序叙述无效宣告请求的提出、范围、理由、证据、受理，文件的提交、转送，审查过程及主要争议等情况。如有多个无效宣告请求人，专利局复审和无效审理部将逐一列出各无效宣告请求人提出的证据和意见。这部分内容客观、真实，与案件中的相应记载一致，正确地、概括性地反映案件的审查过程和争议的主要问题。

专利局复审和无效审理部在案由部分会用简明、扼要的语言对当事人陈述的意见进行归纳和概括，清楚、准确地反映当事人的观点，并且应当写明决定的结论对其不利的当事人的全部理由和证据。

在针对发明或者实用新型专利申请或者专利的无效宣告请求的审查决定中，专利局复审和无效审理部还将写明审查决定所涉及的权利要求的内容。

4. 决定的理由

在无效宣告请求审查决定书的理由部分会先说明无效宣告请求审查决定书针对的审查文本，然后阐明审查决定所依据的法律、法规条款的规定，得出审查结论所依据的事实，并且具体说明所述条款对该案件的适用。专利局复审和无效审理部在论述这部分内容时，将根据所述法律法规对各项权利要求进行一一说明，还将具体分析对于决定的结论对其不利的当事人的全部理由、证据和主要观点，阐明其理由不成立、观点不被采纳的原因。

5. 结论

专利局复审和无效审理部将在结论部分给出具体的审查结论，并且对后续程序的启动、时限和受理单位等给出明确、具体的指示。

无效宣告请求审查决定分为三种类型：宣告专利权全部无效，宣告专利权部分无效，维持专利权有效。宣告专利权无效包括宣告专利权全部无效和部分无效两种情形。根据《专利法》第四十七条的规定，宣告无效的专利权视为自始即不存在。在无效宣告程序中，如果请求人针对一件发明或者实用新型专利的部分权利要求的无效宣告理由成立，针对其余权利要求（包括以合并方式修改后的权利要求）的无效宣告理由不成立，则无效宣告请求审查决定应当宣告上述无效宣告理由成立的部分权利要求无效，并且维持其余的权利要求有效。对于包含若干具有独立使用价值的产品的外观设计专利，如果请求人针对其中一部分产品的外观设计专利的无效宣告理由成立，针对其余产品的外观设计专利的无效宣告理由不成立，则无效宣告请求审查决定应当宣告无效宣告理由成立的该部分产品外观设计专利无效，并且维持其余产品的外观设计专利有效。例如，对于包含同一产品两项以上的相似外观设计的一件外观设计专利，如果请求人针对其中部分外观设计的无效宣告理由成立，针对其余外观设计的无效宣告理由不成立，则无效宣告请求审查决定应当宣告无效宣告理由成立的该部分外观设计无效，并且维持其余外观设计有效。上述审查决定均属于宣告专利权部分无效的审查决定。一项专利被宣告部分无效后，被宣告无效的部分应视为自始即不存在，但是被维持的部分（包括修改后的权利要求）也同时应视为自始即存在。

根据《专利法》第四十六条第一款的规定，专利局复审和无效审理部应当将无效宣告请求审查决定送达双方当事人。对于涉及侵权案件的无效宣告请求，在无效宣告请求审理开始之前曾通知有关人民法院或者地方知识产权管理部门的，复审和无效审理部作出决定后，应当将审查决定和无效宣告审查结案通知书送达有关人民法院或者地方知识产权管理部门。

以下所示为无效宣告请求审查决定书样本的部分内容。

国家知识产权局

100080

北京市彩和坊路 10 号 1 号楼 10 层

北京市柳沈律师事务所 侯 宇(62681616)

发文日:

2019 年 06 月 19 日

申请号或专利号:201280024438.2 发文序号:2019061400782890

案件编号:4W108329

发明创造名称: 钳子

专利权人: 科尼佩克斯-沃克.C.古斯塔夫普奇公司

无效宣告请求人: 杭州巨星钢盾工具有限公司

无 效 宣 告 请 求 审 查 决 定 书

(第 40550 号)

根据专利法第 46 条第 1 款的规定,国家知识产权局对无效宣告请求人就上述专利权所提出的无效宣告请求进行了审查,现决定如下:

☒宣告专利权全部无效。

☐宣告专利权部分无效。

☐维持专利权有效。

根据专利法第 46 条第 2 款的规定,对本决定不服的,可以在收到本通知之日起 3 个月内向北京知识产权法院起诉,对方当事人作为第三人参加诉讼。

    附: 决定正文 ___7___ 页(正文自第 2 页起算)。

    合议组组长:吴亚琼 主审员:张娴 参审员:李卉

专利局复审和无效审理部

201019   纸件申请,回函请寄:100088 北京市海淀区蓟门桥西土城路 6 号 国家知识产权局专利局复审和无效审理部收

2019.4   电子申请,应当通过电子专利申请系统以电子文件形式提交相关文件,除另有规定外,以纸件等其他形式提交的文件视为未提交。

国 家 知 识 产 权 局

国家知识产权局

无效宣告请求审查决定(第 40550 号)

案件编号	第 4W108329 号
决定日	2019 年 05 月 29 日
发明创造名称	钳子
国际分类号	B26B 13/22(2006.01); B25B 7/22(2006.01); H02G 1/12(2006.01)
无效宣告请求人	杭州巨星钢盾工具有限公司
专利权人	科尼佩克斯-沃克.C.古斯塔夫普奇公司
专利号	201280024438.2
申请日	2012 年 05 月 18 日
优先权日	2011 年 05 月 20 日 2011 年 08 月 23 日
授权公告日	2016 年 11 月 16 日
无效宣告请求日	2019 年 01 月 03 日
法律依据	专利法第 22 条第 3 款
决定要点:	若一项权利要求所要求保护的技术方案相对最接近的现有技术存在区别技术特征,而其它现有技术给出了采用该区别技术特征的技术启示,使本领域技术人员有动机改进该最接近的现有技术以得到权利要求所要求保护的技术方案,则该项权利要求不具备创造性。

201019   纸件申请,回函请寄: 100088 北京市海淀区蓟门桥西土城路 6 号   国家知识产权局专利局复审和无效审理部收
2019.4   电子申请,应当通过电子专利申请系统以电子文件形式提交相关文件。除另有规定外,以纸件等其他形式提交的文件视为未提交。

2/9

226

国 家 知 识 产 权 局

一、案由

本无效宣告请求涉及专利号为 201280024438.2,名称为"钳子"的 PCT 发明专利(下称本专利)。本专利最早优先权日为 2011 年 05 月 20 日,申请日为 2012 年 05 月 18 日,授权公告日为 2016 年 11 月 16 日,专利权人为科尼佩克斯-沃克.C.古斯塔夫普奇公司。本专利授权公告时的权利要求书如下:

"1. 一种钳子(1),其具有两个钳子腿(2、3),所述钳子腿(2、3)被可相互转动地固定在关节区域(4)中,其中,所述钳子腿(2、3)在关节的一侧构成钳口区域(5),并且在关节的另一侧构成抓握段,其中,所述钳口区域还具有依次设置的不同的剪切构型,所述剪切构型分别由两个共同作用的、在所述钳子腿(2、3)的一个和另一个上设置的工作区域(6、7、8、9)构成,其特征在于,远离所述关节的工作区域(8、9)具有为了剥线操作而协同构成的、在钳子闭合时至少部分处于重叠的第一切削刃(10、11),并且靠近所述关节的工作区域(6、7)具有在所述钳子闭合时呈剪刀形式相叠的第二切削刃(14、15),其特征在于,所述第二切削刃(14、15)在钳子的张开方向上在钳口侧以比在关节侧更大的尺寸重合,在第一张开位置上,通过这种张开程度可以接触到第一切削刃(10、11),但无法接触到第二切削刃(14、15),其中,所述第二切削刃(14、15)作为电缆剪具有呈锐角的剪切角度,并且两个切削刃具有弯曲的剪切棱边,并且其中,所述第二切削刃(14、15)在钳子闭合时在其整个长度上以不同的重叠量重叠,也即所述第二切削刃(14、15)被设计为在远离关节处比在靠近关节处重叠更多。

2. 如权利要求 1 所述的钳子,其特征在于,所述第二切削刃(14、15)的重叠沿钳子的纵向最小化进行。

3. 如前述权利要求之一所述的钳子,其特征在于,所述第一切削刃(10、11)中的一个或两个设计具有一个或多个剥线凹口。

4. 如权利要求 1 所述的钳子,其特征在于,所述第一切削刃(10、11)在钳子处于闭合位置时,借助剥线凹口区域内的凹处呈剪刀形式相叠。

5. 如权利要求 1 所述的钳子,其特征在于,所述钳子(1)除了剪切工作区域外,还具有另外的工作区域。

6. 如权利要求 5 所述的钳子,其特征在于,所述另外的工作区域是夹紧工作区域、喷嘴孔工作区域或剥线工作区域。

7. 如权利要求 5 所述的钳子,其特征在于,所述另外的工作区域被设计在构成第一切削刃(10、11)的工作区域的钳口侧。"

针对本专利,杭州巨星钢盾工具有限公司(下称请求人)于 2019 年 01 月 03 日向国家知识产权局提出了无效宣告请求,其理由是权利要求 1-7 不符合专利法第 26 条第 4 款的规定,权利要求 1-7 不符合专利法第 22 条第 3 款的规定,请求宣告本专利全部无效,同时提交了如下证据:

证据 1:公告日为 2003 年 03 月 06 日,公告号为 US2003/0041382A1 的美国专利,复印件;

证据 2:公开日为 1995 年 11 月 10 日,公开号为 JP7-298439A 的日本专利,复印件;

201019
2019.4　　纸件申请,回函请寄:100088 北京市海淀区蓟门桥西土城路 6 号　国家知识产权局专利局复审和无效审理部收电子申请,应当通过电子专利申请系统以电子文件形式提交相关文件。除另有规定外,以纸件等其他形式提交的文件视为未提交。

3/9

227

国 家 知 识 产 权 局

　　请求人认为：本专利权利要求 1 与证据 1 区别技术特征也是本领域技术人员在证据 5 的启示下容易想到的，因此权利要求 1 相对于证据 1、证据 5 和公知常识的结合，或证据 1、证据 2、证据 5 和公知常识的结合也不具备创造性。

　　国家知识产权局本案合议组于 2019 年 02 月 21 日向双方当事人发出了口头审理通知书，定于 2019 年 04 月 25 日举行口头审理。同日，将请求人的意见陈述转送给专利权人，要求其在指定期限内答复。

　　专利权人于 2019 年 04 月 08 日提交了意见陈述书以及针对证据 1 和证据 5 中文译文的修订文本。专利权人认为：权利要求 1-7 符合专利法第 26 条第 4 款以及专利法第 22 条第 3 款的规定。

　　合议组于 2019 年 04 月 12 日将专利权人提交的上述意见陈述书及中文译文的修订文本转送请求人，要求其在指定期限内答复。

　　口头审理如期举行，双方当事人均出席了本次口头审理并充分发表了意见。合议组确认并记录以下事项：

　　1）请求人明确无效宣告请求的理由与请求书以及 2019 年 01 月 24 日提交的意见陈述一致。证据 1 说明书文字部分引用内容为第 0023-0033 段，证据 5 说明书文字部分引用内容为第 8 页左栏最后 1 段和第 8 页右栏第 2 段。

　　2）专利权人对证据 1-3、5 的真实性无异议，放弃对请求人证据 1 中文译文第 0027 段的修改，对请求人提交的证据 1 说明书第 0023-0033 段、证据 5 说明书第 8 页左栏最后 1 段和第 8 页右栏第 2 段的中文译文无异议。对证据 2 的中文译文无异议。

　　3）专利权人当庭提交了公知常识反证，用以证明证据 5 不是剥线钳，其功能与本专利不同：

　　反证 1：《中国轻工业标准汇编》，中国质检出版社，中国标准出版社，引用其中的"中华人民共和国轻工行业标准——剥线钳"QB/TQ 2207-1996，1996 年 12 月 01 日实施。

　　4）合议组当庭将反证 1 转给请求人，请求人对反证 1 的真实性无异议。

　　5）专利权人表示权利要求 2 中"重叠沿钳子的纵向最小化进行"的含义是"沿钳子的纵向具有重叠量最小处"，该最小处靠近关节但距离关节还有一小段距离。

　　专利权人又于 2019 年 04 月 26 日针对合议组 2019 年 02 月 21 日的转文提交了意见陈述，该意见陈述的内容与口头审理当庭陈述的意见基本一致，因此合议组对该意见陈述不再转送。

　　至此，合议组认为本案事实已经清楚，可以作出审查决定。

二、决定的理由

　　1. 证据的认定

　　证据 1 和证据 2 是专利文献，属于公开出版物，专利权人对上述证据的真实性无异议，合议组对证据 1、2 的真实性亦予以认可。且证据 1、2 的公开时间早于本专利的申请日，故其构成本专利的现有技术，可以用于评价本专利的创造性。请求人表示证据 1 说明书文字部分引用内容为第 0023-0033 段，专利权人对该部分

201019　　　纸件申请，回函请寄：100088 北京市海淀区蓟门桥西土城路 6 号　国家知识产权局专利局复审和无效审理部收
2019.4　　　电子申请，应当通过电子专利申请系统以电子文件形式提交相关文件。除另有规定外，以纸件等其他形式提交的文件视为未提交。

5/9

228

国 家 知 识 产 权 局

凹陷部 44 和 45，该多个半圆形凹陷部 44 和 45 成对以当钳口 18 和 19 闭合时形成多个圆形开口。可见，证据 1 公开了"第一切削刃中的两个设计具有多个剥线凹口"的技术特征。"切削刃的一个上设计具有一个或多个剥线凹口"，以及"切削刃的两个上设计具有一个剥线凹口"也是本领域技术人员容易想到的。因此，在其引用的权利要求不具备创造性的基础上，权利要求 3 也不符合专利法第 22 条第 3 款有关创造性的规定。

权利要求 4 对权利要求 1 作进一步限定。但用于剥线的第一切削刃在闭合位置，剥线凹口区域内的凹处呈剪刀形式相叠是本领域的常规技术手段，也没有取得预料不到的技术效果。因此，在其引用的权利要求不具备创造性的基础上，权利要求 4 也不符合专利法第 22 条第 3 款有关创造性的规定。

权利要求 5 对权利要求 1 作进一步限定。证据 1 说明书第 0024 段和图 1 公开了用于夹握和压接电线或电缆的钳子区段 42，该区段属于本专利中另外的工作区域。因此，在其引用的权利要求不具备创造性的基础上，权利要求 5 也不符合专利法第 22 条第 3 款有关创造性的规定。

权利要求 6 对权利要求 5 作进一步限定。证据 1 的钳子区段相当于本专利的夹紧工作区域。证据 3 的第一夹持段 19（参见证据 3 说明书第 0016 段，图 1）相当于本专利的喷嘴孔工作区域。另外再设置另一个剥线工作区域也是本领域技术人员容易想到的。因此，在现有技术启示下本领域技术人员容易想到在另外的工作区域设置夹紧工作区域、喷嘴孔工作区域或另一个剥线工作区域。因此，在其引用的权利要求不具备创造性的基础上，权利要求 6 也不符合专利法第 22 条第 3 款有关创造性的规定。

权利要求 7 对权利要求 5 作进一步限定。证据 1 钳子区段 42 位于凹口剥离区段 38 的钳口侧，可见证据 1 公开了权利要求 7 的附加技术特征。因此，在其引用的权利要求不具备创造性的基础上，权利要求 7 也不符合专利法第 22 条第 3 款有关创造性的规定。

鉴于已得出本专利权利要求 1-7 不符合专利法第 22 条第 3 款规定的结论，故合议组对请求人的其它无效理由、证据和证据组合方式不再予以评述。

基于以上事实和理由，合议组作出如下决定。

三、决定

宣告 201280024438.2 号发明专利权全部无效。

当事人对本决定不服的，可以根据专利法第 46 条第 2 款的规定，自收到本决定之日起三个月内向北京知识产权法院起诉。根据该款的规定，一方当事人起诉后，另一方当事人作为第三人参加诉讼。

合议组组长：吴亚琼

主 审 员：张娴

参 审 员：李卉

专利局复审和无效审理部

201019　　　纸件申请，回函请寄：100088 北京市海淀区蓟门桥西土城路 6 号　国家知识产权局专利局复审和无效审理部收
2019.4　　　电子申请，应当通过电子专利申请系统以电子文件形式提交相关文件。除另有规定外，以纸件等其他形式提交的文件视为未提交。

第九章　专利审查文件的翻译

在上一章，以通过 PCT 途径提交申请为例，介绍了 PCT 途径国际阶段和国家（国内）阶段过程中产生的各类专利审查文件。对比各种审查文件可知，其不同点在于由于产生阶段不同，适用的法律法规不同，而相同点则是审查员就专利申请是否符合相关法律法规中规定的新颖性、创造性和（工业）实用性，以及是否符合其他规定进行审查。国际阶段发出的审查文件，如上一章提及的国际检索单位书面意见（WOSA），是以《专利合作条约》（PCT）为基础，由国际局审查员就专利申请是否具有新颖性、创造性和工业实用性，以及是否符合《专利合作条约》和《专利合作条约实施细则》及其他相关规定提出的审查意见；而在国家阶段发出的各类审查文件（如第一次审查意见通知书、驳回决定等），则是由中国国家知识产权局的审查员就专利申请是否符合《专利法》和《专利法实施细则》中规定的新颖性、创造性和实用性，以及是否符合其他规定而提出的审查意见。

本章将以中国国家知识产权局发出的审查文件为例，简单介绍审查文件中常出现的几类审查意见。根据《专利法》第二十二条第一款的规定，授予专利权的发明和实用新型应当具备新颖性、创造性和实用性。因此，申请专利的发明和实用新型具备新颖性、创造性和实用性（简称"三性"）是授予其专利权的必要条件。本章前三节将介绍"三性"的概念和审查原则，并以实例讲解翻译过程中应如何处理；第四节介绍审查文件中除"三性"外审查员提出的其他常见意见；第五节介绍审查文件中的首页和检索报告部分的翻译。

第一节　新颖性

一、新颖性的概念和审查原则

（一）新颖性的概念

《专利法》第二十二条第二款规定："新颖性，是指该发明或者实用新型不属于现有技术；也没有任何单位或者个人就同样的发明或者实用新型在申请日以前向国务院专利行政部门提出过申请，并记载在申请日以后公布的专利申请文件或者公告的专利文件中。"

在进一步解释新颖性之前，需要先了解"现有技术"这一概念。根据《专利法》第二十二条第五款的规定，现有技术是指申请日以前在国内外为公众所知的技术。现有技术包括在申请日（有优先权的，指优先权日）以前在国内外出版物上公开发表、在国内外公开使用或者以其他方式为公众所知的技术。现有技术应当是在申请日以前公众能够得知的技术内容。换句话说，现有技术应当在申请日以前处于能够为公众获得的状态，并包含能够使公众从中得知实质性技术知识的内容。

审查员在判断发明专利申请是否具备新颖性时，通常会将现有技术和发明专利申请进行对比，而为判断发明是否具备新颖性所引用的相关现有技术文件包括专利文件和非专利文件，统称为对比文件。引用的对比文件可以是一份，也可以是数份；引用的内容可以是每份对比文件的全部内容，也可以是其中的部分内容。

（二）审查原则

审查新颖性时，审查员将根据以下原则进行判断。

1. 同样的发明

被审查的发明专利申请与现有技术或者申请日前由任何单位或者个人向专利局提出申请并在申请日后（含申请日）公布或公告的（以下简称申请在先公布或公告在后的）发明的相关内容相比，如果其技术领域、所解决的技术问题、技术方案和预期效果实质上相同，则认为两者为同样的发明。在进行新颖性判断时，审查员首先会判断被审查专利申请的技术方案与对比文件的技术方案是否实质上相同。如果专利申请与对比文件公开的内容相比，其权利要求所限定的技术方案与对比文件公开的技术方案实质上相同，所属技术领域的技术人员根据两者的技术方案可以确定两者能够适用于相同的技术领域，解决相同的技术问题，并具有相同的预期效果，则认为两者为同样的发明。

2. 单独对比

判断新颖性时，审查员会将发明专利申请的各项权利要求分别与每一项现有技术或申请在先公布或公告在后的发明的相关技术内容单独进行比较，而不会将其与几项现有技术或者申请在先公布或公告在后的发明的组合、或者与一份对比文件中的多项技术方案的组合进行对比，即判断发明专利申请的新颖性适用单独对比的原则。这与发明专利申请创造性的判断方法有所不同，具体如何判断创造性，可参见本章第二节中的"创造性的概念和审查原则"。

二、实例讲解

【例1】权利要求1请求保护一种发光装置。对比文件1（US 2008/0297908 A1）公开了一种发光装置，并具体公开了（参见说明书第9～90段及附图1～32）：根据相关附图及描述可知，所述基板200包括多个发光元件，其中包括被配置为漫射从至少一个所述发光元件发射的光的多个第一构件1a和位于所述第一构件之间的第二构件2，并且其中所述第二构件包括光吸收层（参见光吸收部2）。由此可见，权利要求1所要求保护的技术方案与该对比文件1所公开的内容相比，其技术方案实质上是相同的，且两者属于相同的技术领域、解决相同的技术问题，并能产生相同的技术效果，因此该权利要求所要求保护的技术方案不具备新颖性。

【解析】判断新颖性时，审查员会将发明专利申请的各项权利要求分别与每一项现有技术或申请在先公布或公告在后的发明的相关技术内容单独地进行比较。如果要求保护的发明与对比文件所公开的技术内容完全相同，或者仅仅是简单的文字变换，则该发明不具备新颖性。另外，上述相同的内容应该理解为包括可以从对比文件中直接地、毫无疑义地确定的技术内容。例1中，审查员对发明专利申请的权利要求1进行了评论。权利要求1请求保护的是"一种发光装置"。审查员经检索后发现对比文件1是最接近的现有技术，因此对权利要求1和对比文件1进行了对比。由于对比文件1也公开了"一种发光装置"，那么可以判断要求保护的发明与对比文件所公开的技术内容完全相同，最终得出权利要求1不具备新颖性的结论。

【参考译文】Claim 1 claims a light emitting apparatus. Reference document 1 (US 2008/0297908 A1) discloses a light emitting apparatus, and specifically discloses (see description, paragraphs [0009]-[0090], and figures 1-32): according to relevant drawings and description, a substrate, the substrate 200 including a plurality of light emitting devices, wherein the substrate further includes a plurality of first members 1a configured to diffuse light emitted from at least one of the light emitting devices, and a second member 2 that is positioned between the first members, and wherein the second member includes a light absorbing layer (see light absorbing portions 2). Thus, by comparing the technical solution of claim 1 with the disclosure in Reference document 1, it can be seen that their respective technical solutions are substantively the same, fall within the same technical field, solve the same technical problem and can achieve the same technical effect; therefore, the technical solution of said claim lacks novelty.

【例 2】权利要求 1 请求保护一种制动齿轮马达组，对比文件 1（CN 102762882 A）公开了一种用于机电制动执行器的子组件，其实际也涉及一种制动齿轮马达组，并具体公开了如下技术特征（参见对比文件 1 的说明书第 0035 ~ 0059 段、附图 1 ~ 6）：马达 26，具有马达驱动轴 28（相当于本申请中的马达轴）；齿轮装置 24（相当于本申请中的减速器）通过输入侧操作而连接于马达驱动轴 28 以接收运动和驱动扭矩，并且通过齿轮装置 24 的输出侧将运动和驱动扭矩传输到制动器；壳体 12，具有至少一个腔室；所述至少一个腔室通过至少一个腔室壁或外罩而被至少部分地界定，支撑板设置在壳体 12 中；马达 26 被至少部分地安置在所述至少一个腔室中；驱动轴 28 被能自由转动地支撑在所述支撑板中；齿轮装置 24 被安置在所述至少一个腔室中；齿轮装置 24 被能自由转动地支撑在所述支撑板中；壳体 12 包括与所述制动器连接的连接缘，所述连接缘适于将壳体 12 连接于制动钳，以便与所述制动器的所述输出侧接合，并且允许至少一个制动衬片朝向和远离盘式制动器盘移动并施加制动作用；所述支撑板将所述壳体划分成三个腔室，该三个腔室中的第一腔室容纳齿轮装置 24 的所述输出侧，该三个腔室中的第二腔室容纳电动马达 26 的至少一部分，该三个腔室中的第三腔室容纳齿轮装置 24 的所述输入侧或者容纳所述减速器的连接于所述电动马达 26 的侧部，第二腔室由壳体 12 上的盖（相当于本申请中的第一盖）封闭，壳体 12 上的盖为基本上杯形的且从一组杯形的盖中选择，壳体 12 上的盖形成第一盖隔室，所述第一盖隔室为预定尺寸的并且适合于容纳特定尺寸的所述电动马达 26 的一部分，以便通过仅改变壳体 12 上的盖并且保持所述壳体 12 不变来使所述制动齿轮马达组适于不同的应用。

由此可见，该权利要求所要求保护的技术方案已经被对比文件 1 公开，且对比文件 1 所公开的技术方案与该权利要求所要求保护的技术方案属于相同的技术领域、解决了相同的技术问题，并产生了相同的技术效果。因此，该权利要求所要求保护的技术方案不具备新颖性。

【解析】上文谈及新颖性审查原则时曾提及，在进行新颖性判断时，审查员首先会判断被审查专利申请的技术方案与对比文件的技术方案是否实质上相同，如果专利申请与对比文件公开的内容相比，其权利要求所限定的技术方案与对比文件公开的技术方案实质上相同，所属技术领域的技术人员根据两者的技术方案可以确定两者能够适用于相同的技术领域、解决相同的技术问题，并具有相同的预期效果，则认为两者为同样的发明。例 2 中，通过对比权利要求 1 和对比文件 1，虽然从表达上看两者的主题不一样，但是基于两者的结构和作用可以判断对比文件 1 中"用于机电制动执行器的子组件"实际上就是发明申请权利要求 1 中的"制动齿轮马达组"，因此权利要求 1 不具备新颖性。

【参考译文】Claim 1 claims a brake gear motor group. Reference document 1 (CN 102762882 A) discloses a sub-assembly for an electromechanical brake actuator, which is virtually a brake gear motor group, and specifically discloses the following technical features (see Reference document 1, description, paragraphs [0035]-[0059], and figures 1-6): a motor 26 having a motor drive shaft 28 (equivalent to a motor drive shaft in the present application); a gear device 24 (equivalent to a reducer in the present application) operatively connected, with its input side, to the motor drive shaft 28, to receive a movement and a driving torque and transmit them with its side output to the brake; a housing 12 having at least one chamber, said at least one chamber being at least partly delimited by at least one chamber wall or mantle, wherein a support plate is provided in the housing 12; the motor 26 is accommodated, at least in part, in said at least one chamber; the motor drive shaft 28 is supported freely rotatable in said support plate; the gear device 24 is accommodated in said at least one chamber; the gear device 24 is supported freely rotatable in said support plate; the housing 12 comprises a connection rim to the brake suitable to couple the housing 12 to a brake calliper so as to interface with said output side of the brake and allow the movement of at least one brake pad towards and away from a disc brake disc and exert a braking action; said support plate divides said housing in three chambers, a first chamber accommodates the output side of the gear device 24, a second chamber houses at least a part of the electric motor 26, a third chamber houses the input side of the gear device 24 or side of the reducer connected to the electric motor 26, wherein the second chamber is closed by a cover (equivalent to a first cover in the present application) on the housing 12, which is substantially cup-shaped, selected from a set of cup-shaped covers, that forms a first cover compartment of a predefined size and suitable for housing a portion of a specific size of the electric motor 26, in order to adapt said brake gear motor group to different applications, by changing the covering on the housing 12, and keeping the housing 12 unchanged.

Therefore, the technical solution of this claim is disclosed in Reference document 1, and the technical solution disclosed in Reference document 1 and the technical solution of this claim fall within the same technical field, solve the same technical problem, and achieve the same technical effect. Therefore, the technical solution of this claim lacks novelty.

【例3】权利要求2是权利要求1的从属权利要求，其限定部分的附加技术特征部分已被对比文件2公开，包括如下内容（参见说明书第5栏第44行至第6栏第10行及附图1）：所述浸渍（相当于本申请中的浸泡）是在浸渍容器12（下位概念浸渍容器公开了本申请所述的上位概念浸泡反应器）中进行的，并且一部分所述释放液体被引入所述浸渍容器12中。因此，权利要求2不具备《专利法》第二十二条第二款规定的新颖性。

【解析】如果要求保护的发明与对比文件相比，其区别仅在于前者采用上位概念，而后者采用下位概念限定同类性质的技术特征，则采用下位概念的对比文件将使采用上位概念限定的发明丧失新颖性。审查员在对发明申请的权利要求2进行评述时认为，与对比文件2相比，权利要求2采用了上位概念"浸泡反应器"，而对比文件2中则采用了下位概念"浸渍容器"，因而使得采用上位概念的权利要求2不具备新颖性。但是上位概念的公开并不影响采用下位概念限定的发明的新颖性。

【参考译文】Claim 2 is dependent on claim 1, and the additional technical features in the characterizing portion thereof are disclosed in Reference 2, comprising the following content (see description, column 5, line 44 to column 6, line 10, and figure 1): the impregnation (equivalent to soaking in the present application) is conducted in an impregnation vessel 12 (the lower level term "impregnation vessel" indicating that the upper level term "soaking reactor" in the present application is disclosed) and a portion of the released liquid is introduced into the impregnation vessel 12. Therefore, claim 16 lacks novelty under Article 22. 2 of the Patent Law.

【例4】对比文件1（CN 203404480 U）公开了一种阀的锁帽（参见对比文件1的说明书第14～18段、附图1～3）。当锁帽（控制手柄）移动至左侧位置（上升位置）时，限位球4（止动部分）和锁帽围绕控制轴线扭转抵抗地耦接并且台阶13（控制表面）将限位球4推到锁定位置中，当所述锁帽移动至右侧位置（下降位置）时，台阶13被定位以允许所述限位球返回至所述释放位置。

将上升位置替换左侧位置、下降位置替换右侧位置，只是常规位置替换。由此可知，权利要求1不具备新颖性。

【解析】如果要求保护的发明与对比文件的区别仅仅是所属技术领域的惯用手段的直接置换，则该发明不具备新颖性。例4中，权利要求限定：当所述控制手柄移动至所述上升位置时，所述止动部分和所述控制手柄围绕所述控制轴线扭转抵抗地耦接并且所述控制表面将所述止动部分推到所述锁定位置中，当所述控制手柄移动至所述下降位置时，所述控制表面被定位以允许所述止动部分返回至所述释放位置。可以看出，发明申请仅仅是用上升位置替换左侧位置，以及用下降位置替换右侧位置，对于本领域技术人员来说，是惯用手段的直接置换，因而权利要求 1 不具备新颖性。

【参考译文】Reference document 1 (CN 203404480 U) discloses (see Reference document 1, description, paragraphs [0014]-[0018], and figures 1-3): a lock cap for a valve, wherein when the lock cap (control handle) is moved to a left position (raised position) , a limit ball 4 (stop portion) and the lock cap are coupled to a control axis in a torsionally resistive manner and a step 13 (control surface) pushes the limit ball 4 into a locked position, and when the lock cap is moved to a right position (lowered position), the step 13 is positioned to allow the limit ball to return to the release position.

It is conventional position replacement to replace the left position with the raised position, and the right position with the lowered position. Therefore, claim 1 lacks novelty.

【例 5】权利要求 11 请求保护一种组合物。对比文件 1 公开了一种组合物，具体公开了以下技术方案（参见对比文件 1 对比例 34、表 8）：含有光致变色染料的聚合物由 59.85wt.%（落入权利要求 11 相应限定的数值范围内）的 BPA-PC-2（BPA 聚碳酸酯均聚物，即权利要求 11 中聚碳酸酯的下位概念），40wt.%（落入权利要求 11 相应限定的数值范围内）的 NEOSTAR FN006（基于聚 1,4-环己烷二甲醇二甲基-1,4-环己烷二羧酸酯的聚(醚-酯)共聚物，即权利要求 11 中脂环族聚酯的下位概念），0.1wt.% 的 PEPQ，0.05wt.% 的磷酸，0.035wt.% 的 PC 染料灰（苯并吡喃光致变色染料，即权利要求 11 中限定的光致变色染料的下位概念）。

对比文件 1 所公开的组合物与权利要求 11 所请求保护的含有光致变色染料的组合物同属于光致变色的聚碳酸酯组合物领域，权利要求 11 对所请求保护的组合物进行了理化参数限定，但是本领域技术人员无法根据上述理化参数断定权利要求 11 请求保护的聚碳酸酯组合物具有区别于对比文件 1 中使用的含有光致变色染料的组合物的特定结构和/或组成，因此推定对比文件 11 公开了权利要求 1 请求保护的聚碳酸酯组合物，即权利要求 11 相对于对比文件 1 不具备《专利法》第二十二条第二款规定的新颖性。

【解析】如果要求保护的发明中存在以数值或者连续变化的数值范围限定

的技术特征，如部件的尺寸、温度、压力及组合物的组分含量，而其余技术特征与对比文件相同时，审查员将根据以下几点判断要求保护的发明是否具备新颖性：①对比文件公开的数值或者数值范围落在上述限定的技术特征的数值范围内，将破坏要求保护的发明的新颖性；②对比文件公开的数值范围与上述限定的技术特征的数值范围部分重叠或者有一个共同的端点，将破坏要求保护的发明的新颖性；③对比文件公开的数值范围的两个端点将破坏上述限定的技术特征为离散数值，并且具有该两端点中任一个的发明的新颖性，但不破坏上述限定的技术特征为该两端点之间任一数值的发明的新颖性；④上述限定的技术特征的数值或者数值范围落在对比文件公开的数值范围内，并且与对比文件公开的数值范围没有共同的端点，则对比文件不破坏要求保护的发明的新颖性。

在上述例子中，对比文件公开了"59.85wt.%的BPA-PC-2"及"40wt.%的NEOSTAR FN006"，而通过查询发明申请的权利要求11，可以得知权利要求11限定了"50wt.%至95wt.%的双酚A聚碳酸酯均聚物"和"5wt.%至50wt.%的包含下式单元的脂肪族聚酯光致变色染料"，因而可以得出对比文件公开的数值落入权利要求11限定的数值范围内，因而权利要求11不具备新颖性。

【参考译文】Claim 11 claims a composition. Reference document 1 discloses a composition, and specifically discloses the following technical solution (see Reference document 1, Comparative Example 34, and Table 8): a polymer containing a photochromic dye is comprised of 59.85 wt.% (falling within the corresponding numerical range defined in claim 11) of BPA-PC-2 (BPA polycarbonate homopolymer, equivalent to a lower level term of "polycarbonate" in claim 11), 40 wt.% (falling within the corresponding numerical range defined in claim 11) of NEOSTAR FN006 (poly (ether-ester) copolymer based on poly (1,4-cyclohexane dimethanol dimethyl 1,4-cyclohexane dicarboxylate), equivalent to a lower level term of "cycloaliphatic polyester" in claim 11), 0.1 wt.% of PEPQ, 0.05 wt.% of phosphoric acid, and 0.035 wt.% of PC dye grey (benzopyran photochromic dye, equivalent to a lower level term of "photochromic dye" defined in claim 11).

The composition disclosed inReference document 1 and the composition comprising the photochromic dye in claim 11 fall within the same field of photochromic polycarbonate compositions. Claim 11 defines the physical and chemical parameters of the composition; however, a person skilled in the art would not be able to determine that the polycarbonate composition of claim 11 has a specific structure and/or composition different from the composition comprising the photochromic dye used in Reference document 1 according to the above-mentioned physical and chemical parameters. Therefore, it is assumed that Reference document 1 discloses the polycarbonate composition of claim 11, and thus, with respect to Reference document 1, claim 11 lacks novelty under Article 22. 2 of the Patent Law.

【例 6】 对比文件 1（CN 102449383 A）是一件由他人向专利局提出的专利申请，其优先权日为 2010 - 04 - 07，早于本申请的优先权日 2011 - 05 - 10，公开日为 2012 - 05 - 09，在本申请的优先权日 2011 - 05 - 10 之后，由于对比文件 1 已经公开了权利要求 1 ~ 5，20 的技术方案，因此该对比文件构成了本申请权利要求 1 ~ 5，20 的抵触申请，从而使该权利要求 1 ~ 5，20 所要求保护的技术方案不具备新颖性。

【解析】 根据《专利法》第二十二条第二款的规定，在发明新颖性的判断中，由任何单位或者个人就同样的发明或在申请日以前向专利局提出并且在申请日以后（含申请日）公布的专利申请文件或者公告的专利文件损害该申请日提出的专利申请的新颖性。为描述简便，在判断新颖性时，将这种损害新颖性的专利申请称为抵触申请。

审查员在检索时将确定是否存在抵触申请，不仅会查阅在先专利或专利申请的权利要求书，而且要查阅其说明书（包括附图），应当以其全文内容为准。

抵触申请还包括满足以下条件、进入了中国国家阶段的国际专利申请，即申请日以前由任何单位或者个人提出并在申请日之后（含申请日）由专利局作出公布或公告的且为同样的发明的国际专利申请。

另外，抵触申请仅指在申请日以前提出的，不包含在申请日提出的同样的发明专利申请。

【参考译文】 Reference document 1 (CN 102449383 A) is a patent application submitted by another person to the Patent Office, with the priority date (07 April 2010) being earlier than the priority date for the present application (10 May 2011) and the date of publication (09 May 2012) being later than the priority date for the present application (10 May 2011). Since Reference document 1 discloses the technical solutions of claims 1-5 and 20, this reference document constitutes a conflicting application to claims 1-5 and 20 of the present application, and thus the technical solutions of claims 1-5 and 20 lack novelty.

【例 7】 合议组认为，在成为共同申请人之前，申请人一方将其申请内容公开的行为是不受另一方约束的，在其申请经公开后才成为共同申请人的另一方，不能以未经其同意公开为由而享有《专利法》第二十四条第三款所述的不丧失新颖性的宽限期。

【解析】《专利法》第二十四条规定："申请专利的发明创造在申请日以前六个月内，有下列情形之一的，不丧失新颖性：

（一）在中国政府主办或者承认的国际展览会上首次展出的；

（二）在规定的学术会议或者技术会议上首次发表的；

（三）他人未经申请人同意而泄露其内容的。"

申请专利的发明创造在申请日以前 6 个月内，发生《专利法》第二十四条规定的三种情形之一的，该申请不丧失新颖性，即这三种情况不构成影响该申请的现有技术。所说的 6 个月期限称为宽限期，或者优惠期。

宽限期和优先权的效力是不同的。它仅仅是将申请人（包括发明人）的某些公开，或者第三人从申请人或发明人那里以合法手段或者不合法手段得来的发明创造的某些公开，认为是不损害该专利申请新颖性和创造性的公开。实际上，发明创造公开以后已经成为现有技术，只是这种公开在一定期限内对申请人的专利申请来说不视为影响其新颖性和创造性的现有技术，并不是把发明创造的公开日看作专利申请的申请日。所以，从公开之日至提出申请的期间，如果第三人独立地做出了同样的发明创造，而且在申请人提出专利申请以前提出了专利申请，那么根据先申请原则申请人不能取得专利权。当然，由于申请人（包括发明人）的公开，该发明创造成为现有技术，故第三人的申请没有新颖性，也不能取得专利权。

发生《专利法》第二十四条规定的任何一种情形之日起 6 个月内，申请人提出申请之前，发明创造再次被公开的，只要该公开不属于上述三种情况，则该申请将由于此在后公开而丧失新颖性。再次公开属于上述三种情况的，该申请不会因此而丧失新颖性，但是宽限期自发明创造的第一次公开之日起计算。

专利申请有《专利法》第二十四条第（三）项所说情形的，专利局在必要时可以要求申请人提出证明文件，证实其发生所说情形的日期及实质内容。

申请人未按照《专利法实施细则》第三十条第三款的规定提出声明和提交证明文件的，或者未按照《专利法实施细则》第三十条第四款的规定在指定期限内提交证明文件的，其申请不能享受《专利法》第二十四条规定的新颖性宽限期。

对《专利法》第二十四条的适用发生争议时，主张该规定效力的一方有责任举证或者做出使人信服的说明。

【参考译文】The panel is of the opinion that before two applicants become co-applicants, one party of the applicants disclosing the content of the application is not restrained by the other party; for the applicant who become the other party of the co-applicants after the application has been published, the reason that the content was disclosed without his consent cannot be taken as a justification for the right to a grace period for keeping novelty under Article 24. 3 of the Patent Law.

第二节　创造性

一、创造性的概念和审查原则

(一) 创造性概念

《专利法》第二十二条第三款规定:"创造性,是指与现有技术相比,该发明有突出的实质性特点和显著的进步,该实用新型具有实质性特点和进步。"

发明有突出的实质性特点,是指对所属技术领域的技术人员来说,发明相对于现有技术是非显而易见的。如果发明是所属技术领域的技术人员在现有技术的基础上仅仅通过合乎逻辑的分析、推理或者有限的试验可以得到的,则该发明是显而易见的,也就不具备突出的实质性特点。发明有显著的进步,是指发明与现有技术相比能够产生有益的技术效果。例如,发明克服了现有技术中存在的缺点和不足,或者为解决某一技术问题提供了一种不同构思的技术方案,或者代表某种新的技术发展趋势。

发明是否具备创造性,应当基于所属技术领域的技术人员的知识和能力进行评价。所属技术领域的技术人员也可称为本领域的技术人员,是指一种假设的"人",假定他知晓申请日或者优先权日之前发明所属技术领域所有的普通技术知识,能够获知该领域中所有的现有技术,并且具有应用该日期之前常规实验手段的能力,但他不具有创造能力。如果所要解决的技术问题能够促使本领域的技术人员在其他技术领域寻找技术手段,他也应具有从该其他技术领域中获知该申请日或优先权日之前的相关现有技术、普通技术知识和常规实验手段的能力。

一件发明专利申请是否具备创造性,只有在该发明具备新颖性的条件下才予以考虑。

(二) 审查原则

根据《专利法》第二十二条第三款的规定,审查发明是否具备创造性,应当审查发明是否具有突出的实质性特点，同时还应当审查发明是否具有显著的进步。在评价发明是否具备创造性时，审查员不仅要考虑发明的技术方案本身，而且要考虑发明所属技术领域、所解决的技术问题和所产生的技术效果，将发明作为一个整体看待。与新颖性"单独对比"的审查原则不同，审查创造性时，将一份或者多份现有技术中不同的技术内容组合在一起，对要求保护的发明进行评价。如果一项独立权利要求具备创造性，则不再审查该独立权利要求的从属权利要求的创造性。

判断发明是否具有突出的实质性特点，就是要判断对本领域的技术人员来说，要求保护的发明相对于现有技术是否显而易见。如果要求保护的发明相对于现有技术是显而易见的，则不具有突出的实质性特点；反之，如果对比的结果表明要求保护的发明相对于现有技术是非显而易见的，则具有突出的实质性特点。

判断要求保护的发明相对于现有技术是否显而易见，通常可按照以下三个步骤进行，也就是常说的"三步法"。

第一步：确定最接近的现有技术。

最接近的现有技术，是指现有技术中与要求保护的发明最密切相关的一个技术方案，是判断发明是否具有突出的实质性特点的基础。最接近的现有技术，如可以是与要求保护的发明技术领域相同，所要解决的技术问题、技术效果或者用途最接近和/或公开了发明的技术特征最多的现有技术，或者虽然与要求保护的发明技术领域不同，但能够实现发明的功能，并且公开发明的技术特征最多的现有技术。应当注意的是，在确定最接近的现有技术时，应首先考虑技术领域相同或相近的现有技术。

第二步：确定发明的区别特征和发明实际解决的技术问题。

在审查中应当客观分析并确定发明实际解决的技术问题。为此，首先应当分析要求保护的发明与最接近的现有技术相比有哪些区别特征，然后根据该区别特征所能达到的技术效果确定发明实际解决的技术问题。从这个意义上说，发明实际解决的技术问题是指为获得更好的技术效果而需对最接近的现有技术进行改进的技术任务。审查过程中，由于审查员所认定的最接近的现有技术可能不同于申请人在说明书中所描述的现有技术，基于最接近的现有技术重新确定的该发明实际解决的技术问题，可能不同于说明书中所描述的技术问题，在这种情况下，应当根据审查员所认定的最接近的现有技术重新确定发明实际解决的技术问题。重新确定的技术问题可能要依据每项发明的具体情况而定。作为一个原则，发明的任何技术效果都可以作为重新确定技术问题的基础，只要本领域的技术人员从该申请说明书中所记载的内容能够得知该技术效果即可。

第三步：判断要求保护的发明对本领域的技术人员来说是否显而易见。

在该步骤中，要从最接近的现有技术和发明实际解决的技术问题出发，判断要求保护的发明对本领域的技术人员来说是否显而易见。在判断过程中，要确定的是现有技术整体上是否存在某种技术启示，即现有技术中是否给出将上述区别特征应用到该最接近的现有技术以解决其存在的技术问题（即发明实际解决的技术问题）的启示，这种启示会使本领域的技术人员在面对所述技术问题时，有动机改进该最接近的现有技术并获得要求保护的发明。如果现有技术存在这种技术启示，则发明是显而易见的，不具有突出的实质性特点。

二、实例讲解

【例1】权利要求1要求保护一种用于传输数据信号的系统，对比文件1（CN 102170300 A）公开了配对域中的多个近场通信标签，其同样可以用于数据信号的传输，其中公开了以下内容（参见说明书第28～54段）：包括两个消费电子装置82和86（如装置A和B所示）的系统80，装置86包括NFC只读标签88，装置86将其从装置82接收的证书与已知自我计算的证书进行比较，如果在判定菱形块104两个证书匹配，那么在框106装置86切换到发现模式，且配对过程根据蓝牙标准继续（故相当于包括多个网络设备、网络，所述网络基于至少第一通信载体连接所述多个网络设备）；NFC标签88传输其容纳的数据，其可以包括公共密钥、蓝牙地址和ID号码或装置86的装置配对所需的其他信息，随后装置86在框96听取蓝牙证书，在框98装置82从NFC标签88读取信息，装置82然后在框100基于公共密钥、蓝牙地址和ID号码计算蓝牙证书（故相当于传输设备，被配置为在第二通信载体上将所述网络密钥传输至所述多个网络设备中的至少一个，其中所述第二通信载体是无线载体，所述第二通信载体是近场通信载体）；装置82在蓝牙频率内传输证书，装置86在框102从装置82接收证书，装置86将其从装置82接收的证书与已知自我计算的证书进行比较，如果在判定菱形块104两个证书匹配，那么在框106装置86切换到发现模式，且配对过程根据蓝牙标准继续（故相当于所述网络设备被配置为根据基于所述网络密钥的链路加密密钥与其他网络设备通信）。

权利要求1要求保护的技术方案与对比文件1公开的内容相比，其区别技术特征在于：①权利要求1中第一通信载体是有线通信载体，对比文件1中第一通信载体是无线通信载体；②权利要求1中还包括网络密钥生成器，被配置为生成网络密钥；③权利要求 1 中为移动传输设备，对比文件 1 中为 NFC 只读标签。可见，权利要求 1 实际解决的技术问题在于还可以如何设置通信载体的类型、如何产生密钥、如何设置密钥传输的主体。

对于区别技术特征①，在对比文件 1 公开了上述内容的基础上，本领域技术人员容易想到也可以通过有线载体连接网络设备，这属于通信载体类型的常规设置。

对于区别技术特征②，在需要使用密钥时设置网络密钥生成器以生成密钥是本领域常用技术手段，属于公知常识。

对于区别技术特征③，由 NFC 标签或者其他移动设备存储通信密钥是本领域常规技术选择，属于公知常识。

因此，权利要求 1 不具有创造性。

【解析】根据上文提到的"三步法"，例 1 可以分解为以下三部分。

1）确定最接近的现有技术。对比文件 1 和发明申请均属于数据信号传输领域，因而对比文件 1 是最接近的现有技术，同时审查员详细说明了对比文件 1 公开的内容。

2）确定发明的区别特征和发明实际解决的技术问题。通过对比权利要求 1 和对比文件 1，可以得出两者存在三点区别，且基于这三个区别技术特征发明申请可以解决相应的技术问题。

3）判断要求保护的发明对本领域的技术人员来说是否显而易见。审查员分别针对上述三点区别进行评论。上述区别特征①涉及有线通信载体，但是对于本领域技术人员来说，甚至对于普通大众来说，有线通信载体或者无线通信载体均是公知常识，并不涉及任何创造性劳动。同理，对于本领域技术人员来说，区别特征②和③也是常用技术手段，因而最终判断权利要求 1 不具备创造性。

【参考译文】Claim 1 claims a system for transmitting a data signal. Reference document 1 (CN 102170300 A) discloses multiple near field communication tags in a pairing domain, which can also be used for transmitting a data signal, and discloses (see description, paragraphs [0028]-[0054]): a system 80 which includes two consumer electronics devices 82 and 86, shown as devices A and B, wherein the device 86 includes an NFC read-only tag 88; the device 86 compares the certificate it received from the device 82 to a known self-calculated certificate; if the two certificates match at decision diamond 104, then the device 86 switches to the discovery mode at box 106, and the pairing process continues per the Bluetooth standard (equivalent to "comprising a plurality of network devices; a network connecting the plurality of network devices based on at least a first communication carrier"); the NFC tag 88 transfers the data that it contains, which can include a Public Key, Bluetooth address and an ID number or other information required for device pairing for the device 86; subsequently, the device 86 listens for a Bluetooth certificate at box 96; at box 98, the device 82 reads the information from the NFC tag 88; the device 82 then computes a Bluetooth certificate at box 100, based on the Public Key, the Bluetooth address and the ID number (equivalent to "transmitting device configured to transmit the network key to at least one of the plurality of network devices on a second communication carrier, wherein the second communication carrier is a wireless carrier, ... wherein the second communication carrier is a near field communication carrier"); the device 82 transmits the certificate over the Bluetooth frequency; the device 86 receives the certificate from the device 82 at box 102; the device 86 compares the certificate it received from the device 82 to a known self-calculated certificate; if the two certificates match at decision diamond 104, then the device 86 switches to the discovery mode at box 106, and the pairing process continues per the Bluetooth standard (equivalent to the feature "the network devices are configured to communicate with the other network devices based on a link encryption key based on the network key").

Comparing the technical solution of claim 1 with the disclosure in Reference document 1, the distinguishing technical features lie in that: (1) in claim 1, the first communication carrier is a wired communication carrier, whereas in Reference document 1, the first communication carrier is a wireless communication carrier; (2) claim 1 further comprises a network key generator configured to generate a network key; and (3) there is a mobile transmitting device in claim 1, whereas there is an NFC read-only tag in Reference document 1. Therefore, the technical problems to be solved by claim 1 are: how to further set the type of a communication carrier; how to produce a key; and how to further set the subject of key transmission.

With regard to distinguishing technical feature (1), on the basis of the disclosure of Reference document 1, it would be readily conceivable to a person skilled in the art to also connect a network device by means of a wired carrier, and this is a conventional arrangement of a communication carrier type.

With regard to distinguishing technical feature (2), providing a network key generator to generate a network key when a key is needed is a common technical means in the art, and is common general knowledge.

With regard to distinguishing technical feature (3), storing a communication key by an NFC tag or other mobile devices is a conventional technical choice in the art, and is common general knowledge.

Therefore, claim 1 lacks inventiveness.

【例2】权利要求1请求保护一种开关设备。对比文件1（EP 0905732 A2）公开了一种用于连接接触器的辅助接触设备，并具体公开了以下技术内容（参见说明书第［0012］~［0062］段、附图1~11）：结合附图1~11可以得到，涉及一种开关设备，包括接触器33（相当于基础模块），其中布置有可动触点、固定触点（相当于开关触点），以及相应的电磁驱动装置，在电磁驱动力的驱动下可动触点和固定触点实现断开和接通位置之间的切换；在接触器33上方还设置有相应的模块化的辅助开关组，结合附图8还可以看到，模块化的辅助开关组由可动触点14、固定触点30构成；模块化辅助开关组和接触器33之间相互耦合。

该权利要求与对比文件1相比区别技术特征在于：电磁驱动装置包括磁轭、线圈和能相对磁轭移动地布置的衔铁；在触发的情况下在辅助开关组的接触系统中的不同的路程能够与使用的所述辅助开关组无关地借助弹性件传递。基于上述区别技术特征可以确定本申请所要解决的技术问题是电磁驱动机构具体结构及辅助开关如何传递触发行程。

对比文件2（US 5323132 A）公开了一种具有辅助开关的主开关，并具体公开了以下技术内容（参见说明书第2栏第30行至第5栏第30行、附图1~5）：结合附图1~5可以得到，包括相应的电磁驱动装置，电磁驱动装置包括磁轭、线圈和相对磁轭能够移动地布置的衔铁，并且在触发时辅助开关设备11的动静触点在接触的过程中能够与辅助开关无关地借助弹性元件12传递。

可见，区别技术特征被对比文件2公开，且其在对比文件2中的作用与其在本申请中作用相同，都是通过弹性元件传递触点接触行程，也就是说对比文件2给出了在对比文件1中使用弹性件传递路径的技术启示，因此权利要求1不具有创造性。

【解析】在审查新颖性时，审查员采取的是"单独对比"的原则，会将发明专利申请的各项权利要求分别与每一项现有技术或申请在先公布或公告在后的发明的相关技术内容单独地进行比较，但是在审查创造性时审查员会将其与几项现有技术或者申请在先公布或公告在后的发明的组合、或者与一份对比文件中的多项技术方案的组合进行对比。例2中，审查员同时采用了对比文件1和对比文件2两者结合进行创造性的评论。

另外，例2中审查员提及了"技术启示"，下述情况通常认为现有技术中存在技术启示：

1）所述区别特征为公知常识，如本领域中解决该重新确定的技术问题的惯用手段，或教科书、工具书等中披露的解决该重新确定的技术问题的技术手段。

2）所述区别特征为与最接近的现有技术相关的技术手段，如同一份对比文件其他部分披露的技术手段，该技术手段在该其他部分所起的作用与该区别特征在要求保护的发明中为解决该重新确定的技术问题所起的作用相同。

3）所述区别特征为另一份对比文件中披露的相关技术手段，该技术手段在该对比文件中所起的作用与该区别特征在要求保护的发明中为解决该重新确定的技术问题所起的作用相同。

【参考译文】Claim 1 claims a switching device. Reference document 1 (EP 0905732 A2) discloses an auxiliary contact device for connecting a contactor, and specifically discloses the following technical content (see description, paragraphs [0012]-[0062], and figures 1-11): it can be seen in conjunction with figures 1-11 that a switching device is involved, comprising a contactor 33 (equivalent to "base module"), wherein a movable contact, a fixed contact (equivalent to "switching contact") and a corresponding electromagnetic drive device are arranged therein, the movable contact and the fixed contact are switched between the disconnection and connection positions by the electromagnetic driving force; and a corresponding modular auxiliary switch group is also arranged above the contactor 33; in addition, it can also be obtained with reference to figure 8 that the modular auxiliary switch group comprises a movable contact 14 and a fixed contact point 30; the modular auxiliary switch group and contactor 33 are coupled to each other.

Comparing said claim with Reference document 1, the distinguishing technical features lie in that the electromagnetic drive is comprised of a yoke, a coil and an armature arranged in a moveable manner relative to the yoke; and in case of tripping, regardless of the auxiliary switching unit used, different paths are transferable to the contact system of the auxiliary switching unit by means of an elastic element. Based on the above-mentioned distinguishing technical features, it can be determined that the technical problems to be solved by the present application are: the specific structure of the electromagnetic drive mechanism and how the auxiliary switch transmits the trigger journey.

Reference 2 (US 5323132 A) discloses a main switch with auxiliary switch, and specifically discloses the following technical content (see description, column 2, line 30 to column 5, line 30, and figures 1-5): it can be seen from figures 1-5 that an electromagnetic drive is comprised, and the electromagnetic drive comprises a yoke, a coil and an armature arranged in a moveable manner relative to the yoke; and in case of tripping, regardless of the auxiliary switching group used, dynamic and static contacts of the auxiliary switching device 11 are transferable by means of an elastic element 12.

It can be seen that the distinguishing technical features are disclosed in Reference 2, and are functionally identical in Reference 2 and in the present application, in both cases being for transmitting contact contacting journey by means of an elastic element. That is to say, Reference 2 provides the technical motivation to apply an elastic element in Reference document 1 to transmit paths.

Therefore, claim 1 lacks inventiveness.

【例3】权利要求 15 要求保护前述权利要求中任一项所述的组合物用于调理头发的用途。如前所述，对比文件 1 公开了一种油包水型多用途乳膏（参见说明书第 0174～0180 段、第 0185～0186 段），权利要求 1～14 中任一项所述的组合物均不具备创造性。权利要求 15 与对比文件 1 相比，区别还在于限定了用于调理头发的用途。然而，对比文件 1 还公开了其所述烃混合物特别适合在护理或清洁毛发的化妆品制剂中使用，如香波、护发素等，并且给出的制剂实例中包括调理头发的发蜡（参见说明书第 0025～0029 段、第 0187～0188 段），本领域技术人员容易想到将所述化妆品组合物在头发调理中进行应用。因此，在对比文件 1 的基础上结合本领域常规技术手段，得到权利要求 15 的技术方案对本领域技术人员来说是显而易见的，并且根据说明书也未记载这种结合能产生任何预料不到的技术效果。因此，权利要求 15 不具备创造性。

【解析】发明取得了预料不到的技术效果，是指发明同现有技术相比，其技术效果产生"质"的变化，具有新的性能；或者产生"量"的变化，超出人们预期的想象。这种"质"的或者"量"的变化，对所属技术领域的技术人员来说，事先无法预测或者推理出来。当发明产生了预料不到的技术效果时，一方面说明发明具有显著的进步，同时也反映出发明的技术方案是非显而易见的，具有突出的实质性特点，该发明具备创造性。

例 3 中，发明申请要求保护的是专门用于调理头发的组合物，而对比文件则公开了一种多用途乳膏，并在说明书中明确说明了其中的烃混合物特别适合在护理或清洁毛发的化妆品制剂中使用，因此可以得出发明申请中用于调理头发的组合物并不能产生预料不到的技术效果，因此权利要求 15 不具备创造性。

【参考译文】Claim 15 claims a use of a composition according to any one of the preceding claims for conditioning hair. As stated above, Reference document 1 discloses a water-in-oil multi-purpose cream (see description, paragraphs [0174]-[0180] and [0185]-[0186]). The composition of any one of claims 1-14 lacks inventiveness. Claim 15 differs from Reference document 1 further in that the use for conditioning hair is defined. However, Reference document 1 further discloses that the hydrocarbon mixtures are used, interalia, in cosmetic preparations for hair care or hair cleaning, such as shampoos, care rinses, etc., and provides the examples of preparations including hair waxes for conditioning hair (see description, paragraphs [0025]-[0029] and [0187]-[0188]). It would be readily conceivable to a person skilled in the art to apply the cosmetic composition to conditioning hair. Therefore, on the basis of Reference document 1 combined with conventional technical means in the art, it would be obvious for a person skilled in the art to arrive at the technical solution of claim 15, and no unexpected technical effect is brought about by the combination according to the disclosure of the description. Thus, claim 15 lacks inventiveness.

【例4】权利要求8要求保护一种用于铝/空气电化学电池中的铝阳极。对比文件1（EP 0690520 A）公开了一种锌/空气电化学电池中的锌阳极，并具体公开了如下技术特征（参见说明书第2页第31行g至第13页第58行和图4、7）：图4b中可以看出阳极102的每一个侧面施覆有绝缘材料，示例6中的锌空气电池阳极301的边缘由绝缘材料密封（其必然能够保护其边缘不被碱性电解液氧化），其必然是以由两个相对的平行底部和位于与所述底部基本垂直的平面中的四个侧面组成的表面为界的空间体，绝缘材料可以为聚合物。

该权利要求所要保护的技术方案与对比文件1公开的技术内容相比，区别技术特征在于电池为铝空气电池，阳极为铝，绝缘材料的聚合物为橡胶。基于上述区别技术特征，本发明实际要解决的技术问题是保护阳极。

对比文件2（US 4950561）公开了一种金属/空气电化学电池，并具体公开了如下技术特征（参见说明书第4栏第48行至第5栏第34行）：阳极密封件68可以保护阳极部，其材料优选弹性橡胶材料，如EPDM；阳极62可以应用于任何合适的金属空气电池，如铝（即公开了阳极是铝阳极），且上述技术特征在对比文件2中所起的作用与其在本发明中所起作用相同，都是为了保护阳极。也就是说，对比文件2给出了上述技术特征应用于对比文件1以保护阳极的启示，因此在对比文件1的基础上，结合对比文件2可以得出权利要求8保护的技术方案对本领域技术人员来说是显而易见的，权利要求8不具有突出的实质性特点和显著的进步，因而不符合《专利法》第二十二条第三款规定的创造性。

当权利要求 8 不具备创造性时，权利要求 9~11 也不具备《专利法》第二十二条第三款规定的创造性。

【解析】 判断发明是否具有突出的实质性特点，就是要判断对本领域的技术人员来说，要求保护的发明相对于现有技术是否显而易见。如果要求保护的发明相对于现有技术是显而易见的，则不具有突出的实质性特点；反之，如果对比的结果表明要求保护的发明相对于现有技术是非显而易见的，则具有突出的实质性特点。

在评价发明是否具有显著的进步时，主要应当考虑发明是否具有有益的技术效果。以下情况，通常应当认为发明具有有益的技术效果，具有显著的进步：①发明与现有技术相比具有更好的技术效果，如质量改善、产量提高、节约能源、防治环境污染等；②发明提供了一种技术构思不同的技术方案，其技术效果能够基本上达到现有技术的水平；③发明代表某种新技术发展趋势；④尽管发明在某些方面有负面效果，但在其他方面具有明显积极的技术效果。

例 4 中，由基本权利要求 8 和对比文件 1 的区别，可以得出本发明实际要解决的技术问题是保护阳极。然而，审查员引入了对比文件 2，基于对比文件 2 的内容，同样可以得出对比文件 2 也起到了保护阳极的效果。因此，通过结合对比文件 1 与对比文件 2，可以得出权利要求 8 并不具有突出的实质性特点和显著的进步，因而也不具备创造性。

此外，如果一项独立权利要求具备创造性，则不再审查该独立权利要求的从属权利要求的创造性。例 4 中，权利要求 9~11 是权利要求 8 的从属权利要求，由于权利要求 8 不具备创造性，权利要求 9~11 也不具备创造性。

【参考译文】 Claim 8 claims an aluminum anode for use in aluminum/air electrochemical cell. Reference document 1 (EP 0690520 A) discloses a zinc anode for use in zinc/air electrochemical cell, and specifically discloses the following technical features (see description, page 2, line 31 to page 13, line 58, and figures 4 and 7): it can be seen from figure 4b that an insulating material is applied to each lateral side of an anode 102; in example 6, an edge of the anode 301 of the zinc air cell is sealed by the insulating material (which is necessarily capable of protecting the edge from being oxidized by an alkaline electrolyte), and the anode is necessarily a spatial body bounded by a surface consisting of two opposite parallel bases and four lateral sides lying in planes which are essentially perpendicular to the bases, and the insulating material may be a polymer.

Comparing the technical solution of this claim with the technical content disclosed in Reference document 1, the distinguishing technical features lie in that the cell is an aluminum air cell, an anode is aluminum, and a polymer of an insulating material is rubber. Based on the above-mentioned distinguishing technical features, the technical problem to be solved by the present invention is to protect an anode.

Reference 2 (US 4950561) discloses a metal/air electrochemical cell, and specifically discloses the following technical features (see description, column 4, line 48 to column 5, line 34): an anode seal 68 may protect an anode portion, and its material preferably is an elastomeric rubber material, such as EPDM; and an anode 62 can be applied to any suitable metal-air cell, such as aluminum (equivalent to disclosing that an anode is an aluminum anode). Moreover, the above-mentioned technical feature is functionally identical in Reference 2 and in the present invention, in both cases being for protecting an anode. That is to say, Reference 2 provides the motivation to apply the above-mentioned technical feature to Reference document 1 to protect an anode. Therefore, it would be obvious for a person skilled in the art to arrive at the technical solution of claim 8 on the basis of Reference document 1 combined with Reference 2. Claim 8 neither has any prominent substantive features nor represents any notable progress, and thus lacks inventiveness under Article 22. 3 of the Patent Law.

Insofar as claim 8 lacks inventiveness, claims 9-11 also lack inventiveness under Article 22. 3 of the Patent Law.

【例5】权利要求10要求保护一种用于治疗糖尿病患者以增加胰岛素水平的药物组合制剂，其中用用途对该药物组合制剂进行限定，但其并未给该权利要求带来特定的结构和/或组成，因此实际没有限定作用。对比文件1公开了青蒿素和青蒿琥酯用于治疗1型糖尿病和2型糖尿病（参见说明书第［0125］、［0284］、［0301］段）。权利要求10与对比文件1相比，区别在于权利要求10中青蒿素化合物与另一种桥蛋白激动剂组合使用。结合评述权利要求9的理由，桥蛋白激动剂可以用于治疗糖尿病，因此本领域技术人员容易想到将青蒿素化合物与其组合成药物组合制剂。因此，权利要求10是显而易见的，不具备《专利法》第二十二条第三款规定的创造性。

【解析】组合发明，是指将某些技术方案进行组合，构成一项新的技术方案，以解决现有技术客观存在的技术问题。在进行组合发明创造性的判断时通常需要考虑组合后的各技术特征在功能上是否彼此相互支持、组合的难易程度、现有技术中是否存在组合的启示及组合后的技术效果等。

（1）显而易见的组合

如果要求保护的发明仅仅是将某些已知产品或方法组合或连接在一起，

各自以其常规的方式工作，而且总的技术效果是各组合部分效果之总和，组合后的各技术特征之间在功能上无相互作用关系，仅仅是一种简单的叠加，则这种组合发明不具备创造性。

（2）非显而易见的组合

如果组合的各技术特征在功能上彼此支持，并取得了新的技术效果，或者说组合后的技术效果比每个技术特征效果的总和更优越，则这种组合具有突出的实质性特点和显著的进步，发明具备创造性。其中，组合发明的每个单独的技术特征本身是否完全或部分已知并不影响对该发明创造性的评价。

【参考译文】Claim 10 claims a pharmaceutical combination preparation for treating a diabetes patient to increase the insulin level, wherein the pharmaceutical combination preparation is defined by the use which, however, does not bring a specific structure and/or composition to this claim and thus has no substantive limiting effect. Reference document 1 discloses an artemisinin and artesunate use for the treatment of type Ⅰ diabetes and type Ⅱ diabetes (see description, paragraphs [0125], [0284] and [0301]). Claim 10 differs from Reference document 1 in that claim 10 defines the feature"the compound is administered in combination with another gephyrin agonist". With reference to the reasoning in the comments on claim 9, gephyrin agonist can be used to treat diabetes, and therefore, a person skilled in the art would readily conceive of combining an artemisinin compound and gephyrin agonist into a pharmaceutical composition preparation. Therefore, claim 10 is obvious and thus lacks inventiveness under Article 22. 3 of the Patent Law.

【例6】对比文件2中公开了通过一个天线收集多个接入装置100～102的无线信号，并且对信号强度进行计算，获取无线信号强度的分布，其技术方案中没有明确排除使用更多的天线来进行这种操作，因而不存在无法将该对比文件中仅采用一个天线的工作方式应用于对比文件1中多个天线的每一个的技术偏见。本领域技术人员根据对比文件2的教导，有动机对对比文件1中各天线的接收信号方式进行改进，实现本申请的技术方案，而不需要付出创造性劳动。

【解析】技术偏见，是指在某段时间内、某个技术领域中，技术人员对某个技术问题普遍存在的、偏离客观事实的认识，它引导人们不去考虑其他方面的可能性，阻碍人们对该技术领域的研究和开发。如果发明克服了这种技术偏见，采用了人们由于技术偏见而舍弃的技术手段，从而解决了技术问题，则这种发明具有突出的实质性特点和显著的进步，具备创造性。

【参考译文】Reference 2 discloses collecting wireless signals of a plurality of access devices 100-102 through one antenna, and calculating the signal strengths to obtain the distribution of wireless signal strength; the technical solution thereof does not expressly exclude using more antennas to perform such operations, and thus there is no technical prejudice that the working method of using one antenna in this reference document cannot be applied to each of the plurality of antennas in Reference document 1; and according to the inspiration of Reference 2, a person skilled in the art would be motivated to improve the method of receiving signals of each antenna and achieve the technical solution of the present application, which does not involve any inventive efforts.

第三节　实用性

一、实用性的概念和审查原则

（一）实用性概念

根据《专利法》第二十二条第一款的规定，授予专利权的发明和实用新型应当具备新颖性、创造性和实用性。因此，申请专利的发明和实用新型具备实用性是授予其专利权的必要条件之一。

实用性，是指发明或者实用新型申请的主题必须能够在产业上制造或者使用，并且能够产生积极效果。授予专利权的发明，必须是能够解决技术问题，并且能够应用的发明或者实用新型。换句话说，如果申请的是一种产品，那么该产品必须在产业中能够制造，并且能够解决技术问题；如果申请的是一种方法（仅限发明），那么这种方法必须在产业中能够使用，并且能够解决技术问题。只有满足上述条件的产品或者方法，专利申请才可能被授予专利权。

所谓产业，就是工业、农业、林业、水产业、畜牧业、交通运输业，以及文化体育、生活用品和医疗器械等行业。在产业上能够制造或者使用的技术方案，是指符合自然规律、具有技术特征的任何可实施的技术方案。这些方案并不一定意味着使用机器设备，或者制造一种物品，还可以包括如驱雾的方法，或者将能量由一种形式转化成另一种形式的方法。

能够产生积极效果，是指发明或者实用新型专利申请在提出申请之日，其产生的经济、技术和社会的效果是所属技术领域的技术人员可以预料到的。这些效果应当是积极的和有益的。

发明专利申请是否具备实用性，应当在新颖性和创造性审查之前首先进行判断。

（二）审查原则

审查发明专利申请的实用性时，应当遵循下列原则：

1) 以申请日提交的说明书（包括附图）和权利要求书所公开的整体技术内容为依据，而不仅仅局限于权利要求所记载的内容。

2) 实用性与所申请的发明是怎样创造出来的或者是否已经实施无关。

二、实例讲解

【例1】权利要求2要求保护一种通过随机的化学诱变制备特定结构菌株的方法，不具有再现性，不能在工业中制造或使用，因此权利要求2的主题不符合《专利法》第二十二条第四款的规定。

【解析】《专利法》第二十二条第四款所说的"能够制造或者使用"，是指发明或者实用新型的技术方案具有在产业中被制造或使用的可能性。满足实用性要求的技术方案不能违背自然规律，并且应当具有再现性。因不能制造或者使用而不具备实用性是由技术方案本身固有的缺陷引起的，与说明书公开的程度无关。无再现性是不具备实用性的一种主要情形。

具有实用性的发明或者实用新型专利申请主题，应当具有再现性。反之，无再现性的发明专利申请主题不具备实用性。再现性，是指所属技术领域的技术人员根据公开的技术内容能够重复实施专利申请中为解决技术问题所采用的技术方案。这种重复实施不得依赖任何随机的因素，并且实施结果应该是相同的。但是申请发明专利的产品的成品率低与不具有再现性是有本质区别的。前者是能够重复实施，只是由于实施过程中未能确保某些技术条件（如环境洁净度、温度等）而导致成品率低；后者则是在确保发明或者实用新型专利申请所需全部技术条件下，所属技术领域的技术人员仍不可能重复实现该技术方案所要求达到的结果。

例1中，权利要求2请求保护的是通过随机的化学诱变制备特定结构菌株的方法，其中"随机的化学诱变"无法使得本领域技术人员重复实施专利申请中为解决技术问题所采用的技术方案，因而具备无再现性。

【参考译文】Claim 2 claims a method for preparing strains with specific structures by way of random chemomorphosis, which is not reproducible and cannot be made or used in industry, and therefore the subject matter of claim 2 does not comply with Article 22.4 of the Patent Law.

【例2】 由于所要求保护的变相磁极发电装置实为采用相对较小动力源而获得较大电流输出的电流变大器，这违背了能量守恒定律，因此权利要求1～10不具备《专利法》第二十二条第四款规定的实用性。

【解析】 违背自然规律是不具备实用性的另一种主要情形。具有实用性的发明或者实用新型专利申请应当符合自然规律。违背自然规律的发明或者实用新型专利申请是不能实施的，因此不具备实用性。那些违背能量守恒定律的发明专利申请的主题，如永动机，必然是不具备实用性的。

例2中，可以很明显得出权利要求1～10的技术方案违背了能量守恒定律，因而违背了自然规律，不具备实用性。

【参考译文】 Since the claimed phase-change magnetic pole electric generating device is actually an electric current amplifier that uses a relatively smaller power source to achieve a bigger electric current, it violates the law of conservation of energy, and therefore, claims 1-10 lack practical applicability under Article 22. 4 of the Patent Law.

由于有关实用性的案例较少，笔者目前还未收集到更多例子，仅提供上述两个例子供读者学习。上述两个例子中涉及两种不具备实用性的情形，其他主要情形如下。

（1）利用独一无二的自然条件的产品

具备实用性的发明专利申请不得是由自然条件限定的独一无二的产品。利用特定的自然条件建造的自始至终都是不可移动的唯一产品不具备实用性。应当注意的是，不能因为上述利用独一无二的自然条件的产品不具备实用性，而认为其构件本身也不具备实用性。

（2）人体或者动物体的非治疗目的的外科手术方法

外科手术方法包括治疗目的和非治疗目的的手术方法。以治疗为目的的外科手术方法属于不授予专利权的客体；非治疗目的的外科手术方法，由于是以有生命的人或者动物为实施对象，无法在产业上使用，因此不具备实用性。例如，为美容而实施的外科手术方法，或者采用外科手术从活牛身体上摘取牛黄的方法，以及为辅助诊断而采用的外科手术方法，如实施冠状造影之前采用的外科手术方法等。

（3）测量人体或者动物体在极限情况下的生理参数的方法

测量人体或动物体在极限情况下的生理参数需要将被测对象置于极限环境中，会对人或动物的生命构成威胁；不同的人或动物个体可以耐受的极限条件是不同的，需要有经验的测试人员根据被测对象的情况来确定其耐受的极限条件，因此这类方法无法在产业上使用，不具备实用性。

以下测量方法属于不具备实用性的情况：

1）通过逐渐降低人或动物的体温，测量人或动物对寒冷耐受程度的测量方法。

2）利用降低吸入气体中氧气分压的方法逐级增加冠状动脉的负荷，并通过动脉血压的动态变化观察冠状动脉的代偿反应，以测量冠状动脉代谢机能的非侵入性的检查方法。

（4）无积极效果

具备实用性的发明或者实用新型专利申请的技术方案应当能够产生预期的积极效果。明显无益、脱离社会需要的发明或者实用新型专利申请的技术方案不具备实用性。

第四节　其他审查内容

一、缺乏引用基础

【例 1】从属权利要求 4 引用权利要求 1-3 中任一项，权利要求 3 引用权利要求 1 或 2。一项引用两项以上权利要求的多项从属权利要求不得作为另一项多项从属权利要求的引用基础，权利要求 4 不符合《专利法实施细则》第二十二条第二款的规定。

【解析】多项从属权利要求是指引用两项以上权利要求的从属权利要求。多项从属权利要求的引用方式包括引用在前的独立权利要求和从属权利要求，以及引用在前的几项从属权利要求。根据《专利法实施细则》第二十二条第二款，从属权利要求只能引用在前的权利要求；引用两项以上权利要求的多项从属权利要求只能以择一方式引用在前的权利要求，并不得作为另一项多项从属权利要求的基础。

【参考译文】Dependent claim 4 refers to any of claims 1 to 3 and claim 3 refers to claim 1 or 2. Any multiple dependent claims, which refers to two or more claims, shall not serve as a basis for any other multiple dependent claims, and therefore, claim 4 does not comply with the requirements of Rule 22. 2 of the Implementing Regulations of the Patent Law.

【例 2】权利要求 8、9 和 21、22 本身为多项从属权利要求，其均引用了一项或多项在前的多项从属权利要求，因为多项从属权利要求不得作为另一项多项从属权利要求的引用基础，因此权利要求 8、9 和 21、22 不符合《专利法实施细则》第二十二条第二款的规定。

【解析】 如上所述，引用两项以上权利要求的多项从属权利要求，只能以择一方式引用在前的权利要求，并不得作为另一项多项从属权利要求的基础，即在后的多项从属权利要求不得引用在前的多项从属权利要求。

【参考译文】 Claims 8, 9, 21 and 22 are multiple dependent claims themselves, and all refer to one or more preceding multiple dependent claims. Since a multiple dependent claim shall not serve as a basis for any other multiple dependent claims, claims 8, 9, 21 and 22 do not comply with Rule 22. 2 of the Implementing Regulations of the Patent Law.

【例3】 当从属权利要求15引用权利要求1、10~13中任一项时，"所述大气囊、小气囊、第一气囊、膜状物、弓形支撑板"等技术特征缺乏引用基础；当其引用权利要求2或4时，"所述第一气囊、膜状物、弓形支撑板"等技术特征缺乏引用基础；当其引用权利要求3或5时，"所述第一气囊、弓形支撑板"等技术特征缺乏引用基础；当其引用权利要求6~8任一项时，"所述大气囊、小气囊、弓形支撑板"等技术特征缺乏引用基础。

【解析】 如果一项权利要求包含了另一项同类型权利要求中的所有技术特征，且对该另一项权利要求的技术方案作了进一步的限定，则该权利要求为从属权利要求。由于从属权利要求用附加的技术特征对所引用的权利要求作了进一步的限定，所以其保护范围落在其所引用的权利要求的保护范围之内。在撰写权利要求时，第一次出现的技术特征前面不需要加"所述"或"该"，而第二次出现的技术特征则需要在前面加"所述"或"该"。

例2中，从属权利要求15引用权利要求1、10~13任一项时，由于权利要求1、10~13任一项中均未提及"大气囊、小气囊、第一气囊、膜状物、弓形支撑板"等技术特征，从属权利要求15与权利要求1、10~13任一项之间的引用关系不成立，因而缺乏引用基础。

【参考译文】 When dependent claim 15 refers to any of claims 1 and 10-13, the technical features of "said big balloon, said small balloon, said first balloon, said membranous substance and said arch supporting plate" lack an antecedent basis; when said dependent claim refers to claim 2 or 4, the technical features of "said first balloon, said membranous substance and said arch supporting plate" lack an antecedent basis; when said dependent claim refers to claim 3 or 5, the technical features of "said first balloon and said arch supporting plate" lack an antecedent basis; and when said dependent claim refers to any of claims 6-8, the technical features of "said big balloon, said small balloon and said arch supporting plate" lack an antecedent basis.

二、得不到说明书的支持

【例4】权利要求1记载了"所述至少两个光源（13a、13b）或光源组件（13a、13b）相对于参考C/γ坐标系分别根据介于0°至30°之间的角度C以及根据介于150°至180°之间的角度C定向，并且根据介于50°至90°之间的角度γ而定向"，其中"至少两个光源或光源组件"请求保护了两个或两个以上光源的情形，而根据后文对坐标范围的限定可知，其仅具有两个光源的实施例，当具有两个以上光源时，上述技术方案如何限定角度关系并未记载在本申请的说明书的技术方案中，因此上述"至少两个光源"的限定导致该权利要求得不到说明书的支持，不符合《专利法》第二十六条第四款的规定。

【解析】《专利法》第二十六条第四款规定，权利要求书应当以说明书为依据，清楚、简要地限定要求专利保护的范围。《专利法实施细则》第十九条第一款规定，权利要求书应当记载发明的技术特征。

权利要求书应当以说明书为依据，是指权利要求应当得到说明书的支持。权利要求书中的每一项权利要求所要求保护的技术方案应当是所属技术领域的技术人员能够从说明书充分公开的内容中得到或概括得出的技术方案，并且不得超出说明书公开的范围。权利要求通常由说明书记载的一个或者多个实施方式或实施例概括而成。权利要求的概括应当不超出说明书公开的范围。如果所属技术领域的技术人员可以合理预测说明书给出的实施方式的所有等同替代方式或明显变型方式都具备相同的性能或用途，则应当允许申请人将权利要求的保护范围概括至覆盖其所有的等同替代或明显变型的方式。权利要求概括得是否恰当，审查员应当参照与之相关的现有技术进行判断。

例4中，由于说明书实施例中未记载有关具有两个以上光源，权利要求的概括超出了说明书的范围，因而不符合《专利法》第二十六条第四款的规定。

【参考译文】Claim 1 defines the feature "said at least two light sources (13a, 13b) or light source assemblies (13a, 13b) are oriented, with respect to a reference C/γ coordinate system, according to an angle C between 0° and 30° and according to an angle C between 150° and 180° respectively, and according to an angle γ between 50° and 90°", wherein the feature "at least two light sources or light source assemblies" includes cases of two or more light sources; however, according to the definition of the coordinate range followed, an embodiment with only two light sources is provided; the above-mentioned technical solution of how to define an angular relationship when there are two or more light sources is not disclosed in the technical solution of the description of the present application; therefore, the definition of "at least two light sources" makes this claim unsupported by the description and said claim does not comply Article 26. 4 of the Patent Law.

【例5】此外，其中的"可能的另外病毒"及"其他病毒"限定了较宽的范围；本申请仅记载了基于 BMYV 的 P0 基因和 BNYVV 的 P15 基因得到的构建体能够对 BMYV 和 BNYVV 产生抗性；本领域技术人员无法预期上述构建体还能够对其他的病毒产生抗性。因此，导致权利要求 11 ~ 12 中的"另外病毒"及"其他病毒"概括了较宽的范围，得不到说明书的支持，不符合《专利法》第二十六条第四款的规定。

【解析】对于用上位概念概括或用并列选择方式概括的权利要求，应当审查这种概括是否得到说明书的支持。如果权利要求的概括包含申请人推测的内容，而其效果又难以预先确定和评价，应当认为这种概括超出了说明书公开的范围。如果权利要求的概括使所属技术领域的技术人员有理由怀疑该上位概念概括或并列概括所包含的一种或多种下位概念或选择方式不能解决发明所要解决的技术问题，并达到相同的技术效果，则应当认为该权利要求没有得到说明书的支持。对于这些情况，审查员应当根据《专利法》第二十六条第四款的规定，以权利要求得不到说明书的支持为理由，要求申请人修改权利要求。

例5中，权利要求中"可能的另外病毒"及"其他病毒"属于上位概念，而在申请说明书中则使用了下位概念，且本领域技术人员无法预期上述构建体还能够对其他的病毒产生抗性，因而权利要求 11 ~ 12 超出了说明书的范围，得不到说明书的支持。

【参考译文】Furthermore, the expressions "possibly to another virus" and "other virus" define a broader scope of protection, but the present application merely discloses that the construct consisting of P0 gene of BMYV and P15 gene of BNYVV can induce resistance to BMYV and BNYVV. A person skilled in the art would not be able to predict that the above-mentioned constructs can also induce resistance to other virus; therefore, the expressions "possibly to another virus" and "other virus" in claims 11 and 12 define a broader scope of protection, and therefore, said claim is not supported by the description and does not comply with Article 26. 4 of the Patent Law.

【例6】权利要求 1 和权利要求 13 中记载的技术特征"验证通过后，依据第二支付信息从收款终端对应的账户向付款终端对应的账户进行转账"与说明书中记载的特征"S10 在验证通过后，依据第二支付信息从付款终端对应的账户向收款终端对应的账户进行转账"和附图 1 中记载的相矛盾，得不到说明书支持，不符合《专利法》第二十六条第四款的规定。

【解析】例 6 中，可以很明显看到，权利要求 1 和 13 中记载的是从"收款终端"向"付款终端"转账，而说明书附图中记载的则是从"付款终端"向"收款终端"转账，两者限定的内容是相反的，因而权利要求 1 和 13 得不到说明书的支持。

【参考译文】The technical features "after the verification is passed, transferring from the account corresponding to the receipt terminal to the account corresponding to the payment terminal according to the second payment information" specified in claims 1 and 13 are contradictory to the features "S10 after the verification is passed, transferring from the account corresponding to the payment terminal to the account corresponding to the receipt terminal according to the second payment information" disclosed in Figure 1, and therefore, said claims are not supported by the description and do not comply with Article 26. 4 of the Patent Law.

三、申请文件存在笔误

【例 7】然而根据表 1 的记载，两个 Nu 型 SiC 晶体中均不包含无意的背景氮，仅包含 2×10^{15} 至 $8 \times 10^{15} cm^{-3}$ 之间的背景硼。由此可知，说明书第 170 段记载的"生长的 SI SiC 单晶包含 2×10^{15} 至 $8 \times 10^{15} cm^{-3}$ 之间的无意的背景氮"属于笔误，其实际要表达的是"生长的 SI SiC 单晶包含 2×10^{15} 至 $8 \times 10^{15} cm^{-3}$ 之间的无意的背景硼"。

【解析】在翻译审查意见时，常常会遇到审查员提出中文专利申请中的一些笔误。例 1 中，"背景氮"应为"背景硼"，通过查询进入国家阶段的英文专利申请原文发现，其实在英文专利申请中申请人写的是"background boron"（背景硼），而在对应的中文专利申请中却使用了"背景氮"。这种情况通常是由于译员在翻译专利时造成笔误。由于审查意见的译文最终是提交给申请人的，为了让不懂中文的申请人准确了解审查员的意见，并准确传达这一意见，通常会进行增译，以清楚准确说明审查员的意图。

【参考译文】However, according to Table 1, neither of SiC crystals of NU - type includes unintentional background nitrogen but merely 2×10^{15} and $8 \times 10^{15} cm^{-3}$ of unintentional background boron; hence, there is a typo in the Chinese version of the English application "生长的 SI SiC 单晶包含 2×10^{15} 至 $8 \times 10^{15} cm^{-3}$ 之间的无意的背景氮"（the grown SI SiC single crystals included between 2×10^{15} and 8×10^{15} cm^{-3} of unintentional background nitrogen), and the applicant actually means that the grown SI SiC single crystals included between 2×10^{15} and 8×10^{15} cm^{-3} of unintentional background boron.

【例8】 独立权利要求1的主题名称为"一种用于向社交网络系统的用户提供社交协约的方法",且其特征部分并未记载"计算机实施的方法"的内容,然而从属权利要求2～14的引用部分为根据权利要求所述的计算机实施的方法,本领域技术人员可以理解,其为明显笔误。

【解析】 与例7不同,例8中有关"计算机实施的方法"是存在于英文专利申请中的,因而是申请人自己在撰写专利时产生的错误,因此在处理方法上与例7有所区别。

【参考译文】 The subject matter of independent claim 1 is "a method for offering social deals to users of a social networking system", and said claim does not define "computer implemented method" in the characterizing portion thereof; however, the reference portions of dependent claims 2-14 include computer implemented method according to said claim, and a person skilled in the art would understand that this is an obvious typo.

【例9】 基于同样的理由,权利要求19～20的引用部分也出现明显笔误。基于程序节约原则,审查员对权利要求2～14和19～20作了假定评述,假定权利要求2～14的引用部分为根据权利要求所述的用于向社交网络系统的用户提供社交协约的方法,假定权利要求19～20的引用部分为根据权利要求所述的用于向社交网络系统的用户提供社交协约的方法。

【解析】 在对发明专利申请进行实质审查时,审查员应当尽可能地缩短审查过程。换言之,审查员要设法尽早地结案。因此,除非确认申请根本没有被授权的前景,审查员应当在第一次审查意见通知书中,将申请中不符合《专利法》及其实施细则规定的所有问题通知申请人,要求其在指定期限内对所有问题给予答复,尽量减少与申请人通信的次数,以节约程序。

【参考译文】 Based on the same reasoning, reference portions of dependent claims 19 and 20 also have an obvious typo, and based on the principle of procedural economy, the examiner makes presumptive comments on claims 2-14, 19, and 20; and the reference portions of dependent claims 2-14 are assumed to be a method for offering social deals to users of a social networking system of said claim, and the reference portions of dependent claims 19 and 20 are assumed to be a method for offering social deals to users of a social networking system of said claim.

四、涉及计算机程序的专利申请

【例10】独立权利要求19的主题名称为"一种计算机程序"，即权利要求19请求保护的发明只涉及计算机程序本身，或者仅仅记录在载体上的计算机程序，就其程序本身而言，不论它以何种形式出现，都属于智力活动的规则和方法，属于《专利法》第二十五条第一款第（二）项的不授予专利权的范围。

【解析】根据《专利法》第二十五条第一款第（二）项的规定，对智力活动的规则和方法不授予专利权。如果一项权利要求仅仅涉及一种算法或数学计算规则，或者计算机程序本身或仅仅记录在载体（如磁带、磁盘、光盘、磁光盘、ROM、PROM、VCD、DVD或者其他的计算机可读介质）上的计算机程序，或者游戏的规则和方法等，则该权利要求属于智力活动的规则和方法，不属于专利保护的客体。

【参考译文】The designation of the subject matter of independent claim 19 is "a computer program", that is, the invention claimed in claim 19 merely relates to the computer program itself, or is merely the computer program recorded on a carrier. With regard to the computer program itself, whatever the form it is in, it still falls within the range of rules and methods for mental activities, and falls within the range of unpatentable matters under Article 25. 1(2) of the Patent Law.

【例11】权利要求16请求保护一种包括可执行程序代码的非暂时计算机程序产品，权利要求29请求保护一种包括可执行程序代码的永久性计算机程序产品，其要求保护的内容是计算机程序本身，属于《专利法》第二十五条第一款第（二）项规定的不授予专利权的客体。

【解析】计算机程序本身是指为了能够得到某种结果而可以由计算机等具有信息处理能力的装置执行的代码化指令序列，或者可被自动转换成代码化指令序列的符号化指令序列或者符号化语句序列。计算机程序本身包括源程序和目标程序。

计算机程序的发明是指为解决发明提出的问题，全部或部分以计算机程序处理流程为基础，通过计算机执行按上述流程编制的计算机程序，对计算机外部对象或者内部对象进行控制或处理的解决方案。所说的对外部对象的控制或处理包括对某种外部运行过程或外部运行装置进行控制、对外部数据进行处理或者交换等；所说的对内部对象的控制或处理包括对计算机系统内部性能的改进、对计算机系统内部资源的管理、对数据传输的改进等。涉及计算机程序的解决方案并不必须包含对计算机硬件的改变。

【参考译文】Claim 16 claims a non-transitory computer program product comprising executable program code, and claim 29 claims a non-transitory computer program product comprising executable program code. What are claimed relate to the computer program itself and therefore fall within an unpatentable matter under Article 25.1(2) of the Patent Law.

第五节　其他格式文件的翻译

在第八章第二节中介绍了国家（地区）阶段审查文件，在专利申请的审批程序、复审程序、无效宣告程序和专利法及其实施细则规定的其他程序中，审查员根据不同情况将做出各种通知和决定。这些通知和决定主要包括专利申请受理通知书、审查意见通知书、补正通知书、手续合格通知书、视为撤回通知书、恢复权利请求审批通知书、发明专利申请实质审查请求期限届满前通知书、缴费通知书、费用减缓审批通知书、发明专利申请初步审查合格通知书、发明专利申请公布通知书、发明专利申请进入实质审查阶段通知书、授予发明专利权通知书、授予实用新型专利权通知书、授予外观设计专利权通知书、办理登记手续通知书、视为放弃取得专利权通知书、专利权终止通知书、驳回决定、复审决定书、无效宣告请求审查决定等。

除正文外，上述所有审查文件还包括标准表格，第 N 次审查意见通知书还有可能包括检索报告，下面将简单介绍这两部分。

一、标准表格

各审查文件的标准表格虽各有不同，但目的相同，本节以第 N 次审查意见通知书为例进行介绍。在第 N 次审查意见通知书中，标准表格中将写明本次审查意见通知书涉及的专利申请相关信息，包括申请号或专利号、申请人或专利权人、发明创造名称、代理机构/代理人信息、发文序号、发文日等，还包括实质审查所依据的文本、所引用的对比文件、对权利要求书和说明书的结论性意见、实质审查的倾向性结论意见、答复期限等。此外，还会给出专利申请的基本情况，如有无优先权要求、有无主动修改等。需要注意的是，标准表格的页码与正文是连续编码的（OA 标准表格样本见下文）。

在列出所引用的对比文件时，审查员通常按照规定格式填写，具体如下：

1）对比文件为专利文献（指专利说明书或者专利申请公开说明书）的，将按照"巴黎联盟专利局间情报检索国际合作委员会"（ICIREPAT）的规定，写明国别代码、文献号和文献类别。此外，还应注明这些文献的公开日期，对于抵触申请还应注明其申请日。

例如：文献名称 公开日

CN1161293A 1997.10.8

US4243128A 1981.1.6

JP 昭 59 – 144825A 1984.8.20

2）对比文件为期刊中的文章的，应当写明文章的名称、作者姓名、期刊名称、期刊卷号、相关内容的起止页数、出版日期等。例如："激光两坐标测量仪"，中国计量科学研究院激光两坐标测量仪研制小组，计量学报，第1卷第2期，第84 – 85页，1980年4月。

3）对比文件为书籍的，应当写明书名、作者姓名、相关内容的起止页数、出版社名称及出版日期。例如："气体放电"，杨津基，第258 – 260页，科学出版社，1983年10月。

以下所示为OA标准表格样本（见下页）。

二、检索报告

在PCT国际阶段程序中，PCT专利申请提交后，在规定的时间内国际检索单位将对PCT专利申请进行检索，并作出国际检索报告。该检索报告在规定的时间内将尽快送交PCT专利申请人和世界知识产权组织国际局。自国际申请日（或优先权日）起满18个月后，国际局将公布PCT国际专利申请和国际检索单位作出的检索报告，并将该申请连同检索报告送交该PCT专利申请要求的"指定国"的专利局。

本节不详细介绍PCT国际阶段程序中的国际检索报告，而是以国家（地区）阶段中审查员在实质审查过程中出具的检索报告为例进行讲解。

检索报告用于记载检索的结果，特别是记载构成相关现有技术的文件。检索报告采用专利局规定的表格。检索报告中清楚地记载涉及的专利申请的基本信息，包括申请号、申请日、申请人、最早的优先权日、权利要求项数、说明书段数等。此外，还将记载检索的领域、数据库、所用的基本检索要素及其表达形式（如关键词等）、由检索获得的对比文件及对比文件与申请主题的相关程度，并且应当按照检索报告表格的要求完整地填写其他各项。

在检索报告中，审查员采用下列符号表示对比文件与权利要求的关系：

X：单独影响权利要求的新颖性或创造性的文件；

Y：与检索报告中其他Y类文件组合后影响权利要求的创造性的文件；

中华人民共和国国家知识产权局

100098

北京市海淀区知春路 48 号盈都大厦 A 座 16 层 北京康信知识产权代
理有限责任公司
余刚 吴孟秋

发文日：

2015 年 05 月 06 日

申请号或专利号：201110231956.9   发文序号：2015043001113010

申请人或专利权人： 索尼公司

发明创造名称： 记录装置

第 一 次 审 查 意 见 通 知 书

1. ☒ 应申请人提出的实质审查请求，根据专利法第 35 条第 1 款的规定，国家知识产权局对上述发明专利申
请进行实质审查。

☐ 根据专利法第 35 条第 2 款的规定，国家知识产权局决定自行对上述发明专利申请进行审查。

2. ☒ 申请人要求以其在：

JP 专利局的申请日 2010 年 08 月 20 日为优先权日。

☒ 申请人已经提交了经原受理机构证明的第一次提出的在先申请文件的副本。

☐ 申请人尚未提交经原受理机构证明的第一次提出的在先申请文件的副本，根据专利法第 30 条的规定视
为未要求优先权要求。

3. ☐ 经审查，申请人于_____提交的修改文件，不符合专利法实施细则第 51 条第 1 款的规定，不予接受。

4. 审查针对的申请文件：

☐ 原始申请文件。☐ 分案申请递交日提交的文件。☒ 下列申请文件：

申请日提交的说明书摘要、说明书第 1-166 段、摘要附图、说明书附图；

2013 年 8 月 14 日提交的权利要求第 1-6 项。

5. ☐ 本通知书是在未进行检索的情况下作出的。

☒ 本通知书是在进行了检索的情况下作出的。

☒ 本通知书引用下列对比文件(其编号在今后的审查过程中继续沿用)：

编号	文 件 号 或 名 称	公开日期 (或抵触申请的申请日)
1	CN 101546572A	20090930
2	CN 1208915A	19990224
3	CN 1398029A	20030219

6. 审查的结论性意见：

关于说明书：

☐ 申请的内容属于专利法第 5 条规定的不授予专利权的范围。

210401   纸件申请，回函请寄：100088 北京市海淀区蓟门桥西土城路 6 号   国家知识产权局专利局受理处收
2010. 2   电子申请，应当通过电子专利申请系统以电子文件形式提交相关文件。除另有规定外，以纸件等其他形式提交的
                 文件视为未提交。

中 华 人 民 共 和 国 国 家 知 识 产 权 局

☐ 说明书不符合专利法第 26 条第 3 款的规定。

☐ 说明书不符合专利法第 33 条的规定。

☐ 说明书的撰写不符合专利法实施细则第 17 条的规定。

☐ _____

关于权利要求书：

☐ 权利要求_____不符合专利法第 2 条第 2 款的规定。

☐ 权利要求_____不符合专利法第 9 条第 1 款的规定。

☐ 权利要求_____不具备专利法第 22 条第 2 款规定的新颖性。

☒ 权利要求 1-6 不具备专利法第 22 条第 3 款规定的创造性。

☐ 权利要求_____不具备专利法第 22 条第 4 款规定的实用性。

☐ 权利要求_____属于专利法第 25 条规定的不授予专利权的范围。

☐ 权利要求_____不符合专利法第 26 条第 4 款的规定。

☐ 权利要求_____不符合专利法第 31 条第 1 款的规定。

☐ 权利要求_____不符合专利法第 33 条的规定。

☐ 权利要求_____不符合专利法实施细则第 19 条的规定。

☐ 权利要求_____不符合专利法实施细则第 20 条的规定。

☐ 权利要求_____不符合专利法实施细则第 21 条的规定。

☐ 权利要求_____不符合专利法实施细则第 22 条的规定。

☐ _____

☐ 申请不符合专利法第 26 条第 5 款或者实施细则第 26 条的规定。

☐ 申请不符合专利法第 20 条第 1 款的规定。

☐ 分案申请不符合专利法实施细则第 43 条第 1 款的规定。

上述结论性意见的具体分析见本通知书的正文部分。

7. 基于上述结论性意见，审查员认为：

☐ 申请人应当按照通知书正文部分提出的要求，对申请文件进行修改。

☐ 申请人应当在意见陈述书中论述其专利申请可以被授予专利权的理由，并对通知书正文部分中指出的不符合规定之处进行修改，否则将不能授予专利权。

☒ 专利申请中没有可以被授予专利权的实质性内容，如果申请人没有陈述理由或者陈述理由不充分，其申请将被驳回。

☐ _____

8. 申请人应注意下列事项：

(1) 根据专利法第 37 条的规定，申请人应在收到本通知之日起的 4 个月内陈述意见，如果申请人无正当理由逾期不答复，其申请将被视为撤回。

(2) 申请人对其申请的修改应当符合专利法第 33 条的规定，不得超出原说明书和权利要求书记载的范围，同时申请人对专利申请文件进行的修改应当符合专利法实施细则第 51 条第 3 款的规定，按照本通知书的要求进行修改。

(3) 申请人的意见陈述书和/或修改文本应邮寄或递交国家知识产权局专利局受理处，凡未邮寄或递交给受理处的文件不具备法律效力。

(4) 未经预约，申请人和/或代理人不得前来国家知识产权局专利局与审查员举行会晤。

9. 本通知书正文部分共有 3 页，并附有下述附件：

☐ 引用的对比文件的复印件共_____份_____页。

☐ _____

审查员：方磊　　　　联系电话：037187791116　　　审查部门：专利审查协作河南中心通信发明审查部

210401　　　纸件申请，回函请寄：100088 北京市海淀区蓟门桥西土城路 6 号　国家知识产权局专利局受理处收
2010. 2　　　电子申请，应当通过电子专利申请系统以电子文件形式提交相关文件。除另有规定外，以纸件等其他形式提交的文件视为未提交。

265

A：背景技术文件，即反映权利要求的部分技术特征或有关的现有技术的文件；

R：任何单位或个人在申请日向专利局提交的、属于同样的发明创造的专利或专利申请文件；

P：中间文件，其公开日在申请的申请日与所要求的优先权日之间的文件，或者会导致需要核实该申请优先权的文件；

E：单独影响权利要求新颖性的抵触申请文件。

上述类型的文件中，符号 X、Y 和 A 表示对比文件与申请的权利要求在内容上的相关程度；符号 R 和 E 同时表示对比文件与申请在时间上的关系和在内容上的相关程度；而符号 P 表示对比文件与申请在时间上的关系，其后应附带标明文件内容相关程度的符号 X、Y、E 或 A，它属于在未核实优先权的情况下所作的标记。

一项权利要求中包括几个并列的技术方案，而一份对比文件与这些技术方案的相关程度各不相同，审查员在检索报告中应当用表示其中最高相关程度的符号来标注该对比文件。

除上述类型的文献外，审查意见通知书中引用的其他文献也应当填写在检索报告中，但不填写文献类型和/或所涉及的权利要求。

以下所示为检索报告样本。

中华人民共和国国家知识产权局

检 索 报 告

申请号：2009801317656	申请日：20090826	首次检索
申请人：美国圣戈班性能塑料公司	最早的优先权日：20080829	
权利要求项数：25	说明书段数：65+3	

审查员确定的 IPC 分类号：A61J1/05,A61J1/14

检索记录信息：CNABS,VEN,CNKI,A61J1,B65D41,B65D51,盖，帽，封口，粘接剂，粘合层，有机硅，硅橡胶，氟聚合物，cap,assembly,adhesive,septum,silicone composition,fluoropolymer,

<table>
<tr><td colspan="6" align="center">相 关 专 利 文 献</td></tr>
<tr><td>类型</td><td>国别以及代码[11]
给出的文献号</td><td>代码[43]或[45]
给出的日期</td><td>IPC 分类号</td><td>相关的段落
和／或图号</td><td>涉及的权
利要求</td></tr>
<tr><td>X</td><td>US6234335B1</td><td>20010522</td><td>B65D41/20</td><td>说明书第1-4栏，附图1-2</td><td>6</td></tr>
<tr><td>Y</td><td>US6234335B1</td><td>20010522</td><td>B65D41/20</td><td>说明书第1-4栏，附图1-2</td><td>1-5,7-15</td></tr>
<tr><td>Y</td><td>US4499148A</td><td>19850212</td><td>B29C19/02</td><td>说明书第1-2，4栏，附图1-2</td><td>1-5,7-15</td></tr>
<tr><td>A</td><td>EP0450098B1</td><td>19950913</td><td>B29C43/14</td><td>全文</td><td>1-15</td></tr>
<tr><td>A</td><td>CN2326243A</td><td>19990630</td><td>A61J1/00</td><td>全文</td><td>1-15</td></tr>
<tr><td>A</td><td>US6696352B1</td><td>20040224</td><td>H01L21/30</td><td>全文</td><td>1-15</td></tr>
<tr><td>A</td><td>CN2705157A</td><td>20050622</td><td>A61J1/14</td><td>全文</td><td>1-15</td></tr>
<tr><td>A</td><td>US20070009429A1</td><td>20070111</td><td>A61K51/00</td><td>全文</td><td>1-15</td></tr>
<tr><td>A</td><td>CN101347384A</td><td>20090121</td><td>A61J1/06</td><td>全文</td><td>1-15</td></tr>
</table>

310401
2010. 2

1/2

中 华 人 民 共 和 国 国 家 知 识 产 权 局

相 关 非 专 利 文 献					
类型	书名（包括版本号和卷号）	出版日期	作者姓名和出版者名称	相关页数	涉及的权利要求
类型	期刊或文摘名称 （包括卷号和期号）	发行日期	作者姓名和文章标题	相关页数	涉及的权利要求

表格填写说明事项：

1. 审查员实际检索领域的 IPC 分类号应当填写到大组和／或小组所在的分类位置。

2. 期刊或其它定期出版物的名称可以使用符合一般公认的国际惯例的缩写名称。

3. 相关文件的类型说明：

   X：一篇文件影响新颖性或创造性；

   Y：与本报告中的另外的 Y 类文件组合而影响创造性；

   A：背景技术文件；

   R：任何单位或个人在申请日向专利局提交的、属于同样的发明创造的专利或专利申请文件。

   P：中间文件，其公开日在申请的申请日与所要求的优先权日之间的文件；

   E：抵触申请。

审 查 员：王海玲　　　　　　　审查部门：光电技术发明审查部
2012 年 07 月 02 日

第四部分

专利翻译技术
与管理

第十章 专利翻译技术概述

专利翻译与语言服务行业其他细分领域翻译有相同之处，如都需要熟练运用计算机辅助翻译技术、术语库技术、质量保证技术等；同时，由于受到专利行业的特定限制，专利翻译与其他语言服务细分领域又有区别，如专利翻译过程需要严格遵守保密协议（Non-disclosure Agreement，简称 NDA），遵循"理解精准、严格直译、语言流畅"三个原则，力求为客户提供最高质量的翻译服务。

因此，专利翻译行业的技术及应用实践都要遵从本行业的要求和原则。按照翻译行业的常见分类方法，专利翻译主要包含翻译记忆库技术、术语管理技术、机器翻译技术、质量控制技术、项目管理技术等核心技术。

本章首先对专利翻译行业涉及的相关技术进行细分，帮助读者构建起完整的技术视野，再带领读者深入分析术语管理技术、翻译记忆库技术和机器翻译技术。

第一节 专利翻译相关技术细分

按照翻译项目管理的流程划分，专利翻译技术包括如下细分技术：

1）译前准备阶段涉及的细分技术，包括 OCR（光学文字识别）技术、文档比较技术、文件解析技术、句段切分技术、语料库对齐技术、术语提取技术、预翻译技术、字数统计技术等。

2）译中阶段涉及的细分技术，包括项目管理技术、术语库技术、记忆库技术、搜索技术等。

3）译后阶段涉及的细分技术，包括质量保证（Quality Assurance，简称 QA）技术、桌面排版（Desktop Publishing，简称 DTP）技术、语料回收技术等。

下面将依次解释以上细分技术，阐明需要这些细分技术的原因，并对相关概念进行介绍。

（1）OCR 技术

专利行业的很多原始文档为 PDF 扫描件，文字内容不可复制编辑。要想利用计算机辅助翻译（Computer Assisted/Aided Translation，简称 CAT）工具（后文会介绍）进行翻译，就要利用 OCR 技术预先将 PDF 文件准备为可编辑文档（如最常见的 Microsoft Word），否则只能采取传统翻译方式，逐字逐句对照扫描件 PDF 或者打印稿，将翻译结果输入为可编辑的 Word 文档。这种传统的翻译方式无法充分利用计算机辅助翻译技术的优势，无法节省翻译重复句子的时间和成本，无法保证术语的准确、一致性，不具有自动化高效的质量保证措施。适合专利行业的 OCR 工具包括但不限于 ABBYY Fine Reader、I. R. I. S. Readiris、汉王文本王文豪 7600、汉王尚书七号、迅捷 OCR、Tesseract 等。

（2）文档比较技术

公开专利的源语言内容可以在各种专利数据库、网站中查询到，因此即便客户提供了参考 Word 文档，客户来信中依然经常强调以专利申请时提交的 PDF 扫描件为准。但是使用 OCR 工具进行文字识别也无法避免因为文字模糊等造成的 OCR 文字识别不准确、格式不正确，所以仍然需要使用文档比较工具，结合人工辅助检查，确保准备的可编辑源语言文档尽可能与 PDF 扫描件高度一致。任何的文字遗漏、数字错误都会造成译文与原始文稿不一致，导致客户投诉，甚至客户专利申请中权利保护范围出错，给客户的专利申请造成不可挽回的损失。

（3）文件解析与非译内容保护技术

在翻译服务中，客户提供的文件内容五花八门，但需要翻译的文字内容和不需要翻译的文字内容都或多或少存在一些规律。为最大限度地发挥 CAT 工具的优势，就需要利用 CAT 工具对需要翻译的文档进行文件解析。为了避免翻译不必要的文字，或者在文稿解析前对非译内容进行格式保护避免被解析，或者在解析规则中进行解析规则设定，避免非译文字进入翻译任务。当前市场上流行的 CAT 工具几乎都能实现这部分技术，还可以由专业的译前处理工程师进行准备。

（4）断句技术

断句技术是 CAT 工具或者在线翻译系统的必备环节，即在字数匹配分析或者语料对齐前 CAT 工具需要对即将解析的文档根据预设或者自定义的断句规则（Segment Rule）进行句段切分。

（5）语料库对齐技术

语料库对齐技术是指为了重复利用之前已经翻译的源语言与目标语言文

档，按照需要的断句规则，将源语言与目标语言句段对齐，制作为翻译记忆库。

（6）术语提取技术

统一术语译文的最佳做法为利用工具抽取高频词汇或者专用词汇，在正式翻译文档前尽早确定术语翻译。术语抽取可以利用 SDL Multi Term Extract、Ant Conc 词频统计进行一定的自动化抽取，同时结合人工进行筛选。

（7）预翻译技术

预翻译技术是指在译员开始工作前，利用已有的翻译记忆库或者机器翻译引擎，对需要翻译的译文进行预翻译，重用翻译记忆库中已经存在的句子，或者锁定同一项目中重复的句子，以免浪费翻译人工，确保译文的一致性。基于公有云的机器翻译进行预翻译前，需要慎重考虑此项目的信息安全保护等级，如果是非公开专利是禁止使用的。CAT 工具中一般都会包含这项细分技术。

（8）字数统计技术

字数统计技术是利用计算机程序对需要翻译的项目进行字数统计。按记忆库的字数匹配率折算报价时，必须利用 CAT 工具的字数统计功能。这项技术几乎是所有 CAT 工具的必备功能。

（9）项目管理技术

事实上，当翻译服务公司/组织达到一定规模时，项目管理不得不从粗放型管理模式向技术型管理模式转变，这样必然需要引入商业或者开源（Open Source）的大型项目管理系统或者在已有 ERP（企业资源管理计划）系统中开发出专门针对翻译管理的模块。本书讲解项目管理的章节会专门讲述，本节不再赘述。

（10）记忆库技术

记忆库技术是指利用 CAT 工具中的记忆库管理组件，进行翻译记忆库的设置、导入、修改与重用等一系列活动。记忆库技术通常都包含在 CAT 或者 TMS（在线翻译管理系统）中，如 SDL Trados Studio 将早期的 Trados Workbench 记忆库组件融入 Trados Studio 工具集。

（11）术语管理技术

术语库是一种类似于数据库的集中存储库，它允许对源语言和目标语言中的已核准术语进行系统管理。将术语库与现有翻译环境配合使用可确保译文更加准确、一致，并且帮助译员高效翻译。如果不进行管理，不一致的术语会导致译文中包含不同的定义，而这种一致性的缺乏意味着译文无法重复利用。广义的术语库技术包含术语抽取、术语识别、术语存储、术语查询等。

一般来讲，术语库需要和记忆库结合使用，如 SDL 的术语产品 MultiTerm 通常和 SDL Trados Studio 结合使用。

（12）搜索与替换技术

搜索与替换技术是指在翻译过程中译员利用一切现代化手段查找翻译内容相关信息的技术，一般包括术语搜索、参考句库搜索、网络搜索引擎搜索、本地电脑搜索（如 Search & Replace）等技术，也包括在 CAT 工具内进行翻译内容的词语搜索与替换。由于篇幅有限，此处不展开详述，可参考由王华树主编、商务印书馆和上海音像出版社联合出版的《翻译技术教程》（上册）。

（13）质量保证技术

质量保证是指为了保证翻译质量的可靠性而采取的一系列手段。虽然人工检查可以提高翻译质量，但此方式比较低效，因此需要借助 CAT 内嵌的或者第三方 QA（质量保证）自动化工具来高效查错，甚至借助内部研发的自动化检查工具来辅助提高 QA 效率。

（14）桌面排版技术

为了保证提交文档与客户的源语言文档格式一致，或者符合目标语言市场的提交要求，翻译后通常由专业的 DTP（桌面排版）工程师进行译后版式设置、格式检查及低级错误修复。

（15）语料回收技术

语料回收技术是指将已完成项目中经过审核定稿的记忆库、术语库提交到相应的数据库中。这项技术通常由指定的角色或者人员按照归档规则及时操作，以便后续项目可以重用回收的语料库。

第二节　专利术语管理技术

对于国际化企业来说，术语管理是全球化企业语言资产的重要组成部分，也是企业信息开发和技术写作的基础性工作[❶]。有效的术语管理可帮助企业降低产品内容设计成本，规避本地化术语风险，降低翻译成本，保持内容的准确性、一致性、规范性和专业性。阿里巴巴、华为、IBM、Microsoft、Oracle、SAP、HP 等国际化企业均部署并配置了术语管理系统的术语专员，设置了术语专家职位，以加强企业的术语管理工作。

专利翻译行业需要高质量的翻译服务，其中术语翻译技能（包括术语的

---

❶　王华树，冷冰冰. 术语管理概论［M］. 北京：外文出版社，2017.

识别、查询参考及验证）就显得格外重要。专利行业的术语翻译不仅要符合术语翻译的准确性、一致性的通用要求，还要符合专利行业特定技术领域术语规范性（符合行业标准）、专业性的需要。从业人员要了解术语需求特点、语言特点及挑战，掌握专利行业的术语管理技巧及最佳实践。

一、术语管理需求特点

专利翻译行业语言服务需求的特殊性决定了其术语管理的必要性与重要性。

1）随着全球范围的创新加速，专利文件体量迅速增加。在行业人才缺乏的大环境下实现快速、高质量的翻译，良好的术语管理方案不可或缺。

2）对于专利翻译的服务对象专利申请人而言，通过加强术语管理，其产品的研发和文本的撰写、编辑、翻译、校对的循环周期能够得到整合并达到一体化。

3）技术术语是影响检索质量的重要因素。通过不断完善不同技术领域的术语管理，可提高新颖性检索、侵权检索过程中关键词的命中率，对知识产权行业的健康发展产生积极影响。

4）专利文件行文相对规范化，成熟的术语管理体系将为人工智能翻译提供丰富的资源。

二、术语翻译的语言特点及挑战

专利申请文件的"语言、技术和法律"的复合属性对专业语言服务公司及从业者的知识储备提出了颇高的要求。但同时，专利"以公开换保护"的行业特征使其历史数据处于公开状态，这些公开的资源为专利术语的查询提供了便利的条件。一款能够实时查询的高质量专利数据库在专利申请及审查文件的术语识别、翻译、审定环节发挥着重要作用。由于专利数据库是以专利家族进行归类，即就同一发明主题在不同国家提交的专利申请文件可以在检索结果中同时查出，这为多语言术语库和语料库的建立提供了良好的基础。目前广泛使用的数据库有世界知识产权组织 WIPO 的 Patentscope 数据库、中国的 Soopat 专利数据库、欧洲专利局的 Espacenet 专利数据库。另外，还有一些国际知名的付费数据库，如 RWS 的 PatBase 专利数据库（图 10 - 1）等。

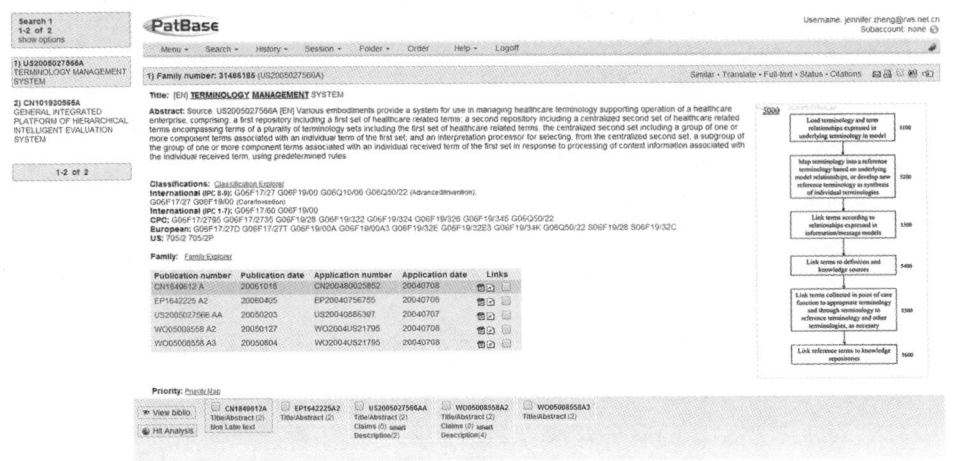

图 10 – 1   PatBase 专利数据库的专利家族示例

对于专利审查文件而言，各个国家的专利法、实施细则、审查指南等文件的多语言版本是关键资源，因为所有审查文件的生成都是基于相关的法律条款，而且文件中所使用的法律术语也都出自各国的法律文件。目前还没有较为完整的各国法律资源获取渠道，WIPO 网站上公开了部分国家的相关法律条款。

具体而言，专利翻译行业的术语管理还面临如下挑战：

首先，专利申请文件的阐述对象是前沿的科技创新成果，涉及的学科领域广泛、高度专业化，并且新术语较多。

其次，专利申请文件作为法律文件提交到指定局审查，需使用法律语言，表述应符合相关法律及实施细则的规定。

再次，专利申请文件的最终目的是保护发明创造，撰写人很多时候使用上位概念，以最大限度地覆盖所保护的技术范围，因此产生了许多"自组合"词汇及审查时存在争议的抽象词汇，这给术语的翻译和统一增加了难度。同时，还有一些术语在语言转换时需充分考虑源语言和目标语言的特定使用环境才能最终确定。

另外，申请文件中时常出现"术语定义段落"，对本文中出现的部分术语给出定义，这些定义有时与行业内的常规定义存在偏差。在这种情况下，即使是常见用语，也不能想当然地直接按照字面意思翻译，而需在理解原文的基础上进行全文术语一致性的核查。这一环节尤为重要，因为术语不一致可能导致后续审查阶段因专利说明书不清楚而被驳回，最终不能被授予专利权。

三、专利翻译行业术语管理实践范例

如今，术语数据库已经逐渐转向术语知识库，术语管理也成为知识管理。有效的专利行业术语管理方案应在准确度、一致性、即时调用和有序存储等方面发挥作用。目前，依靠现代化的术语管理平台和工具，能够顺利实现术语的即时获取和更新、分类查询等需求。国内外代表性的术语管理平台和工具有 SDL MultiTerm、语帆术语宝等。下面将以 RWS 中国公司为例，介绍其利用内部术语管理平台和管理流程（图 10 - 2），根据技术术语、法律术语、争议用语和术语定义段落等各个方面的特征及资源可用度而制定的术语管理方案。

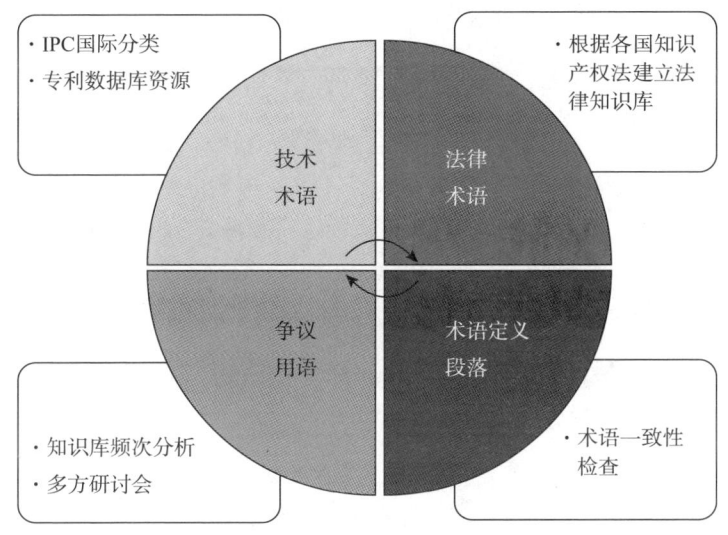

图 10 - 2　RWS 专利术语管理图示

首先，技术术语是专利术语中最重要的部分。技术术语库的结构可以参照国际通用的专利文献分类和检索工具——《国际专利分类表》来设计。国际专利分类简称 IPC 分类，是目前国际唯一通用的专利文献分类和检索工具。IPC 分类目前已更新至第八版，下设八个部（图 10 - 3），部的下设层级依次是大类、小类、大组和小组。每一项专利申请在提交时都以 IPC 分类号归类，并且在 PCT 申请文件的首页显示分类号，代表所属的技术领域。

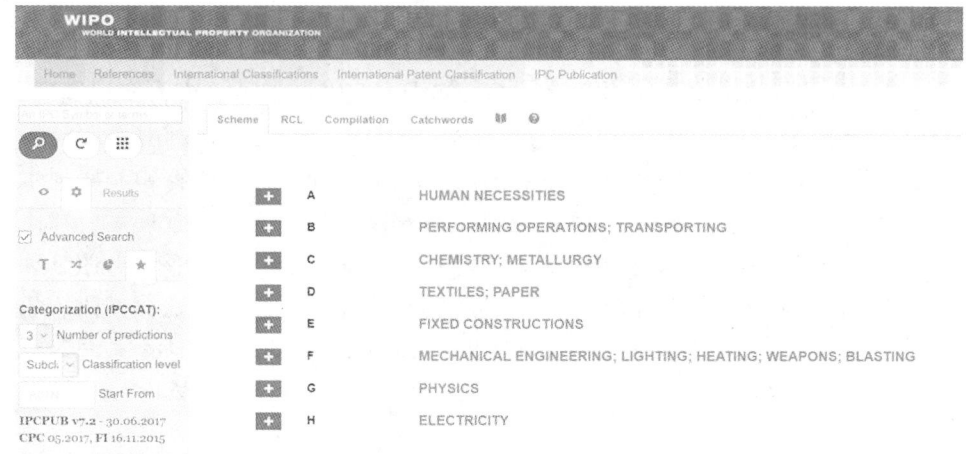

图 10 – 3　国际专利分类法（IPC）A – H 部

图 10 – 4 展示了西门子公司一份名为《术语管理系统》的专利申请扉页部分内容，该项专利申请的 IPC 分类属于 G06F 电数字数据处理领域。

(12) INTERNATIONAL APPLICATION PUBLISHED UNDER THE PATENT COOPERATION TREATY (PCT)

(19) World Intellectual Property Organization
International Bureau

(43) International Publication Date
27 January 2005 (27.01.2005)

PCT

(10) International Publication Number
WO 2005/008558 A2

(51) International Patent Classification⁷:　G06F 19/00

(21) International Application Number:
PCT/US2004/021795

(22) International Filing Date:　8 July 2004 (08.07.2004)

(25) Filing Language:　English

(26) Publication Language:　English

(30) Priority Data:
60/485,877　　9 July 2003 (09.07.2003)　US
10/886,397　　7 July 2004 (07.07.2004)　US

(71) Applicant: SIEMENS MEDICAL SOLUTIONS HEALTH SERVICES CORPORATION [US/US]; 51 Valley Stream Parkway, Malvern, PA 19355 (US).

(72) Inventor: HASKELL, Robert, Emmons; 1045 Lower Pine Creek Road, Chester Springs, PA 19425 (US).

(74) Agents: BURKE, Alexander, J. et al.; Siemens Corporation- Intellectual Property Dept., 170 Wood Avenue South, Iselin, NJ 08830 (US).

(81) Designated States (*unless otherwise indicated, for every kind of national protection available*): AE, AG, AL, AM, AT, AU, AZ, BA, BB, BG, BR, BW, BY, BZ, CA, CH, CN, CO, CR, CU, CZ, DE, DK, DM, DZ, EC, EE, EG, ES, FI, GB, GD, GE, GH, GM, HR, HU, ID, IL, IN, IS, JP, KE, KG, KP, KR, KZ, LC, LK, LR, LS, LT, LU, LV, MA, MD, MG, MK, MN, MW, MX, MZ, NA, NI, NO, NZ, OM, PG, PH, PL, PT, RO, RU, SC, SD, SE, SG, SK, SL, SY, TJ, TM, TN, TR, TT, TZ, UA, UG, US, UZ, VC, VN, YU, ZA, ZM, ZW.

(84) Designated States (*unless otherwise indicated, for every kind of regional protection available*): ARIPO (BW, GH, GM, KE, LS, MW, MZ, NA, SD, SL, SZ, TZ, UG, ZM, ZW), Eurasian (AM, AZ, BY, KG, KZ, MD, RU, TJ, TM), European (AT, BE, BG, CH, CY, CZ, DE, DK, EE, ES, FI,

[Continued on next page]

(54) Title: TERMINOLOGY MANAGEMENT SYSTEM

图 10 – 4　PCT 申请文件首页的 IPC 分类号示例

　　由于该公司研发的产品——术语管理系统适用于医疗领域，其内容还涉及医疗保健、遗传学等领域，如图 10 - 5 所示。在处理本例涉及的术语时，RWS 通常以该公司产品的所属技术领域——电数字数据处理为主线，同时在本申请还涉及的医疗保健、遗传学等领域准备相关术语资源，然后根据 IPC 分类号对不同领域的术语进行分类收集和存储，扩充各技术领域的术语库，具体流程如图 10 - 6 所示。

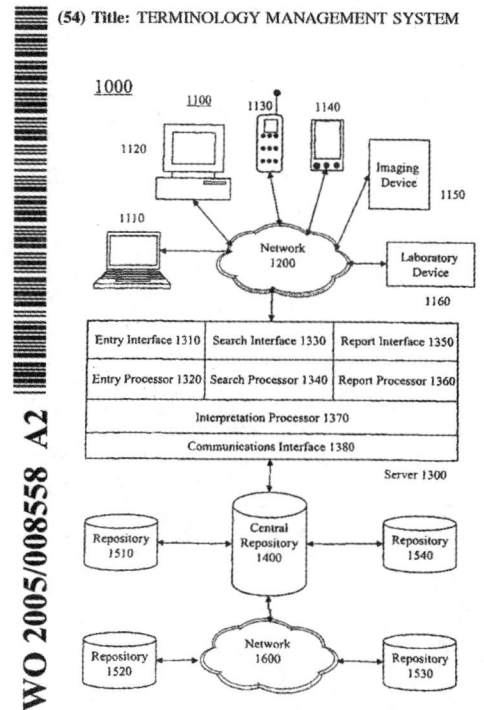

(54) Title: TERMINOLOGY MANAGEMENT SYSTEM

(57) Abstract: Various embodiments provide a system for use in managing healthcare terminology supporting operation of a healthcare enterprise, comprising: a first repository including a first set of healthcare related terms; a second repository including a centralized second set of healthcare related terms encompassing terms of a plurality of terminology sets including the first set of healthcare related terms, the centralized second set including a group of one or more component terms associated with an individual term of the first set; and an interpretation processor for selecting, from the centralized second set, a subgroup of the group of one or more component terms associated with an individual received term of the first set in response to processing of context information associated with the individual received term, using predetermined rules.

WO 2005/008558 A2

图 10 - 5　专利申请文件术语跨学科示例

　　其次，关于法律术语的管理，RWS 的实践经验是搜集各国的专利法、实施细则、审查指南的多语言版本，全部建成双语或多语语料库，部署于 SDL Groupshare 的翻译记忆库和 Multiterm 术语库中，供译员在线实时参考。相比译员以零散方式线下手动查找法律内容，这一做法不但实现了法律术语的实时在线获取，还充分保证了每条术语的准确性和全文相同术语的一致性（图 10 - 7）。

　　再次，关于争议用语的管理，在分析专利翻译行业语言特点时提到，专利申请文件的撰写人经常使用上位概念的"自组合"词汇，如"锁紧装置""带传送装置"等，以实现更宽的保护范围。另外，还会使用在审查时存在争

图 10 - 6　技术术语库建设流程

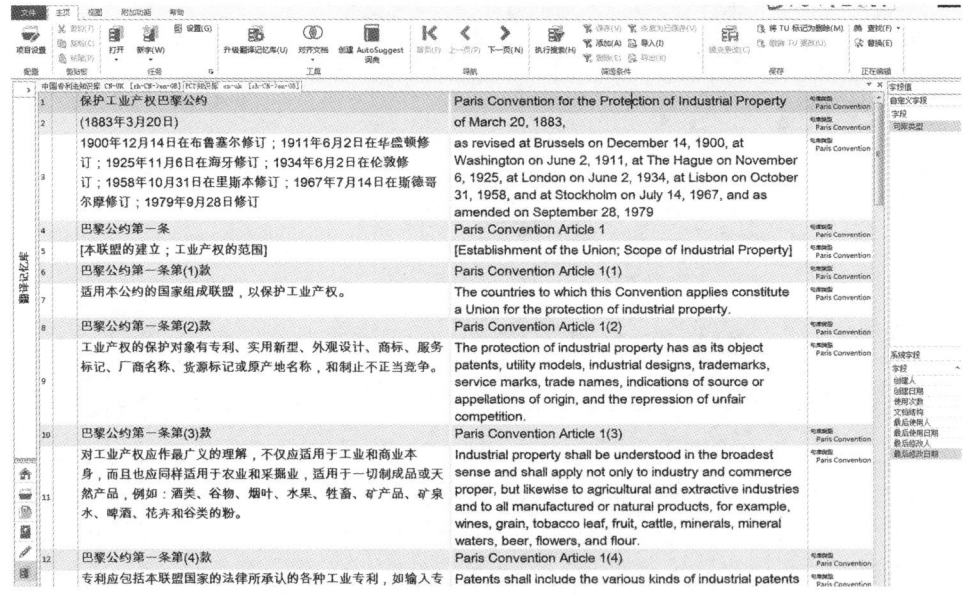

图 10 - 7　RWS 法律知识库示例

议的抽象词汇描述发明构思，如 configure、arrangement 等。针对此类用语，RWS 的最佳实践是定期开展术语研讨会。研讨会的参与者包括语言学家、本领域资深译员、数据检索员、专利代理人、目标语言为母语的译员等，讨论争议用语并确定合适的译法，定为标准后添加到《争议用语术语库》中。同时，跟踪行业内对该类术语的使用频次。一旦趋势有变化，适时再次开展讨论并做出调整。经过术语研讨会研讨过的术语，在译文受到质疑时可提供充足的材料证明译文的准确性和专业程度。这一实践方法较为彻底地解决了行业内的争议用语问题，并在实践过程中得到诸多客户的认可。

最后，对于术语定义段落中与常规定义不一致的情况，通常在交付之前使用术语一致性检查工具来确保单个文件或批次文件的术语统一。SDL Trados 软件本身具有术语一致性验证功能，Xbench 等其他业内熟知的工具也经常使用，在此不再赘述。

综上，RWS 根据专利行业的语言特点，对不同术语类型实施差异化的管理流程和质量控制，完成特定文件语言转换，从而在为客户提供专业服务的同时增加了自身语料和术语资源的积累。在面对大规模任务需求时，可以实现术语储备资源的迅速启用，并且获得速度和质量的双重保证。

第三节　专利辅助翻译技术

专利翻译由于质量高、要求严、时间紧等特点，全行业都引入了全球语言服务行业最普遍应用的计算机辅助翻译（CAT）技术，其中最核心的支撑技术包括两个：一是翻译记忆库技术，二是机器翻译技术。

一、翻译记忆库与机器翻译相结合的需求特点

翻译记忆库技术和机器翻译技术在专利翻译生产流程中承担着不同的使命，具有各自无法替代的价值，两者绝非非此即彼的关系。相反，探索如何充分结合两者的优势来实现语言生产过程的价值最大化才是正确的方向。

（一）翻译记忆库的核心价值

CAT 技术的核心是翻译记忆库（Translation Memory，简称 TM）技术，其核心理念是资源复用，即"重用之前相同翻译，无需重复工作"。每当原文出现相同或者近似词句时，CAT 工具会提示用户使用记忆库中最接近的译法，译员可以根据需要采用、舍弃或者编辑重复出现的译文文本。❶

---

❶　王华树. 计算机辅助翻译实践［M］. 北京：国防工业出版社，2015：8.

CAT 工具主要包含 CAT 工具的文件解析、记忆库技术（完全匹配与模糊匹配、上下文匹配、相关搜索）、断句规则、术语库、语料对齐等。

CAT 工具/技术的核心价值总结如下：

1）充分复用语言资产。充分挖掘共享记忆库/术语库的复用价值，通过预翻译、自动提示减少重复劳动，保证翻译风格的统一。

2）术语自动识别与提示。CAT 工具中内嵌术语自动识别与提示，保证术语翻译的准确性、一致性。

3）相关搜索高效，可以搜索当前搜索的单词/短语在启用句库中的参考译文。

4）消除格式干扰，解析多种常见文档格式，以最小的干扰呈现仅需要翻译的文字。

5）灵活的断句可以根据自我需要设置最小的独立工作单元（翻译单元），使其更符合自然人的阅读习惯或者项目特定需要。

6）及时高效的自动化质量保障措施。内置或外挂程序可以辅助自动检查低级错误，及时反馈。

7）高效的翻译管理助手。内置或外挂程序提供了许多有利于译员降低疲劳、提升专注度与协作效率的辅助功能，如字数分析、任务拆分与合并、查找与替换、过滤、术语识别等。

自 1988 年德国 Trados GmbH 发布 Translation Editor 商业化的记忆库工具以来，以翻译记忆库（TM）为核心技术的 CAT 工具如雨后春笋般相继诞生，包括 Star Transit、IBM Translation Manager/2（TM/2）、memoQ、DéjàVu、Heartsome 等，跨国公司的语言部门与全球语言服务行业开始大量应用以翻译记忆库为核心技术的 CAT 工具。

（二）专利机器翻译的应用现状

机器翻译又称为自动翻译，是利用计算机将一种自然语言（源语言）转换为另一种自然语言（目标语言）的过程。机器翻译先后经历了基于规则的机器翻译（Rule-Based Machine Translation，简称 RBMT）、基于实例的机器翻译（Example-Based Machine Translation，简称 EBMT）、基于统计的机器翻译（Statistical Machine Translation，简称 SMT）及神经网络机器翻译（Neural Machine Translation，简称 NMT）等发展阶段。

以词组为基础的传统机器翻译系统将源语言句子拆分成多个词块，然后进行词对词的翻译。统计机器翻译虽然忠实度（fidelity）高，但结果不像人类的自然语言。该技术的发展一度进入瓶颈期。

神经机器翻译系统首先使用编码器读取源语言句子，构建一个"思想"向量，即代表句义的一串数字，然后使用解码器处理该容器，并输出翻译结果。神经机器翻译更接近人类语言，即可理解度（intelligibility）高。

神经机器翻译与以往的统计机器翻译相比，可以使翻译质量提升30%，同时解决了远距离语言对（如中文到英语、日语到英语等）的复杂性问题。自2016年谷歌发布GNMT引擎之后，机器翻译再次作为一项新的热门技术席卷全球，许多公司、研究或教育机构都投入了极大的热情与财力。根据公开资料统计，2013年谷歌机器翻译（SMT）每天的用户量超过2亿人、翻译10亿次，每天翻译的文字等效于100万册图书，超过了全球专业翻译公司一年的工作量。到2016年，谷歌机器翻译支持的语言达到了103种。

随着全球专利申请的持续增加，专利翻译成为翻译行业的新热点。据世界知识产权组织统计，2018年世界知识产权组织的《专利合作条约》（PCT）收到了25万份专利申请，同比增长近4%。中国的PCT申请紧随美国之后，比2017年增长9.1%，WIPO组织面临越来越高的PCT翻译外包费。

为了削减翻译成本，世界知识产权组织已在研究和利用神经机器翻译技术，并于2016年针对英中语言推出了第一个语言对的WIPO Translator系统（一种即时专利翻译系统），2018年陆续扩大到了16种语言对。据悉，世界知识产权组织基于Patentscope这一拥有6500万条记录的强大数据库，针对国际专利分类中的32个技术领域进行了语料训练，以期创造专利翻译领域最快速、最准确的纪录。但到目前为止，还没有一种公开的权威数据表明，神经机器翻译已经在专利翻译行业取得了彻底的成功。

另外，国内外的CAT工具制造商发现了CAT工具的翻译记忆库和机器翻译相结合的商机，许多CAT工具都可以通过机器翻译引擎的API（应用程序接口）直接调用机器翻译请求，让译员调取机器翻译结果如同调用翻译记忆一样便捷，从而帮助译员提高翻译效率。有些神经机器翻译引擎经过针对专利垂直领域的大量语料训练后，翻译质量比几年前的统计机器翻译有了明显的提高。

专利翻译行业存在较大的市场需求与增长潜力，越来越多的从业者加入了这个充满朝气的细分领域，但专利行业的信息安全保护及专利翻译需要遵循"理解精准、严格直译、语言流畅"三个原则，导致机器翻译在专利行业的应用受到了多重约束。专利机器翻译虽然进入了尝鲜期，愿望很美好、现实很"骨感"——高保密性要求、高翻译质量使专利机器翻译的应用门槛非常高，推广代价很大。虽然部分专利翻译公司已经进行了尝试，但仍然面临诸多挑战，具体将在下文进一步阐述。

二、专利翻译记忆库与机器翻译面临的挑战

虽然机器翻译技术日新月异，神经机器翻译异军突起，但是机器翻译行业仍然面临着许多难题，大致可以归纳如下：

1）复杂句型和长句的机器翻译效果较差，尤其是神经机器翻译对于复杂句型和长句的理解大多有误，提供的机器翻译译文和原文相差甚远，漏译、误译严重。

2）专利机器翻译全文的连贯性和一致性很差。由于机器翻译仅针对当前句段，全文的连贯性差，尤其是术语、句式翻译的准确性、一致性无法得到保证。

3）神经机器翻译错误无法追溯和预测。神经机器翻译引擎犹如黑盒，其错误无法追溯，错误规律不可预测，错译、漏译防不胜防，导致资深译员对神经机器翻译的不可靠质量有较大抵触。

4）大多机器翻译无法及时接受反馈。机器翻译不能从用户反馈中及时学习，人工智能演化慢。

5）机器翻译所需双语语料匮乏。统计机器翻译、神经机器翻译训练都需要大量的平行语料库（成对的源语言句段和目标语言句段），但某些低资源的小语种（Rare Language）语言对之间的语料严重不足，如希伯来语、缅甸语、蒙古语、印度语与其他语言之间。低资源语言对成为所有机器翻译引擎训练的天然障碍。

6）机器翻译研发与训练的高门槛导致机器翻译私有化部署成本极高。处于首次专利申请的文件是未经公开的商业密码，不得直接使用公开的机器翻译进行查询，这使得机器翻译在专利翻译行业的应用推广遇到了高门槛难题。

7）机器翻译质量缺少公信、统一的评测标准和工具，导致机器翻译的效果不太容易被量化，其经济效益的计算缺少有公信力、统一的评测标准和工具。

8）MT＋PE（机器翻译＋译后编辑）的培训与推广普及缺乏推动者。

单纯的翻译记忆库技术孤军奋战，虽然能够最大限度地重用之前的重复句段或者相似句段，但以翻译记忆库技术为核心的 CAT 工具不能彻底帮助译员理解原文，保证翻译风格一致性、术语一致性等，专利翻译工作中仍然需要译员的准确理解和智力创造活动。

因此，作为专利翻译从业者，一方面感受到了新的机器翻译技术对翻译行业及职业的冲击，初级译员应该尽快提升自己的专利翻译、审校水平，避免自身的翻译质量被不断优化创新的机器翻译超越——虽然目前专利机器翻译面临上述许多挑战，但伴随着人工智能、云计算及全球顶尖的自然语言研

究技术的不断演化升级，机器翻译引擎的质量在可预期的未来可能非常接近人工翻译；另一方面专利翻译人员应对新的机器翻译技术、计算机辅助翻译技术保持乐观甚至主动适应的心态，及时了解机器翻译、计算机辅助翻译技术的最新进展，总结机器翻译常见错误特征，掌握 TM + MT 技术结合下的译后编辑技能，尽快驾驭新技术为我所用，主动适应技术变革，投身于更多更富挑战、更富创新价值的新工作岗位。

三、专利翻译记忆库技术与机器翻译相结合的最佳实践

根据国际知名语言服务媒体 Slator 的 *Record Number of Patent Applications Drive Translation Demond* 报道，RWS 的专利翻译与提交部门（Patent Translation & Filing）基于神经机器翻译进行的试验来看，神经机器翻译对初级译员的提升效果明显，但是对于高级译员的说服力较差。由此得出一个结论，专利翻译行业在本质上来讲，仍然比较排斥引入机器翻译，因为专利翻译行业是一个对翻译错误零容忍的行业。

但随着神经机器翻译不断创新变革及专利翻译引擎不断改进，专利翻译行业不得不更加开放地接受这个大趋势，专利翻译人员需要尽快适应 TM + MT + PE 多种技术结合下的新生产模式，只有如此才能激流勇进，在不进则退的社会变革中更好地生存。

下面阐述专利翻译行业如何充分利用翻译记忆库技术与机器翻译技术的优势投入生产实践。

1. 最佳实践的条件

为充分利用翻译记忆库技术与机器翻译技术相结合的优势获得最佳效果，专利翻译公司通常按如下条件准备环境：

1）采购适合自身业务特点的专业计算机辅助翻译（CAT）工具。市面上主流的 CAT（包括 SDL Trados、MemoQ、Déjà Vu、MemoSource 等）都能充分发挥专业 CAT 工具的优势，为译员提供高效、稳定的翻译解决方案和工作环境。选购 CAT 工具时，还需要考虑 CAT 工具与下面企业级翻译记忆库和术语库平台的兼容性。

2）部署强大的企业级翻译记忆库与术语库管理平台及硬件平台。一款强大的企业级记忆库和术语库管理平台非常有利于远程团队成员之间的协作，如 SDL Groupshare、MemoQ Server 都允许多人实时共享记忆库、术语库，以及进行在线任务分配、在线生产回收等。

3）按垂直领域积累、存储充足的翻译记忆库、平行语料库。一般用户训练机器翻译引擎（MT Engine）的单个平行语料库至少需要数百万；同时，语

料领域划分越细，对后续机器翻译引擎的训练越有针对性。

4）测评与选购适合专利行业的机器翻译引擎，进行私有化部署。专利翻译的保密要求决定了对首次申请的未公开专利不能使用基于公有云部署的机器翻译引擎，对于这部分专利的机器翻译引擎训练和调用查询全部要求在私有云环境下部署。

5）符合高性能计算的机器翻译语料训练软硬件环境。神经机器翻译训练除了需要高性能的 CPU、较大的内存，尤其需要并行计算和浮点运算足够强大的 GPU（图形处理器）进行大数据训练（也称为机器学习）。当然，所有的机器翻译引擎必须部署在专业的 Linux 系统上。

6）专业的神经机器翻译应用专家。没有专业的机器翻译应用专家，普通用户根本无法配置、调试和训练机器翻译引擎，也无法得到机器翻译引擎 API 调用、评测方法、评测工具等方面的专业指导。

2. 最佳实践的管理

本章第一节已经对专利翻译技术细分做了阐述，下面主要讲解专利翻译项目是如何管理的。

图 10 - 8 所示是在 TM + MT 条件下专利翻译管理最佳实践项目的流程。

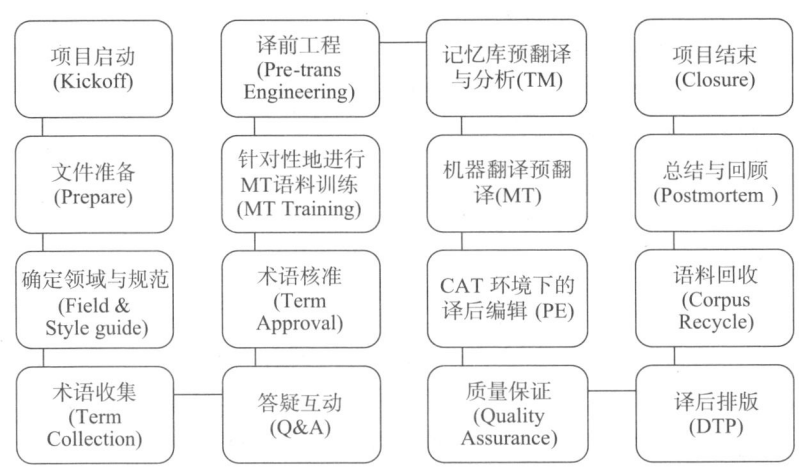

图 10 - 8　TM + MT 条件下的专利翻译管理最佳实践项目流程

下面是针对以上流程中的部分容易存疑环节的解释。

1）项目启动（Kickoff）包括但不限于召开项目启动会、组建核心项目团队、资源准备、报价、项目预告等。

2）文件准备（Prepare）主要是指严格按照客户指定的文件（如利用 OCR 技术）转化为可编辑文档，确保翻译生产环节的源语言文字内容和格式符合客户要求。同时，还应该包含同族专利的检索、参考语料制作，以及同一技术领域的术语库建设等资源积累。

3）确定领域与规范（Field & Style guide）是指根据客户项目的文件内容，确定项目涉及哪些专利技术领域，以便在后期翻译任务生产时分配合适的翻译生产资源。同时，要根据客户要求或者公司的统一要求，确定合适的翻译风格。

4）客户答疑与互动（Q&A）是在术语核准之前，针对"自组合词"和"争议用语术语"组织译员、审校人员展开讨论，仍不确定的还需要与客户讨论，最大限度地消除不确定和疑惑。对于翻译风格等规范不清楚的，既可以召开主题研讨会，也可以利用客户答疑机会寻求解答。

5）译前工程（Pre-trans Engineering）是指为了最大程度地复用翻译记忆库对准备送译的文档进行自动化检查与修正，设置最合理的断句规则，消除OCR等环节遗漏的格式错误，保护非翻译元素或文字等工程自动化手段，还包括项目文件的分析、任务拆分等，确保整个专利翻译项目的技术可靠性与合理性。

6）质量保证（Quality Assurance）包括但不限于数字、非译元素、术语一致性、漏译、标签错误、翻译不一致等自动化检查，也包括人工质量评估与修复等措施。

7）语料回收（Corpus Recycle）是指将已完成项目中经过审核定稿的记忆库、术语库提交到相应的数据库中。相关信息请参考本章第一节。

8）总结与回顾（Postmortem）是指组织项目核心成员或者所有成员针对项目过程中的经验、教训进行回顾反思，形成项目组织过程资产，供后续、其他项目参考。

9）项目结束（Closure）是指专利翻译项目收尾，包括项目提交、文件归档管理、项目管理信息登记、项目结算等。

3. 最佳实践的价值

使用了以上最佳实践的项目具有如下价值：

1）最大限度地缩短翻译周期，充分复用了机器翻译的翻译记忆库，减少重复句型翻译工作量；充分利用当前最新神经机器翻译的优势，减少键盘输入。

2）最大限度地遵循统一的翻译规范（包括翻译风格、术语），避免传统翻译模式下花费巨大代价统一术语与翻译风格，避免低级错误与返工等人力浪费。

3）高质量的术语收集与术语核准，最大限度地确保术语的准确性、一致性。

4）语料库回收使得能够在处理同一客户所有后续案件时沿用相同的翻译记忆库和术语，为客户持续提供始终如一的高质量翻译服务。

5）强大的术语管理、翻译记忆库及 CAT 工具为译员提供了十分方便快捷的工作环境。

6）严苛的质量保证不仅帮助生产人员和质量控制人员确保达到翻译要求，而且最大限度地利用自动化技术提高质量、保证效率、减轻劳动强度。

7）通过运用全球先进的技术与平台，节省的生产时间可用于极大地改善项目管理过程中的沟通、写作，确保整体专利翻译项目最大限度地满足客户的高质量标准。

4. 专利辅助翻译技术的发展趋势

根据语言行业调查机构公司卡门森斯顾问（Common Sense Advisory）、语言新媒体 Slator 会议发言人、CAT 工具提供商、RWS 及国内语言服务研究专家的预测，未来的翻译技术正朝着人机融合的"增强型翻译"（Augmented Translation，简称 AT）发展，翻译记忆库技术、自适应机器翻译技术、自动化内容浓缩（Automated Content Enrichment，简称 ACE）技术、术语管理技术和无缝集成的项目管理技术将会以译员为中心，综合各种辅助技术，最大限度地提高翻译工作的质量和效率——绝不是机器取代人，相反，机器将会更好地为人类服务。

另外，翻译技术还可能呈现出如下发展趋势：

1）个性化（Personalization）。由于社会商业活动的多样性，翻译技术将朝着深度个性化发展，如软件本地化工具更加可视化，追求及时翻译的领域众包翻译更加常见，某些特定领域还会出现大量的个性化的定制技术系统。

2）技术交叉与融合（the Intersection and Fusion of Technology）。部分 CAT 工具被内嵌到在线翻译管理系统中，一个系统即可实现翻译生产、质控与项目管理；其他新的辅助技术将会无缝融入翻译工作，如随着语音识别（Speech Recognition）与语音合成（Text to Speech）技术的成熟，将会被应用到某些特定场景的文本翻译或语音同传，各种不同的技术此起彼伏、混合应用，推动着社会文明与科技的螺旋式演进。

第十一章 专利翻译项目过程组管理

对于项目，美国项目管理协会（PMI）❶ 的定义是"为创造独特的产品、服务或成果而进行的临时性工作"❷。简单来说，就是"把一件事情做好"。这件"事情"必须有一个固定的交付目标，即在指定的时间内利用有限的资源在指定的预算内提交指定质量的实体交付物。只要是向交付目标提交实体交付物的事情，就可以统称为"项目"。项目是项目集及项目组合的基本单元。

项目管理是指在项目活动中运用知识、技能、工具和技术来策划、组织、指导和控制资源，以满足客户的需求和期望。项目管理一般先建立一个计划，然后执行计划，以实现项目目标。一旦项目开始运行，项目管理过程就将涉及对整个范围、进度和成本实施监控，以确保一切相关活动按计划进行。项目控制的关键在于评估实际状况，与计划目标定期进行比较，并在必要时立即采取纠正措施。

专利翻译项目管理可以视为项目管理通用概念及知识在专利翻译领域的具体应用，它应当也必然遵循项目管理的主要框架与原则。对于那些熟悉PMI《项目管理知识体系指南》（*A Guide to the Project Management Body of Knowledge*，PMBOK）最新版本的读者而言，以下关于项目管理相关知识的表述并无特别不同。本部分内容并不是该指南在翻译行业的简单翻版，而是着重思考如何结合专利翻译的具体实践成功应用读者已经掌握的项目管理基础知识。

基于PMI五大过程组的理念，结合专利翻译项目的实际，考虑到项目的执行过程组与监控过程组在时间进程上往往重合与叠加，并且专利翻译项目的执行与监控往往也彼此交错，因此通常将其归为项目实施阶段。由此，专利翻译项目按照其运作过程一般划分为四大阶段，即启动阶段、规划阶段、

---

❶ 美国项目管理协会（Project Management Institute），简称PMI，成立于1969年，其官方英文网址为www.pmi.org，中文网址为http://china.pmi.org。

❷ 美国项目管理协会.项目管理知识体系指南［M］.6版.北京：电子工业出版社，2018.

实施阶段和收尾阶段，每一阶段根据专利翻译项目的特点界定相应的管理内容。

第一节　专利翻译项目启动阶段的管理

专利翻译项目的主要特点在于项目是在获得客户请求和认可的前提下成立的。在这一阶段，客户已经表现出了明确的购买意愿，但双方尚未就项目的具体实施达成一致。通常，业务经理、项目经理乃至项目分析人员会进行合作，就客户提供的信息进行分析，以确保充分理解客户的需求。

启动阶段的专利翻译项目管理主要着眼于如下方面：一是项目分析，要确保项目相关的文件和信息能够有效传递给项目分析人员，尤其确保客户的目标和期望能够被项目分析人员充分理解，从而完成对项目的完整分析；二是项目评估，要基于分析结果，与业务经理进行充分合作，对项目进行初步评估，从进度、资源和成本等方面完成项目的可行性论证。

一、项目分析

业务经理在和客户进行项目意向接洽时，会通过不同渠道获取大量有用的信息，甄别这些信息并有效传递，对于确保接下来项目顺利进入生产环节可谓至关重要。通常而言，在新客户❶的第一个具备一定规模的项目❷进入生产环节时，业务部门应确保提供必要的详尽信息。根据业界在这方面的长期经验，项目经理应确保接收到的信息涵盖如下要素。

（一）客户概况

对于所要服务的客户，应提供简明扼要的概况信息，以便项目经理及生产人员能够迅速了解客户，并制定相应的服务策略。概况信息应包括如下内容：

1）该客户的主营业务是什么，主要服务于什么样的用户群体，我们主要与之合作的是哪个部门，所提供的服务在该公司的价值链中处于什么环节。

2）该客户所宣扬的企业价值观是什么，客户的使命和远景又是什么。了解

---

❶　"新客户"是一个相对的概念，读者应从三个不同的层面进行理解。其一，该项目来自一个全新的客户，此前从未与该客户有过合作；其二，该项目虽然来自既有客户，但属于全新的项目类型；其三，该项目虽然来自既有客户，但来自该客户另一个全新的部门。

❷　鉴于项目分析准备这一过程本身会导致成本增加，因此建议仅在项目具备一定规模的前提下才执行这项工作。根据业界最佳实践，在单一项目的收入达到20万元，或者虽然单一项目的收入相对较低，但来自该客户的年度收入达到100万元时，大多数公司会认为项目分析准备是必不可少的环节。

这些看似与项目本身无关的信息，对于与客户快速建立共同语言是十分重要的。

3）我们是如何获得该客户青睐的。换言之，在销售环节，主要向客户展示了哪些方面的能力，从而赢得了客户的信任。由此可以大致了解客户特别关注的方面有哪些，从而在生产环节中有的放矢地加以满足。

（二）成功标准

项目成功的标准应在于恰如其分地满足客户的合适要求。在实际项目运作过程中，项目经理受到进度、质量、成本等因素的综合制约，也时刻面临各种取舍的艰难抉择。因此，要确保客户最终能够满意，首先要了解客户重点关注哪些方面，以及其所持的关于项目成功的衡量标准。

1）客户的业务目标是什么。就本项目而言，项目范围主要包括哪些工作内容。

2）客户对于项目提交质量有什么样的期望，能否将客户关于质量的期望具化为可以衡量的标准。

3）本项目的时间表是什么样的，其中涉及哪些"里程碑式"的提交，客户是否有非常明确的最终期限等。

4）客户在进度方面有什么样的要求，有没有什么对进度构成影响或制约的特别因素，如绝限日期等业务驱动因素。

5）客户是否指定了相关参考材料。如果有，这些材料能否体现出客户在风格等方面的特别偏好。

（三）项目沟通

实践显示，项目经理有60%的时间都花在与项目相关的各种事宜的沟通上，因此，前期制定有效的沟通策略，确保有章可循、有序进行，是沟通成功的重要保证。

1）明确与本项目相关的所有关键联系人，维护好联系人清单，确保项目相关人员能够及时获得相应的信息。

2）了解适合客户的沟通风格，如有的客户倾向于以邮件沟通为主，有的客户则倾向于以电话沟通为主，应了解清楚并予以迎合。

3）明确客户对于项目状态报告的要求。在项目进展过程中，客户主要关注项目的哪些方面，应针对这些方面制定相应的状态报告模板，定期向客户报告项目进展。

4）明确项目会议的频率与策略。会议太多会流于形式，太少又不能起到必要的沟通作用，应与其他沟通手段综合运用，针对不同沟通对象制定相应的会议策略。

5）项目变更的处理策略。在项目进展过程中必然会涉及来自客户的各种变更要求，如范围变更、进度变更、预算变更等，应针对客户性质制定相应的变更处理策略，确保项目顺利进行。

（四）项目提交

专利翻译项目与其他类型的项目有所区别的显著特征之一是其向客户交付的主要是知识型成果，而且交付过程往往与交付内容一样重要。因此，了解并遵循客户对于提交的要求，对于项目的成功交付具有重要意义。

（1）明确作业请求的流程

与项目相关的作业请求来自客户，这一点不言而喻。然而，并非来自客户的所有作业请求都是有效的，这一点务须有效甄别。事先明确有关作业请求的流程，可以避免项目进展过程中不必要的混淆，更可避免因误解客户工作请求而造成的不必要的损失。

（2）明确项目范围

只要有可能，项目范围都应该通过书面进行明确，并提请客户确认。客户只会对经过他们确认的工作支付费用，因此务必确保与客户在项目范围的理解上保持一致。

（3）文件传输规程

翻译项目的典型特点在于其管理主要是通过文件传输来实现的，不同客户对于文件的传输会有不同的要求，如有些客户要求电子邮件的附件不得大于1M，有些客户要求往来电子邮件必须进行第三方加密，还有些客户要求所有文件传输必须通过 FTP 进行等。

（4）提交格式

了解客户对于提交有哪些具体要求，如有的客户仅仅需要提交双语文件，有的则希望同时提交更新之后的翻译记忆库，有的还可能需要提交对文件进行排版之后的成品，甚至有的客户还会要求对提交文件进行病毒扫描以确保其安全性等，不一而足。

（五）项目财务

项目管理的主要任务之一是努力使项目实现盈利，这涉及如何在项目报价和项目成本之间寻求适当的平衡。项目经理必须对相关的财务细节有充分的了解，才能有效调配资源、达成目标。

（1）价格、费率等

销售人员在进行项目销售时，通常会根据本公司的成本策略留下必要的利润空间，使得项目经理有管理的余地。项目经理需要详细了解与本项目相关的各种销售数据，如按字数/页数计费还是按小时计费、不同计费模式的单价如何等。

（2）付款周期

大多数客户在收到发票之后并不会立即支付相关费用，而是会设定一个付款周期，典型的付款周期有 30 天、45 天、60 天等。不同付款周期会对公司的现金流造成影响，也会对收益率造成影响。项目经理应权衡利弊，涉及较大付款额度时应尽可能使客户接受较短的付款周期。

（3）报价频率

在项目进行过程中，项目报价需要根据项目范围的变动进行更新。由于客户通常是在收到报价并审核之后才开具采购单（Purchase Order，简称 PO），维护一个适当的报价频率，可以在有效减少项目管理过程中财务跟踪工作的同时确保项目产生的费用能够及时得到客户批准。目前业界流行的做法是按周进行报价更新，但也有每两周或每月进行报价更新的。

（六）差异分析

基于以上收集的关于客户的信息，业务部门应与生产部门会商，了解在客户的要求和公司现有能力之间是否存在差异。而在大的客户或大的项目中，客户的要求或多或少总会超出公司的现有能力，在此种情形下项目经理应及时总结，确定不足和需要弥补的方面，并上报相关职能部门落实责任，确保在项目开始前能够通过包括培训、外部采购等各种手段消除这些差异，为项目的顺利进行扫清障碍。

在实际展开项目分析的过程中，项目经理可从如下方面来掌控项目分析过程，从而获得有关项目运作的整体概况。

1）了解整个项目的概况，并界定工作范围。翻译项目发展到今天，早已超越了过去一支笔、两张纸的传统局面，客户的需求越来越纷繁多样，相关项目的工作范围也越来越宽泛。此外，与过去项目的单一性和短暂性不同，今天的项目具有更强的延续性和长期性，必须意识到当下着手分析的这一项目有可能只是一个更大项目的子项目，或者是一个可能延续几年的项目的一部分。因此，了解整个项目的背景和信息，适当涵盖全局并有效界定当前项目的工作范围才是两全之策。

2）分析项目文件的复杂性，并定义出相应的工作量。翻译辅助工具已经在现今的翻译项目中得到了广泛应用。此外，不同的项目需求往往会涉及不同的工具应用，如贴模板等。考虑到不同项目的差别，为确保项目的顺利完成，事先鉴定出其中涉及的相关工具显得十分重要。

此外，也只有在与客户就工具的使用达成一致意见的基础上，才能定义出相对准确的工作量，特别当有些客户不要求检查 100% 匹配等情形时尤其如此。这些也会直接影响到后续的进度、资源和成本评估。

3）识别项目的主要任务，确保在生产阶段能够有效进行资源调配。并非所有的客户都经过行业训练，能够恰如其分地提供项目开展所需的相应信息和文件。在大多数情况下，客户只会说清楚自己需要的是什么，然后扔过来一堆东西。不要试图巨细无遗地对来自客户的任何材料进行精确分析。就当前项目而言，最重要的是牢牢把握客户的实际需求，披沙沥金，获得那些真正有用的东西，以确保在生产阶段能够有效地进行资源分配。

4）对于任何不确定的假定与疑问，应罗列出来提供给客户。好的项目分析结果必然在其项目分析报告中附带一节，列明项目分析过程中遇到的所有不确定性。在多数情况下，客户未必能够及时就所有不确定性给出答复，或者客户自身亦不确定其答案。项目分析人员应在业界最佳实践的基础上加以分析，并明确告知客户该分析基于何种假设，特别当可能存在不利情形时应让客户充分明了风险所在。

综合而言，项目分析的工作目的，既是满足客户对于进度、质量和成本的要求，也是满足公司自身对项目毛利率的要求。在绝大多数情况下，该项工作主要都是以会议及文档的形式来完成，且这一过程中所形成的文档会在之后的整个项目进展中反复使用，包括项目计划、项目内外部启动会议、项目总结与回顾等。

二、项目评估

基于项目分析人员提供的分析结果，项目经理和/或其项目管理团队需要对本项目进行适当的评估，以充分了解本项目的损益所在，一方面为与客户的沟通与谈判提供科学参考，另一方面也为后续的项目进展提供基准依据。总体来讲，启动阶段的项目评估管理主要从三个方面进行，包括进度评估管理、资源评估管理和成本评估管理。

（一）进度评估

进度评估管理的主要目的在于根据项目分析结果制定出相关的项目进度表。此阶段的进度表应主要着眼于里程碑层面，而不必细化到具体的任务层级。项目经理在评估项目进度时主要依据工作分解结构和活动时间估计来进行。

工作分解结构就是人们所熟知的 WBS（Work Breakdown Structure），它是一个详尽的、层次化（从整体到细节）的树形结构。启动阶段的结构分解无须细化到任务层级，但项目经理应确保该项目涉及的所有活动都涵盖在内，这样估计活动时间时就不会出现较大的偏差。

举例而言，大多数专利翻译项目中的典型作业包括准备风格指南、准备词汇表、工程前处理、翻译、定稿、质量检查、提交准备等，工程前处理作业还可以细分为预翻、术语预灌、机翻准备等任务，任务分解得越细致，时间评估也就越精确。但对于启动阶段而言，项目经理只需关注到作业级别，而不必细化到预翻等任务级别，切忌湮没于细节而忽略主要目标。

根据项目分析的结果及客户的要求，项目经理借助工作分解结构和活动时间估计制定出项目的初始进度表，在获得业务经理认可之后，初始进度表将作为项目提案的一部分提交给客户，以期得到客户的批准。

与此同时，项目经理还必须明确，此初始进度表一旦获得客户的批准，就意味着它将作为本项目的进度基准加以执行，其重要性不言而喻。在项目执行过程中出现的任何主要进度偏差都必须再度获得客户的批准方可成立。由于进度表的变动往往影响到客户方面的整体进展，牵一发而动全局，因此切勿因其只是初始进度表而草率从事，而应确保其既满足客户要求，又能给内部团队留有一定余地。

（二）资源评估

资源评估主要包括三个方面：其一，本项目使用什么类型的资源，换言之，完成本项目需要具备何种技能的资源；其二，需要调动多少资源才能在既定的时间范围内完成本项目；其三，各资源的使用情况大体如何，换言之，具体某个资源需要何时到位，以及何时可以退出。

项目经理根据项目工作量分析和项目进度评估，可以创建相应的资源需求矩阵。为便于有效理解这一概念，以一个最简单的专利翻译项目为例，假定该项目需要在 5 个工作日内完成两万字的汽车专利翻译，则可以定义出此项目相关作业的一般资源需求，如表 11 - 1 所示。

表 11 - 1　项目相关作业的一般资源需求

资源类别	技能需求	译员需求	到位时间	退出时间
翻译资源	机械行业背景知识，专利翻译经验	2 人	项目开始时	第三个工作日
定稿资源	丰富的汽车行业背景知识，专利定稿经验	1 人	项目开始时	第四个工作日
校对资源	汽车行业校对经验	1 人	第四个工作日	项目结束前

在与资源管理部门核实资源可用性时，项目经理需要提交完整的资源需求矩阵，以便职能部门根据相应需求准备合格的资源。其中有两个关键点：其一，资源的技能需求往往并非一两句话就能表述清楚，在一些大型或者重要的项目中，项目经理往往需要与资源管理部门共同拟定出相关资源技能需求的细则，包括是否通过某些行业特定的资格认证，或者是否从事某类技能达到一定年限等；其二，对于一些关键的资源需求，必要时项目经理应提供项目的样本文件，以便资源管理部门根据项目的特殊性有效遴选合格人员。

（三）成本评估

大多数公司会制定有关项目成本管理的政策要求，其中毛利率通常被视为一个有效的评估指标。不同行业往往有不同的毛利率要求。就专利翻译行业来说，如果一个项目的毛利预期低于40%，则很难视为一个合格的项目，要获得正式立项，往往需要得到管理层的特别批准。在启动阶段，项目经理进行成本评估管理的主要工作是编制项目预算，确保项目达到合适的毛利率。

然而，在大多数情形下，项目预算的编制并不是基于理想的资源使用而制定的，它必然要受到现实中种种因素的制约，如客户的预算制约、稀缺资源的成本制约等。理想的情形是既可确保满足公司的成本管理要求，又可确保项目平稳进行，但现实往往并非如此，大多数时候项目经理需要视具体情形完成预算的编制。

首先，明确客户可以接受的报价区间至关重要，这需要和业务经理共同协作来加以评估。对于长期客户，通常公司管理层会与其协商年度价格，该价格通常能够确保在使用常规资源的情形下满足公司的成本管理要求；对于新的客户，应根据业务经理的判断，在公司基准销售价格的基础上上下浮动，寻找出最适合该客户的报价区间。

其次，当项目常规预算与客户的报价期望发生冲突的时候，应灵活应对以解决这一矛盾。如果客户方面没有折中的余地，则项目经理需要对预算编制重新调整，如通过寻找成本更低的替代资源来确保项目的毛利率仍能够满足公司的政策要求。在上述方法仍不能解决矛盾时，需要将其提交给更高的管理层进行审核，以确定是否仍有开展该项目的必要。

最后，要明确一点，并不是项目的毛利率越高越好。不少项目经理往往很容易陷入毛利率的陷阱，通过各种方式来降低成本，甚至不惜牺牲项目质量。运作良好的公司往往寻求的是合理的毛利率，而不是最高的毛利率，这是项目经理务须谨记的。换言之，对于项目过程中应该发生的成本，应确保其以正确的形式发生。

第二节　专利翻译项目规划阶段的管理

一旦客户接受了启动阶段提交的报价与提案，项目即进入规划阶段。在这一阶段，需要进行大量细致的准备工作。规划阶段的分析结果，一方面要用于创建更为详细和精确的报价，换言之，项目经理和业务经理需要就报价部分与客户做进一步的微调，同时项目经理也要就此创建相关的预算基准，并谋求公司对预算的批准；另一方面分析结果也同时展示了该项目可能会涉及的工作量，以及实际展开工作的具体方法指南，这将直接构成实施阶段的工作依据。

规划阶段的专利翻译项目管理主要着眼于以下方面：首先是项目的信息管理，项目经理需要迅速构建出相应的信息管理规则，确保信息的有效处理、流通及共享，确保翻译项目的成功；其次是项目的进度及成本等基准管理，基于规划阶段的分析结果创建相关的预算基准和进度基准，以作为实施阶段的主要参考依据；最后是有效管理项目启动会议，包括与客户之间的外部启动会议和项目组成员之间的内部启动会议，两者对项目的成功都有着不容忽视的作用。

一、项目信息管理

规划阶段的项目信息管理主要包括三个层面：一是常规层面，也就是有关项目本身的一些描述信息的建立与维护，如项目说明、项目时间/成本/质量要求、项目范围等，此类信息的受众是所有的项目参与人员，目的在于让项目成员均能获得有关项目的全貌，避免在项目进展过程中因"只见树木，不见森林"而犯下一些不必要的错误；二是生产层面，主要是与具体项目生产有关的一些信息，如项目文件的处理方法、文件的组织方式等，此类信息的受众主要是具体的生产人员，目的是确保相关成员能够按照同样的要求和规格行事，以达成客户的需求；三是业务层面，主要是与报价和提案相关的一些信息，也就是如何将实际的生产计划准确而适当地传达给客户，特别是当规划过程中发现启动阶段未能预知的问题，从而影响成本和进度时，项目经理应及时与业务经理协作、与客户协商，以谋求解决之道。

（一）常规信息

就专利翻译项目而言，由于其性质相对单纯，在大多数情况下其常规信息管理也相对简单。通常而言，项目成员需要了解的信息有如下几类：

1）基本信息，如项目名称，项目编号，项目状态（立项、进行中、完成、归档、暂停、撤销等，由项目经理根据项目进展而适时更新），项目类型，项目简介等。

2）团队信息，介绍项目核心成员或主要负责人，目的在于确保项目参与人员了解权责归属，以及在碰到问题时能够及时向合适的人员寻求帮助，避免事态迁延。

3）客户信息，介绍客户的一些基本信息，包括客户方的主要联系人员等。不同的客户往往有不同的风格要求，这在专利翻译项目中的体现尤为明显，对客户信息加以必要了解，有助于项目成员有的放矢地满足客户的需求。

4）预算信息，包括本项目的收入分布、项目经理量入为出而设定的预算基准等信息。这些信息有助于每一项目成员均能够清楚地了解自己的成本底线，从而有意识地控制项目费用。

5）进度信息，主要包括项目的起始与结束时间。对于大多数项目而言，为便于更好地控制项目进展，项目经理往往会设置一些里程碑，形成阶段性的目标，通常也需要将这些信息清楚明白地告知项目成员，以避免在进度方面产生较大的偏差。

6）范围信息，主要包括项目牵涉的工作内容。以专利翻译项目的业务形态为例，涉及的工作内容包括具体的语种及各语种的字数信息（在客户要求使用翻译记忆库的情况下，为更准确地衡量工作量，以提供等价字信息为宜）。此外，如贴模板等排版服务，涉及的工作内容也包括具体的语种及各语种的页数信息，还有其他一些业务形态，可以采用小时数来计算工作量。总的目的在于将准确的工作总量传达给项目成员，以便其了解各自工作所占的比重。

7）其他信息。不同的项目有不同的侧重点，项目经理可根据所管理项目的实际情形，相应添加一些适合全体项目成员了解的信息。

（二）生产信息

在专利翻译项目中，生产信息的管理涉及的事情巨细无遗，看似繁杂而缺少头绪，但有经验的项目经理往往会专注在生产指令的制定和生产流程的规范两个方面。抓住这两个关键要素，项目成员便能够各就各位、各司其职，协同完成整个项目。

1. 制定生产指令

1）生产指令的制定依赖于有经验的项目分析人员基于项目文件的全面分

析和深入研究之后的总结。项目分析人员就像侦察兵，在项目大规模开始之前（也就是进入项目实施阶段之前）已经将整个项目过了一遍。对于项目过程中可能遇到的问题、技术难点、风格要求、重要事项等，项目分析人员已经有了整体了解，并针对这些了解制定出相应的生产指令，以便相关项目成员遵循。

2）生产指令的制定并无一定的规律可循，一个基本的原则就是结合对具体文件的分析将客户的要求转化为可资遵循的指令，具体到翻译方面，可能包括词汇表的整理、风格指南的制定（包含一些短语或者句式的固定译法等）、翻译示例的维护等。

3）生产指令的制定虽然在某种程度上来说强调具体、可资遵循、可衡量，但这也并不意味着越详细越好。大而无边的生产指令会令项目成员无所适从。项目经理在检查项目分析人员提交的生产指令时，要学会在详略之间寻找合适的平衡点，一方面要确保涵盖所有重要的方面，另一方面又要避免繁冗的信息堆砌，这也从另一个角度说明生产指令的形式同样重要。

2. 规范生产流程

很多经过大量实战的项目经理都非常认同一句话："流程就是安全系数。"项目管理更多的是科学而不是艺术，依靠的不是个别成员的突出表现。要确保项目的高质量提交，流程是最为重要的保障。

有些项目经理（包括一部分经验丰富的项目经理）往往在面临进度或者成本压力时心存侥幸，通过减少相关流程中的某些环节来寻求折中。然而经验证明，每当担心某个地方会出问题的时候，就一定会出问题，心存侥幸是不可能做好项目管理的。要成为一名优秀的项目经理，必须一而再、再而三地强化自己的流程意识。

成熟的公司都有相对成熟的生产流程，如对于语言作业来说，可能包括翻译、定稿、校对等，项目经理应基于客户的要求和项目分析人员的总结，结合本项目的特点制定出本项目特定的生产流程，相应安排资源与预算，并协调各个环节的进度。

（三）业务信息

随着项目进入规划阶段，项目生产所需的相关材料都已齐备，基于这些材料所做的进一步分析势必要求对启动阶段的报价和提案进行修正，因此此阶段的业务信息管理主要在于配合业务经理与客户进一步沟通有关报价和提案的修正事宜。

在与客户就业务相关的事项进行沟通时，项目经理必须始终清楚自己的定位，即自己是配合业务经理开展工作，而不是要代替业务经理的这部分工作。有些项目经理在对自己负责的项目有了通盘了解之后，往往会因缺乏这方面的意识而越俎代庖，有些时候甚至越过业务经理而直接与客户沟通业务事项。一个运作良好的公司就像一个优秀的交响乐队，只有乐队成员各司其职、各尽其责，才可能演奏出完美的乐章。业务经理在面对客户时会有基于自己职位的许多考虑，这些未必是不在其位的项目经理所能把握的。

由于与业务相关的报价和提案已经在项目启动阶段基本完成，在规划阶段通常并不需要进行特别大的变动，项目经理的主要任务就是确保结合最新的分析结果对报价和提案进行必要的更新，以确保客户对于本项目的了解与实际的项目状态契合。在某些情况下，当这些变动涉及较大的报价波动时，客户也需要针对此情况作出相应的反应，包括增加预算或者削减工作范围等。

二、项目进度及成本规划

"好的计划是成功的一半！"这是许多人所认同的。在项目管理规划阶段，"计划"的直接成果体现就是基准管理。项目经理需要根据对项目的全面分析结果，制定出本项目的进度基准与预算基准，以便在项目实施阶段加以参照对比，从而及时发现偏差，并采取相应的措施加以纠正，确保项目在正确的轨道上运行。

制定项目基准是项目管理过程中的一项重要措施，它标志着与项目相关的各项工作将正式开始进入实施阶段。基准是项目跟踪过程的起点，如果缺乏基准，跟踪就谈不上实际的意义，项目的实施和控制更是无从谈起。

（一）进度基准管理

进度基准的制定并不是一件轻而易举的事情，这和对工作分解结构及活动时间估计等技巧的掌握程度并不完全呈正相关。事实上，进度基准更多是管理的产物，而不是技巧的产物。

为确保制定出合理的项目进度基准，项目经理应主要关注以下几点：

1）确保事先规范好的生产流程能够在进度基准中得到充分的体现。项目经理必须始终保持"流程就是安全系数"的清醒意识，而实践流程的主要途径就是将其纳入进度基准，这也是进度基准之所以成为一项质量管理措施的主要原因。

2）启动阶段的初始进度表可作为制定进度基准的参考依据，但初始进度表毕竟只细化到作业级别，在规划阶段进度基准需要细化到任务级别，同时根据此阶段所做的项目全面分析结果进行相应的调整，以确保其能完整反映项目进展的全貌。

3）进度基准必须进行资源平衡处理。进度基准的建立需要项目经理、所有部门、所有参与进度计划编制和执行的人员相互协作，以便在进度规划和资源指定方面达成最终共识。项目经理不能指望所有需要的资源都能在项目之初全部到位，但可以要求相应的资源在需要的时间到位，也就是说制定进度基准时可以使用当前的或者规划中的资源。与此同时，应确保指定的人员能够明确意识到其所承担的责任，并确认其能完成指定的任务，以达到进度规划的要求。

进度基准的最终确立还有赖于客户的协作。项目经理在获得内部资源对于进度基准承诺的同时，还必须确保该进度基准能够满足客户的要求，并设法谋求客户的认可，方可正式推进。

（二）预算基准管理

从理论上来说，如果能够卓有成效地完成进度基准的制定，则预算基准就是一件水到渠成的事情。我们已经知道，一个项目经由工作分解结构和活动时间估计，即可拆解成可衡量的具体任务，而任务又必然是通过资源来完成的，任务所需的时间乘以相应资源的单位成本，就可得出该任务的预算金额。

照此看来，预算基准的制定并不需要特别的技巧，事实上也似乎确实如此。在那些使用项目管理软件的公司，项目经理在审核进度基准的同时，该进度对应的预算基准亦可实时呈现，原因即在于不同资源的费率是相对固定的。既然流程不能轻易改动，相关任务自然也不可能随意撤并，而具体任务所需要的资源更不能以次充好，所有这些都不能调控，预算基准又何来管理可言？对此的回答是并不尽然。

由于预算基准在之后的实施阶段所发挥的重要作用，项目经理需要在规划阶段加以仔细审核。预算基准如果和项目执行过程中发生的实际成本偏差太大，其最主要的原因即可能是管理问题。项目经理必须充分了解所负责项目可能发生的主要成本，并谋求客户和公司的批准，切忌浮于表面，到实施阶段出现问题之后再穷于应付。例如，假定项目中需要用到某些特定的资源，则项目经理在预算时还应考虑到特定资源可能产生的特殊使用成本，而不仅仅是该资源的自身成本。一位资深的专家可能只能在纸质媒介上审核翻译文本，因此需要另行安排人员将其审核意见誊改到文件中，如果预算时没有考虑到，就可能产生额外的成本。

三、项目启动会议

在翻译项目正式开始实施之前，根据不同项目的要求通常会视情形召集相应的项目启动会议，也就是常说的 Kick off Meeting。一般而言，项目经理需要组织好两类项目启动会议，即内部启动会议和外部启动会议。

（一）内部启动会议管理

内部启动会议的目的是让项目团队成员对项目的整体情况（包括项目范围、项目计划、项目团队成员等信息）和各自的工作职责有清晰的认识和了解，为日后协同开展工作进行准备，同时进一步获得相关部门对项目资源的承诺和保障，以确保项目能够按照既定的进度顺利完成。项目经理在组织内部启动会议时，从项目管理的角度来看有如下方面是需要特别予以重视的。

（1）展现对项目的控制力

展现控制力绝不是要表现出很强的控制欲，那样往往会适得其反。对于专利翻译的项目管理而言，如果不了解专利翻译的每一个环节，是谈不上任何控制力的。细节决定成败，愈能洞微悉幽，就愈能在团队面前展现出非凡的控制力。

（2）下放与项目生产相关的权力

项目经理了解细节，但又绝不能陷入细节，必须学会赋予团队成员必要的权力，并要求他们各司其职、各尽其责。设想一下，项目经理如果亲自做起了翻译，项目也就岌岌可危了。

（3）树立团队领导力

项目内部启动会议是项目经理树立团队领导力的绝佳时机。由于多数项目成员都来自不同的部门，与项目经理并无直接隶属关系，甚至此前也没有共事的经历，项目经理如果不能借启动会议召开之机将相关成员凝聚成一个团队，对于项目的顺利开展是很不利的。同样，如果项目经理不能借此树立团队领导力，也很难在之后的项目实施阶段开展有效的领导。正是通过条分缕析地对项目进行介绍来展现出强大的控制力，以及通过有效的组织与授权来建立团队的协作机制，项目经理在这一过程中使团队成员充分感受到了自己的领导力，并让他们服从自己的领导。

无论出于何种目的，内部启动会议的重点在于对与项目相关的重要事项达成一致，包括项目总体概要、项目团队成员及其分工、项目存在的风险及其应对策略，以及项目资源需求等。项目经理的领导力正是在有效组织这些活动的基础上建立的。

（二）外部启动会议管理

客户管理是一门非常有技巧的学问。有些项目经理在这方面有一个误区：客户关心的只是结果，而非过程，因此只要确保项目的最终交付就可以了，过程中越少和客户打交道越好。

诚然，从客户的角度来说，结果是最重要的。聪明的客户的确只抓住结果这条主线，而不会干预项目的具体执行，但并不意味着他会对过程放任不理。只有对过程进行适度的控制，或者意识到过程处于有效控制之中，才可确信项目在正确的轨道上运行，并确信项目最终能够成功提交，这是客户非常清楚的命题。

这样，从项目经理的角度来看，要想避免客户对项目过程进行不必要的干预，就要先让客户感觉到项目处于掌控之中，这正是有经验的项目经理在处理客户管理时的中心任务。好的项目经理会定期就项目进展与客户进行有效沟通并积极寻求客户的理解和支持，外部启动会议正是这样一种有效的形式，组织得好，能够赢得客户的充分信任和全力支持，项目的成功也就有了强大的外部保障。因此，外部启动会议的主要目的就是将项目团队在启动和规划阶段的所有努力成果以条理化的形式系统传递给客户，通过与客户进行充分的沟通，寻求客户的理解和支持，为项目的顺利实施奠定坚实的基础。

优秀的项目经理会十分清楚不同沟通形式下的目标诉求，外部启动会议上应避免陷入项目操作的细节，而更应着重展现对项目的整体控制，这些可通过对项目范围概括、进度摘要、质量控制、资源安排等进行提纲挈领的介绍来达成，之后项目经理介绍的重点应迅速转到客户方的责任和义务，以及项目过程中需要客户给予的支持和配合等。项目经理应清楚，启动会议一般时间都比较短，说到底主要是信息展示，而非就事论事地深入讨论，因此一些需要客户认可或承诺的事宜，应在启动会议前沟通清楚并初步达成一致，会议上更多是为了获得更进一步的承诺，否则双方一旦陷入具体细节，势必会严重影响启动会议的效果。

第三节 专利翻译项目实施阶段的管理

实施阶段的工作，一言以蔽之，就是确保项目在事先规划好的轨道上顺利运行。因此，项目经理的重心应在于执行与跟踪，其中心任务除了要满足甚至超过客户对质量及进度的需求外，还要通过对流程进行有效管理来控制内部成本。从另一个层面来看，项目经理要始终在成本、质量和进度之间寻求平衡，这也是项目管理所有阶段的中心点，只不过在实施阶段这种矛盾呈现和平衡需求体现得尤为明显。

实施阶段的专利翻译项目管理主要着眼于如下方面：一是项目沟通管理，即在作为需求方的外部客户与作为服务方的内部团队之间构建畅通的沟通渠道，确保有效达成客户的期望；二是资源分配与跟踪管理，即将启动阶段和规划阶段定义的相关事项落实下去，确保相应的资源正常开展工作并达成目标；三是进度与成本跟踪管理，即在执行的过程中需要不断与规划阶段设立的基准进行对照，确保没有明显的偏差，或者在出现偏差的时候及时进行调整；四是项目交付管理，在与客户具体协商的基础上，项目经理要特别注意在交付过程中实施有效的项目进展状态报告，这是已经为实践所证明的极为有效的管理模式。

一、客户沟通

在项目实施阶段，与客户之间的沟通工作应尤其关注有效性，因此以下主要围绕项目会议与投诉管理两方面加以说明。

（一）项目会议

有关项目会议的重要性，在论述项目各主要阶段时已有所涉及，除了一些重要的项目会议，如内部启动会议、外部启动会议、项目总结会议之外，在项目运作过程中项目经理也应根据实际需要及时召开项目会议，协调并解决问题，确保项目能够平稳向前推进。

由于项目经理是项目沟通的核心、枢纽，通常由其召开项目会议。具体而言，在项目会议的召集与管理上有如下注意事项：

1）作为从事语言服务的企业，应充分利用一些沟通工具，如 Outlook 等。就组织项目会议而言，一般应提前 24 小时向与会人员发送邀请邮件。此外，在发送邀请邮件之前，可通过 Outlook 的"日历"功能查看相关人员的日程安排，避免与已有日程安排相冲突。

2）在发送会议邀请邮件时，应同时附上会议议程，以便与会人员能了解会议的主要目的，并预先做好相应的准备工作。

3）无论受邀人员同意还是拒绝参加会议，都应及时对 Outlook 上的日程安排进行更新，这样其他人员就可以随时了解到整个项目会议的参与情况。当然，如果确实需要某些人员参会，而原定的会议时间又有冲突，项目经理就只能进一步协调，结合项目实际需要另行安排会议时间。

4）对于电话会议，与常规面对面的项目会议一样，通常也应在会议召开前 24 小时向与会人员发送会议邀请邮件，同时附上会议日程及相应的拨号信息。

5）由于电话会议是为了解决远距离沟通的问题，项目经理在召集前一定要考虑时区因素。

6）推荐使用 Microsoft Teams 或 Skype 等工具召开电话会议，这类工具在效果上并不输于传统的电话，但使用成本要低很多，用起来也很方便。

7）与传统面对面的会议形式相比，电话会议确实有其不足之处，因为很多信息并不是单纯通过电话的语音沟通就能说清楚的，一些重要文件、数据、图表等可以借助联机视频等形式让与会人员同时看到，以便聚焦并展开讨论。

（二）客户投诉管理

项目经理在与客户进行沟通时，除了项目生产相关的具体往来之外，还应特别注意如何处理来自客户的投诉，因为这是关乎项目质量及成败的重要因素。

项目既然是为了服务客户，项目经理当然就要清楚客户的真实需求。客户的需求一方面是通过启动阶段的项目要求体现的，另一方面主要是通过项目进行过程中不断得到的反馈来了解的。反馈既可能有正面的，也可能有负面的，项目经理应该保持一种积极平和的心态来看待两方面的反馈。无论投诉还是表扬，根本的目的都是传递一种沟通信号，是为了对项目经理所做出的努力给予回应。表扬说明其努力方向是对的，不妨再接再厉；投诉则说明努力方向需要调整，及时改弦易辙，犹未为晚。具体来说，对来自客户的投诉，应遵循一定的流程进行有效管理。

1）收到客户的投诉之后，应在第一时间将相关投诉录入系统数据库（如客户关怀系统等），或按照公司规定的流程进行处理。每个投诉都应根据其具体内容落实到一个负责人身上。

2）负责人首先应根据所投诉的内容核查需要采取的纠正措施。例如，如果客户投诉某一批翻译的提交质量很差，则应立即根据客户的反馈有针对性地进行核查，并安排对该批文件进行返工，及时提交符合客户质量期望的译文。

3）通常情况下，客户不会把一次投诉当作一个孤立事件看待，因此项目经理应努力证明这不是一种常态，也就是要作根源分析，即所谓的 RCA（Root Cause Analysis）。表 11 - 2 展示了一个典型的 RCA 模板。

表 11 - 2　典型的 RCA 模板

项目名称	
项目编号	
语言	
影响的文件	
日期	
分析人	
问题	描述
	<说明所发生的问题>
根源	描述
	<说明发生上述问题的深层原因>
解决方案	描述
	<说明针对此问题所采取的解决方案>

4) 完成 RCA 分析之后，最重要的是据此提出预防措施，即如何确保以后不再犯类似的错误。只有这样，才能向客户表明一种积极负责的态度，从而变坏事为好事，促进与客户的关系向健康的方向发展。

5) 完成上述举措之后，应将事件的始末及解决方案上报管理层，经审核并确认之后方可结案。

RCA 是很多项目经理在与客户交往过程中都可能遇到的一门功课。项目的发展不可能是一帆风顺的，成熟的客户也不会因为项目过程中出现了一些问题就怀有成见，从某种角度来说，所有出现的问题对于项目的最终成功都是一种激励和保障。另外，不可回避的是 RCA 会给很多项目经理带来心理压力。然而，只要遵循一些要领，RCA 并不像看起来的那样要花费很多精力。同时，项目经理应该意识到，预防错误永远都要比改正错误更重要。

RCA 的要领具体可以归纳为"5 个为什么"。针对发生的问题，追问该问题为什么会发生，如果对得到的答案或解释不够满意，就沿着线索继续往下追问"为什么"，最终必然能找到最根本的原因，之后再针对该原因寻求具体的解决方案。这里所说的"5 个为什么"，并不是对每个问题都要追问 5 次，有时候也许 2 ~ 3 次就发现了问题的根源，基本的原则是要将问题的根源落到实处，一旦确认可以着手加以解决，就无需再往下追问了。

二、资源分配与跟踪

翻译项目使用的资源主要包括内部资源和外部资源。内部资源是指企业已经具备的资源，可以直接使用，其使用成本通常基于一定的费率计算；外部资源是指企业内部缺乏的资源，通常需要通过租用或者购买的方式来获得。尽管资源的使用已经在规划阶段进行了详细定义，但项目经理仍可在实施过程中综合权衡不同资源的产出，以及本项目的特定要求，来调整合适的资源使用计划。

许多项目经理在资源使用上都会面临取舍及选择的问题。实际上，项目经理只需要依照几个主要原则加以对照，就会发现很多问题并不是真正的问题。

原则一是确保资源合乎要求。项目经理并不需要总是在自己的项目中使用最好的资源，但一定要使用已经验证的合格资源。使用合格的资源永远是第一要务，这也是项目能够得以正常运行的基本前提。不合格的资源会制造出种种难以想象的问题，从而导致项目的失败。

原则二是确保资源可以使用。在资源合乎要求的前提下，应优先考虑资源的可用性。大多数项目的时间表都是已经制定并获得了客户同意的，而时间不等人。在现实的项目执行过程中，往往会存在某些预定的资源临时不可用的情形，项目经理应再三确认资源的可用性，并在意识到任何潜在的资源问题时及时准备备用资源，而不可陷入等待资源的窘境。

原则三是优先使用内部资源。在资源合乎要求并且可用的前提下，应优先使用内部资源。这是因为内部资源无论是否使用都会产生成本，这些成本也会在一定程度上转化成项目所需承担的固定成本的一部分。此外，某些公司也会在如何使用内、外部资源方面制定一些政策性要求。毕竟，外部资源在不使用的情形下是不会给项目带来任何成本的。

原则四是确保成本正常发生。通俗一点说，就是一定要把该花的钱花出去。有的项目经理可能会觉得，项目管理不就是为了给公司带来利润吗？怎么还叫人家花钱呢？其实，做预算的目的，一方面是确保不乱花钱，另一方面是确保能花掉钱，两方面都是为了保证项目的成功完成。项目经理不可抱着能省则省的心态做事情，该花的钱一定要花到正确的资源上，并且一定要确保该资源得到预期合理的报酬，只有这样，才能在理论上确保该资源的产出是合乎要求的。

项目的执行过程是千变万化、复杂多端的，但项目经理用以应对的主要准则不外乎上述几条，所谓以不变应万变是也。

三、进度与成本跟踪

项目实施阶段为何要特别强调跟踪管理的重要性？在实际生产中发现大

量的案例，要么是项目延期，要么是达不到当初定义的质量和成本要求，原因何在？缺乏有效的跟踪，或者只跟踪不控制，只发现问题而不寻找根源并解决问题，只应急处理问题而不是提前留意各种征兆，这些都是项目跟踪管理中最常见的现象。

和其他类型的项目一样，在翻译项目实施过程中项目进度、项目预算的偏差是项目经理面对的主要挑战。

（一）进度跟踪管理

在规划阶段，项目经理已经针对本项目的特点制定了相应的进度基准；在实施阶段，项目经理需要根据具体的项目进展情形，更新项目的实际进度，并与进度基准进行比照，发现其中可能出现的偏差，及时探寻根源、解决问题，以确保项目回复到正常状态。

跟踪是为了控制，在翻译项目的进度管理中项目经理应把握如下准则：

1）首次出现延期就应该立即介入问题、查找根源，而不是盲目期待下一个可能的完成点。很多项目经理因为各种原因的限制，在项目进度出现延期时往往会轻易接受该资源承诺的下一个完成时间，或者寄希望于在某个里程碑阶段能够一次性地进行调整。这种危险的想法正是导致进度最终无可弥补的根源。须知在进度偏差还小的时候就立即查找因由，尚不难加以有效控制，一旦进度偏差加大而不得不四处应急，就难免左支右绌、拆东墙补西墙，最终导致进度失控。

2）进度基准的可靠性非常重要，不切实际的进度基准再怎么跟踪都只能是延期或者低质量提交。启动阶段所介绍的工作分解结构和活动时间估计是项目经理需要掌握的重要技能，而规划阶段确立的进度基准应该是在对项目文件进行仔细分析的基础上制定的。举例来说，在专利翻译项目中，如果已经了解到客户不能提供有效的词汇表，倘使进度基准中未能设定"建立词汇表"的流程，则实施阶段无论如何对翻译流程进行跟踪，最终提交中都不免存在大量的术语翻译不一致，从而导致低质量的提交。在跟踪过程中一旦意识到问题出在进度基准本身，就应有的放矢地与客户及时进行沟通，协调新的项目流程及进度表，而不是抱着侥幸心理走一步看一步，那就失去了跟踪的意义。

3）任务完成百分比并不可靠，可靠的方法是进一步细分任务。对于一个专利翻译项目，出现 1～2 天的偏差还容易纠正，如果出现 1～2 周的偏差就很难再进行纠正了。任务本身的粒度及工作量与偏差的大小直接相关，粒度太大的任务是不适宜进行跟踪的，可以说项目总体进度所允许的偏差决定了项目任务粒度划分和任务跟踪频度。如果不对任务进行细分，仅仅依靠项目成员反馈的百分之多少的完成量等主观数据，则任务是否能够按期完成对项目经理而言就成了不可控的因素。举例来说，如果进行翻译之前需要基于以前的单语文件创建 TM，而且此任务最多允许偏差 1 ~ 2 天，则需要把任务粒度细化到天并按天跟踪，而不是给定一周的工作量并让执行者自行掌控。细粒度的跟踪目的就是消除不确定因素和风险，尽可能早地发现任务中的问题并予以解决。

说到底，进度跟踪管理的解决方法要么是纠正进度偏差，要么是修正进度表，这些都要求项目经理在进行充分探究的基础之上来作决定。

（二）预算跟踪管理

规划阶段所制定的预算基准可供项目经理在实施阶段加以对照，从而发现项目执行过程中可能出现的偏差，并及时查找根源，采取相应的措施加以调整，确保项目回复到正常的状态。

使用项目管理软件进行跟踪时，往往很难对预算执行状况有很直观的了解。举例来说，当发现成本超支时，很难立即知道是由于成本超出预算，还是由于进度提前；反之，当发现成本低于预算时，也很难立即知道是由于成本节省，还是由于进度拖延。由此，在项目管理实施阶段引入了 BCWP（即"挣值"）的概念，来分析项目成本和进度的执行情况与计划的偏离程度，并可根据这些信息对项目成本和进度的发展趋势做出合理的预测。

挣值分析法是从成本的角度分析项目执行情况与项目计划之间差异的方法。挣值分析通过测量和计算已完成工作的预算成本（Budgeted Cost of Work Performed，简称 BCWP）与已完成工作的实际成本（Actual Cost of Work Performed，简称 ACWP），以及计划完成工作的预算成本（Budgeted Cost of Work Scheduled，简称 BCWS），得到有关项目的进度偏差（Schedule Variance，简称 SV）和成本偏差（Cost Variance，简称 CV），从而考核项目的执行情况。

四、项目交付

项目的交付包括两个层面：一是有关项目进展状态的报告，二是有关项目最终产出的提交。在专利翻译项目中，两者的意义同等重要，其中关于项目进展状态的报告更是体现项目经理综合掌控能力的重要方面。

（一）进展状态报告

对于延续较长时间的项目，向客户定期提交有关项目进展状态的报告是一件非常重要的事情，它有助于向客户传递一种积极的信息，表明项目处于正常的掌控之中，并在按照既定计划向前推进。总体来说，项目经理需要把握如下两个要点。

（1）建立符合项目需要的进展状态模板

1）在启动阶段获取订单的过程中，通常会与客户签订服务品质保障协议（Service Level Agreement，简称 SLA），对项目提交所应达到的质量作出明确的规定。作为其中一部分的项目进展状态报告，往往也会有原则性的要求。

2）由于项目进展状态报告的主要目的是向客户概述整体项目的执行情况，项目经理应尽可能与客户采用同一沟通协议，以确保信息能够准确快速地传达。一个构建良好的进展状态模板正是上述沟通协议的具体体现。在明确客户所关注的方面之后，项目经理可以将这些方面具体化到模板之中，以便每一次提交都不会出现任何遗漏。

3）通常进展状态采取按周的方式报告，项目经理应在每周固定约定时间内将更新后的状态报告提交给客户，报告应如实反映项目当前的最新进展，并提出可能存在的问题和需要调整的方面，以与客户进一步协商解决。

（2）正确反映项目进展状态

1）项目经理在实施阶段所做的大量执行与跟踪等工作正是项目进展状态报告所应涵盖的主要内容。无论是权责体系维护、资源使用管理，还是进度跟踪管理、预算跟踪管理及范围变更管理，这些项目经理终日忙碌的事情往往也是客户关心的问题。

2）项目经理应将实际的项目进展尽可能正确地反映到状态报告中并定期提交给客户。有些项目经理倾向于报喜不报忧，担心项目实施过程中出现的问题暴露给客户会降低来自客户的信任度，因而每次报告都是事事顺遂。这种做法被实践证明是不可取的。项目的成功有赖于双方的共同努力，在项目实施过程中出现问题是正常的，而出现了问题却不在第一时间知会所有相关利益方并协力解决，往往会令事态向严重的方向发展，最终导致局势一发不可收拾。

（二）最终提交

专利翻译项目的最终产出，直观的理解就是符合客户质量要求的译文。从理论上来说，文件翻译得好，客户自然高兴，项目也就算大功告成。从我国项目管理的角度来说，这只是一个基本要求。在为客户准备最终提交时，项目经理应明确如下重点：

其一，符合质量的产出是良好项目管理的必然结果。我国翻译界在谈到翻译的时候提出了"信、达、雅"的标准，这往往让人误以为好的翻译是一种难以企及的境界。然而，从项目管理的角度来说，好的翻译是控制出来的。在项目管理各个阶段所阐述的有关专利翻译项目的方方面面的管理，都是基于流程的角度为最终符合质量的产出所做的各种保障。管理的魅力就在这里，项目经理如果确实在各个环节都进行了严格的管理与控制，则最终产出一定能够达到预期的质量要求；而如果项目经理对最终产出的质量表示担忧，则往往意味着此前的流程控制或许有一定的纰漏，项目经理应回顾整个过程，找出根源所在，并尝试可能的补救措施，特别是应在后续的收尾阶段就此详加检讨，以为日后借鉴。

其二，确保最终的提交有序、干净、完整。所谓有序，是指提交应按照客户要求的方式加以组织，包括文件的命名、文件夹的结构等，避免给客户带来任何混淆。所谓干净，是指提交中不应包含任何无用或有害的内容，如一些可能以隐藏方式存在的临时文件、一些隐藏在文件中的病毒等，因此提交之前采用各种必要的方式进行检查，以确保提交内容的干净。所谓完整，是指提交应包含必要的过程文件，以满足客户当下或未来的完整需要，如假定客户的发包文件为 PDF 格式，且最终提交要求也是 PDF，则项目经理在准备最终提交时除了 PDF 之外，还应包括翻译过程产生的双语文件、根据双语文件创建的 TM、创建 PDF 所基于的排版文件等，这样未来客户有任何更新需求时，都可以直接利用相应的过程文件来最大程度地节省费用。

其三，最终提交既可能意味着一个项目的永久终结，也可能意味着一个项目的新的开始。专利翻译项目不是一锤子买卖，与客户之间的良好关系最终还是基于优质的提交而建立起来的。无论业务经理向客户做出过怎样的许诺，客户最终看重的还是项目经理的提交质量。而要长久地维系好客户，项目经理就务必以一种严谨的态度来管控项目，并经由最终提交向客户证明不负所托。只有如此，新的项目才会源源而至，业务也才能不断扩大。

第四节　专利翻译项目收尾阶段的管理

根据美国项目管理协会的界定，项目收尾阶段的工作主要包括合同收尾和管理收尾。合同收尾就是通常所说的验收，只有客户完成了验收，合同宣告履行完成，项目相关的费用与款项才有可能结清。管理收尾则主要是指项目总结、后续的客户维护，其目的是给新的项目创造更好的便利条件。

一、项目审核

项目审核主要是指从合同层面对整个项目的执行情况进行审核，以验证本项目是否得到完整履行，通常围绕财务层面和绩效层面展开，分别对应项目的预算执行和质量控制。项目审核既有助于核实项目的实际执行状况，也可供后续项目借鉴。

（一）项目财务审核

通常，即使进行了良好的预算编制，且项目预算也得到了良好的执行，也并不意味着项目经理顺利完成了与项目相关的财务工作。进行项目收尾时，项目经理还需要审核如下事项。

（1）发票与收款审核

项目经理需要意识到，大多数客户都有一个预先约定的付款周期，而这个周期通常是从收到项目发票之后才开始启动的。对大型的项目来说，确保客户及时付款对于项目的正常运行具有重要的意义。一般的项目财务流程大体如下：首先由项目经理根据项目分析的结果创建项目报价，客户如果批准了该报价，应就本报价给项目经理发送相应的 PO（采购单），项目经理在收到 PO 之后再给客户开具相应的发票，由此启动客户方面的付款流程，在约定的日期之后（业内标准一般为 45～60 天）才能收到相应的款项。对于小型的项目，通常是在项目提交之后给客户开具发票，但大型项目或者持续时间较长的项目则往往需要与客户达成协议，定期就已经完成的工作开具相应的发票，从而避免项目运行产生现金流压力。

（2）付款审核

任何委托外部资源（也就是此处所说的下级供应商）完成的工作所产生的相关费用，都是通过由项目经理发出 PO 的形式来实现的。这一过程与客户给项目经理发出 PO 的过程非常相似。项目经理给下级供应商发出 PO 的时间，理论上晚于客户给项目经理发出 PO 的时间，因此也不会给项目现金流带来任何压力。但在实际的项目运作过程中，也可能出现一些特殊的情形，特别是项目经理如果在项目提交之后因疏漏导致部分 PO 还没有开出，很可能导致项目财务数据的不准确，也就是说一些应该产生的费用没有及时更新到系统中，势必使得预算跟踪的数据出现偏差，导致项目的损益等报告不能真实反映项目实际运行状况。

（3）偏差分析

项目的财务审核还涉及一个很重要的方面，即对本项目的预算执行偏差进行分析。在多数公司，预算在最初能够得以批准是因为符合公司的相关政策，如对毛利率的要求。在项目执行过程中，如果存在预算偏差的情形，首当其冲地也会对毛利率造成影响。这种影响可能是正面的，也可能是负面的，但都是不正常的。对预算执行偏差进行分析，根本目的是为之后的项目预算提供可资借鉴的经验，力求使项目管理过程的控制越来越精确。

（二）项目绩效审核

项目绩效审核主要是对项目的交付重新进行检查，探讨哪些方面执行得好，哪些方面还有待进一步改进。同样，绩效审核也可针对客户层面和下级供应商层面分别进行。

1）面向客户的绩效审核，主要关注提交过程本身的绩效，而非提交内容的质量。在实施阶段介绍过，针对客户的提交主要包括进展状态报告和最终产出提交。项目经理诚然需要关注状态报告和最终产出是否都达到客户的质量要求，但从项目管理的角度来说，提交的过程实际上是一个有效沟通并维系客户的过程，很多时候导致客户投诉的往往并不是译文质量不达标，而是不能及时获取项目相关的足够信息，这正是面向客户的绩效所需审核的方面。从广义上来说，所有向客户提供信息和反馈的过程都可以称为提交，形式和内容往往具有同样重要的地位，这也是为什么要对提交过程本身进行绩效审核的原因。项目经理应在此阶段对项目开始以来所收到的来自客户的反馈或投诉进行根源分析，由此获知面向客户层面的绩效，并就此进行专门的探讨，以不断提高项目管理水准。

2）基于专利翻译的特殊性质，大量工作需要委托外部资源来完成，因此下级供应商的工作绩效对项目的整体质量也会有较大的影响。对下级供应商进行绩效审核的重点在于评估供应商的综合服务能力，以作为未来相关项目的主要参考。审核的方式包括和质检人员一起对供应商的提交内容进行抽样检查以获得准确的质量评分，追溯供应商的提交过程以考核其在时间表、指令等方面的遵从性，必要时还应考核其沟通能力等。定期对供应商进行绩效审核，并采取优胜劣汰的机制，有助于将供应商的质量维持在较高水准，从而保证项目的高质量提交。

二、项目总结

项目无论成功还是失败，都有必要及时进行总结，以便对项目的效果及得到的教训进行分析，并将这些信息存档以备将来利用。很多项目经理往往会觉得项目总结很难做，一方面是因为项目结束后绷紧的神经骤然放松，很难再集中精力重新回顾整个项目过程；另一方面在一些公司往往存在这个项目还未收尾、下个项目已经开展的情形，项目经理因情势所迫而不得不急于紧张地投入下一个项目。种种原因导致项目管理流程中最后一环（也是极为重要的一环）无法得到有效实施，这不能不说是项目经理需要从意识上进行调整并高度重视的。

（一）项目总结会议

项目总结会议的目的是对项目的经验与得失进行总结。通常，在项目实施的过程中，各个部门都习惯从本部门出发总结自己的问题，而缺乏适当的机会或渠道获得其他部门和人员的有效反馈，因此项目经理应尽可能确保在这一阶段整合所有相关信息。

项目总结会议包括内部会议与外部会议。

1）内部会议是指项目经理所召集的由本公司项目成员参与的总结会议。通常在开会之前，项目经理应为每个项目成员提供一份标准的项目总结报告模板，要求每个项目成员尽可能详细地填写自己关于该项目的反馈与建议。项目经理随后将所有的反馈与建议合并到一份统一的文档中，并发送给所有项目成员，以便各成员能够在开会之前先行阅读。这一方面便于所有人员能够对整个项目的得失有一个初步的印象，从而为更深入地在会议上探讨进行适当的准备，另一方面也能够有效节省会议时间。可以说，项目总结会议的主要目的就在于为未来的项目执行提供一系列用于改进提升的行动纲要，因此应确保相关人员负责落实这些行动纲要，并确保其实现了预期的目的。

2）外部会议是指由项目经理召集的、由项目主要成员和客户进行项目总结的会议。在开会之前，项目经理应先对内部会议形成的项目总结报告加以适当整理，然后提交给客户。通常客户会针对这份文档举行相应的内部会议，对所反映的问题给予答复，同时提出他们所关心的一些问题，并将更新后的文档返还给项目经理。外部会议的主要工作内容是对这份双方都更新过的文档进行更加深入细致的探讨，尤其对其中的问题双方都应给出切实可行的改进建议，避免将这些问题带到下一个项目中，从而为未来的项目创造更为良好的生态环境。

（二）项目总结报告

项目总结报告应既能全面涵盖项目的所有相关成果与问题，又具有明显的针对性。因此，项目总结报告的撰写是一项综合性的工作，绝非简单地将相应的材料堆砌在一起了事。它应符合下述要求：

1）由于项目本身所具有的唯一性与独特性，总结报告必然会因为体现出这一点而具有其特定的针对性。它必须鲜明地体现其作为此项目的总结形式所具有的特定意义。

2）总结报告的阅读者各有其需求，如主管领导关心的是项目的综合管理成效，包括项目完成的各种指标、是否有重大的事故或问题、是否有突出成就等，质量经理则关注项目过程中质量方面的控制变更、风险等，项目总结报告应满足不同的阅读需求。

3）实际参与项目的各个成员对于项目运行的感受总是不尽相同的，由于每个人的知识、经验及能力各异，在项目中所承担的工作及参与该项目的时间长短也不一样，因此对项目的看法及观察的角度也各不相同。项目总结报告应尽可能吸纳这些不同的反馈，求同存异，才能真正起到为后续项目提供参考与借鉴的作用。

每个项目总结报告都具有自己的特点，但这并不意味着撰写总结报告就无章可循。美国项目管理协会将项目管理划分为十大知识领域，实际上已经间接为项目报告的撰写提供了一种初始模板。在实际的项目执行过程中，可能不会涉及所有方面，或者可能有些问题需要特别提出来加以探讨，各公司可以基于其总体项目的特点而制定相应的总结报告模板，以方便项目经理将其应用到项目中，形成一套有效的机制与流程，真正将项目总结的撰写作为对既往经验与教训的提炼，使其能够对后续的项目起到切实的指导作用。

第十二章　专利翻译项目知识领域管理

　　基于 PMI 十大知识领域的理念，结合专利翻译项目的实际情形，可以很方便地加以应用，如从项目的外在需求方的角度出发，可以探讨如何对专利翻译项目进行质量、进度和成本控制，由此整理其质量管理、进度管理和成本管理等领域的知识；从专利翻译项目的直接加工者角度出发，可以探讨如何有效地管理内部的翻译团队、利用外部的翻译资源，由此整理其资源管理领域的知识；从专利翻译企业的角度出发，可以探讨如何通过专利翻译项目的高效管理实现企业的服务价值并规避可能的风险，由此整理其采购管理、风险管理等领域的知识。可以说，涉及成功进行专利翻译项目管理的领域很多，既包括一般性的项目管理知识领域，也包括与专利翻译项目相关的知识领域。

　　本章将主要结合项目管理中的"铁三角"来探讨与专利翻译服务相关的一些核心领域。具体来说，主要有项目经理基于专利项目的主要工作内容，如何组织相关资源并实施进度与成本控制，为客户提供满足其质量需求的翻译服务。由此，将着重探讨如下知识领域：

　　1）质量管理。探讨如何为专利翻译业务建立针对团队工作形式的可靠、可行的质量标准，确定项目质量管理的目标和评价方式，并在工作实践中进行检验。

　　2）进度管理。探讨如何针对专利翻译项目制定进度基准，特别需要考虑到专利项目的绝限日期，合理安排资源并把控进度，以实现成功的交付。

　　3）成本管理。专利翻译项目中的成本控制是如何实现的？从启动阶段的项目预算到规划阶段的制作报价并确定成本，再到实施阶段的成本跟踪、收入更新及开具发票，乃至收尾阶段的财务审核，在这一过程中项目的成本状况在任何环节都是可预期、可计算、可控制的。

　　专利翻译项目的特点是一个项目的收尾往往成为下一个项目启动的契机，周而复始，循环往复。我们期望通过以上探讨，帮助项目经理专注于与专利翻译服务相关的一些关键知识领域，最大限度地探究专利翻译项目管理的奥秘，从而在最短的时间内把握翻译项目管理的精髓。

第一节　专利翻译项目的质量管理

翻译质量的保证，一般来说取决于三方面要素的有机结合，即译审资源、生产流程、质控体系。译审资源强调的是译审人员本身的专业能力，一流的译审团队无疑对高质量的翻译产出具有决定性的意义，尤其随着专利翻译领域的拓展，很多专业领域的翻译不仅要求译员具备良好的语言能力和翻译技巧，还要求他们具备特定的专业领域知识。另外，对于专利翻译公司而言，如何基于现有的资源结构，结合完善的生产流程和质控体系，持续进行质量恒定的译文输出，这才是长期维持品质与品牌的关键所在。

一、质量管理简述

项目经理应树立这样一种意识：好的质量是设计和生产出来的，而不是检验出来的；质量管理的实施要求全员参与，并且要以数据为客观依据，以客户需求为核心。

基于以上认识，专利翻译项目的质量管理无疑应该以全面质量管理的原理为基础，结合专利翻译行业的具体实践。首先，在整个公司范围内树立"质量第一"的思想，推动全员参与，并建立相应的质量责任制；其次，应针对翻译的生产流程，对全过程进行质量控制与管理；再次，应通过制定翻译质量的相关标准，来衡量项目管理过程中资源的有效性与高效性，并做好质量信息工作，根据公司自身的需要建立相应的信息系统和质量管理数据库，确保质量管理真正融入公司的全面生产。

由此，专利翻译项目的质量管理应在三个方面进行卓有成效的努力。其一，建立专业的专利翻译资源队伍，这个队伍具备足够的专业能力，了解自己所承担的责任，并秉持"质量至上"的理念；其二，构建合理的翻译生产流程，根据项目的特点对翻译生产流程进行规划，同时在整个生产流程中同步实施质量控制，避免陷入事后检验的窠臼；其三，实施严格的质量管控体系，通过确定质量衡量标准及建立质量跟踪数据库，使公司的质量管理常态化。

总体而言，在质量管理问题上，项目经理需要明确与资源相关的两个重要因素，并确保所使用的资源契合所管理项目的实际需要。专业能力毫无疑问是要考量的重要因素之一，一流的翻译团队始终是翻译质量得以保证的基础。为了在质量与成本之间寻求合适的平衡，项目经理未必需要最好的翻译团队，但应始终确保使用合格的翻译团队，否则再好的流程与体系也无能为力。专业能力之外，职业态度是要考量的另一个重要因素，简单地说，就是该资源是否清楚自己的职责并乐意为此承担应有的责任，那些坚持"质量至上"原则的资源往往具有良好的职业态度，对保证项目的质量起着积极的推动作用。

项目经理如果在翻译资源队伍上抓住了专业能力和职业态度两个关键点，结合之后我们将论述的翻译生产流程和质量管控体系，必定能够设计和生产出好的翻译质量，而不只是检验出好质量。

二、专利翻译质量管理流程

谈到质量，无一例外应该先从流程入手。专利翻译质量的管理对于项目经理而言，就是根据项目的特点制定完善的语言生产流程，明确每一流程中相关人员的职责，并切实要求相关人员严格遵循。

（一）主要流程定义

专利翻译生产是产生经过准确翻译和审阅的译文的过程。一个完整的译文生产环节至少包含翻译和定稿两个阶段，根据项目或客户的需要，有时还需在定稿之后进行不同形式的校读，以及有助于提升质量的其他质控手段，其最终目的是提交满足甚至超越客户期望的译文。部分生产环节如表12-1所示。

表12-1 专利翻译部分生产环节定义

中文术语	英文术语	缩写
翻译	Translation	T，TRA
译审	Review	R，REV
定稿	Finalization	F，FNA
校读	Proofreading	P，PRF
质控	Quality Control	Q，QAC
排版	Layout	LAY
作图	Drawing	D，DRW
上传提交	Upload	U，UPD
扉页翻译	Cover Page	COV
句段对齐	Align	ALN

（二）翻译环节

翻译是将一种语言（源语言）的文字信息转换为另一种语言（目标语言）的文字信息的过程。这一过程不仅要求忠实无误地传达原文意思，还需符合目标语言的文化习惯；更进一步，有时候需要的不仅仅是简单的文字转换，更要准确传达文字背后的信息、传达某种概念或思想。

由于专利翻译项目涉及不同行业和知识领域，如医药、化工、机械、通信等，需选择合适的翻译资源承担此项工作，以确保目标语言的专业性。确定人选的一般原则是根据客户所处的行业及其项目的专业领域，指定具有相同背景或专业知识的翻译人员。在大多数情况下，这样做可以保证较好的翻译质量，从而避免因质量问题耗费更多的人力、物力，甚至增加生产时间。

翻译人员接到翻译任务后，将获得经过预处理的待译文件及由项目经理准备好的所有翻译说明材料，包括但不限于：①项目特殊说明，如指明"请遵循客户特定的术语名称"等；②相关参考材料，如客户风格指南等；③指定使用的软件，如 Microsoft Word、Trados 等。翻译人员在开始之前应阅读项目说明及客户的特殊要求，确保对一切了然于心，方可着手翻译。

（三）译审环节

译审环节是评估和校改翻译的文字信息（目标语言）的过程，其目的是通过消除译文中的错误和问题并对译文进行必要的加工，将总体质量提高到预期的水平。译审通常针对全文进行，需将源语言和目标语言相互对照，不能只看译文本身。

选用合格的译审人员与选用合适的翻译资源同等重要，它对保证译文的最终质量具有决定性的影响。在确定人选时，要更注重其与项目相关的专业背景知识与经验。

译审时需参照翻译准则检查译文中是否存在错误，并进行相应的修改。对于其中可能涉及的全局性问题或翻译人员易犯的错误进行全面查找修改。凡是发现有全局性的问题，必须进行全局搜索修改。全局搜索不应仅仅局限于本篇文件，而应在整批文件中搜索，确保所有地方都进行了统一修改，以保持全局统一。

（四）校读环节

与译审不同的是，校读并非译文生产中的一个必要环节，而且侧重于风格及专业性等方面的检查，因此往往可脱离源语言进行。视译文性质的不同，校读通常有不同的形式及目的，以下略举几例加以说明。

转换格式校读：文件处理过程中的格式转换会导致翻译人员基于某种中间格式的文件进行生产，与最终提交给客户的文件格式不同，无法显示实际的版面形式。这可能导致一些非语言因素之外的错误和问题。有鉴于此，在进行了常规译审后，往往需要把译文从翻译时使用的格式转换成原来的实际格式，然后再进行校读以发现在中间格式下不易发现或无法发现的问题。它只关注因格式转换而可能导致的问题，并不是常规的语言译审。

行家校读：旨在对译文的专业内容和术语的准确性进行检查，一般由相关领域的资深或内行人士负责。

风格校读：按照质量要求对译文进行的附加修改/部分重写，旨在改进译文的整体风格，提高合规性和可读性，以符合客户的特定要求。

三、专利翻译质量评估

根据全面质量管理的要求，在构建翻译质量管理体系方面有两个关键点：其一，应制定翻译质量的相关标准，来衡量项目管理过程中资源的有效性与高效性，没有标准就无法对质量进行量化，而无法量化的东西是难以进行有效控制的，这方面无论是国内还是国外都已经有了较为成型的参考体系；其二，应建立相应的质量信息系统和质量管理数据库，将质量管理真正融入企业的生产过程，质量意识只有深入每一个生产环节，才能体现全面质量管理的精髓。

关于译文的质量衡量标准，国内和国际上都已经有较为完善的质量体系，比较有代表性的，如国内 2005 年由中华人民共和国国家质量监督检验检疫总局和中国国家标准化管理委员会共同发布的《翻译服务译文质量要求》（GB/T 19682—2005）；国际由翻译自动化用户协会（TAUS）所推出的 DQF 模型❶，或者为许多语言服务企业所直接采用，或者参照其定义的质量衡量标准设计符合自身实际需要的质量衡量体系。

（一）专利翻译错误分类

基于具体的专利翻译实践，结合 DQF 模型而制定的翻译质量衡量标准相较而言具有更强的操作性，其对译文质量的差错分类要更为细致一些，是当前行业采用较为普遍的一种评估体系。专利翻译错误可以参考表 12 - 2 中的标准进行分类。

---

❶ TAUS. DQF: Quality benchmark for our industry ［EB/OL］. ［2019 - 06 - 01］. https://www. taus. net/evaluate/dqf-background.

表 12 – 2　专利翻译错误分类

错误分类	错误子类型	错误类型补充说明	类型编号
专利文件内容相关	增漏	说明书、权利要求书、摘要、附图、序列表等文件或其中的内容漏译	A1
		化学方程式、公式、表格、序列表、数据表或其中的内容漏译	A2
		符号、单位、上下标、数字、重要标点（如表明逻辑关系的标点、权利要求书中的句号）丢漏	A3
		译文中增加源文中没有的内容，与源文范围不符	A4
		发明名称、摘要、摘要附图等未使用 PCT 最新公布的 A3 版本进行翻译	A5
	词汇错误	词汇意义错误	A6
		词汇技术领域适用错误	A7
		词汇上下位适用错误	A8
		关键词汇的单复数错误	A9
	词汇不准确	词汇翻译不准确、拼写错误、可被解读出两种以上含义	A10
	词汇一致性	相同词汇在同批文件（包括权利要求书、说明书、摘要、附图、序列表、文中图、生物保藏表等）内翻译不一致	A11
		不同的相近术语未区分翻译	A12
	句法错误	句意/语法错误，如与源文不符、不符合上下文、技术理解错误、法律理解错误、严重标点或格式错误	A13
	句法不准确	句意/语法不准确、可被解读出两种以上含义、相似句型表述不一致、严重标点或格式错误	A14
	译文可读性	句子生硬晦涩、语法不符合目标语言读者的表达习惯	A15
		句子零碎或过长	A16
	书写规范	技术内容中字母大小写、标点符号、括号或上下标等的使用不符合目标语言或特定领域书写习惯	A17
	源文错误处理	源文错误未发现、未在 TNS 中报告、未按 RWS 风格指南要求进行处理	A18
	风格遵循	句法、词汇等未遵循 RWS 风格指南要求	A19
		句法、词汇等未遵循具体案件中给出的特殊要求	A20

错误分类	错误子类型	错误类型补充说明	类型编号
专利文件形式相关	格式	文件名错误	B1
		未按照 RWS 风格指南要求对文件进行预处理及句段拆分或合并	B2
		最终 Word/PDF 译文中段号、权利要求编号丢漏或者排序错误，段数与源文或公开文本不一致	B3
		最终 Word 译文中的排版格式与源文或公开文本不符，包括粗体、斜体、下划线、上下标、缩进、行号等	B4
		最终 Word 译文中残留特殊格式，包括修订标记、颜色等	B5
		序列表、生物保藏表中的格式错误	B6
		说明书附图编号错误、附图文字未作图、未基于源附图文件作图	B7
	模板	说明书、权利要求书、摘要的模板使用不正确，如中译英首页模板等	B8
		TNS、词表、Comments、生物保藏表、序列表等附件未使用适当的模板	B9
		未遵照模板的要求（如字体、字号）	B10

（二）专利翻译质量权重

一般来说，错误按出现的个数计算，但同一种错误只计为一个错误（Minor 或 Major）。所谓同一种错误，是指简单重复的错误，其原因和表现形式都十分相似，如同一个词的拼写错误多次出现、词语的翻译错误重复出现。当然，同一种错误如果影响严重或修改起来十分费时费力，则可定为 Major 错误，但总体而言在计算差错率时对于差错的权重定义相对简单。各种类型错误可以按照表 12 - 3 中的权重进行标记、统计。

表 12 - 3　专利翻译质量权重

错误等级	错误罚分	说明
Major	4	严重丢漏/增加、术语错误、表达/语法/标点符号错误等，导致译文的技术含义与源文完全相反、存在重大偏差、无法理解
Medium	2	严重术语/表述/语法不准确、术语不一致或未区分等，导致译文的技术含义不够准确、清楚；严重书写不规范

错误等级	错误罚分	说明
Minor	1	术语/表述/语法/标点符号不够严谨、译文未遵循 RWS 风格要求、源文错误未发现或未报告、句子生硬晦涩等，文件格式未遵循 RWS 要求等
Preference	0	非以上实质性错误，但需要进一步完善的问题

（三）构建质量管理体系

建立相应的质量信息系统和质量管理数据库，实现质量管理与翻译生产流程的紧密结合，是全面质量管理在翻译生产流程中的具体应用。

事实上，一些语言资产管理系统很早就开始尝试引入质量管理的模块，其具体做法是翻译工作完成后，语言资产通过工作流程自动进入译审阶段，译审人员对译文进行必要的语言修改，系统会自动比较修改前后的译文，并抓取所有进行了修改的句段，生成对照性的质量报告，报告可以发送给翻译人员进行参考，翻译人员对相应的修改也可一目了然。

当然，采取上述完全自动的方式来构建翻译质量管理系统，虽然在操作层面上可行，但效果往往差强人意。比如，无论何种质量衡量标准，虽然都按出现的个数来计算错误，但同一种错误一般只计为一个，而自动化的质量保证模块只会简单比对。再如，译审人员对译文的修饰往往有一部分属于润饰性质，并不就此判定原译文为错误，但自动比较功能会抓取任何改动，而无从了解该改动是基于错误还是润饰而进行的。因此，依赖自动化的质量管理模块，单纯根据改动多寡来判断译文质量是不可取的，往往导致无法对质量进行精确跟踪。

鉴于此，有些公司在考虑将质量评判实现从全手工化到半自动化的过渡，而并非直接采用全自动化的方式。具体来说，在质量管理模块自动生成报告后，再由译审人员对报告进行必要的过滤与修改，包括设定相应的差错类别、错误权重，去除某些无足轻重的改动以使得报告更简练、更客观，以保证报告能真实反映译文的实际质量。这样，最终保存到系统中的是经过修订后的质量评判结果，从而保证了质量管理系统的效度。

结合之前讨论的质量管理流程，不难发现，将质量衡量标准整合到实际生产流程，确保每一环节都同步生成量化的质量报告，不但可以确保整个项目的翻译质量，对于持续提高翻译资源的专业能力及公司的整体质量竞争力都是不无裨益的，这也正是质量管理体系的目的。

四、专利翻译质量核查

在通过良好的资源配置及有效的质量流程来管控译文质量的同时,还需要意识到高水准的译文质量其实是多方面协同配合的结果,尤其在语言生产从过去以个人作业为主的"作坊式"模式进化到现在以团队作业为主的"工业化"模式之后,各个环节的协同配合效度将在极大程度上影响到译文输出的质量。专业的语言服务公司在其大量翻译实践的基础之上,逐渐摸索并总结出一套行之有效的核查手段,包括从客户接收项目之后核查与译文生产相关的各种信息准备、译文生产过程中的一些特殊要求、译文提交给客户之前需要遵循的各项规范与要求等。这些核查能够在较大程度上确保译文的生产过程及最终质量都处于良好的管控之中。

以 RWS 为例,该公司致力于为客户提供符合专利提交质量水准的译文,除了在译文生产上要求技术理解精准、严格直译、语言流畅外,还要求在译文生产管理上为客户增值。表 12 – 4 为 RWS 专利译文生产质量核查清单,可作为行业参考及借鉴。

表 12 – 4 RWS 专利译文生产质量核查清单

来案核查			是否核查
前期准备	1	如果是不能复制文字的 PDF 文本或图片格式,询问客户是否有可编辑文本	
	2	是否有其他参考文献(如技术交底书)	
结算信息	1	确认翻译方向,核算字数	
	2	是否需要最低收费,确认制图是否收费	
客户指示	1	是否有风格要求	
	2	是否需要作图	
	3	是否有模板要求	
	4	返案时间要求,是否加密	
	5	是否有排版风格要求,是否严格遵守	
	6	文件是否需要拆分,是否需要转 PDF 格式,是否需要加密	
文件完整性与正确性	1	是 PCT 申请,还是巴黎公约新申请,确认客户提交绝限	
	2	是否有修改版本	
	3	PCT 公开文本是否是最新文本	
	4	扉页上的发明名称和说明书上方的是否一致,如不一致需要以扉页上的为准	

来案核查			是否核查
文件完整性 与正确性	5	附图和说明书中图片和文字是否清晰	
	6	是否有手绘图需要重新作图	
	7	文件是否缺标题	
	8	医药、生物类案件是否缺序列表、生物保藏表。如是，应登录 WIPO 官网查看是否有公开版本的序列表、生物保藏表，并及时下载存卷	
	9	如客户发送了多个版本，应与客户联络确认需要翻译的版本。此外，还应与客户确认是否需翻译附带的检索报告或转让书等文件，是否需要翻译著录项（如首页等）	
	10	查看邮件所附文件，确保与邮件中指示的案件是一致的，如 PCT 号	
处理过程			
国知局规定	1	序列表是否超过 400 页，如果案件文件带有大量序列表、总页数很大，则客户在递交专利申请时需额外承担附加费支出。因此，在遇到此类问题时，应在不破坏文件的完整性和可读性的前提下，尽可能减少总页数，尤其在 30 页、300 页两个节点上须特别留意，同时应与客户沟通，确认页数是否合适	
	2	摘要字数是否超过 300，英文字数尽量不超过 150	
	3	专利案件中说明书（含附图、序列表）是否超过 30 页（如超过 30 页需调整行间距，尽量控制在 30 页以内）	
按流程执行	1	TNS 是否和客户确认	
	2	是否提供了词表	
提交核查			
文件完整性 与正确性	1	发明名称、摘要、原始的和修改的权利要求书是否有漏译，权利要求书中句号的个数是否与权利要求的项数一致	
	2	附图文件是否格式正确，是否有背景颜色	
	3	PCT 摘要部分有化学式，则译文中化学式务必完整保留且确保一致	
	4	序列表转 PDF 后是否有问题	
	5	文件是否以客户卷号命名	
	6	修改的权利要求书文件是否提供"替换文件"和"修订版"版本，页眉是否注明"修改标记页/修改替换页"	

提交核查			是否核查
邮件规范	1	收件人信息确认，查看来函，确定案件收件人（总部、事务所，还是其他客户），确保收件地址准确无误。如需抄送，抄送人及邮件地址应准确无误	
	2	邮件撰写要符合邮件规范，可参考邮件模板	
	3	邮件发出后，需及时确认对方已收到。如长时间未收到对方收件确认邮件需及时联系。对紧急案件，需在邮件发出同时以电话形式告知客户，确认收件方已收到完整文件	
	4	有事务所指示信的要在事务所指示信上回复邮件	

第二节　专利翻译项目的成本管理

专利翻译项目中的成本控制是如何来实现的呢？答案既简单也复杂。说它简单，因为它是依靠在专利翻译项目各个阶段所定义的财务规程来实现的，只要严格遵照规程行事，项目自然处于控制之中；说它复杂，因为财务规程绝不是简单的预算加减，而是有一系列相关的制度和要求。

业界在大量翻译项目实践的基础之上，总结出了项目经理所需掌握的、同时也具有操作性的一些财务规程。在现实中，虽然各公司可能有自己特定的财务流程，但对项目标准财务规程形成整体视野将始终有助于项目经理高屋建瓴地掌控全局。简而言之，在专利翻译项目管理中遵循相关的财务规程，其意义如下：

1）在项目前期即可洞见整个项目的财务状况，而不必总是等到项目结束后进行核算时才有所了解，这样有助于规避业务风险，对于明显缺乏盈利能力的项目可以在项目还没开始之前就决定取舍。

2）在项目执行过程中发现任何问题时，可以尽早采取必要的行动，以降低负面影响；或者如果发现任何潜在的好处，也可以尽早采取行动，确保利益最大化。

3）按照相关财务规程来进行成本管理，可以做到运筹帷幄、有条不紊，这样就避免月底财务结算时的混乱和忙碌（事实上，如果每周依规程进行财务更新，就不会将大量工作留到月底）；避免项目财务因缺乏及时更新而出现成本和利润偏差，项目经理也不必浪费大量时间做各种解释工作。

4）良好的财务规程是公司规范化发展的必备要素。只有在项目各阶段都贯彻了相应的财务规程，才能确保任何时候得出的财务报表都是准确的且真实反映了公司当下的运营状况。

专利翻译项目的成本管理需要从源头抓起。首先，需要确保符合公司财务规程的项目才能进入生产环节，这里就涉及内部的立项审批，否则源头缺乏控制，后期再怎么努力也有可能无力回天；其次，一旦项目获批，则应考虑制定相关项目的预算，以便形成关于该项目的成本基准；再次，项目经理在项目执行过程中，需要定期进行成本跟踪，并针对可能出现的偏差及时采取相应措施，确保整个项目的成本管理始终处于有效控制之中。

一、专利翻译立项审批

大多数语言服务公司都需要对项目收入及相关毛利率进行审批，达不到公司财务规程的项目将无法顺利竞标，生产就更无从谈起。因此，项目经理有必要了解公司对于不同规模项目的预期毛利率，以确保项目能够顺利进行。

大多数公司都会针对项目预期收益进行审批，以决定是否有必要针对该项目做进一步努力。一般来说，需进行财务审批的项目主要和项目收入、毛利率两个指标有关，表 12 - 5 展示了业界较为通用的一个立项审批模板，各公司可根据自己的实际情形进行相应的调整。

表 12 -5　专利翻译立项审批模板

呈交人	
客户	
业务领域	
项目收入	
描述/备注	
附属材料	成本预算　　　报价建议 条款与条件　　合同
审批级别	
项目金额低于 5 万	项目经理
项目金额高于 5 万或毛利率低于 40%	运营经理
项目金额高于 50 万或毛利率低于 30%	总经理

可以看到，上例中公司赋予一般项目经理或销售人员的权限是在项目金额不超过 5 万元且项目毛利率不低于 40% 的情形下可以直接与客户签订项目。

其他情形需经相应级别的管理层批准，才可立项并继续跟进。

关于立项审批有两点注意事项：

其一，多数情况下，针对立项审批而提供的项目收入和毛利率都是基于概算而得出的，这是因为在初期客户所提供的有关项目范围的信息往往并不完全准确，项目实际开展起来之后这类信息往往会有进一步更新。此种情形下，项目经理应及时更新相应的预算信息，如果和公司审批政策有所背离，应重新提请相应级别的管理层予以批准。

其二，即使毛利率高于40%，大多数公司也会对收入达到一定规模的项目实施立项审批，这一点往往为项目执行人员所不解。事实上，这是非常有必要的。众所周知，在项目驱动型的公司中，企业规模、资源配置、资金链等都是围绕项目而展开的，收入越高的项目，对于资源、资金等的需求也就越高，这都会对公司的运营提出相应的挑战，因此实施立项审批制度，便于公司相关管理层能够在第一时间了解项目状况，并有的放矢地进行资源和资金调配，确保项目的有效运行。

二、专利翻译预算制定

预算是就一段时间内的预期收入和支出制订一个详细的计划。既然称之为预算，它当然会与实际情形产生一定的偏差，所以预算制定之后在实际项目执行过程中还会根据需要对其进行修订。预算修订是指从项目开始到某一特定时间内的实际收入和支出，以及根据实际情形调整后剩余时间的预期收入和支出。就专利翻译项目管理来说，一般都要求制定相应的项目预算，原因如下：

1）无论是准备就某一项目进行竞标，还是准备承接来自客户的某个项目，我们都希望能够切实了解该项目的预期收益，以便尽早进行取舍，避免盲目投入其中，而这只有将收入和支出进行比对才能得出来。

2）此外，出于有效分配资源的考虑，我们也希望了解在一段时间内可能需要承担哪些工作，以及为这些工作需要付出哪些努力。

3）再进一步，如果在项目执行中出现纰漏，也需要尽早预留出返工所需的资金。

具体来说，专利翻译项目的预算应该如何制定呢？换言之，项目的收入和支出都有哪些呢？

就项目收入而言，需要考虑哪些项目活动是可以向客户收费的，通常可能有以下项目：

1）项目任务产生的收入。通过项目分析，能够得出某一项目需要完成的工作量（通常以字数、小时数或页数等进行衡量），再将其分别乘以相应单价。

2）项目管理本身也会产生相应收入，一般是基于项目工作量所产生总收入的一定百分比收取。

3）向客户提供其他额外服务而产生的收入。

就项目支出而言，应考虑为了完成这些项目活动，将会产生哪些内部及外部成本。通常可能有以下项目：

1）内部成本一般指内部员工基于该项目工作所产生的费用。无论该项目通过什么方式向客户计费，内部成本一般都按小时进行核算，原因在于大多数公司的内部成本核算都是针对不同岗位所对应的小时费率进行的。

2）外部成本是将一部分工作分包给外部资源而产生的成本。其计费方式一般与相应的收入计费方式相同。

3）为完成该项目而进行相应的技能培训所产生的成本。

4）其他一些特定的成本。

制定预算时经常面临诸多挑战，主要挑战就是项目收入和项目支出的核算单位不同。举例来说，某个项目的主要工作内容是提供5万字的专利翻译服务，则对客户通常是按照5万字的字数乘以相应单价收取费用，部分客户有可能再加上一定比例的项目管理费用，但项目支出一般包括基于字数而支付的外部资源翻译5万字的成本、基于小时数而支付给内部语言人员的质量检查成本，以及基于小时数而产生的项目管理成本等。也就是说，项目收支之间并没有很明确的一一对应关系，因此，在制定项目财务预算时需要仔细权衡不同方式之间的费用差异，避免因考虑不周或单价区别而导致项目亏损。

预算工作到底应该由谁来执行，这也往往因具体的项目情形而异。一般来说，对于新客户或者新项目，往往由负责接洽的销售人员直接制定相应的项目预算；而对于来自某些老客户的项目，则可由项目经理直接负责预算制定。大多数公司都有适合本公司需求的预算模板，通常为 Excel 格式，表12-6是一个可供参考的简单预算模板。

表 12 -6　专利翻译预算模板

项目预算及毛利计算			
客户			
项目名称/编号			
成本			
内部成本	小时	单价	总计	费率角色
项目管理		×× RMB		项目经理

项目预算及毛利计算				
项目准备		××RMB		工程人员
翻译		××RMB		语言人员
语言质量检查		××RMB		语言人员
项目后处理		××RMB		工程人员
内部成本总计				
外部成本	小时	单价	总计	
外部资源 A				
外部资源 B				
外部成本总计				
其他成本	小时	单价	总计	费率角色
培训成本				
特定成本				
项目成本总计				
收入				
	小时	单价	总计	
		××RMB		
		××RMB		
项目收入总计				
项目毛利			0	
毛利率			××	

　　制定预算的目的，就是为了预知项目的可能收益。项目的收益一般都是通过毛利来进行量化的，因此项目预算也有助于确保项目的毛利符合公司政策，并有助于公司管理层从整体上把控运营风险。

三、专利翻译成本控制

　　专利项目成本控制主要是指根据实际发生的成本对项目预算进行修订，以确保修订后的预算能够真实反映项目的运营状况。一份制定良好的预算，其预期成本和实际成本之间一般不会出现太大的波动。

　　目前，基于专利翻译行业的项目特点，成本跟踪一般采取每周更新的方式进行。更新过于频繁，会加重项目经理的管理负担；更新过于缓慢，则会导致项目数据严重滞后。根据业界总结的经验，每周更新项目财务数据，对于良好的项目管控特别重要，原因主要体现在如下方面：

1）能够对项目财务提供较好的控制。过于精细，就专利翻译项目的特点而言，可能在前后两次更新之间都看不出任何数据变化；过于粗疏，有可能对公司的财务报表产生影响。

2）便于根据项目财务数据及时发现问题，并在第一时间内采取措施进行弥补。

3）便于及时针对已经完成的工作向客户开具发票，提高现金流。

4）避免把所有工作都堆到月底而造成管理混乱，降低工作效率。

成本跟踪是项目经理的核心职责之一，无论项目规模大小，都应该每周进行一次财务更新，以确保项目财务数据的准确。具体而言，项目经理每周进行成本跟踪的主要工作内容如下：

1）应确保所有正在进行的工作都已及时开具了采购单，以便相应的成本能够反映到项目中。

2）确保公司内部员工在该项目上花费的时间都已进行了正确记录。内部成本的核算主要是基于时间和相应的角色费率而计算出来的，如果所花的时间没有得到正确记录，相应的成本也就无法得到正确的反映。

3）根据已发生的实际成本，重新检讨整个项目的预算成本，并对尚未完成的成本估算进行更新。

4）如果项目范围有变动，应根据有关范围变更的管理流程进行相应处理，确保项目正确涵盖了所需处理的工作。

5）对于已完成的项目或者某一项目中已完成的部分，可以安排向客户开票，以便推动已完成的工作及时进入付款周期。

6）对于任何已完成的项目，应安排相关的财务收尾工作。

7）如果项目毛利率出现较大偏差，应及时上报，根据公司的政策要求提请相应级别的管理层进行审批，并寻找解决方案。

第三节　专利翻译项目的进度管理

一、制定项目进度基准

项目管理是一项计划性很强的工作，而进度表有助于有效监控项目进度，并确保按时提交。在实际的项目管理工作中，由于项目有大有小，并非所有项目都值得花费大量精力去制订详细的进度表。一般而言，即使不是每个项目都有必要使用类似 Microsoft Office Project 之类的工具去创建进度跟踪文件，也最好根据自己的工作习惯为每一个经手的项目设置进度提醒。有些项目经理习惯使用 Excel 文件进行跟踪，有些项目经理则习惯用 Outlook 进行提醒，不可一概而论。

无论采取何种形式，项目经理都应意识到进度表并不是纯粹为了个人管理项目的便利而制订的，它更多的是为了让项目的相关成员保持对项目进展的统一理解，以便共同推进项目。因此，进度表有时候可能仅供内部团队参考，有时候也会根据需要送达客户及供应商。因此，制订一份精确且可行的进度表在一定程度上能够突显出项目经理掌控项目的能力。所谓"未雨绸缪"，制订进度表一般应考虑如下事项：

1）应重点突出项目的截止日期，所有相关的项目任务都应围绕该日期而进行调整；在此基础之上，还应照顾客户所要求的一些阶段性提交日期，如大多数客户都会要求在项目生产过程中提交一部分翻译示例进行质量检查，一些相关的生产流程也需要进行适当调整，以在保证项目质量的前提下满足客户的要求。

2）应综合考虑项目不同组件之间的相互关系，确保不同环节的生产流程衔接顺畅。

3）虽然每一任务都有业界总结出的标准产出数据可供参考，项目经理在经手具体项目时仍应考虑不同情境下的实际产出偏差。

4）应考虑团队的当前产能及未来一段时间的预期产能。

5）特别地应留出一定的冗余。无论我们如何相信自己的规划能力，在实际项目生产中总难免会出现一些意料之外的事情，留出冗余，才能做到临变不惊。

除了以上提到的一些注意事项和技巧外，在关于制定进度基准方面业界还有一些特别的建议，可供项目经理参考。

（1）有效管理好客户关于进度表的期望

客户关于进度的期望在某种程度上是可以引导的。比如，初期尽量不要过度承诺，但实际提交时不妨有所提前，往往能给客户带来意料不到的惊喜，也会让其感觉到你在项目上的尽心尽力。因此，项目经理应确保在提供给客户的进度表上留出一定的缓冲时间，也就是说如果承诺的是周五提交，内部一定是在周五之前完成生产，以备万一有不测之事发生时还能有时间应对。

（2）考虑寻找合适的资源可能对进度表带来的影响

许多项目的完成，除了要找到合适的人力资源外，还需要用到合适的硬件或软件，这类硬件设备或软件资产也并不总是都有，有些可能需要临时购买，而这是需要时间的。此外，一些项目所要求的特定人力资源也并不总是马上就能找到，有时甚至还需要对某些资源进行特定的培训。项目经理应综合考虑这些因素可能给进度带来的影响，评估其风险，并预留足够的时间来加以应对。

（3）使用合适的工具来制订进度表

对于不甚复杂的项目，Microsoft Excel 可算是一个有效的工具，能够迅速制订进度并加以有效维护。特别是，由于该工具使用广泛，使用它制作的进度表也非常方便和他人共享。

对于较为复杂的项目，往往需要用到诸如 Microsoft Office Project 这样的专业工具，这类工具通常有较为高级的进度规划功能，能够处理错综复杂的任务关系。当然，不是每个人都会用到这类工具，因此在将进度表发送给他人时务必将其转换为较为通用的格式，如 PDF、HTML、Excel 等，以便他人能够查看。

（4）详细记录影响进度表的不确定因素

在制定进度基准时，项目经理未必能明确获知所有必需的信息，有些信息也往往是随着项目的进行而不断变化的。项目经理应在始终掌控项目全局视野的同时，留意项目进展过程中各种变化因素，并对那些影响进度的不确定因素加以详细记录，以便其后对最初的一些假设进行不断的调整，使得进度表越来越精确，越来越反映出项目的实际现状。

（5）始终确保进度表获得团队和客户的认可

项目经理制订进度表时，毫无疑问需要征求核心团队的意见，并在综合采纳的基础上进行完善。此外，进度表应该得到客户的明确认可，如果进度表有所更新，客户也应对新的进度表进行确认，这种确认可以是邮件的形式，也可以是其他书面形式。

表 12 - 7 是使用 Excel 针对较为简单的项目而制订的一个进度表模板，可供项目经理实战时参考。

表 12 - 7　专利翻译项目进度表模板

项目名称			
项目经理			
语言 A	开始日期	截止日期	提交备注
词汇表			
词汇 A			
词汇 B			
文档			
文档 A			
文档 B			

二、翻译资源安排

翻译项目必然需要依靠相关的人力资源来完成，项目经理在组织所需的项目资源时需要综合权衡内部资源和外部资源的使用，并根据项目进展的需要及时将项目信息传达给相关人员，以便其安排工作。

所谓"及时"，是指根据项目的工作量、任务类型及资源需求，预先对相关人员进行告知。在进行任务预告时，项目经理需要学会掌握尺度，以免造成不必要的混淆和困扰。一般来说，对于较小的翻译项目（如工作量在一两千字以内），而且客户要求的时间表也基本合理，往往是不需要进行任务预告的，因为这类小项目并不会对大多数团队的常规生产任务安排带来实质性的影响。然而，如果客户要求的时间非常紧迫（如要求当日提交），就有必要在确知何时将收到发包文件的前提下进行项目预告，以便各生产团队能够预订相应的资源。即便如此，项目经理仍需注意的是，不同国家/地区的节假日等因素也可能对项目的按时提交造成影响，"及时"也意味着将这些因素同时考虑进去。

在内部资源和外部资源的使用上，需要采取不同的组织策略。

（1）内部资源

一般来说，内部资源与项目经理之间并没有什么直接的隶属关系。项目经理需要和负责内部资源分配的人进行沟通，根据项目的具体需要来获取相应的资源。负责资源分配的一般会是相关职能部门的经理。

（2）外部资源

对外部资源的使用多数情况下需要通过资源管理部门的帮助来达成。在大多数项目管理公司，一般都会有专门的人员负责外部资源的管理，外部资源的相关信息也会存放在专门的数据库中。项目经理提出相关需求之后，资源管理部门会根据各外部资源的技能、经验及以往的绩效表现来遴选出最合适的资源，然后与之联系并进行洽商，了解其是否能够满足该项目的具体需要。当然，在实际的生产中，出于各种原因，项目经理也可直接与相关外部资源进行联系，特别是在那些之前有过合作的项目上，项目经理应优先考虑使用同样的资源，以确保充分利用此前的经验和技能。

无论是遴选内部资源还是外部资源，都有必要考虑如下因素：

1）一定要十分清楚具体项目所需要的资源类型，这包括资源所需掌握的技能、所要使用的工具，以及资源的产出量。特别是在使用外部资源时，应理解该资源可能并不为某一项目所独占，因此未必能套用标准的产能来进行计划。

2）作为本项目的直接负责人，有没有你特别希望能在本项目上使用的特定资源。

3）项目的预算大概如何，如何才能选择最为经济有效的资源。

4）还有哪些资源适合本项目，其技能及产能如何。

即便找到了合适的资源，仍需根据项目的进度对各资源在特定时间段的产能进行确认。标准产能往往只是一个参考因素，在实际项目生产中具体资源的产能多半会有所偏差，最为典型的情形就是该资源无法全部投入某个项目。因此，谈及产能问题，项目经理在与具体资源进行确认时，应确保提供与项目有关的充足信息，包括但不限于进度表、工作量、涉及语种、工作涉及的文件类型、所要用到的工具。

组织项目资源的关键要点在于找到合适的资源。"合适"既指该资源能够满足项目所需的技能等要求，也指该资源能够满足项目特定时间段的产能要求。当然，内部资源和外部资源保持适当的比例也是需要考虑的，但这方面一般并无特定成例。

三、专利翻译项目进度管理

管理项目进度可以说是项目经理的一项核心职能。然而，熟练使用诸如 Microsoft Office Excel 或 Microsoft Office Project 之类的工具，并不能保证一定能把项目进度管理好。总结而论，大体有如下一些技巧可供项目经理在管理项目进度时参考。

1）应尽可能精确探知客户关于项目截止日期的真实预期。有时候，销售人员可能会出于迎合客户的目的而承诺一些看似不可能的提交日期，而客户未必真有如此急迫的要求。举例来说，当客户要求"周五下班提交"时，其真实预期往往是下周一早上看到文件。对于某些特殊的项目，一个周末的宽松往往会给质量带来显著的提高，项目经理也不至于因此将过于紧张的气氛传递给生产团队而影响他们的产出质量。

2）在管理多个语言的专利翻译项目时，应综合考虑不同时区可能带来的影响。对于一些生产周期较短的任务，这种影响可能尤为显著。比如，如果周一从北京发出任务请求，并要求在北京时间的周二收到结果，则智利的生产团队只能在其周一的当天完成生产并进行提交。这很有可能导致质量不尽如人意，生产团队可能遇到的任何疑问也难以得到及时的沟通和解答。这些因素都会对项目的整体质量产生实质性的影响。

3）在管理多个语言的专利翻译项目时，还应考虑到不同国家和地区的节假日因素给进度表带来的影响。不同民族有不同的节假日安排，在向客户提交进度表时应将这些因素综合考虑进去。

4）在可能的情况下，应向生产团队及时发布任务预告，以便其做好准备，避免对项目进度造成不必要的影响。当然，不准确的预告也会带来诸多负面影响，所以只有在确定无疑的情况下才可请求生产团队预留资源。

5）通过对不同资源的高效利用，灵活掌控生产流程，以确保达到顺畅衔接的目的。例如，文件在发给生产团队前通常需要准备成适于生产的格式，如果估计北京时间下班时仍不能完成准备工作，则项目经理不妨考虑依托另一时区的资源来进行文件准备，由此使得其他时区的团队不必为此多等一天。

特别是对专利翻译项目的进度加以管理时，要综合考虑绝限日期可能带来的限制。有些客户出于专利战略布局的考量或者其他一些特别的原因，往往会在专利申请的时间点上有相应的安排，这会给那些要求全文翻译的国家的专利申请带来一定的挑战，对于篇幅通常较长的医药专利而言更是如此。项目经理在处理此类案件时，一定要综合权衡相关因素，想客户之所想、急客户之所急，提前做好相应的计划，并及早与客户探讨可能存在的风险，避免造成客户不得不进行时限延期的不利局面。

第十三章　专利语言服务行业生态

对专利制度加以简单回顾，可以发现两条非常有意思的脉络。

1）1624 年英国议会颁布《垄断法》开始，标志着世界上第一部具有现代意义的专利法就此诞生；1790 年和 1791 年，美国和法国分别通过了第一部本国《专利法》；俄罗斯、荷兰、西班牙、德国和日本等 20 多个技术和经济发展较快的国家则在 19 世纪相继实施专利制度。

2）1883 年 3 月 20 日，《巴黎公约》正式签署；1970 年 6 月 19 日，PCT 条约正式签署，创建了国际专利申请合作的新制度；1973 年 10 月 5 日，EPC 条约正式公布，创建了地区性专利申请、审查和授权的新制度。

经济的全球化发展作为这个时代最伟大的驱动力，它必然将全球各个国家、各个行业都卷入其中，从而导致创新及保护创新的知识产权制度都无法再局限于某个人、某个企业、某个行业，甚至某个国家。专利虽然具有明确的地域性特征，但同时又面临全球性保护的需求，我们因此能够看到，世界上技术和经济发展较快的主要国家在 19 世纪相继实施专利制度后马上就面临专利全球运作的国际框架问题。

由此可以看到，其中涉及两个密切相关的生态：一是所谓的国家生态，二是所谓的全球生态。任何一家企业的专利行为，如果仅仅从企业本身甚至产业的角度去检验，都未必能够获得最终的正确答案，只有放在一个更大的国家生态或者全球生态下检验，才有可能豁然开朗。

专利语言服务的行业生态，最根本的基础就是企业客户在全球生态下的专利布局行为，专利语言服务商围绕企业客户的全球专利布局而催生出相应的业务形态，而企业客户和专利语言服务商只有基于共同的目标携手同行，才有可能构建起持续稳定的伙伴型关系，从而不断促进专利语言服务行业的生态完善。

第一节　企业客户的全球专利战略布局

在当今这个时代，随着数字化转型的深入，以及各种新材料、新技术的发展，新一轮的技术浪潮正在席卷全球，并给人类社会带来深刻的变革。对于 5G、人工智能、大数据、云计算、物联网、新材料等前沿技术加大投入，已经成为提升企业竞争力的普遍共识，许多国际性公司也正在对这些领域的知识产权进行全球布局，以锁定竞争优势。

毫无疑问，只有掌握前沿技术，才能在未来的全球经济中领先一筹，这也是中国近年来一直在大力实施创新驱动发展战略的主要原因。《国家创新驱动发展战略纲要》提出，支持企业面向全球布局创新网络，鼓励建立海外研发中心，建立知识产权侵权国际调查和海外维权机制。《中国制造 2025》也设定了宏伟的战略目标："新中国成立一百年时，制造业大国地位更加巩固，综合实力进入世界制造强国前列。制造业主要领域具有创新引领能力和明显竞争优势，建成全球领先的技术体系和产业体系。"

每一家企业所处的行业不同，面对的竞争环境各异，企业的发展阶段不一，企业的全球化水准也有高下，但是从战略高度来重视创新和知识产权的本质是没有区别的。在全球经济的竞争体系里，这些都必然要依靠企业通过全球专利布局来达成。

一、国际专利布局助力企业走出去

当前，中国正在积极参与知识产权领域的全球协作，包括参与 WIPO 等知识产权国际体系，参与国际主流技术标准组织活动，对国际标准必要专利在本国的实施进行管辖和审判，积极参与国际、多边、双边的条约或协定，在知识产权审查和授权环节进行国际协作和互相承认等，以便为中国企业进行全球专利布局营造良好的全球生态体系。

对于企业来说，只有不断强化企业的海外知识产权布局，提前构筑国际市场占位优势，才有可能掌握市场竞争的主动权。企业进行国际专利布局的过程本身也是一个检验专利价值的过程。一个专利在企业自身的产品中进行了应用，这当然是有价值的，但是如果这个专利并没有其他人或竞争者想用，这样的专利布局其实并没有太大的实质性意义。好的专利布局体现在能够充分套住竞争对手，让别人很想用又不能用。只有这样的专利布局才能构建起真正的市场竞争壁垒，助力企业走向全球市场。

企业需要根据其全球市场进行综合考量，并采取不同的国际专利布局策略。以华为公司为例，其侧重实施标准专利战略，由一个管理团队统一管理科研、专利和标准相关工作，积极推动标准专利的全球布局，以更超前的技术研究成果形成国际标准的提案，并提交专利申请，最终形成国际标准必要专利，使企业在国际竞争中处于主动地位。而京东方公司则以专利战略为牵引，以专利管理系统、能力提升平台、外部资源平台为支撑，以专利开发、专利风险管控和专利运营为核心，构建起全面的专利管理体系，并凭借自主创新不断打破海外技术壁垒，获得更广阔的市场。

二、核心专利布局还需全球眼光

企业在进行核心专利布局时要牢记一个准则：全球化企业开展知识产权工作的唯一最重要的目的就是从市场获得经济收益，没有其他。

"走出去"企业在进行知识产权布局时，不应简单地关注专利的数量多少，而要以相应知识产权能否从市场上获得商业价值来加以判断，并且要始终围绕这一目标进行核心专利布局。

知识产权的价值主要通过变现得到体现。在工业标准领域，90%左右的收入来源是通过标准必要专利实现的；而在非工业标准领域，主要的知识产权收入来源于那些代表产业先进技术方向、具有重要使用价值和普遍被行业采用的技术方案。前者如高通、爱立信、微软等，都通过将国际主流技术标准的必要专利许可使其他企业获得收益，可以说标准必要专利仍然是目前世界上最有价值的专利，中国一些具有前瞻性全球眼光的企业，如华为公司等，正在努力构建起我国企业在国际主流技术标准中的地位，通过发展掌握最有价值的标准必要专利的能力在国际的主流技术标准中占有一席之地，最终能够将知识产权转变为商业价值。

第二节　专利语言服务商的业务解决方案

因应企业客户全球专利布局的战略需求，语言服务提供商应该如何构建相应的能力体系以应对这一挑战呢？对于大多数依靠技术创新来成就全球"霸业"的企业客户而言，知识产权始终都是它们赖以生存的基石，因此必然需要选择值得信赖的 IP 服务合作伙伴帮助保护其知识产权组合，这一点至关重要。

仔细梳理专利语言服务行业的业务现状，也能够发现专利语言服务商与企业客户之间相伴相生的紧密关系。大体而言，其服务类型或业务解决方案主要包括专利翻译、国外专利提交、专利检索、专利数据库等。

一、专利翻译

鉴于专利权的地域性特点，一个国家授予的专利权只在授权国本国有效，对其他国家没有法律约束力，因此一件发明若要在许多国家或地区受到法律保护，必须分别在这些国家或地区申请专利。这种需求既催生了专利翻译服务，同时对专利翻译的质量提出了极高的要求。

大体来讲，专利翻译服务涉及的范畴主要有 PCT 进入国家阶段文件翻译、专利直接提交翻译、欧洲公布或国家生效阶段要求的权利要求翻译、审查意见书及初步修改、现有技术文献、异议程序和答辩、商标申请和优先权文件。

优秀的专利语言服务商往往会在两个方面不断深化其专利翻译服务的能力，充分满足企业客户全球专利布局的需求，并构建起强大的竞争壁垒。

其一，不断扩展翻译服务的广度。全球有 200 多个国家和地区，企业客户的全球专利布局会根据其市场策略而考虑不同的国家或地区组合，这也要求专利语言服务商能够提供绝大多数语言之间的翻译服务，以 RWS 为例，其所提供的专利翻译服务覆盖 150 多种语言。此外，不同的专利可能涉及不同的技术领域，要做好语言翻译服务，往往需要语言工作人员具备相应的技术背景，才能游刃有余地处理技术专利的翻译工作。语言服务商要确保具备足够的翻译服务广度，能够覆盖绝大多数语言和所有技术领域，才能满足企业客户的全球专利布局需求。

其二，始终提升翻译质量的高度。在专利翻译的早期，翻译质量的提升主要依赖有经验的译者，依赖其个人的突出能力，而有经验的译者也往往都是在长期的翻译实践中逐渐成长起来的，这也是具备较长历史的专利语言服务商往往拥有更高交付质量的主要原因。随着翻译作业的规模化展开，流程在翻译质量提升方面也开始起到举足轻重的作用，确保翻译服务按照ISO 9001 和 ISO 17100 认证流程的要求严格执行和交付，是高质量翻译服务的第二个壁垒。最后，技术也在翻译质量的提升方面越来越发挥着突出的作用，也就是在翻译流程中融入翻译记忆库和术语管理技术。对于拥有庞大专利资产的客户（覆盖所有领域），使用翻译记忆库技术将产生巨大效益，此前翻译过的文本会以句段（翻译单元）的形式储存在翻译记忆库中供重复使用，在提升质量的同时也进一步节省整体成本。

二、国外专利提交

专利资产运营需要战略性的决策，且兼顾时间、预算和资源。专利国外提交成本的增长和日益复杂的处理流程促使专利服务行业产生了新的变革。根据国外专利提交的不同途径，语言服务商在专利提交流程中扮演的角色往往略有差异。

PCT 申请进入国家阶段如图 13 - 1 所示。

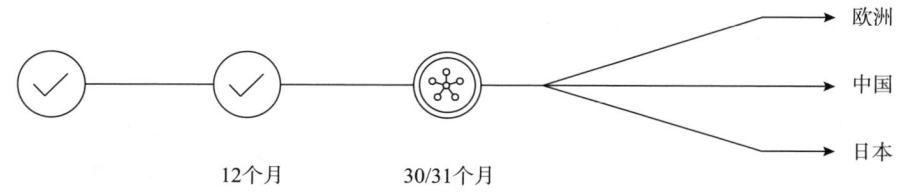

提交优先权申请　　　提交PCT申请　通过RWS进入PCT国家阶段

图 13 – 1　通过 RWS 进入 PCT 国家阶段

欧洲生效如图 13 – 2 所示。

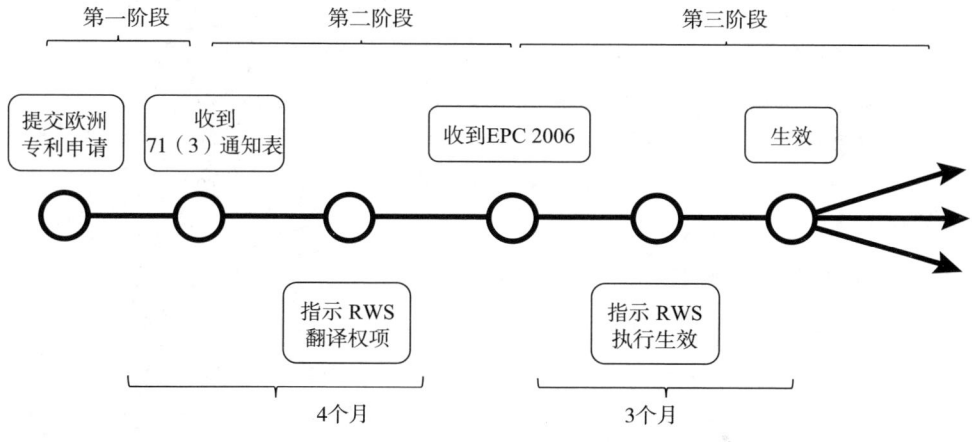

图 13 – 2　RWS 欧洲生效集中化服务

　　其中，欧洲生效集中化服务模式是语言服务商在长期的业务实践过程中结合自身优势和客户需求而开创的一种业务形态。集中化服务模式的服务思路是细化专利申请流程中的分工，引入专门的非事务所第三方机构处理专利翻译和生效两个环节的工作，包括授权前的权利要求翻译（一般为法语、德语），授权后的指定国官方语言权利要求译文（如指定在荷兰生效，则需荷兰语权利要求译文；指定意大利，则需要全文的意大利语译文），生效服务。

　　作为欧洲生效集中化服务模式的开创者，RWS 公司从 1993 年就开展了这一业务，客户包括世界知识产权组织和欧洲专利局申请量排名前列的诸多公司，每年处理欧洲生效案件逾 40 000 多件。全球诸多知识产权巨头通过该模式达到了简化流程、缩减成本的目的，也极大提高了工作效率。

三、专利检索

由于全世界专利众多，且专利本身又具有优先权的特征，这就使得任何人都无法保证自己的想法是世界上独一无二的。企业在申请专利甚至确定研发方向之前，都需要执行必要的专利检索，以确定该专利是否已出现在世界各大专利局的数据库中而不自知。可以说，专利检索对于企业的成长、对于全球生产力的节省与提高，都是有着举足轻重的作用的。在专利生命周期的各个阶段，客户均有机会利用关键信息为其知识产权确定最佳决策。这些关键决策可优化客户的专利组合的价值。

针对专利检索的特点，即"根据一项数据特征，从大量的专利文献或专利数据库中挑选符合某一特定要求的文献或信息"，语言服务商得以在其中扮演极其重要的角色，特别是在需要对全球范围的专利进行检索的时候。

在服务客户的长期实践中，语言服务商也逐渐形成并完善了自己在专利检索方面的服务内容，以确保协助客户在其整个知识产权生命周期做出最明智的业务决策。

（一）传统检索解决方案

传统检索解决方案是指主要依托特定的检索人员，针对特定客户的特定检索需求，基于传统的专利数据库，通过充分挖掘分类号、关键词、申请人/发明者姓名和引用文献等检索条件，确保达到最大的检索范围。对那些与特定服务商建立了长期合作关系的客户而言，传统的检索解决方案能够解决绝大多数的常规检索需求，确保在达到检索目的的前提下最大限度地控制成本。

语言服务商为了服务客户的检索需求，通常会配置不同领域的专利检索专家，同时覆盖主要的语言。客户的检索需求通常会分配给拥有相关技术背景的检索员，在检索特定国家或地区的专利时，还需要确保检索人员同时熟悉当地的语言。

（二）众包检索解决方案

众包检索解决方案的优势是，当客户的检索需求较为复杂时，他们能够在极短的时间内为大型项目召集大量的优秀检索员。此外，其检索范围通常不限于传统数据库，还覆盖非专利文献。

RWS 公司拥有完善的众包检索解决方案，旗下的 AOP Connect 是一个基于网络的审查平台，可组织、存储和控制 IP 检索相关的引用文献和现有技术。通过使用 AOP Connect，客户可集中保存自己的所有现有技术文档，仅需一次简单登录便可查看，还可对所有现有技术文档进行高亮、映射、排名和关键词检索。所有检索结果均会接近实时地自动上传至此平台，客户可在检索发生的同时了解检索进展，包括参与检索的检索员数量和其他信息。其所提供的众包检索解决方案可基于客户的不同需求而提供不同的业务模式。

1）专家检索（＋），即 ExpertSearch（＋），保密且仅面向受邀者的检索，由 2～4 名众包专家在内部分析师和一名研究经理的支持下进行，用于诉讼案件或诉讼前置程序。

2）精简众包检索（CrowdSearch Mini），保密且仅面向受邀者的检索，由 10 名众包专家在内部分析师和一名研究经理的支持下进行，用于诉讼案件或诉讼前置程序。

3）众包检索（＋），即 CrowdSearch（＋），调配全部众包资源，由众包专家和内部分析师提供支持，可提供最大程度的全面检索。检索不仅覆盖全部专利，还可覆盖可供检索的海量非专利文献。

四、专利数据库

作为以互联网或局域网为平台的大型专利信息服务系统，专利数据库通过对专利信息的深层次的价值挖掘、技术标注形成的智慧结晶和综合应用服务，来帮助个人、企业、科研机构提升创新能力与核心竞争力，为企业技术研发、专利战略研究、科学决策提供强有力的支撑。

语言服务商在专利数据库构建方面具有较大的优势，尤其在越来越多的客户开始考虑面向全球进行专利布局的大背景下，许多专利不仅限于在其所在国进行申请，同时还会精准翻译成若干不同的语言在其他国家或地区进行申请，所有这些都构成了专利数据库的有机组成部分。当然，典型的商用专利数据库往往包含海量的专利文档数据，以 RWS 公司的 PatBase 为例，作为唯一一款由专业检索人员为自身及同行设计的全球性商业数据库，它的优势无与伦比，如由超过 109 个商业和专利局数据库组成、收录了超过 1.09 亿份专利文档和相关文档、包含超过 5700 万个专利家族、数据库的历史资料可追溯到 20 世纪早期、仍在持续不断地每周进行数据更新，提供英文、日文和中文三种版本。

可见，语言服务商依托如此专业的数据库为客户提供语言服务，势必能全方位、高品质地满足客户的需求，并形成与客户之间持续而稳定的伙伴型关系。

第三节　客户与服务商的伙伴型关系

要怎样才能形成客户与服务商之间的一种建设性关系呢？这不单是一两句话就能说清的，也不单是一两个人的努力就能造就的，这首先是一种观念与认识上的转变，而且是始发于客户的一种观念上的转变。这种转变必得要靠客户来主导并推动，再辅以服务商的协同，如此才能取得成效。此外，这也并不是一个一帆风顺的过程，仍然会有种种的阵痛与困扰伴随而来，但从长远来看它的正向的效应与影响是深远而积极的，有些客户正极大地受益于此，他们的核心竞争力正因这种"非核心业务"上的有效协作而进一步增强。换言之，以前被视为无足轻重的专利语言服务业务，如今正在其专利全球布局的进程中扮演举足轻重的角色，而这全赖其与服务商之间的伙伴型合作关系的推动。

一、全球专利布局是企业客户的战略选择

建设性伙伴型关系的一个显著特点，就是在客户内部而言其全球专利布局已经提升到了战略的层面。专利申请不再如从前那般只是一种自发行为，它已经成为企业全球竞争力的重要一环。换言之，缺乏全球布局视野的技术研发投入是不完整的，也不再可能为企业所完全认可。

对于许多企业而言，将专利全球布局提升为公司的一项基本战略并不是一个一蹴而就的过程，其中有漫长的历史可供书写，但最基本的决策要素仍然是基于商业考虑而做出的。很显然，如果全球化业务不在公司业务中占有足够的比重，或者预期不能在公司业务中占有足够的比重，公司是很难有全球布局战略考虑的。我们今天耳熟能详的许多国际性公司，他们本土之外的业务正在或已经成为公司收入的最主要的来源，在这种情形下全球布局战略便成为顺理成章的事情，也能够为公司绝大多数人理解并推行。

但是这里面有两个问题是需要进一步探讨的。其一，对于那些全球业务尚未有效展开的客户来说，是否有必要大张旗鼓地将全球布局战略提升到战略层面。到底应该是先行重视并以此促进全球业务，还是静候全球业务兴起之后再予以战略重视呢？这并不是一个简单的鸡生蛋还是蛋生鸡的问题，说到底，这其实不应该成为一个问题，很不幸的是大多数公司都曾在这一问题上犹豫不前或错失良机。从商业角度而言，抱着试试看的态度永远都是大忌，因为不全力以赴去运作的事情几乎是不可能成功的，即或侥幸成功亦全赖机

会与运气，而我们深知机会与运气对于有志者而言只应当作锦上添花的美谈，而不可作为"雪中送炭"的依靠，所以对于许多有全球市场抱负的客户来说，全球布局战略应是一项基本战略，它不是基于公司当前的全球业务现状而作出的，而是基于对公司未来商业前景的展望而作出的。当且仅当全球布局战略为整个公司知悉并深刻理解之后，全球业务才能获得更为长足的发展，并最终形成一种良性循环的发展。

其二，是不是确定了全球布局战略之后一切就真的得到了顺理成章的发展呢？全球布局战略说到底只是提供了观念上的指导，但具体如何将观念转化为行动，则全赖实际执行人对此观念的理解程度。我们并非不能找到一些例子来说明"人"的因素的重要。在很多全球业务已经蓬勃开展的公司里，仍然存在大量的因人员执行因素而导致失败的例子。在这种情况下，找到正确而专业的合作伙伴就显得尤其重要，只有那些长期深耕专利支持领域的服务商才能够提供真正有价值的意见。正是这种互赢式的相互协同，才能确保双方会发展成为一种有效互补的良性关系。

无论如何，所有这一切后续良性关系的营造都有赖于客户在战略程度上的高度重视。这种重视，一方面统一了公司内部人员的认知，另一方面也为供应商积极主动地参与提供了更大的空间。而整个专利语言服务行业也因为这种改变而受益，并呈现出愈加广阔的发展前景。

二、构建与服务商之间持续而稳定的伙伴型关系

从客户的角度来看，维持一个相对稳定的服务商队伍，较之不停地对服务商进行汰选似乎要更为明智而现实一些。诚然，永远最大限度地猎取最为优秀的服务商是每一个客户都期望的事情。然而，随着许多客户的业务复杂度日趋增加，指望一个新进的服务商在短时间内迅速熟悉全部的流程及工作方式，已经不是十分轻松的事情，遑论对于客户特定专利领域相关知识的熟悉程度。相较来说，许多客户更倾向于与既有服务商构建一种良好并不断提升的关系，与此同时适量适度引进新的服务商，以维持一种动态的平衡。

那么，如何与服务商之间维持一种良性而稳定的伙伴型关系呢？综合现今业界一些主要客户的业务实践，可以发现他们无一例外都十分重视从两个方面进行努力。

（一）将服务商引入企业的全球业务流程，使其作为其中一个环节发挥作用

真正意义上的外包并不是指将部分业务单纯地发包给外部服务商，而是

使外部服务商成为企业业务链上的一个环节来发挥作用。外发的业务虽然是由服务商完成，但服务商已不再是一个被动的按指令行事的服务型角色，而是与客户一起致力于实现共同的目标。从这个角度来说，服务商事实上是作为客户团队中的一员在进行工作，相较而言拥有更大的自主权与灵活性，但同时也承担着更大的责任。

服务商无疑也是欢迎这种合作模式的。这使得服务商能够为大型客户维持一支相对稳定的专业服务队伍，这些队伍了解所服务客户的业务流程及操作实践，而客户也乐于与这样的"专属团队"开展合作，因为他们在某种程度上已经"成为"客户的一员，并能够独立主动地与客户方专利运营流程的上下游之间积极开展工作。

（二）充分借助并发挥服务商的专业技能，与其共同成长及发展

大多数客户正日渐意识到，将语言服务等支持性业务外包给服务商，并不仅仅因为该部分业务是公司的非核心业务，还因为服务商的专业技能能够确保将事情做得更好，"让专业的人员做专业的事情"已经逐渐成为许多客户的共识。正是因为服务商在行业内的长期实践与积累，使得他们更能提供专业及优化的方法处理相关业务，从而确保最终的品质。

对于一些大型的客户来说，让服务商成为其业务流程中的一环，除了"专属团队"带来的特殊优势外，还有这些"专属团队"背后的更为广泛的支持。在技术进步一日千里的今天，专利语言服务的生产流程与实践也发生日新的变化，而只有专注于这一领域的服务商才能及时迅速地吸收相应的技术并应用到具体的生产实践中。客户大可将服务商作为自己能力的延伸，借助并发挥他们的专业技能以收获最优化的结果。

另外，服务商通过更深地介入客户的业务流程，也得以更全面而具体地理解客户的需求，并能据此优化、改进自己的服务，从而不断增强自身的竞争力，以维持公司的长远发展。

在整个行业的发展过程中，客户对于行业的塑造与引导功不可没，但长期以来这方面的努力并不为人所明确认知。令人欣喜的是，今天的行业已经越来越呈现一种理性的秩序与氛围，各方对于自己的责任与义务均已非常明晰。我们有理由相信，未来客户与服务商之间将会谱写出更为和谐的奏鸣曲。

附录一 《保护工业产权巴黎公约》（节选）

Paris Convention for the Protection of Industrial Property

保护工业产权巴黎公约

of March 20, 1883,

1883 年 3 月 20 日

As revised at Brussels on December 14, 1900, at Washington on June 2, 1911, at The Hague on November 6, 1925, at London on June 2, 1934, at Lisbon on October 31, 1958, and at Stockholm on July 14, 1967, and as amended on October 2, 1979

1900 年 12 月 14 日在布鲁塞尔修订；1911 年 6 月 2 日在华盛顿修订；1925 年 11 月 6 日在海牙修订；1934 年 6 月 2 日在伦敦修订；1958 年 10 月 31 日在里斯本修订；1967 年 7 月 14 日在斯德哥尔摩修订；1979 年 10 月 2 日修正

Article 1

第一条

[Establishment of the Union; Scope of Industrial Property]

【本联盟的建立；工业产权的范围】

(1) The countries to which this Convention applies constitute a Union for the protection of industrial property.

（1）适用本公约的国家组成联盟，以保护工业产权。

(2) The protection of industrial property has as its object patents, utility models, industrial designs, trademarks, service marks, trade names, indications of source or appellations of origin, and the repression of unfair competition.

（2）工业产权的保护对象有专利、实用新型、工业品外观设计、商标、服务标记、厂商名称、货源标记或原产地名称，以及制止不正当竞争。

(3) Industrial property shall be understood in the broadest sense and shall apply not only to industry and commerce proper, but likewise to agricultural and extractive industries and to all manufactured or natural products, for example, wines, grain, tobacco leaf, fruit, cattle, minerals, mineral waters, beer, flowers, and flour.

（3）对工业产权应作最广义的理解，它不仅应适用于工业和商业本身，而且也应同样适用于农业和采掘业，适用于一切制成品或天然产品，如酒类、谷物、烟叶、水果、牲畜、矿产品、矿泉水、啤酒、花卉和谷类的粉。

(4) Patents shall include the various kinds of industrial patents recognized by the laws of the countries of the Union, such as patents of importation, patents of improvement, patents and certificates of addition, etc.

（4）专利应包括本联盟国家的法律所承认的各种工业专利，如输入专利、改进专利、增补专利和增补证书等。

Article 4

[**A to I** *Patents*, *Utility Models*, *Industrial Designs*, *Marks*, *Inventors' Certificates*: **Right of Priority. G.** *Patents*: **Division of the Application**]

第四条

【A 至 I 专利、实用新型、外观设计、商标、发明人证书：优先权。G. 专利：申请的分案】

A. — (1) Any person who has duly filed an application for a patent, or for the registration of a utility model, or of an industrial design, or of a trademark, in one of the countries of the Union, or his successor in title, shall enjoy, for the purpose of filing in the other countries, a right of priority during the periods hereinafter fixed.

(2) Any filing that is equivalent to a regular national filing under the domestic legislation of any country of the Union or under bilateral or multilateral treaties concluded between countries of the Union shall be recognized as giving rise to the right of priority.

(3) By a regular national filing is meant any filing that is adequate to establish the date on which the application was filed in the country concerned, whatever may be the subsequent fate of the application.

A. ——（1）已经在本联盟的一个国家正式提出专利、实用新型注册、外观设计注册或商标注册的申请的任何人，或其权利继受人，为了在其他国家提出申请，在以下规定的期间内应享有优先权。

（2）依照本联盟任何国家的本国立法，或依照本联盟各国之间缔结的双边或多边条约，与正规的国家申请相当的任何申请，应被承认为产生优先权。

（3）正规的国家申请是指在有关国家中足以确定提出申请日期的任何申请，而不问该申请以后的结局如何。

B. — Consequently, any subsequent filing in any of the other countries of the Union before the expiration of the periods referred to above shall not be invalidated by reason of any acts accomplished in the interval, in particular, another filing, the publication or exploitation of the invention, the putting on sale of copies of the design, or the use of the mark, and such acts cannot give rise to any third-party right or any right of personal possession. Rights acquired by third parties before the date of the first application that serves as the basis for the right of priority are reserved in accordance with the domestic legislation of each country of the Union.

C. — (1) The periods of priority referred to above shall be twelve months for patents and utility models, and six months for industrial designs and trademarks.

(2) These periods shall start from the date of filing of the first application; the day of filing shall not be included in the period.

B. —— 因此，在上述期间届满前在本联盟的任何其他国家后来提出的任何申请，不应由于在这期间完成的任何行为，特别是另外一项申请的提出、发明的公布或利用、外观设计复制品的出售、或商标的使用而成为无效，而且这些行为不能产生任何第三人的权利或个人占有的任何权利。第三人在作为优先权基础的第一次申请的日期以前所取得的权利，依照本联盟每一国家的国内法予以保留。

C. ——（1）上述优先权的期间，对于专利和实用新型应为十二个月，对于外观设计和商标应为六个月。

（2）这些期间应自第一次申请的申请日开始；申请日不应计入期间之内。

(3) If the last day of the period is an official holiday, or a day when the Office is not open for the filing of applications in the country where protection is claimed, the period shall be extended until the first following working day.

(4) A subsequent application concerning the same subject as a previous first application within the meaning of paragraph (2), above, filed in the same country of the Union shall be considered as the first application, of which the filing date shall be the starting point of the period of priority, if, at the time of filing the subsequent application, the said previous application has been withdrawn, abandoned, or refused, without having been laid open to public inspection and without leaving any rights outstanding, and if it has not yet served as a basis for claiming a right of priority. The previous application may not thereafter serve as a basis for claiming a right of priority.

（3）如果期间的最后一日在请求保护地国家是法定假日或者是主管局不接受申请的日子，期间应延至其后的第一个工作日。

（4）在本联盟同一国家内就第（2）项所称的以前第一次申请同样的主题所提出的后一申请，如果在提出该申请时前一申请已被撤回、放弃或拒绝，没有提供公众阅览，也没有遗留任何权利，而且如果前一申请还没有成为要求优先权的基础，应认为是第一次申请，其申请日应为优先权期间的开始日。在这以后，前一申请不得作为要求优先权的基础。

D. —(1) Any person desiring to take advantage of the priority of a previous filing shall be required to make a declaration indicating the date of such filing and the country in which it was made. Each country shall determine the latest date on which such declaration must be made.

(2) These particulars shall be mentioned in the publications issued by the competent authority, and in particular in the patents and the specifications relating thereto.

(3) The countries of the Union may require any person making a declaration of priority to produce a copy of the application (description, drawings, etc.) previously filed. The copy, certified as correct by the authority which received such application, shall not require any authentication, and may in any case be filed, without fee, at any time within three months of the filing of the subsequent application. They may require it to be accompanied by a certificate from the same authority showing the date of filing, and by a translation.

D. ——（1）任何人希望利用以前提出的一项申请的优先权的，需要作出声明，说明提出该申请的日期和受理该申请的国家。每一国家应确定必须作出该项声明的最后日期。

（2）这些事项应在主管机关的出版物中，特别是应在专利和有关专利的说明书中予以载明。

（3）本联盟国家可以要求作出优先权声明的任何人提交以前提出的申请（说明书、附图等）的副本。该副本应经原受理申请的机关证实无误，不需要任何认证，并且无论如何可以在提出后一申请后三个月内随时提交，不需缴纳费用。本联盟国家可以要求该副本附有上述机关出具的载明申请日的证明书和译文。

(4) No other formalities may be required for the declaration of priority at the time of filing the application. Each country of the Union shall determine the consequences of failure to comply with the formalities prescribed by this Article, but such consequences shall in no case go beyond the loss of the right of priority.

(5) Subsequently, further proof may be required.

Any person who avails himself of the priority of a previous application shall be required to specify the number of that application; this number shall be published as provided for by paragraph (2), above.

E. — (1) Where an industrial design is filed in a country by virtue of a right of priority based on the filing of a utility model, the period of priority shall be the same as that fixed for industrial designs.

(2) Furthermore, it is permissible to file a utility model in a country by virtue of a right of priority based on the filing of a patent application, and vice versa.

（4）对提出申请时要求优先权的声明不得规定其他的手续。本联盟每一国家应确定不遵守本条约规定的手续的后果，但这种后果决不能超过优先权的丧失。

（5）以后，可以要求提供进一步的证明。

任何人利用以前提出的一项申请的优先权的，必须写明该申请的号码；该号码应依照上述第（2）项的规定予以公布。

E. ——（1）依靠以实用新型申请为基础的优先权而在一个国家提出工业品外观设计申请的，优先权的期间应与对工业品外观设计规定的优先权期间一样。

（2）而且，依靠以专利申请为基础的优先权而在一个国家提出实用新型的申请是许可的，反之亦一样。

F. — No country of the Union may refuse a priority or a patent application on the ground that the applicant claims multiple priorities, even if they originate in different countries, or on the ground that an application claiming one or more priorities contains one or more elements that were not included in the application or applications whose priority is claimed, provided that, in both cases, there is unity of invention within the meaning of the law of the country.

With respect to the elements not included in the application or applications whose priority is claimed, the filing of the subsequent application shall give rise to a right of priority under ordinary conditions.

G. — (1) If the examination reveals that an application for a patent contains more than one invention, the applicant may divide the application into a certain number of divisional applications and preserve as the date of each the date of the initial application and the benefit of the right of priority, if any.

F. ——本联盟的任何国家不得由于申请人要求多项优先权（即使这些优先权产生于不同的国家），或者由于要求一项或几项优先权的申请中有一个或几个要素没有包括在作为优先权基础的申请中，而拒绝给予优先权或拒绝专利申请，但以在上述两种情况都有该国法律所规定的发明单一性为限。

关于作为优先权基础的申请中所没有包括的要素，以后提出的申请应该按照通常条件产生优先权。

G. ——（1）如果审查发现一项专利申请包含一个以上的发明，申请人可以将该申请分成若干分案申请，保留第一次申请的日期为各该分案申请的日期，如果有优先权，并保有优先权的利益。

(2) The applicant may also, on his own initiative, divide a patent application and preserve as the date of each divisional application the date of the initial application and the benefit of the right of priority, if any. Each country of the Union shall have the right to determine the conditions under which such division shall be authorized.

H. — Priority may not be refused on the ground that certain elements of the invention for which priority is claimed do not appear among the claims formulated in the application in the country of origin, provided that the application documents as a whole specifically disclose such elements.

I. — (1) Applications for inventors' certificates filed in a country in which applicants have the right to apply at their own option either for a patent or for an inventor's certificate shall give rise to the right of priority provided for by this Article, under the same conditions and with the same effects as applications for patents.

（2）申请人也可以主动将一项专利申请分案，保留第一次申请的日期为各该分案申请的日期，如果有优先权，并保有优先权的利益。本联盟各国有权决定允许这种分案的条件。

H. ——不得以要求优先权的发明中的某些要素没有包含在原属国申请列举的权利要求中为理由，而拒绝给予优先权，但以申请文件从全体看来已经明确地写明这些要素为限。

I. ——（1）在申请人有权自行选择申请专利或发明人证书的国家提出发明人证书的申请，应产生本条规定的优先权，其条件和效力与专利的申请一样。

(2) In a country in which applicants have the right to apply at their own option either for a patent or for an inventor's certificate, an applicant for an inventor's certificate shall, in accordance with the provisions of this Article relating to patent applications, enjoy a right of priority based on an application for a patent, a utility model, or an inventor's certificate.

（2）在申请人有权自行选择申请专利或发明人证书的国家，发明人证书的申请人，根据本条关于专利申请的规定，应享有以专利、实用新型或发明人证书的申请为基础的优先权。

附录二 《专利合作条约》（节选）

Patent Cooperation Treaty

专利合作条约

Done at Washington on June 19,1970,

1970 年 6 月 19 日签订于华盛顿

amended on September 28,1979,

1979 年 9 月 28 日修正

modified on February 3,1984, and on October 3,2001

1984 年 2 月 3 日和 2001 年 10 月 3 日修改

CHAPTER I

第 I 章

INTERNATIONAL APPLICATION AND INTERNATIONAL SEARCH

国际申请和国际检索

Article 3

第 3 条

The International Application

国际申请

(1) Applications for the protection of inventions in any of the Contracting States may be filed as international applications under this Treaty.

（1）在任何缔约国，保护发明的申请都可以按照本条约作为国际申请提出。

(2) An international application shall contain, as specified in this Treaty and the Regulations, a request, a description, one or more claims, one or more drawings (where required), and an abstract.

（2）按照本条约和细则的规定，国际申请应包括请求书、说明书、一项或几项权利要求、一幅或几幅附图（需要时）和摘要。

(3) The abstract merely serves the purpose of technical information and cannot be taken into account for any other purpose, particularly not for the purpose of interpreting the scope of the protection sought.

(4) The international application shall:

(i) be in a prescribed language;

(ii) comply with the prescribed physical requirements;

(iii) comply with the prescribed requirement of unity of invention;

(iv) be subject to the payment of the prescribed fees.

CHAPTER II

INTERNATIONAL PRELIMINARY EXAMINATION

Article 31

Demand for International Preliminary Examination

(1) On the demand of the applicant, his international application shall be the subject of an international preliminary examination as provided in the following provisions and the Regulations.

（3）摘要仅作为技术信息之用，不能考虑作为任何其他用途，特别是不能用来解释所要求的保护范围。

（4）国际申请应该：

（ⅰ）使用规定的语言；

（ⅱ）符合规定的形式要求；

（ⅲ）符合规定的发明单一性的要求；

（ⅳ）按照规定缴纳费用。

第Ⅱ章

国际初步审查

第 31 条

要求国际初步审查

（1）经申请人要求，对国际申请应按下列规定和细则进行国际初步审查。

(2)(a) Any applicant who is a resident or national, as defined in the Regulations, of a Contracting State bound by Chapter II, and whose international application has been filed with the receiving Office of or acting for such State, may make a demand for international preliminary examination.

(b) The Assembly may decide to allow persons entitled to file international applications to make a demand for international preliminary examination even if they are residents or nationals of a State not party to this Treaty or not bound by Chapter II.

(3) The demand for international preliminary examination shall be made separately from the international application. The demand shall contain the prescribed particulars and shall be in the prescribed language and form.

(4)(a) The demand shall indicate the Contracting State or States in which the applicant intends to use the results of the international preliminary examination (" elected States "). Additional Contracting States may be elected later. Election may relate only to Contracting States already designated under Article 4.

（2）（a）凡受第 II 章约束的缔约国的居民或国民（ 按照细则的规定 ）的申请人，在其国际申请已提交该国或代表该国的受理局后，可以要求进行国际初步审查。

（b）大会可以决定准许有权提出国际申请的人要求国际初步审查，即使他们是没有参加本条约的国家或不受第 II 章约束的国家的居民或国民。

（3）国际初步审查的要求应与国际申请分别提出，这种要求应包括规定事项，并使用规定的语言和格式。

（4）（a）国际初步审查的要求应说明申请人预定在哪些缔约国使用国际初步审查的结果（"选定国"），以后还可选定更多的缔约国。选定应只限于按第 4 条已被指定的缔约国。

(b) Applicants referred to in paragraph (2)(a) may elect any Contracting State bound by Chapter II. Applicants referred to in paragraph (2)(b) may elect only such Contracting States bound by Chapter II as have declared that they are prepared to be elected by such applicants.

(5) The demand shall be subject to the payment of the prescribed fees within the prescribed time limit.

(6)(a) The demand shall be submitted to the competent International Preliminary Examining Authority referred to in Article 32.

(b) Any later election shall be submitted to the International Bureau.

(7) Each elected Office shall be notified of its election.

Article 33

The International Preliminary Examination

(1) The objective of the international preliminary examination is to formulate a preliminary and non-binding opinion on the questions whether the claimed invention appears to be novel, to involve an inventive step (to be non-obvious), and to be industrially applicable.

（b）上列（2）（a）所述的申请人可以选定受第Ⅱ章约束的任何缔约国。本条（2）（b）所述的申请人只可以选定已经声明准备接受这些申请人选定的那些受第Ⅱ章约束的缔约国。

（5）要求国际初步审查，应在规定的期限内缴纳规定的费用。

（6）（a）国际初步审查的要求应向第 32 条所述的主管国际初步审查单位提出。

（b）任何以后的选定都应向国际局提出。

（7）每个选定局应接到其被选定的通知。

第 33 条

国际初步审查

（1）国际初步审查的目的是对下述问题提出初步的无约束力的意见，即请求保护的发明看来是否有新颖性、是否有创造性（非显而易见性）和是否有工业实用性。

(2) For the purposes of the international preliminary examination, a claimed invention shall be considered novel if it is not anticipated by the prior art as defined in the Regulations.

(3) For the purposes of the international preliminary examination, a claimed invention shall be considered to involve an inventive step if, having regard to the prior art as defined in the Regulations, it is not, at the prescribed relevant date, obvious to a person skilled in the art.

(4) For the purposes of the international preliminary examination, a claimed invention shall be considered industrially applicable if, according to its nature, it can be made or used (in the technological sense) in any kind of industry. "Industry" shall be understood in its broadest sense, as in the Paris Convention for the Protection of Industrial Property.

(5) The criteria described above merely serve the purposes of international preliminary examination. Any Contracting State may apply additional or different criteria for the purpose of deciding whether, in that State, the claimed invention is patentable or not.

（2）为国际初步审查的目的，请求保护的发明如果是细则所规定的现有技术中所没有的，应认为具有新颖性。

（3）为国际初步审查的目的，如果按细则所规定的现有技术考虑，请求保护的发明在规定的相关日期对本行业的技术人员不是显而易见的，它应被认为具有创造性。

（4）为国际初步审查的目的，请求保护的发明如果根据其性质可以在任何一种工业中制造或使用（从技术意义来说），应认为具有工业实用性。对"工业"一词应如同在《保护工业产权巴黎公约》中那样作最广义的理解。

（5）上述标准只供国际初步审查之用。任何缔约国为了决定请求保护的发明在该国是否可以获得专利，可以采用附加的或不同的标准。

(6) The international preliminary examination shall take into consideration all the documents cited in the international search report. It may take into consideration any additional documents considered to be relevant in the particular case.

Article 36

Transmittal, Translation, and Communication, of the International Preliminary Examination Report

(1) The international preliminary examination report, together with the prescribed annexes, shall be transmitted to the applicant and to the International Bureau.

(2)(a) The international preliminary examination report and its annexes shall be translated into the prescribed languages.

(b) Any translation of the said report shall be prepared by or under the responsibility of the International Bureau, whereas any translation of the said annexes shall be prepared by the applicant.

（6）国际初步审查应考虑国际检索报告中引用的所有文件。该审查也可以考虑被认为与特定案件有关的任何附加文件。

第 36 条

国际初步审查报告的送交、翻译和送达

（1）国际初步审查报告，连同规定的附件，应送交申请人和国际局。

（2）（a）国际初步审查报告及其附件应译成规定的语言。

（b）上述报告的译本应由国际局作出或在其承担责任的情况下作出，而上述附件的译本则应由申请人作出。

(3)(a) The international preliminary examination report, together with its translation (as prescribed) and its annexes (in the original language), shall be communicated by the International Bureau to each elected Office.

(b) The prescribed translation of the annexes shall be transmitted within the prescribed time limit by the applicant to the elected Offices.

(4) The provisions of Article 20 (3) shall apply, mutatis mutandis, to copies of any document which is cited in the international preliminary examination report and which was not cited in the international search report.

Article 39

Copy, Translation, and Fee, to Elected Offices

(1)(a) If the election of any Contracting State has been effected prior to the expiration of the 19th month from the priority date, the provisions of Article 22 shall not apply to such State and the applicant shall furnish a copy of the international application (unless the communication under Article 20 has already taken place) and a translation thereof (as prescribed), and pay the national fee (if any), to each elected Office not later than at the expiration of 30 months from the priority date.

（3）（a）国际初步审查报告，连同其译本（按规定）以及其附件（用原来的语言），应由国际局送达每个选定局。

（b）附件的规定译本应由申请人在规定期限内送交各选定局。

（4）第 20 条（3）的规定比照适用于国际初步审查报告中引用而在国际检索报告中未引用的任何文件的副本。

第 39 条

向选定局提供副本、译本和缴纳费用

（1）（a）如果在自优先权日起第 19 个月届满前已经选定缔约国、第 22 条的规定不适用于该国，申请人应在不迟于自优先权日起 30 个月届满之日向每个选定局提供国际申请副本（除非已按第 20 条的规定送达）和译本（按照规定）各一份，并缴纳国家费用（如果需要缴纳）。

(b) Any national law may, for performing the acts referred to in subparagraph (a), fix time limits which expire later than the time limit provided for in that subparagraph.

(2) The effect provided for in Article 11(3) shall cease in the elected State with the same consequences as the withdrawal of any national application in that State if the applicant fails to perform the acts referred to in paragraph (1)(a) within the time limit applicable under paragraph (1)(a) or (b).

(3) Any elected Office may maintain the effect provided for in Article 11(3) even where the applicant does not comply with the requirements provided for in paragraph (1)(a) or (b).

Article 41

Amendment of the Claims, the Description, and the Drawings, before Elected Offices

(1) The applicant shall be given the opportunity to amend the claims, the description, and the drawings, before each elected Office within the prescribed time limit. No elected Office shall grant a patent, or refuse the grant of a patent, before such time limit has expired, except with the express consent of the applicant.

（b）为履行本条（a）所述的行为，任何缔约国的本国法可以另行规定期限比该项所规定的期限届满更迟。

（2）如果申请人没有在按（1）（a）或（b）适用的期限内履行（1）（a）所述的行为，第11条（3）规定的效力即在选定国终止，其结果和在该选定国撤回国家申请相同。

（3）即使申请人不遵守（1）（a）或（b）的要求，任何选定局仍可维持第11条（3）所规定的效力。

第41条

向选定局提出对权利要求书、说明书和附图的修改

（1）申请人应有机会在规定的期限内向每一个选定局提出对权利要求书、说明书和附图的修改。除经申请人明确同意外，任何选定局，在该项期限届满前，不应授予专利权，也不应拒绝授予专利权。

(2) The amendments shall not go beyond the disclosure in the international application as filed, unless the national law of the elected State permits them to go beyond the said disclosure.

(3) The amendments shall be in accordance with the national law of the elected State in all respects not provided for in this Treaty and the Regulations.

(4) Where an elected Office requires a translation of the international application, the amendments shall be in the language of the translation.

Article 42

Results of National Examination in Elected Offices

No elected Office receiving the international preliminary examination report may require that the applicant furnish copies, or information on the contents, of any papers connected with the examination relating to the same international application in any other elected Office.

（2）修改不应超出国际申请提出时对发明公开的范围，除非选定国的本国法允许修改超出该范围。

（3）在本条约和细则所没有规定的一切方面，修改应遵守选定国的本国法。

（4）如果选定局要求国际申请的译本，修改应使用该译本的语言。

第 42 条

选定局的国家审查的结果

接到国际初步审查报告的选定局，不得要求申请人提供任何其他选定局对同一国际申请的审查有关的任何文件副本或有关其内容的信息。

附录三 《专利合作条约实施细则》（节选）

Regulations under the Patent Cooperation Treaty	专利合作条约实施细则
（as in force from July 1，2018）	（2018 年 7 月 1 日起生效）
PART B	第二部分
RULES CONCERNING CHAPTER I OF THE TREATY	有关条约第 I 章的细则
Rule 3	第 3 条
The Request（Form）	请求书（形式）
3.1 *Form of Request*	3.1 请求书表格
The request shall be made on a printed form or be presented as a computer print-out.	请求书应填写在印制的表格上或者用计算机打印出来。
3.2 *Availability of Forms*	3.2 表格的提供
Copies of the printed form shall be furnished free of charge to the applicants by the receiving Office, or, if the receiving Office so desires, by the International Bureau.	印就的表格应由受理局免费向申请人提供，如果受理局希望的话，也可由国际局提供。
3.3 *Check List*	3.3 清单

(a) The request shall contain a list indicating:

(i) the total number of sheets constituting the international application and the number of the sheets of each element of the international application: request, description (separately indicating the number of sheets of any sequence listing part of the description), claims, drawings, abstract;

(ii) where applicable, that the international application as filed is accompanied by a power of attorney (i. e., a document appointing an agent or a common representative), a copy of a general power of attorney, a priority document, a sequence listing in electronic form, a document relating to the payment of fees, or any other document (to be specified in the check list);

(iii) the number of that figure of the drawings which the applicant suggests should accompany the abstract when the abstract is published; in exceptional cases, the applicant may suggest more than one figure.

（a）请求书应包括一份清单，注明：

（i）国际申请文件的总页数和国际申请如下每一部分的页数：请求书、说明书（单独标注说明书中序列表部分的页数）、权利要求书、附图、摘要；

（ii）在适用的情况下，提交国际申请所附具的委托书（即委托代理人或者共同代表的文件）、总委托书的副本、优先权文件、电子形式的序列表、关于缴费的文件或（需要在清单中注明的）任何其他文件；

（iii）申请人建议在摘要公布时与摘要一起公布的附图的号码；在例外情况下，申请人可以建议一幅以上的附图。

(b) The list shall be completed by the applicant, failing which the receiving Office shall make the necessary indications, except that the number referred to in paragraph (a) (iii) shall not be indicated by the receiving Office.

（b）清单应由申请人填写。如果申请人漏填，则由受理局作必要的注明，但（a）（iii）中所述的号码不应由受理局指定。

3.4 *Particulars*

Subject to Rule 3.3, particulars of the printed request form and of a request presented as a computer print-out shall be prescribed by the Administrative Instructions.

3.4 细节

除本细则 3.3 规定之外，印就的请求书表格的细节和用计算机打印的请求书的细节应在行政规程中予以规定。

Rule 12

Language of the International Application and Translations for the Purposes of International Search and International Publication

第 12 条

国际申请的语言和为国际检索和国际公布目的的译文

12.1 *Languages Accepted for the Filing of International Applications*

(a) An international application shall be filed in any language which the receiving Office accepts for that purpose.

12.1 所接受的提出国际申请的语言

（a）提出国际申请应使用受理局为此目的所接受的任何一种语言。

(b) Each receiving Office shall, for the filing of international applications, accept at least one language which is both:

（b）每一个受理局对国际申请的提出应至少接受一种符合以下两个条件的语言：

(i) a language accepted by the International Searching Authority, or, if applicable, by at least one of the International Searching Authorities, competent for the international searching of international applications filed with that receiving Office, and…

（i）是国际检索单位所接受的语言，或在适用的情况下，是对该受理局受理的国际申请有权进行国际检索的至少一个国际检索单位所接受的语言；

(ii) a language of publication.

（ii）是公布使用的语言。

(c) Notwithstanding paragraph (a), the request shall be filed in any language of publication which the receiving Office accepts for the purposes of this paragraph.

（c）尽管有（a）的规定，请求书应以受理局为本款目的所接受的任何公布语言提出。

(d) Notwithstanding paragraph (a), any text matter contained in the sequence listing part of the description referred to in Rule 5.2(a) shall be presented in accordance with the standard provided for in the Administrative Instructions.

（d）尽管有（a）的规定，本细则 5.2（a）所述说明书序列表部分包含的任何文字应符合行政规程制定的标准。

12.1*bis Language of Elements and Parts Furnished under Rule* 20.3, 20.5 *or* 20.6

12.1 之二 根据本细则 20.3、20.5 或者 20.6 提交项目和部分内容所用的语言

An element referred to in Article 11(1)(iii)(d) or (e) furnished by the applicant under Rule 20. 3(b) or 20. 6(a) and a part of the description, claims or drawings furnished by the applicant under Rule 20. 5(b) or 20. 6(a) shall be in the language of the international application as filed or, where a translation of the application is required under Rule 12.3(a) or 12. 4(a), in both the language of the application as filed and the language of that translation.

申请人根据本细则20. 3（b）或者20. 6（a）提交的、涉及条约第11条（1）（iii）（d）或者（e）的项目和申请人根据本细则20. 5（b）或者20. 6（a）提交的说明书、权利要求书或者附图的部分内容，应使用国际申请提出时的语言；或者，如果根据本细则12. 3（a）或者12. 4（a）要求提交申请的译文的，应使用申请提出时使用的语言和译文使用的语言两种语言提交。

12. 1*ter Language of Indications Furnished under Rule 13bis. 4*

12. 1 之三 根据本细则 13 之二. 4 提交说明的语言

Any indication in relation to deposited biological material furnished under Rule 13bis. 4 shall be in the language in which the international application is filed, provided that, where a translation of the international application is required under Rule 12. 3 (a) or 12. 4 (a), any such indication shall be furnished in both the language in which the application is filed and the language of that translation.

根据本细则 13 之二. 4 提交的有关保藏生物材料的任何说明应使用国际申请提出时的语言，如果根据本细则 12. 3（a）或者 12. 4（a）要求提交申请的译文的，应使用申请提出时使用的语言和译文使用的语言两种语言提交。

12. 2 *Language of Changes in the International Application*

12. 2 国际申请变动时的语言

(a) Any amendment of the international application shall, subject to Rules 46.3 and 55.3, be in the language in which the application is filed.

(b) Any rectification under Rule 91.1 of an obvious mistake in the international application shall be in the language in which the application is filed, provided that:

(i) where a translation of the international application is required under Rule 12.3(a), 12.4(a) or 55.2(a), rectifications referred to in Rule 91.1(b)(ii) and (iii) shall be filed in both the language of the application and the language of that translation;

(ii) where a translation of the request is required under Rule 26.3ter(c), rectifications referred to in Rule 91.1 (b)(i) need only be filed in the language of that translation.

（a）除本细则 46.3 和 55.3 另有规定之外，国际申请的任何修改都应使用申请提出时使用的语言。

（b）根据本细则 91.1 对国际申请中的明显错误所作的任何更正，都应使用申请提出时使用的语言，但是：

（i）如果根据本细则 12.3（a）、12.4（a）或 55.2（a）的规定，要求提交国际申请的译文的，本细则 91.1（b）(ii) 和 （iii）所述的更正应使用申请提出时使用的语言和译文使用的语言两种语言提交；

（ii）如果根据本细则 26.3 之三（c）需要提交请求书的译文的，本细则 91.1（b）(i) 所述的更正只需要使用译文使用的语言提交。

(c) Any correction under Rule 26 of a defect in the international application shall be in the language in which the international application is filed. Any correction under Rule 26 of a defect in a translation of the international application furnished under Rule 12.3 or 12.4, any correction under Rule 55.2 (c) of a defect in a translation furnished under Rule 55.2(a), or any correction of a defect in a translation of the request furnished under Rule 26.3ter (c), shall be in the language of the translation.

12. 3 *Translation for the Purposes of International Search*

(a) Where the language in which the international application is filed is not accepted by the International Searching Authority that is to carry out the international search, the applicant shall, within one month from the date of receipt of the international application by the receiving Office, furnish to that Office a translation of the international application into a language which is all of the following:

（c）根据本细则 26 对国际申请文件中缺陷的任何改正，应使用申请提出时使用的语言。根据本细则 12.3 或 12.4 的规定提交的根据本细则 26 对国际申请文件译文缺陷的任何改正，或根据本细则 55.2（a）的规定提交的根据本细则 55.2（c）对译文缺陷的任何改正，或根据本细则 26.3 之三（c）的规定提交的对请求书的译文的缺陷的任何改正，均应使用译文使用的语言。

12. 3 为国际检索目的的译文

（a）如果提出国际申请时所使用的语言不为进行国际检索的国际检索单位所接受，申请人应自受理局收到国际申请之日起 1 个月内，向该局提交一份该国际申请的译文，其使用的语言应符合以下条件：

(i) a language accepted by that Authority, and;

(ii) a language of publication, and;

(iii) a language accepted by the receiving Office under Rule 12.1(a), unless the international application is filed in a language of publication.

(b) Paragraph (a) shall not apply to the request nor to any sequence listing part of the description.

(c) Where, by the time the receiving Office sends to the applicant the notification under Rule 20. 2 (c), the applicant has not furnished a translation required under paragraph (a), the receiving Office shall, preferably together with that notification, invite the applicant:

(i) to furnish the required translation within the time limit under paragraph (a);

(ii) in the event that the required translation is not furnished within the time limit under paragraph (a), to furnish it and to pay, where applicable, the late furnishing fee referred to in paragraph (e), within one month from the date of the invitation or two months from the date of receipt of the international application by the receiving Office, whichever expires later.

（i）是该检索单位接受的语言；

（ii）是公布使用的语言；

（iii）是受理局根据本细则 12.1（a）所接受的语言，除非国际申请使用的是公布的语言。

（b）（a）既不适用于请求书，也不适用于说明书的序列表部分。

（c）在受理局根据本细则 20.2（c）给申请人发通知时，如果申请人尚没有提交根据（a）所要求的译文，受理局应最好连同该通知一起，要求申请人：

（i）在（a）规定的期限内提交要求的译文；

（ii）如果没有在（a）规定的期限内提交要求的译文，则自通知之日起 1 个月内，或者自受理局收到国际申请之日 2 个月内提交要求的译文，而且在适用的情况下，缴纳（e）中所述的后提交费，两个期限以后到期的为准。

(d) Where the receiving Office has sent to the applicant an invitation under paragraph (c) and the applicant has not, within the applicable time limit under paragraph (c)(ii), furnished the required translation and paid any required late furnishing fee, the international application shall be considered withdrawn and the receiving Office shall so declare. Any translation and any payment received by the receiving Office before that Office makes the declaration under the previous sentence and before the expiration of 15 months from the priority date shall be considered to have been received before the expiration of that time limit.

(e) The furnishing of a translation after the expiration of the time limit under paragraph (a) may be subjected by the receiving Office to the payment to it, for its own benefit, of a late furnishing fee equal to 25% of the international filing fee referred to in item 1 of the Schedule of Fees, not taking into account any fee for each sheet of the international application in excess of 30 sheets.

12.4 *Translation for the Purposes of International Publication*

（d）如果受理局根据（c）向申请人发出通知而申请人没有在（c）（ii）规定的期限内提交要求的译文和缴纳规定的后提交费，该国际申请应被视为撤回，受理局应作出这样的宣告。如果译文和费用是受理局在根据前句规定作出宣告之前并且在自优先权日起 15 个月期限届满之前收到的，应视为在期限届满前收到。

（e）对在（a）规定的期限届满后提交的译文，受理局为其自身的利益，可以责令缴纳后提交费，其数额为费用表第 1 项国际申请费的 25%，不考虑国际申请超过 30 页部分每页的费用。

12.4 为国际公布目的的译文

(a) Where the language in which the international application is filed is not a language of publication and no translation is required under Rule 12. 3 (a), the applicant shall, within 14 months from the priority date, furnish to the receiving Office a translation of the international application into any language of publication which the receiving Office accepts for the purposes of this paragraph.

(b) Paragraph (a) shall not apply to the request nor to any sequence listing part of the description.

(c) Where the applicant has not, within the time limit referred to in paragraph (a), furnished a translation required under that paragraph, the receiving Office shall invite the applicant to furnish the required translation, and to pay, where applicable, the late furnishing fee required under paragraph (e), within 16 months from the priority date. Any translation received by the receiving Office before that Office sends the invitation under the previous sentence shall be considered to have been received before the expiration of the time limit under paragraph (a).

（a）如果提出国际申请时所使用的语言不是公布的语言，而且不需要根据本细则 12.3（a）提交译文，申请人应自优先权日起 14 个月内向受理局提供该国际申请的译文，使用受理局为本款目的所接受的任何公布语言。

（b）（a）的规定既不适用于请求书，也不适用于说明书的序列表部分。

（c）如果申请人没有在（a）规定的期限内提交该款所要求的译文，受理局应通知申请人在自优先权日起 16 个月内提交要求的译文，而且在适用的情况下缴纳（e）所要求的后提交费。如果译文是受理局在根据前句规定发出通知之前收到的，应视为在（a）规定的期限届满前收到。

(d) Where the applicant has not, within the time limit under paragraph (c), furnished the required translation and paid any required late furnishing fee, the international application shall be considered withdrawn and the receiving Office shall so declare. Any translation and any payment received by the receiving Office before that Office makes the declaration under the previous sentence and before the expiration of 17 months from the priority date shall be considered to have been received before the expiration of that time limit.

(e) The furnishing of a translation after the expiration of the time limit under paragraph (a) may be subjected by the receiving Office to the payment to it, for its own benefit, of a late furnishing fee equal to 25% of the international filing fee referred to in item 1 of the Schedule of Fees, not taking into account any fee for each sheet of the international application in excess of 30 sheets.

（d）如果申请人没有在（c）规定的期限内提交要求的译文和缴纳规定的后提交费，该国际申请应被视为撤回，受理局应作出这样的宣告。如果译文和费用是受理局在根据前句规定作出宣告之前并且在自优先权日起 17 个月期限届满之前收到的，应视为在期限届满前收到。

（e）对在（a）规定的期限届满后提交的译文，受理局为其自身的利益，可以责令缴纳后提交费，其数额为费用表第 1 项国际申请费的 25%，不考虑国际申请超过 30 页部分每页的费用。

附录四 《中华人民共和国专利法》（节选）

Patent Law of The People's Republic of China

中华人民共和国专利法

(Adopted at the 4th Meeting of the Standing Committee of the Sixth National People's Congress on March 12,1984

（1984 年 3 月 12 日第六届全国人民代表大会常务委员会第四次会议通过

Amended the first time in accordance with the Decision of the Standing Committee of the Seventh National People's Congress on Amending the Patent Law of the People's Republic of China adopted at its 27th Meeting on September 4,1992

根据 1992 年 9 月 4 日第七届全国人民代表大会常务委员会第二十七次会议《关于修改〈中华人民共和国专利法〉的决定》第一次修正

Amended the second time in accordance with the Decision of the Standing Committee of the Ninth National People's Congress on Amending the Patent Law of the People's Republic of China adopted at its 17th Meeting on August 25,2000

根据 2000 年 8 月 25 日第九届全国人民代表大会常务委员会第十七次会议《关于修改〈中华人民共和国专利法〉的决定》第二次修正

Amended the third time in accordance with the Decision of the Standing Committee of the Eleventh National People's Congress on Amending the Patent Law of the People's Republic of China adopted at its 6th Meeting on December 27,2008)

根据 2008 年 12 月 27 日第十一届全国人民代表大会常务委员会第六次会议《关于修改〈中华人民共和国专利法〉的决定》第三次修正）

Chapter I General Provisions

Article 1. This Law is enacted to protect the legitimate rights of the patentee, to encourage inventions-creations, to advance the exploitation of inventions-creations, to enhance innovation capability, and to promote the progress of science and technology and the development of economy and society.

第一章 总 则

第一条 为了保护专利权人的合法权益，鼓励发明创造，推动发明创造的应用，提高创新能力，促进科学技术进步和经济社会发展，制定本法。

Article 2. In this Law, "inventions-creations" mean inventions, utility models and designs.

第二条 本法所称的发明创造是指发明、实用新型和外观设计。

"Invention" means any new technical solution relating to a product, a process or improvement thereof.

发明，是指对产品、方法或者其改进所提出的新的技术方案。

"Utility model" means any new technical solution relating to the shape, the structure, or their combination, of a product, which is fit for practical use.

实用新型，是指对产品的形状、构造或者其结合所提出的适于实用的新的技术方案。

"Design"means any new design of the shape, the pattern, or their combination, or the combination of the colour with shape or pattern, of a product, which creates an aesthetic feeling and is fit for industrial application.

外观设计，是指对产品的形状、图案或者其结合以及色彩与形状、图案的结合所作出的富有美感并适于工业应用的新设计。

Article 3. The patent administration department under the State Council is responsible for the patent work throughout the country. It receives and examines patent applications, and grants patent right for inventions-creations in accordance with the law.

第三条 国务院专利行政部门负责管理全国的专利工作；统一受理和审查专利申请，依法授予专利权。

The administrative authority for patent affairs under the people's governments of provinces, autonomous regions and municipalities directly under the central government are responsible for the administrative work concerning patents in their respective administrative areas.

省、自治区、直辖市人民政府管理专利工作的部门负责本行政区域内的专利管理工作。

Article 5. No patent right shall be granted for any invention-creation that is contrary to the laws or social morality or that is detrimental to public interest.

No patent right shall be granted for any invention-creation where acquisition or use of the genetic resources, on which the development of the invention-creation relies, is not consistent with the provisions of the laws or administrative regulations.

第五条 对违反法律、社会公德或者妨害公共利益的发明创造，不授予专利权。

对违反法律、行政法规的规定获取或者利用遗传资源，并依赖该遗传资源完成的发明创造，不授予专利权。

Article 9. For any identical invention-creation, only one patent right shall be granted. Where an applicant files on the same day applications for both patent for utility model and patent for invention relating to the identical invention-creation, and the applicant declares to abandon the patent for utility model which has been granted and does not terminate, the patent for invention may be granted.

Where two or more applicants file applications for patent for the identical invention-creation, the patent right shall be granted to the applicant whose application was filed first.

Article 18. Where any foreigner, foreign enterprise or other foreign organization having no habitual residence or business office in China files an application for a patent in China, the application shall be treated under this Law in accordance with any agreement concluded between the country to which the applicant belongs and China, or in accordance with any international treaty to which both countries are party, or on the basis of the principle of reciprocity.

第九条 同样的发明创造只能授予一项专利权。但是，同一申请人同日对同样的发明创造既申请实用新型专利又申请发明专利，先获得的实用新型专利权尚未终止，且申请人声明放弃该实用新型专利权的，可以授予发明专利权。

两个以上的申请人分别就同样的发明创造申请专利的，专利权授予最先申请的人。

第十八条 在中国没有经常居所或者营业所的外国人、外国企业或者外国其他组织在中国申请专利的，依照其所属国同中国签订的协议或者共同参加的国际条约，或者依照互惠原则，根据本法办理。

Article 19. Where any foreigner, foreign enterprise or other foreign organization having no habitual residence or business office in China applies for a patent, or has other patent matters to attend to, in China, it or he shall appoint a legally incorporated patent agency to act as his or its agent.

Where any Chinese entity or individual applies for a patent or has other patent matters to attend to in the country, it or he may appoint a legally incorporated patent agency to act as its or his agent.

The patent agency shall comply with the provisions of laws and administrative regulations, and handle patent applications and other patent matters according to the instructions of its clients. In respect of the contents of its clients' inventions-creations, except for those that have been published or announced, the agency shall bear the responsibility of keeping them confidential. The administrative regulations governing the patent agency shall be formulated by the State Council.

第十九条　在中国没有经常居所或者营业所的外国人、外国企业或者外国其他组织在中国申请专利和办理其他专利事务的，应当委托依法设立的专利代理机构办理。

中国单位或者个人在国内申请专利和办理其他专利事务的，可以委托依法设立的专利代理机构办理。

专利代理机构应当遵守法律、行政法规，按照被代理人的委托办理专利申请或者其他专利事务；对被代理人发明创造的内容，除专利申请已经公布或者公告的以外，负有保密责任。专利代理机构的具体管理办法由国务院规定。

Article 20. Where any entity or individual intends to file an application for patent a-broad for any invention or utility model developed in China, it or he shall request in advance the patent administration department under the State Council for confidentiality examination. The procedures and duration etc. of the confidentiality examination shall be implemented in accordance with the regulations of the State Council.

Any Chinese entity or individual may file an international application for patent in accordance with any international treaty concerned to which China is party. The applicant filing an international application for patent shall comply with the provisions of the preceding paragraph.

The patent administration department under the State Council shall handle any international application for patent in accordance with the international treaty concerned to which China is party, this Law and the relevant regulations of the State Council.

For an invention or utility model, if a patent application has been filed in a foreign country in violation of the provisions of the first paragraph of this Article, it shall not be granted patent right while filing application for patent in China.

第二十条　任何单位或者个人将在中国完成的发明或者实用新型向外国申请专利的，应当事先报经国务院专利行政部门进行保密审查。保密审查的程序、期限等按照国务院的规定执行。

中国单位或者个人可以根据中华人民共和国参加的有关国际条约提出专利国际申请。申请人提出专利国际申请的，应当遵守前款规定。

国务院专利行政部门依照中华人民共和国参加的有关国际条约、本法和国务院有关规定处理专利国际申请。

对违反本条第一款规定向外国申请专利的发明或者实用新型，在中国申请专利的，不授予专利权。

Chapter II Requirements for Grant of Patent Right

Article 22. Any invention or utility model for which patent right may be granted must possess novelty, inventiveness and practical applicability.

Novelty means that, the invention or utility model does not form part of the prior art; nor has any entity or individual filed previously before the date of filing with the patent administration department under the State Council an application relating to the identical invention or utility model disclosed in patent application documents published or patent documents announced after the said date of filing.

Inventiveness means that, as compared with the prior art, the invention has prominent substantive features and represents a notable progress, and that the utility model has substantive features and represents progress.

Practical applicability means that, the invention or utility model can be made or used and can produce effective results.

The prior art referred to in this Law means any technology known to the public before the date of filing in China or abroad.

第二章 授予专利权的条件

第二十二条 授予专利权的发明和实用新型，应当具备新颖性、创造性和实用性。

新颖性，是指该发明或者实用新型不属于现有技术；也没有任何单位或者个人就同样的发明或者实用新型在申请日以前向国务院专利行政部门提出过申请，并记载在申请日以后公布的专利申请文件或者公告的专利文件中。

创造性，是指与现有技术相比，该发明具有突出的实质性特点和显著的进步，该实用新型具有实质性特点和进步。

实用性，是指该发明或者实用新型能够制造或者使用，并且能够产生积极效果。

本法所称现有技术，是指申请日以前在国内外为公众所知的技术。

Article 23. Any design for which patent right may be granted shall not be a prior design, nor has any entity or individual filed before the date of filing with the patent administration department under the State Council an application relating to the identical design disclosed in patent documents announced after the date of filing.

Any design for which patent right may be granted shall significantly differ from prior design or combination of prior design features.

Any design for which patent right may be granted must not be in conflict with the legitimate right obtained before the date of filing by any other person.

The prior design referred to in this Law means any design known to the public before the date of filing in China or abroad.

Article 25. For any of the following, no patent right shall be granted:

(1) scientific discoveries;

(2) rules and methods for mental activities;

(3) methods for the diagnosis or for the treatment of diseases;

(4) animal and plant varieties;

第二十三条　授予专利权的外观设计，应当不属于现有设计；也没有任何单位或者个人就同样的外观设计在申请日以前向国务院专利行政部门提出过申请，并记载在申请日以后公告的专利文件中。

授予专利权的外观设计与现有设计或者现有设计特征的组合相比，应当具有明显区别。

授予专利权的外观设计不得与他人在申请日以前已经取得的合法权利相冲突。

本法所称现有设计，是指申请日以前在国内外为公众所知的设计。

第二十五条　对下列各项，不授予专利权：

（一）科学发现；

（二）智力活动的规则和方法；

（三）疾病的诊断和治疗方法；

（四）动物和植物品种；

(5)substances obtained by means of nuclear transformation;

(6) designs of two-dimensional printing goods, made of the pattern, the colour or the combination of the two, which serve mainly as indicators.

For processes used in producing products referred to in items (4) of the preceding paragraph, patent right may be granted in accordance with the provisions of this Law.

Chapter III   Application for Patent

Article 26. Where an application for a patent for invention or utility model is filed, a request, a description and its abstract, and claims shall be submitted.

The request shall state the title of the invention or utility model, the name of the inventor, the name and the address of the applicant and other related matters.

The description shall set forth the invention or utility model in a manner sufficiently clear and complete so as to enable a person skilled in the relevant field of technology to carry it out; where necessary, drawings are required. The abstract shall state briefly the main technical points of the invention or utility model.

（五）用原子核变换方法获得的物质；

（六）对平面印刷品的图案、色彩或者二者的结合作出的主要起标识作用的设计。

对前款第（四）项所列产品的生产方法，可以依照本法规定授予专利权。

第三章　专利的申请

第二十六条　申请发明或者实用新型专利的，应当提交请求书、说明书及其摘要和权利要求书等文件。

请求书应当写明发明或者实用新型的名称，发明人的姓名，申请人姓名或者名称、地址，以及其他事项。

说明书应当对发明或者实用新型作出清楚、完整的说明，以所属技术领域的技术人员能够实现为准；必要的时候，应当有附图。摘要应当简要说明发明或者实用新型的技术要点。

The claims shall be supported by the description and shall define the extent of the patent protection sought for in a clear and concise manner.

Where an invention-creation is developed relying on the genetic resources, the applicant shall indicate, in the application documents, the direct and original source of such genetic resources; where the applicant fails to indicate the original source, he or it shall state the reasons thereof.

Article 31. An application for a patent for invention or utility model shall be limited to one invention or utility model. Two or more inventions or utility models belonging to a single general inventive concept may be filed as one application.

An application for a patent for design shall be limited to one design. Two or more similar designs for the same product or two or more designs which are incorporated in products belonging to the same class and sold or used in sets may be filed as one application.

权利要求书应当以说明书为依据，清楚、简要地限定要求专利保护的范围。

依赖遗传资源完成的发明创造，申请人应当在专利申请文件中说明该遗传资源的直接来源和原始来源；申请人无法说明原始来源的，应当陈述理由。

第三十一条　一件发明或者实用新型专利申请应当限于一项发明或者实用新型。属于一个总的发明构思的两项以上的发明或者实用新型，可以作为一件申请提出。

一件外观设计专利申请应当限于一项外观设计。同一产品两项以上的相似外观设计，或者用于同一类别并且成套出售或者使用的产品的两项以上外观设计，可以作为一件申请提出。

Article 33. An applicant may a-mend his or its application for a patent, but the amendment to the application for a patent for invention or utility model may not go beyond the scope of disclosure contained in the initial description and claims, and the amendment to the application for a patent for design may not go beyond the scope of the disclosure as shown in the initial drawings or photographs.

第三十三条　申请人可以对其专利申请文件进行修改，但是，对发明和实用新型专利申请文件的修改不得超出原说明书和权利要求书记载的范围，对外观设计专利申请文件的修改不得超出原图片或者照片表示的范围。

Chapter Ⅶ Protection of Patent Right

第七章　专利权的保护

Article 59. The extent of protection of the patent right for invention or utility model shall be determined by the terms of the claims. The description and the appended drawings may be used to interpret the content of the claims.

第五十九条　发明或者实用新型专利权的保护范围以其权利要求的内容为准，说明书及附图可以用于解释权利要求的内容。

The extent of protection of the patent right for design shall be determined by the design of the product as shown in the drawings or photographs. The brief explanation may be used to interpret the design of the product as shown in the drawings or photographs.

外观设计专利权的保护范围以表示在图片或者照片中的该产品的外观设计为准，简要说明可以用于解释图片或者照片所表示的该产品的外观设计。

Article 60. Where a dispute arises as a result of the exploitation of a patent without the authorization of the patentee, that is, the infringement of the patent right of the patentee, it shall be settled through consultation by the parties. Where the parties are not willing to consult with each other or where the consultation fails, the patentee or any interested party may institute legal proceedings in the people's court, or request the administrative authority for patent affairs to handle the matter. When the administrative authority for patent affairs handling the matter considers that the infringement is established, it may order the infringer to stop the infringing act immediately. If the infringer is not satisfied with the order, he may, within 15 days from the date of receipt of the notification of the order, institutes legal proceedings in the people's court in accordance with the Administrative Procedure Law of the People's Republic of China. If, within the said time limit, such proceedings are not instituted and the order is not complied with, the administrative authority for patent affairs may approach the people's court for compulsory execution. The said authority handling the matter may, upon the request of the parties, mediate in the amount of compensation for the damage caused by the infringement of the patent right. If the mediation fails, the parties may institute legal proceedings in the people's court in accordance with the Civil Procedure Law of the People's Republic of China.

第六十条 未经专利权人许可实施其专利，即侵犯其专利权，引起纠纷的，由当事人协商解决；不愿协商或者协商不成的，专利权人或者利害关系人可以向人民法院起诉，也可以请求管理专利工作的部门处理。管理专利工作的部门处理时，认定侵权行为成立的，可以责令侵权人立即停止侵权行为，当事人不服的，可以自收到处理通知之日起十五日内依照《中华人民共和国行政诉讼法》向人民法院起诉；侵权人期满不起诉又不停止侵权行为的，管理专利工作的部门可以申请人民法院强制执行。进行处理的管理专利工作的部门应当事人的请求，可以就侵犯专利权的赔偿数额进行调解；调解不成的，当事人可以依照《中华人民共和国民事诉讼法》向人民法院起诉。

附录五 《中华人民共和国专利法实施细则》（节选）

Implementing Regulations of the Patent Law of The People's Republic of China

(Promulgated by Decree No. 306 of the State Council of the People's Republic of China on June 15,2001

amended the first time on December 28,2002 according to the Decision of the State Council on Amending the Implementing Regulations of the Patent Law of the People's Republic of China, and amended the second time on January 9,2010 according to the Decision of the State Council on Amending the Implementing Regulations of the Patent Law of the People's Republic of China)

Chapter I   General Provisions

Rule 1. These Implementing Regulations are formulated in accordance with the Patent Law of the People's Republic of China (hereinafter referred to as the Patent Law).

中华人民共和国专利法实施细则

（2001 年 6 月 15 日中华人民共和国国务院令第 306 号公布

根据 2002 年 12 月 28 日《国务院关于修改〈中华人民共和国专利法实施细则〉的决定》第一次修订，根据 2010 年 1 月 9 日《国务院关于修改〈中华人民共和国专利法实施细则〉的决定》第二次修订）

第一章　总　则

第一条　根据《中华人民共和国专利法》（以下简称专利法），制定本细则。

Rule 2. Any formalities prescribed by the Patent Law and these Implementing Regulations shall be complied with in a written form or in any other form prescribed by the patent administration department under the State Council.

Rule 3. Any document submitted in accordance with the provisions of the Patent Law and these Implementing Regulations shall be in Chinese; the standard scientific and technical terms shall be used if there is a prescribed one set forth by the State; where no generally accepted translation in Chinese can be found for a foreign name or scientific or technical term, the one in the original language shall be also indicated.

Where any certificate or certifying document submitted in accordance with the provisions of the Patent Law and these Implementing Regulations is in a foreign language, the patent administration department under the State Council may, when it deems necessary, request a Chinese translation of the certificate or the certifying document be submitted within a specified time limit; where the translation is not submitted within the specified time limit, the certificate or certifying document shall be deemed not to have been submitted.

第二条　专利法和本细则规定的各种手续，应当以书面形式或者国务院专利行政部门规定的其他形式办理。

第三条　依照专利法和本细则规定提交的各种文件应当使用中文；国家有统一规定的科技术语的，应当采用规范词；外国人名、地名和科技术语没有统一中文译文的，应当注明原文。

依照专利法和本细则规定提交的各种证件和证明文件是外文的，国务院专利行政部门认为必要时，可以要求当事人在指定期限内附送中文译文；期满未附送的，视为未提交该证件和证明文件。

Rule 4. Where any document is sent by mail to the patent administration department under the State Council, the date of mailing indicated by the postmark on the envelope shall be deemed to be the date of filing; where the date of mailing indicated by the postmark on the envelope is illegible, the date on which the patent administration department under the State Council receives the document shall be the date of filing, except where the date of mailing is proved by the party concerned.

Any document of the patent administration department under the State Council may be served by mail, by personal delivery or by other forms. Where any party concerned appoints a patent agency, the document shall be sent to the patent agency; where no patent agency is appointed, the document shall be sent to the contacting person named in the request.

Where any document is sent by mail by the patent administration department under the State Council, the 16th day from the date of mailing shall be presumed to be the date on which the party concerned receives the document.

第四条　向国务院专利行政部门邮寄的各种文件，以寄出的邮戳日为递交日；邮戳日不清晰的，除当事人能够提出证明外，以国务院专利行政部门收到日为递交日。

国务院专利行政部门的各种文件，可以通过邮寄、直接送交或者其他方式送达当事人。当事人委托专利代理机构的，文件送交专利代理机构；未委托专利代理机构的，文件送交请求书中指明的联系人。

国务院专利行政部门邮寄的各种文件，自文件发出之日起满15日，推定为当事人收到文件之日。

Where any document is delivered personally in accordance with the provisions of the patent administration department under the State Council, the date of delivery is the date on which the party concerned receives the document.

Where the address of any document is not clear and it cannot be sent by mail, the document may be served by making an announcement. At the expiration of one month from the date of the announcement, the document shall be deemed to have been served.

Rule 5. The first day of any time limit prescribed in the Patent Law and these Implementing Regulations shall not be counted in the time limit. Where the time limit is counted by year or by month, it shall expire on the corresponding day of the last month; if there is no corresponding day in that month, the time limit shall expire on the last day of that month; if a time limit expires on an official holiday, it shall expire on the first working day following that official holiday.

Chapter II Application for Patent

Rule 16. The request of application for patent for invention, utility model or design, shall state the following:

根据国务院专利行政部门规定应当直接送交的文件，以交付日为送达日。

文件送交地址不清，无法邮寄的，可以通过公告的方式送达当事人。自公告之日起满 1 个月，该文件视为已经送达。

第五条　专利法和本细则规定的各种期限的第一日不计算在期限内。期限以年或者月计算的，以其最后一月的相应日为期限届满日；该月无相应日的，以该月最后一日为期限届满日；期限届满日是法定休假日的，以休假日后的第一个工作日为期限届满日。

第二章　专利的申请

第十六条　发明、实用新型或者外观设计专利申请的请求书应当写明下列事项：

(1) the title of the invention, utility model or design;

（一）发明、实用新型或者外观设计的名称；

(2) where the applicant is a Chinese entity or individual, its or his title or name, address, postal code, the code of the organization or the citizen identification card number; where the applicant is a foreigner, a foreign enterprise or other foreign organization, his or its name or title, the nationality or the country or region in which the applicant is registered;

（二）申请人是中国单位或者个人的，其名称或者姓名、地址、邮政编码、组织机构代码或者居民身份证件号码；申请人是外国人、外国企业或者外国其他组织的，其姓名或者名称、国籍或者注册的国家或者地区；

(3) the name of the inventor or creator;

（三）发明人或者设计人的姓名；

(4) where the applicant has appointed a patent agency, the name of the appointed agency, the agency's organizational code and the name, the professional certificate number and the telephone number of the patent agent assigned by the agency;

（四）申请人委托专利代理机构的，受托机构的名称、机构代码以及该机构指定的专利代理人的姓名、执业证号码、联系电话；

(5) where the right of priority is claimed, the filing date on which the applicant filed the application the first time (hereinafter referred to as the earlier application), the filing number of the application and the title of the authority with which the application was first filed;

（五）要求优先权的，申请人第一次提出专利申请（以下简称在先申请）的申请日、申请号以及原受理机构的名称；

(6) the signature or seal of the applicant or the patent agency;

（六）申请人或者专利代理机构的签字或者盖章；

(7) a list of the documents constituting the application;

(8) a list of the documents appending the application;

(9) any other related matters which needs to be indicated.

Rule 17. The description of an application for a patent for invention or a patent for utility model shall state the title of the invention or utility model, which shall be the same as it appears in the request. The description shall include the following:

(1) technical field: specifying the technical field to which the technical solution for which protection is sought pertains;

(2) background art: indicating the background art which can be regarded as useful for the understanding, searching and examination of the invention or utility model, and when possible, citing the documents reflecting such art;

(3) contents of the invention: disclosing the technical problem the invention or utility model aims to settle and the technical solution adopted to resolve the problem; and stating, with reference to the prior art, the advantageous effects of the invention or utility model;

（七）申请文件清单；

（八）附加文件清单；

（九）其他需要写明的有关事项。

第十七条 发明或者实用新型专利申请的说明书应当写明发明或者实用新型的名称，该名称应当与请求书中的名称一致。说明书应当包括下列内容：

（一）技术领域：写明要求保护的技术方案所属的技术领域；

（二）背景技术：写明对发明或者实用新型的理解、检索、审查有用的背景技术；有可能的，并引证反映这些背景技术的文件；

（三）发明内容：写明发明或者实用新型所要解决的技术问题以及解决其技术问题采用的技术方案，并对照现有技术写明发明或者实用新型的有益效果；

(4) description of figures: briefly describing each figure in the drawings, if any;

(5) mode of carrying out the invention or utility model: describing in detail the optimally selected mode contemplated by the applicant for carrying out the invention or utility model; where appropriate, this shall be done in terms of examples, and with reference to the drawings, if any.

The manner and order referred to in the preceding paragraph shall be followed by the applicant for a patent for invention or a patent for utility model, and each of the parts shall be preceded by a heading, unless, because of the nature of the invention or utility model, a different manner or order would result in a better understanding and a more economical presentation.

The description of the invention or utility model shall use standard terms and be in clear wording, and shall not contain such references to the claims as: "as described in claim…", nor shall it contain commercial advertising.

（四）附图说明：说明书有附图的，对各幅附图作简略说明；

（五）具体实施方式：详细写明申请人认为实现发明或者实用新型的优选方式；必要时，举例说明；有附图的，对照附图。

发明或者实用新型专利申请人应当按照前款规定的方式和顺序撰写说明书，并在说明书每一部分前面写明标题，除非其发明或者实用新型的性质用其他方式或者顺序撰写能节约说明书的篇幅并使他人能够准确理解其发明或者实用新型。

发明或者实用新型说明书应当用词规范、语句清楚，并不得使用"如权利要求……所述的……"一类的引用语，也不得使用商业性宣传用语。

Where an application for a patent for invention contains disclosure of one or more nucleotide and/or amino acid sequences, the description shall contain a sequence listing in compliance with the standard prescribed by the patent administration department under the State Council. The sequence listing shall be submitted as a separate part of the description, and a copy of the said sequence listing in machine-readable form shall also be submitted in accordance with the provisions of the patent administration department under the State Council.

The description of an application for patent for utility model shall include the drawings showing the shape, structure or their combination of the product for which protection is sought.

Rule 18. The figures of drawings of the invention or utility model shall be numbered and arranged in numerical order consecutively as "Figure 1, Figure 2, …".

Reference signs not mentioned in the text of the description of the invention or utility model shall not appear in the drawings. Reference signs not mentioned in the drawings shall not appear in the text of the description. Reference signs for the same composite part shall be used consistently throughout the application document.

发明专利申请包含一个或者多个核苷酸或者氨基酸序列的，说明书应当包括符合国务院专利行政部门规定的序列表。申请人应当将该序列表作为说明书的一个单独部分提交，并按照国务院专利行政部门的规定提交该序列表的计算机可读形式的副本。

实用新型专利申请说明书应当有表示要求保护的产品的形状、构造或者其结合的附图。

第十八条 发明或者实用新型的几幅附图应当按照"图1，图2，……"顺序编号排列。

发明或者实用新型说明书文字部分中未提及的附图标记不得在附图中出现，附图中未出现的附图标记不得在说明书文字部分中提及。申请文件中表示同一组成部分的附图标记应当一致。

The drawings shall not contain any other explanatory notes, except words which are indispensable.

附图中除必需的词语外，不应当含有其他注释。

Rule 19. The claims shall specify the technical features of the invention or utility model.

第十九条 权利要求书应当记载发明或者实用新型的技术特征。

If there are several claims, they shall be numbered consecutively in Arabic numerals.

权利要求书有几项权利要求的，应当用阿拉伯数字顺序编号。

The scientific and technical terms used in the claims shall be consistent with that used in the description. The claims may contain chemical or mathematical formulae but no drawings. They shall not, except where absolutely necessary, contain such references to the description or drawings as:"as described in part…of the description", or "as illustrated in Figure…of the drawings".

权利要求书中使用的科技术语应当与说明书中使用的科技术语一致，可以有化学式或者数学式，但是不得有插图。除绝对必要的外，不得使用"如说明书……部分所述"或者"如图……所示"的用语。

The technical features mentioned in the claims may, in order to facilitate quicker understanding of the claim, make reference to the corresponding reference signs in the drawings. Such reference signs shall follow the corresponding technical features and be placed in parentheses. The reference signs shall not be construed as limiting the claims.

权利要求中的技术特征可以引用说明书附图中相应的标记，该标记应当放在相应的技术特征后并置于括号内，便于理解权利要求。附图标记不得解释为对权利要求的限制。

Rule 21. An independent claim of an invention or utility model shall contain a preamble portion and a characterizing portion, and be presented in the following form:

(1) a preamble portion: indicating the title of the claimed subject matter of the technical solution of the invention or utility model, and those technical features which are necessary for the definition of the claimed subject matter but which, in combination, are part of the most related prior art;

(2) a characterizing portion: stating, in such words as "characterized in that..." or in similar expressions, the technical features of the invention or utility model, which distinguish it from the most related prior art. Those features, in combination with the features stated in the preamble portion, serve to define the extent of protection of the invention or utility model.

Where the manner specified in the preceding paragraphs is not appropriate to be followed because of the nature of the invention or utility model, an independent claim may be presented in a different manner.

An invention or utility model shall have only one independent claim, which shall precede all the dependent claims relating to the same invention or utility model.

第二十一条　发明或者实用新型的独立权利要求应当包括前序部分和特征部分，按照下列规定撰写：

（一）前序部分：写明要求保护的发明或者实用新型技术方案的主题名称和发明或者实用新型主题与最接近的现有技术共有的必要技术特征；

（二）特征部分：使用"其特征是……"或者类似的用语，写明发明或者实用新型区别于最接近的现有技术的技术特征。这些特征和前序部分写明的特征合在一起，限定发明或者实用新型要求保护的范围。

发明或者实用新型的性质不适于用前款方式表达的，独立权利要求可以用其他方式撰写。

一项发明或者实用新型应当只有一个独立权利要求，并写在同一发明或者实用新型的从属权利要求之前。

Rule 22. Any dependent claim of an invention or utility model shall contain a reference portion and a characterizing portion, and be presented in the following manner:

(1) a reference portion: indicating the serial number (s) of the claim (s) referred to, and the title of the subject matter;

(2) a characterizing portion: stating the additional technical features of the invention or utility model.

Any dependent claim shall only refer to the preceding claim or claims. Any multiple dependent claims, which refers to two or more claims, shall refer to the preceding claims in the alternative only, and shall not serve as a basis for any other multiple dependent claims.

Rule 23. The abstract shall consist of a summary of the disclosure as contained in the application for patent for invention or utility model. The summary shall indicate the title of the invention or utility model, and the technical field to which the invention or utility model pertains, and shall be drafted in a way which allows the clear understanding of the technical problem, the gist of the technical solution to that problem, and the principal use or uses of the invention or utility model.

第二十二条 发明或者实用新型的从属权利要求应当包括引用部分和限定部分，按照下列规定撰写：

（一）引用部分：写明引用的权利要求的编号及其主题名称；

（二）限定部分：写明发明或者实用新型附加的技术特征。

从属权利要求只能引用在前的权利要求。引用两项以上权利要求的多项从属权利要求，只能以择一方式引用在前的权利要求，并不得作为另一项多项从属权利要求的基础。

第二十三条 说明书摘要应当写明发明或者实用新型专利申请所公开内容的概要，即写明发明或者实用新型的名称和所属技术领域，并清楚地反映所要解决的技术问题、解决该问题的技术方案的要点以及主要用途。

The abstract may contain the chemical formula which best characterizes the invention. In an application for a patent which contains drawings, the applicant shall provide a figure which best characterizes the technical features of the invention or utility model. The scale and the distinctness of the figure shall be as such that a reproduction with a linear reduction in size to 4cm × 6cm would still enable all details to be clearly distinguished. The whole text of the abstract shall contain not more than 300 words. There shall be no commercial advertising in the abstract.

Rule 26. The genetic resources referred to in the Patent Law mean the material obtained from such as human body, animal, plant, or microorganism which contains functional units of heredity and is of actual or potential value. The invention-creation is developed relying on the genetic resources referred to in the Patent Law means that the invention-creation is developed relying on the use of the heredity function of the genetic resources.

Where an application for patent is filed for an invention-creation the development of which relies on the use of genetic resources, the applicant shall state that fact in the request, and fill in the forms provided by the patent administration department under the State Council.

说明书摘要可以包含最能说明发明的化学式；有附图的专利申请，还应当提供一幅最能说明该发明或者实用新型技术特征的附图。附图的大小及清晰度应当保证在该图缩小到 4 厘米 ×6 厘米时，仍能清晰地分辨出图中的各个细节。摘要文字部分不得超过 300 个字。摘要中不得使用商业性宣传用语。

第二十六条 专利法所称遗传资源，是指取自人体、动物、植物或者微生物等含有遗传功能单位并具有实际或者潜在价值的材料；专利法所称依赖遗传资源完成的发明创造，是指利用了遗传资源的遗传功能完成的发明创造。

就依赖遗传资源完成的发明创造申请专利的，申请人应当在请求书中予以说明，并填写国务院专利行政部门制定的表格。

Rule 27. Where an application for a patent for design seeking concurrent protection of colours is filed, drawings or photographs in colour shall be submitted.

The applicant shall, in respect of the subject matter of the product incorporating the design which is in need of protection, submit the relevant drawings or photographs.

Rule 28. The brief explanation of application for patent for design shall indicate the title and the use of the product incorporating the design, the essential feature of the design, and designate a drawing or photograph capable of best showing the essential feature of the design. Where a view of the product incorporating the design is omitted or where concurrent protection for colour is claimed, it shall be indicated in the brief explanation.

Where an application for patent for design is filed for two or more similar designs incorporated in the same product, one of these designs shall be indicated as the main design in the brief explanation.

The brief explanation shall not contain any commercial advertising and shall not be used to indicate the function of the product.

第二十七条 申请人请求保护色彩的，应当提交彩色图片或者照片。

申请人应当就每件外观设计产品所需要保护的内容提交有关图片或者照片。

第二十八条 外观设计的简要说明应当写明外观设计产品的名称、用途，外观设计的设计要点，并指定一幅最能表明设计要点的图片或者照片。省略视图或者请求保护色彩的，应当在简要说明中写明。

对同一产品的多项相似外观设计提出一件外观设计专利申请的，应当在简要说明中指定其中一项作为基本设计。

简要说明不得使用商业性宣传用语，也不能用来说明产品的性能。

Chapter Ⅲ   Examination and Approval of Application for Patent

Rule 43. A divisional application filed in accordance with the provisions of Rule 42 of these Implementing Regulations shall be entitled to the filing date and, if priority is claimed, the priority date of the initial application, provided that the divisional application does not go beyond the scope of disclosure contained in the initial application.

The divisional application shall go through all the formalities in accordance with the provisions of the Patent Law and these Implementing Regulations.

The filing number and the date of filing of the initial application shall be indicated in the request of the divisional application. When the divisional application is filed, it shall be accompanied by a copy of the initial application; if priority is claimed for the initial application, a copy of the priority document of the initial application shall also be submitted.

Rule 44. "Preliminary examination" referred to in Articles 34 and 40 of the Patent Law means the check of an application for a patent to see whether or not it contains the documents as provided for in Article 26 or 27 of the Patent Law and other necessary documents, and whether or not those documents are in the prescribed form; such check shall also include the following:

第三章　专利申请的审查和批准

第四十三条　依照本细则第四十二条规定提出的分案申请，可以保留原申请日，享有优先权的，可以保留优先权日，但是不得超出原申请记载的范围。

分案申请应当依照专利法及本细则的规定办理有关手续。

分案申请的请求书中应当写明原申请的申请号和申请日。提交分案申请时，申请人应当提交原申请文件副本；原申请享有优先权的，并应当提交原申请的优先权文件副本。

第四十四条　专利法第三十四条和第四十条所称初步审查，是指审查专利申请是否具备专利法第二十六条或者第二十七条规定的文件和其他必要的文件，这些文件是否符合规定的格式，并审查下列各项：

(1) whether or not any application for a patent for invention obviously falls under Article 5 or 25 of the Patent Law, or is not in conformity with the provisions of Article 18, Article 19, paragraph one or Article 20, paragraph one of the Patent Law or Rule 16 or Rule 26, paragraph two of these Implementing Regulations, or is obviously not in conformity with the provisions of Article 2, paragraph two, Article 26, paragraph five, Article 31, paragraph one, or Article 33 of the Patent Law, or of Rules 17 to 21 of these Implementing Regulations;

(2) whether or not any application for a patent for utility model obviously falls under Article 5 or 25 of the Patent Law, or is not in conformity with the provisions of Article 18, Article 19, paragraph one or Article 20, paragraph one of the Patent Law or Rules 16 to 19 or Rules 21 to 23 of these Implementing Regulations, or is obviously not in conformity with the provisions of Article 2, paragraph three, Article 22, paragraph two or four, Article 26, paragraph three or four, or of Article 31, paragraph one, or of Article 33 of the Patent Law, or of Rule 20 or Rule 43, paragraph one of these Implementing Regulations, or is not entitled to a patent right in accordance with the provisions of Article 9 of the Patent Law;

（一）发明专利申请是否明显属于专利法第五条、第二十五条规定的情形，是否不符合专利法第十八条、第十九条第一款、第二十条第一款或者本细则第十六条、第二十六条第二款的规定，是否明显不符合专利法第二条第二款、第二十六条第五款、第三十一条第一款、第三十三条或者本细则第十七条至第二十一条的规定；

（二）实用新型专利申请是否明显属于专利法第五条、第二十五条规定的情形，是否不符合专利法第十八条、第十九条第一款、第二十条第一款或者本细则第十六条至第十九条、第二十一条至第二十三条的规定，是否明显不符合专利法第二条第三款、第二十二条第二款、第四款、第二十六条第三款、第四款、第三十一条第一款、第三十三条或者本细则第二十条、第四十三条第一款的规定，是否依照专利法第九条规定不能取得专利权；

(3) whether or not any application for a patent for design obviously falls under Article 5 or Article 25, paragraph one (6) of the Patent Law, or is not in conformity with the provisions of Article 18, Article 19, paragraph one of the Patent Law, or of Rule 16, Rule 27 or Rule 28 of these Implementing Regulations, or is obviously not in conformity with the provisions of Article 2, paragraph four, Article 23, paragraph one, Article 27, paragraph two, Article 31, paragraph two, or of Article 33 of the Patent Law, or of Rule 43, paragraph one of these Implementing Regulations, or is not entitled to a patent right in accordance with the provisions of Article 9 of the Patent Law;

(4) whether or not any application document is in conformity with the provisions of Rule 2 or Rule 3, paragraph one of these Implementing Regulations.

（三）外观设计专利申请是否明显属于专利法第五条、第二十五条第一款第（六）项规定的情形，是否不符合专利法第十八条、第十九条第一款或者本细则第十六条、第二十七条、第二十八条的规定，是否明显不符合专利法第二条第四款、第二十三条第一款、第二十七条第二款、第三十一条第二款、第三十三条或者本细则第四十三条第一款的规定，是否依照专利法第九条规定不能取得专利权；

（四）申请文件是否符合本细则第二条、第三条第一款的规定。

The patent administration department under the State Council shall notify the applicant of its opinions after checking his or its application and invite him or it to state his or its observations or to rectify his or its application within the specified time limit. If the applicant fails to make any response within the specified time limit, the application shall be deemed to have been withdrawn. Where, after the applicant has made his or its observations or the corrections, the patent administration department under the State Council still finds that the application is not in conformity with the provisions of the Articles and the Rules cited in the preceding subparagraphs, the application shall be rejected.

国务院专利行政部门应当将审查意见通知申请人，要求其在指定期限内陈述意见或者补正；申请人期满未答复的，其申请视为撤回。申请人陈述意见或者补正后，国务院专利行政部门仍然认为不符合前款所列各项规定的，应当予以驳回。

附录六 《专利审查指南》(节选)

Guidelines for Patent Examination

2010

State Intellectual Property Office of The People's Republic of China

专利审查指南

2010

中华人民共和国国家知识产权局

Part I

Preliminary Examination

Chapter 1 Preliminary Examination of Patent Applications for Invention

1. Introduction

Article 34 provides that where, after receiving a patent application for invention, the Patent Office, upon preliminary examination, finds the application to be in conformity with the requirements of the Patent Law, it shall publish the application promptly after the expiration of eighteen months from the date of filing. Upon the request of the applicant, the Patent Office may publish the application earlier. Thus, the preliminary examination of a patent application for invention is an indispensable procedure after receipt of the application and before its publication.

第一部分

初步审查

第一章 发明专利申请的初步审查

1. 引言

根据中华人民共和国专利法(以下简称专利法)第三十四条的规定,专利局收到发明专利申请后,经初步审查认为符合专利法要求的,自申请日起满十八个月,即行公布。专利局也可以根据申请人的请求早日公布其申请。因此,发明专利申请的初步审查是受理发明专利申请之后、公布该申请之前的一个必要程序。

The main tasks of the preliminary examination of a patent application for invention are as follows:

(1) to examine whether or not the application documents submitted by the applicant are in conformity with the provisions of the Patent Law and its Implementing Regulations. Where the Patent Office finds that there is any defect which can be rectified, it shall notify the applicant to eliminate the defect by submitting rectifications so as to make the said documents meet the requirements for publication; or where the Patent Office finds that there is any defect which cannot be corrected, it shall send an Office Action stating the nature of the defect, and terminate the examination procedure by rejecting the application;

(2) to examine whether or not other documents relating to the application, submitted by the applicant at the time of filing or thereafter, are in conformity with the provisions of the Patent Law and its Implementing Regulations. Where the Patent Office finds that there is any defect in these documents, it shall, depending on the nature of the defect, notify the applicant to eliminate the defect by submitting rectifications, or make the decision directly that the said documents are deemed not to have been submitted;

发明专利申请初步审查的主要任务是：

（1）审查申请人提交的申请文件是否符合专利法及其实施细则的规定，发现存在可以补正的缺陷时，通知申请人以补正的方式消除缺陷，使其符合公布的条件；发现存在不可克服的缺陷时，发出审查意见通知书，指明缺陷的性质，并通过驳回的方式结束审查程序。

（2）审查申请人在提出专利申请的同时或者随后提交的与专利申请有关的其他文件是否符合专利法及其实施细则的规定，发现文件存在缺陷时，根据缺陷的性质，通知申请人以补正的方式消除缺陷，或者直接作出文件视为未提交的决定。

(3) to examine whether or not the other documents relating to the application were submitted by the applicant within the time limit pre-scribed in the Patent Law or its Implementing Regulations, or specified by the Patent Office. Where the said documents were not submitted within the time limit, or were submitted after the expiration of the time limit, the Patent Office shall, depending on the circumstances, make a decision that the application is deemed to have been withdrawn, or the said documents are deemed not to have been submitted;

(4) to examine whether or not the time limit of the payment of any relevant fee paid by the applicant and the amount of such fee are in conformity with the provisions of the Patent Law or its Implementing Regulations. If the fee is not paid, or not paid in full, or not paid within the time limit, the Patent Office shall, depending on the circumstances, make a decision that the application is deemed to have been withdrawn or the relevant request is deemed not to have been made.

The scope of the preliminary examination of a patent application for invention includes:

（3）审查申请人提交的与专利申请有关的其他文件是否在专利法及其实施细则规定的期限内或者专利局指定的期限内提交；期满未提交或者逾期提交的，根据情况作出申请视为撤回或者文件视为未提交的决定。

（4）审查申请人缴纳的有关费用的金额和期限是否符合专利法及其实施细则的规定，费用未缴纳或者未缴足或者逾期缴纳的，根据情况作出申请视为撤回或者请求视为未提出的决定。

发明专利申请初步审查的范围是：

(1) formal examination of application documents, including whether or not the application contains the documents required by Article 26, and whether or not the form of those documents is obviously not in conformity with the provisions of Rule 16-19 or 23, or is in conformity with the provisions of Rule 2, 3, 26. 2, 119 or 121;

(2) examination on obvious substantive defects in application documents, including whether or not the application obviously falls into the scope prescribed in Article 5 or 25, or is not in conformity with the provisions of Article 18, or 19. 1 or 20. 1, or is obviously not in conformity with the provisions of Article 2. 2, 26. 5, 31. 1 or 33, or Rule 17 or 19;

(3) formal examination of other documents, including whether or not the other formalities and documents relating to the application are in conformity with the provisions of Articles 10, 24, 29, 30, and Rules 2, 3, 6, 7, 15. 3, 15. 4, 24, 30, 31. 1 – 31. 3, 32, 33, 36, 40, 42, 43, 45, 46, 86, 87 and 100;

（1）申请文件的形式审查，包括专利申请是否包含专利法第二十六条规定的申请文件，以及这些文件格式上是否明显不符合专利法实施细则第十六条至第十九条、第二十三条的规定，是否符合专利法实施细则第二条、第三条、第二十六条第二款、第一百一十九条、第一百二十一条的规定。

（2）申请文件的明显实质性缺陷审查，包括专利申请是否明显属于专利法第五条、第二十五条规定的情形，是否不符合专利法第十八条、第十九条第一款、第二十条第一款的规定，是否明显不符合专利法第二条第二款、第二十六条第五款、第三十一条第一款、第三十三条或者专利法实施细则第十七条、第十九条的规定。

（3）其他文件的形式审查，包括与专利申请有关的其他手续和文件是否符合专利法第十条、第二十四条、第二十九条、第三十条以及专利法实施细则第二条、第三条、第六条、第七条、第十五条第三款和第四款、第二十四条、第三十条、第三十一条第一款至第三款、第三十二条、第三十三条、第三十六条、第四十条、第四十二条、第四十三条、第四十五条、第四十六条、第八十六条、第八十七条、第一百条的规定。

(4) examination of relevant fees, including whether or not the payments of the relevant fees of the application have been made in accordance with the provisions of Rules 93, 95, 96 and 99.

（4）有关费用的审查，包括专利申请是否按照专利法实施细则第九十三条、第九十五条、第九十六条、第九十九条的规定缴纳了相关费用。

Part Ⅱ

Substantive Examination

Chapter 8 Procedure for Substantive Examination

第二部分

实质审查

第八章　实质审查程序

1. Introduction

According to Article 35, the Patent Office shall perform substantive examination for an application for invention.

The purpose of substantive examination is to judge whether the patent right shall be granted to an invention application, especially whether the application meets the requirements of novelty, inventive step and practical applicability as set out in the relevant provisions of the Patent Law.

In accordance with Article 35.1, the procedure for substantive examination usually shall be started upon the request of the applicant. However, in accordance with Article 35.2, such substantive examination may be started by the Patent Office on its own initiative.

1. 引言

根据专利法第三十五条的规定，专利局对发明专利申请进行实质审查。

对发明专利申请进行实质审查的目的在于确定发明专利申请是否应当被授予专利权，特别是确定其是否符合专利法有关新颖性、创造性和实用性的规定。

根据专利法第三十五条第一款的规定，实质审查程序通常由申请人提出请求后启动。根据该条第二款的规定，实质审查程序也可以由专利局启动。

In accordance with Article 39, where it is found upon substantive examination that there is no grounds for rejection of the invention application, the Patent Office shall make a decision to grant the patent right for invention.

In accordance with Article 38, in the course of substantive examination, where, after the applicant has made the observations or amendments, the Patent Office finds that the invention application is still not in conformity with the provisions of the Patent Law, i.e., it still has defects falling into the situations described in Rule 53, the application shall be rejected.

In accordance with Article 32, an applicant may withdraw his application at any time before the patent right is granted. Furthermore, in Articles 36.2 and 37 and Rule 42.2, circumstances are described where an application shall be deemed to be withdrawn in the procedure for substantive examination.

The substantive examination in this Chapter refers to the substantive examination to a Chinese invention application. As for the substantive examination of an international application in the Chinese national phase, where there are specific provisions in Chapter 3 of Part of these Guidelines, the examination shall be conducted in accordance with those provisions; where there is no specific provisions, the provisions of this Chapter shall apply.

根据专利法第三十九条的规定，发明专利申请经实质审查没有发现驳回理由的，专利局应当作出授予发明专利权的决定。

根据专利法第三十八条的规定，在实质审查中，发明专利申请经申请人陈述意见或者进行修改后，专利局认为仍然不符合专利法规定，即仍然存在属于专利法实施细则第五十三条规定情形的缺陷的，应当予以驳回。

根据专利法第三十二条的规定，申请人可以在被授予专利权之前随时撤回其专利申请。专利法第三十六条第二款、第三十七条以及专利法实施细则第四十二条第二款还规定了在实质审查程序中专利申请被视为撤回的情形。

本章所说的实质审查，是指中国发明专利申请的实质审查。对于进入中国国家阶段的国际申请的实质审查，在本指南第三部分中有具体规定的，适用该章规定；无具体规定的，适用本章的规定。

参考文献

［1］ Kay M. The Proper Place of Men and Machines in Language Translation ［M］. Netherlands：Kluwer Academic Publishers，1998.

［2］ Nirenburg S. Progress in Machine Translation ［M］. Clifton，VA：IOS Press，1993.

［3］ Porter，M. The Competitive Advantage of Nations ［M］. New York：The Free Press，1990.

［4］ Slator. Record Number of Patent Applications Drive Translation Demand ［EB/OL］. （2019 - 04 - 01）［2019 - 06 - 01］. https：∥slator. com/demand - drivers/record - number - of - patent - applications - drive - translation - demand/.

［5］ TAUS. DQF：Quality Benchmark for our Industry ［EB/OL］. （2017 - 06 - 30）［2019 - 06 - 01］. https：∥www. taus. net/evaluate/dqf - background.

［6］ WIPO. List of WIPO Standards，Recommendations and Guidelines （世界知识产权组织ST. 16 标准）［S］. （2018 - 12 - 24）［2019 - 06 - 03］. https：∥www. wipo. int/standards/en/part_ 03_ standards. html#group - b.

［7］ WIPO. Patent Cooperation Treaty Yearly Review 2018：A11. Distribution of PCT applications by applicant type，2003—2017 ［R］. （2018 - 08 - 06）［2019 - 06 - 02］. https：∥www. wipo. int/publications/en/details. jsp？id = 4344.

［8］ WIPO. WIPO Academy ［EB/OL］. （2019 - 03 - 13）［2019 - 06 - 03］. https：∥www. wipo. int/academy/en/.

［9］ WIPO. WIPO 国际分类 ［EB/OL］. （2019 - 01 - 07）［2019 - 05 - 28］. https：∥www. wipo. int/classifications/zh/.

［10］ WIPO. WIPO 管理的条约 ［EB/OL］. （2019 - 05 - 23）［2019 - 06 - 01］. https：∥www. wipo. int/treaties/zh/index. html.

［11］ 北京高沃知识产权. 专利申请不成功？驳回复审来解决！［EB/OL］. （2018 - 08 - 09）［2019 - 06 - 03］. http：∥www. sohu. com/a/246206121_99906732.

［12］ 北京三友知识产权代理有限公司. 如何善用专利"临时保护"？［EB/OL］. （2017 - 03 - 09）［2019 - 05 - 31］. http：∥www. sanyouip. com/zh - cn/a/9536. htm.

［13］ 楚红杰，胡新华. 浅谈专利文献的翻译标准 ［J］. 中国发明与专利，2017（7）：63 - 66.

［14］ 范长军. 德国专利法研究 ［M］. 北京：科学出版社，2010：147.

［15］ 郭晓勇. 中国语言服务行业发展状况、问题及对策——在 2010 中国国际语言服务行

业大会上的主旨发言［J］. 中国翻译, 2010 (6): 34 – 37.

［16］ 国家知识产权局. PCT——国际专利体系［EB/OL］. (2018 – 08 – 14)［2019 – 06 – 03］. https://www. wipo. int/pct/zh/.

［17］ 国家知识产权局. 美国专利商标局［EB/OL］. (2008 – 05 – 22)［2019 – 06 – 03］. http://www. sipo. gov. cn/gjhz/qkjs/1020303. htm.

［18］ 国家知识产权局. 国家知识产权局收费公示［EB/OL］. (2017 – 07 – 01)［2019 – 06 – 03］. http://www. sipo. gov. cn/zhfwpt/zlsqzn/zlsqfy/gjzscqjsfgs. pdf.

［19］ 国家知识产权局. 知识产权人才"十三五"规划［EB/OL］. (2017 – 06 – 02)［2019 – 06 – 01］. http://www. sipo. gov. cn/gk/fzgh/201706/t20170602_ 1311289. html.

［20］ 国家知识产权局. 专利申请审批流程［EB/OL］. (2019 – 05 – 16)［2019 – 06 – 02］. http://www. sipo. gov. cn/zhfwpt/zlsqzn_pt/zlsqspcxjs/zlsqsplc/index. htm.

［21］ 国务院. 国务院关于新形势下加快知识产权强国建设的若干意见 (国发〔2015〕71 号)［EB/OL］. (2015 – 12 – 22)［2019 – 05 – 26］. http://www. gov. cn/zhengce/content/2015 – 12/22/content_10468. htm.

［22］ 哈金的专利自学手册［EB/OL］. (2018 – 03 – 09)［2019 – 05 – 29］. http://www. patent – tutorial. net/website/content/book/1062.

［23］ 吉静鲜. 美国、日本、韩国、中国等几个主要国家专利制度分析、对比及启示［EB/OL］. (2018 – 03 – 01)［2019 – 01 – 02］. http://www. runping. com/2013/2/1160. html.

［24］ 劳动和社会保障部, 国家质量监督检验检疫总局, 国家统计局. 中华人民共和国职业分类大典［M］. 北京: 中国劳动社会保障出版社, 2015.

［25］ 迈克尔·波特. 国家竞争优势［M］. 李明轩, 邱如美, 译. 北京: 华夏出版社, 2002.

［26］ 宁星耀. 专利行政复议的收案范围［J］. 发明与创新, 2003 (12): 25.

［27］ 盛明洁. 专利知识简介［J］. 电子科技大学学报, 1991 (6): 660 – 664.

［28］ 苏平, 范长军, 董玉鹏. 专利法［M］. 北京: 法律出版社, 2015: 187, 198.

［29］ 陶维洲, 王蔚. 中国知识产权国际合作面临六大挑战［EB/OL］. (2008 – 04 – 22)［2019 – 06 – 01］. http://news. cri. cn/gb/18824/2008/04/22/882@ 2029334. htm.

［30］ 万小丽. 专利质量指标研究［M］. 北京: 知识产权出版社, 2013.

［31］ 王传英. 社会经济网络与中小企业发展［M］. 北京: 经济科学出版社, 2005: 25.

［32］ 王传英. 语言服务业发展与启示［J］. 中国翻译, 2014 (2): 78 – 82.

［33］ 王华树, 冷冰冰. 术语管理概论［M］. 北京: 外文出版社, 2017.

［34］ 王华树. 计算机辅助翻译实践［M］. 北京: 国防工业出版社, 2015: 8.

［35］ 王迁. 知识产权法教程［M］. 5 版. 北京: 中国人民大学出版社, 2016: 4 – 10, 266 – 268.

［36］ 夏佩娟. 日本专利局［EB/OL］. (2008 – 05 – 22)［2019 – 06 – 01］. http://www. sipo. gov. cn/gjhz/qkjs/1020302. htm.

［37］ 项目管理协会. 项目管理知识体系指南［M］. 6 版. 北京: 电子工业出版社, 2018.

[38] 赵珂. 试论我国专利优先权制度 [J]. 湖北省社会主义学院学报, 2005 (3): 125 – 126.

[39] 中国翻译协会. 2018 中国语言服务行业发展报告 [R]. 北京: 中国翻译协会, 2018.

[40] 中华人民共和国国家知识产权局. 2017 年专利统计年报——专受表 6, 国内职务发明创造专利申请量 [R/OL]. (2018 – 10 – 19) [2019 – 06 – 03]. http://www.sipo.gov.cn/docs/ 20181019135307585336. pdf.

[41] 中华人民共和国国家质量监督检验检疫总局, 中国国家标准化管理委员会. 翻译服务译文质量要求 [M]. 北京: 中国标准出版社, 2005.

[42] 中一知识产权. 专利无效流程 [EB/OL]. (2017 – 06 – 08) [2019 – 06 – 01]. http://www.zyip.com/index.php/ysshow – 57. html.

[43] 珠海市知识产权保护协会. 这是一条科普贴 | 专利还有临时保护, 你知道吗? [EB/OL]. (2017 – 12 – 22) [2019 – 05 – 31]. http://www.sohu.com/a/212190982_99916506.

[44] 中华人民共和国国家知识产权局. 《专利法》 (2008 年修订) 第六条、第八条 [EB/OL]. (2015 – 09 – 02) [2019 – 06 – 01]. http://www.sipo.gov.cn/zcfg/zcfgflfg/flfgzl/fl_zl/1063508. htm.

[45] 庄一方. 专利文献的英汉翻译 [M]. 北京: 知识产权出版社, 2008.

[46] 邹瑜. 法学大辞典 [M]. 北京: 中国政法大学出版社, 1991.

跋

时光荏苒，如白驹过隙。回首过往，常感幸运的是，在我的职业生涯之初就与专利语言服务行业结下了不解之缘，不仅将自己十二年的青春挥洒在了这里，而且见证了它从稚嫩逐渐走向丰盈。

专利语言服务是语言服务行业中一个高端、小众的分支。高是高在它对从业者的能力要求近乎苛刻，既需具备法律知识，又要有相关特定领域的技术理解能力，还要有深厚的双语文字功底；小是小在知识产权法也仅仅是现行庞杂法律体系中的一个分支，而专利作为知识产权保护的一种方式，有着极其独特的行业规范。再者，中国的知识产权行业在国际上起步相对较晚，这些特质给专利语言服务蒙上了一层神秘的面纱，令人难以亲近。同时，全球创新的增长与大国间的激烈竞争，对中国知识产权保护水平和从业人员的专业能力提出了新的挑战，也进一步加剧了专利语言服务专业人员的匮乏程度。

2006 年 RWS（如文思）中国公司在北京成立伊始，就直面这样的挑战——如何跨越业务激增和人才匮乏之间的鸿沟。经过深入思考和实践，作为全球最大的知识产权语言服务提供商，RWS 中国团队充分利用其跨国公司的天然优势，慨然担负起了行业人才培养的重任，积极探索与高校合作协同培养人才的可行性。彼时，对于高校而言，正值 MTI 专业起步阶段，需要突破师资、课程、生源、机制等诸多方面的困难；对于企业而言，需要在 MTI 教育的薄弱环节代偿，这也意味着高投入、低回报。然而，本着一切着眼于未来的高瞻远瞩，我们并未因眼前的困难而耽误这一想法落地生根。2010 年，曲阜师范大学翻译学院卢卫中院长敢为人先，积极响应时任总经理张卫民先生联合育人的提议，破除道道藩篱，与 RWS 中国公司在山东省日照市建立了首个专利翻译教学与教育实践基地（RWS 日照分公司前身），开启了专利语言服务领域校企合作协同育人的新篇章。随后，RWS 又陆续得到了西安外国语大学高级翻译学院贺莺院长、西安交通大学外国语学院陈向京院长的大力支持，相继与两所高校展开深入合作，在西安联合成立了专利语言服务与科技创新实训基地。RWS 的这条校企合作探索之路，一走就是近十年，其间经历了曲折和起伏，但也收获了喜悦，通过校企合作培养出来的 MTI 毕业生中，如今已有多人成为 RWS 中国团队的中流砥柱。

依托多年校企同育人积累的经验与成果，在 RWS 中国 CEO 王华伟先生的支持和鼓励下，团队萌生了将合作成果系统梳理编纂成册的想法，以普惠更多希望走进专利语言服务行业的同道中人。作为专利语言服务行业的一名老兵，我留意到许多同事和我一样，心怀一份憧憬和执着，在 RWS 工作了多年。这不禁令我常常陷入沉思：究竟是一种怎样的情怀让我们如此紧密相连，愿意在这里奉献自己一生最好的年华？在本书完稿之际，答案也渐渐浮现出来：在这种勇于担当、严谨务实、乐于分享、相互激励的氛围中长久浸润之后，每个人对企业文化的深深认同早已让我们融为一体、无分彼此……

本书的顺利出版，离不开学界、业界诸多合作伙伴多年来的支持与鼓励，也离不开曾在 RWS 工作过的各位同事的积累与奉献，更离不开仍在一起继续前行的所有伙伴的互助与扶持，真诚感谢大家，感谢为本书的面世与出版做出贡献的所有人员。未来，RWS 中国团队将继续执着前行，唯愿在这一充满变化与未知的求索之旅中结交更多良师益友，让一粒粒智慧与希望的种子生根发芽，长成参天大树。

静水深流，丹心如故！

RWS 中国公司副总经理　郑金凤
2019 年 5 月 10 日

致　谢

在《专利语言服务实务》一书的编写和出版过程中，我们得到了多方面的支持和帮助。本书付梓之际，回望一路走过的历程，回想与各位师长和同侪交流与共事的点滴，我们深怀无以言表的感激，在此谨致谢意。

作为校企合作实践的成果，本书首先是高校翻译专业学位研究生教育在专利翻译领域结出的硕果，其中不仅凝结了 MTI 全国翻译专业学位研究生教育指导委员会黄友义主任关于翻译硕士培养的指导思想、《中国翻译》杨平常务副主编对于翻译教育的理论探索，而且汇集了国内众多高校在专利翻译硕士教育方面丰富的实践积累，没有这些来自一线课堂的教学相长，是不可能形成本书所涵盖的丰富实务内容的。在此要特别感谢西安外国语大学贺莺院长、曹达钦老师、曹怀军老师，西安交通大学陈向京院长、聂文信教授、李莹主任，曲阜师范大学卢卫中院长、夏云副院长、许家绍副教授，对外经贸大学崔启亮副教授，中国石油大学张建科副教授，感谢你们在教学实践中的积极参与和全程指导。

作为校企合作重要一环的企业方在成书过程中扮演了至关重要的角色。知识产权出版社的李程副总经理作为行业巨擘，从始至终关心本书的撰写进程，并给予了许多专业而中肯的建议，极大拓展了本书的行业洞见。当这样的格局视野与国内语言服务企业的具体实践相结合时，便产生了最具价值的行业知识。在此要特别感谢知识产权出版社的胡新华、楚红杰，舜禹公司的单杰、王璐，创凌科技的杨颖波，感谢你们在企业实践层面的大力支持和全情分享。

当然，本书能够顺利与读者见面，还离不开 RWS 集团的支持和参与，在此要特别感谢 RWS IP Services 事业部总经理 Neil Simpkin 先生，感谢他一直亲力亲为校企合作方方面面的工作；感谢 RWS 中国公司的所有同事，感谢你们在专利语言服务领域多年如一日的辛勤耕耘。有了你们的参与和支持，本书才更加完善。

由于水平和时间有限，书中难免会有瑕疵和遗漏，恳望业界同仁不吝赐教。

编者

2019 年 5 月 30 日